高等职业教育电子信息类系列教材

数字电子技术项目教程

主　编　孙　玲

副主编　王志伟　徐　敏　沙晶晶　张　墅

参　编　虞勇坚

主　审　邓　红

西安电子科技大学出版社

内容简介

本书为“工学结合，项目驱动，行动导向，教、学、做一体化”的校企合作开发教材，以及“十四五”江苏省职业教育在线精品课程配套教材。本书按工程项目开发流程设计任务实施过程，采用“认识—理论—仿真—实践”立体教学法，融入 Multisim 仿真技术和 QuartusⅡ现代数字设计技术。

本书以“科技报国、家国情怀”为主线，全方位系统化深度融入课程思政目标及相应的思政案例、思政元素。构建了“情、规、信、协、创、匠”6 个系列的思政体系，将党的二十大精神、爱国情怀，规范素养、“四个自信”、团结协作、自信创新、工匠精神等“润物细无声”地融入教材项目中。

全书设计了七个项目，包括三人表决器的设计与制作、病员呼叫数码显示电路的设计与制作、智力竞赛抢答器的设计与制作、数字电子钟的设计与制作、数字电压表的设计与制作、简易数显式电容计的设计与制作、交通灯控制器的设计与制作，涵盖了数字电子技术的主要内容。项目设计由易到难，由单一到综合，符合学生的认知规律。

本书内容覆盖面广，难易度适中，实用性强，可作为高职高专院校的电子、通信、电气、自动化、机电、计算机等专业的数字电子技术类课程的教材，也适合应用型本科、成人高等学校师生使用，同时也可供其他相关专业师生及工程技术人员参考。

图书在版编目(CIP)数据

数字电子技术项目教程/孙玲主编. --西安：西安电子科技大学出版社，2023.6(2025.1 重印)
ISBN 978-7-5606-6760-7

Ⅰ. ①数…　Ⅱ. ①孙…　Ⅲ. ①数字电路—电子技术—教材　Ⅳ. ①TN79

中国国家版本馆 CIP 数据核字(2023)第 044306 号

策　　划　高樱
责任编辑　高樱
出版发行　西安电子科技大学出版社(西安市太白南路 2 号)
电　　话　(029)88202421　88201467　　邮　　编　710071
网　　址　www.xduph.com　　电子邮箱　xdupfxb001@163.com
经　　销　新华书店
印　　刷　陕西日报印务有限公司
版　　次　2023 年 6 月第 1 版　2025 年 1 月第 3 次印刷
开　　本　787 毫米×1092 毫米　1/16　印张　16.75
字　　数　394 千字
定　　价　48.00 元
ISBN 978-7-5606-6760-7
XDUP 7062001-3

前　　言

近年来，从党中央到各级教育行政部门高度重视高校“立德树人”这项根本工作，把以“课程思政”为目标的教学改革作为实现高校育人目标的战略举措来推动。同时随着科学技术的飞速发展，各种数字新技术、新器件不断涌现，创新型人才在社会经济发展中的作用日益凸显，培养创新型人才成为国家战略发展的迫切需求，对高职高专学生的培养提出了更高的要求，因此我们编写了本书。

本书坚持立德树人，坚守为党育人、为国育才，坚定“创新自信、科技强国”的初心使命；以“科技报国、家国情怀”为主线，全方位系统化深度融入课程思政目标及相应的思政案例、思政元素；精心设计课程思政案例，构建了“情、规、信、协、创、匠”6 个系列的思政体系，将党的二十大精神、爱国情怀、规范素养、“四个自信”、团结协作、自信创新、工匠精神等“润物细无声”地融入教材的每个项目中，实现培养具有科技报国情怀、创新协作能力、工匠精神和历史使命担当的高素质技术技能人才，实现德技并修的育人目标。

本书根据高职高专教育特点和要求及多年课程教学改革与实践的经验积累，与企业合作开发，贯彻以培养高职学生实践技能为重点、基础理论与实际应用相结合的指导思想，形成以能力为本位，以职业实践为主线，以企业真实项目为载体，以工作过程为导向的“工学结合、项目驱动、行动导向、教学做一体化”的开发理念，实现了学习与创新相结合，生产与教学相结合，既激发了学生学习积极性、自主性和创造性，又对学生进行了岗位适应性训练，并融入了 Multisim 仿真技术和现代工程上常用的基于 QuartusⅡ的现代数字设计技术，充分反映了产业发展的最新进展和成果。将产业发展的新技术、新工艺、新方法纳入教材内容，符合职业教育规律和高端技能型人才成长规律，并且不需要借助昂贵的平台，推广覆盖面广。

本书将项目课程的特色贯穿始终，项目设置具有实用性、先进性、科学性和趣味性，注重基本技能和综合应用能力的培养。在项目教学中，采用“认识－理论－仿真－实践”立体教学法，让学生在做中学和学中做，教、学、做合一，充分调动学生学习的主动性。全书设计了七个项目，包括三人表决器的设计与制作、病员呼叫数码显示电路的设计与制作、智力竞赛抢答器的设计与制作、数字电子钟的设计与制作、数字电压表的设计与制作、简易数显式电容计的设计与制作、交通灯控制器的设计与制作，涵盖了数字电子技术的主要内容。项目设计由易到难，由单一到综合，符合学生的认知规律。其中简易数显式电容计的设计与制作为综合项目，交通灯控制器的设计与制作为基于 QuartusⅡ的现代数字设计技术的知识拓展项目。每个项目又由多个任务组成，从任务分析、理论方案设计、到仿真测试验证，以及实物的焊接、调试、检测，排故，学生可经历从设计、仿真到实际的制作调试全过程，培养工程思维方式和应用所学知识解决实际问题的能力和创新能力，提升工程项目开发能力。通过项目任务的训练，可提高学生对数字电子技术的理解，使之能综合运用所学知识完成小型数字电子电路的设计、安装与调试。本书力图使学生学完后能获得高素质技能型专门人才所必须掌握的“数字电子技术”的基本知识和实际技能。

本书配套资源丰富，除了扫描二维码，还可登录在学银在线、智慧职教 MOOC 学院等网络平台开放的与教材配套的“十四五”江苏省职业教育在线精品课程《数字电子技术与应用》使用课程资源，开展线上线下混合式教学。

本书由江苏信息职业技术学院孙玲任主编。孙玲编写了项目 1、项目 2、项目 4，并负责全书的修改及统稿。江苏信息职业技术学院徐敏编写了项目 3，张墅编写了项目 5 的任务 1 和 2，王志伟编写了项目 6，沙晶晶编写了项目 7，中国电子科技集团公司第五十八研究所虞勇坚参与了智力竞赛抢答题、数字电压表、数显式电容计的设计与调试以及交通灯控制器程序的调试，并编写了项目 5 的任务 3 和 4，在此表示衷心感谢。全书由邓红主审。

为了和 Multisim 软件的仿真结果保持一致，书中部分图中的变量、器件符号未采用国标，请读者阅读时留意。

由于编者水平有限，书中疏漏和不妥之处在所难免，恳请读者批评指正。

编　者

2022 年 12 月

目　　录

项目1　三人表决器的设计与制作

知识目标

(1) 了解数字信号与模拟信号的区别及数字电路的特点。

(2) 掌握常用的数制及其相互转换方法。

(3) 掌握逻辑函数的三种基本逻辑运算及复合逻辑运算，逻辑函数的表示方法及其相互转换。

(4) 熟悉基本逻辑门和复合逻辑门符号，逻辑代数的基本定律和运算规则。

(5) 熟练掌握逻辑函数的代数化简和卡诺图化简方法。

(6) 熟悉集成门电路的封装、分类及多余输入端的处理方法。

(7) 理解组合逻辑电路的概念，掌握组合逻辑电路的分析和设计方法。

技能目标

(1) 能对电子电路进行“理论—仿真—实践”的设计。

(2) 会用 Multisim 实现电路逻辑功能的仿真测试及逻辑函数的化简与变换，组合逻辑电路的分析和设计。

(3) 能在面包板上完成三人表决器的搭接，并能调试和排除故障。

素质目标

(1) 通过了解数字电子技术的发展，增强民族自豪感，培养家国情怀。

(2) 通过学习数制与码制等逻辑代数基础知识，培养工程标准意识、职业道德和工程素养。

(3) 通过了解科学家故事，培养坚持理想、脚踏实地、敢于创新的精神。

(4) 通过案例“两个插头插反酿成中国境内史上最大空难”，强化、提高安全意识和责任意识。

(5) 通过了解我国芯片产业面临的全球性挑战，激发“科技强则国家强”的爱国主义情怀，提升民族责任感和使命感。

(6) 通过学习组合逻辑电路设计，理解个人成长与国家发展的辩证关系，明晰团结合作精神的重要性，实现个人梦与中国梦的统一。

情　厚植科技报国家国情怀篇

数字中国——仰望北斗，筑梦中华

同学们好！欢迎开启新课程的学习，数字电子技术与我们的生活息息相关，因此它无处不在，大到北斗卫星导航系统、中国天眼 FAST 射电望远镜、蛟龙号载人潜水器、神威·太湖之光超级计算机、高铁、5G 通信，小到每天不离手的手机、学习或娱乐的电脑、iPad 等等。以你们熟悉的手机为例，我国手机行业经历了从 1G 空白、2G 跟随、3G 参与、4G 追赶到 5G 领跑的过程，从此有了话语权，发展壮大了智能手机行业，开启了 5G 时代的万物互联新模式。

仰望星空，北斗璀璨，习近平总书记在中国共产党第二十次全国代表大会上的报告中指出："坚持把发展经济的着力点放在实体经济上，推进新型工业化，加快建设制造强国、质量强国、航天强国、交通强国、网络强国、数字中国。"希望同学们通过了解我国这些走在世界前列的数字电子技术，**增强民族自豪感，培养家国情怀**。要热爱科学，崇尚科学，学习科学，传承弘扬新时代北斗精神，树立民族自豪感和远大理想，筑梦中华，为祖国的腾飞贡献自己的力量！

想知道数字电子产品电路设计的奥秘吗？欢迎加入本课程的探索之旅，我将从最简单最核心的 0 和 1 开始，从 1+1 不等于 2 开始，带你去一趟神秘的数字之旅！

任务 1.1　逻辑代数基础

1.1.1　概述

数字信号和数字电路

1. 数字信号和数字电路

在电子电路中可将所处理的信号分成两大类：一类是模拟信号，另一类是数字信号。所谓模拟信号，是指在时间上和幅值上都是连续变化的信号，如温度、压力、速度等物理量通过传感器变成的电信号，都是模拟信号。典型的模拟信号是正弦波，如图 1-1(a)所示。用来传递、加工和处理模拟信号的电子电路，称为模拟电路。

所谓数字信号，是指在时间上和幅值上都是断续变化的离散信号，如记录生产零件个数的记录信号、灯光闪烁等信号都属于数字信号。典型的数字信号是矩形波，如图 1-1(b)所示，其高电平和低电平常用 1 和 0 来表示。用来传递、加工和处理数字信号的电子电路，称为数字电路。

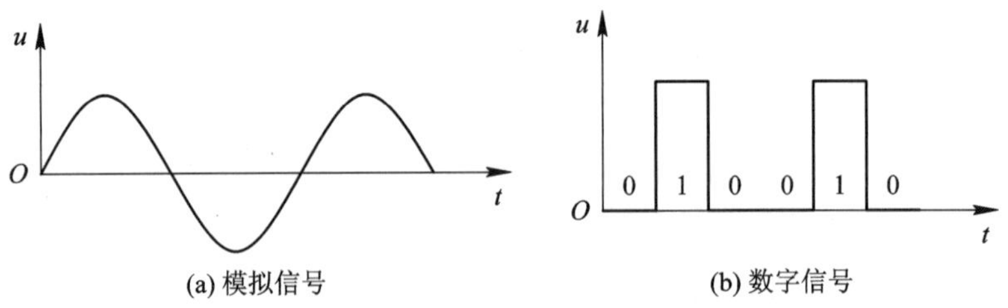

(a) 模拟信号　　(b) 数字信号

图 1-1　模拟信号与数字信号

2. 数字电路的优点

与模拟电路相比，数字电路的主要优点如下：

(1) 便于高度集成化、系列化生产，通用性强，成本低。由于数字电路采用二进制，而二进制的两个数码可用电路的两个状态来表示，因此构成的基本单元电路结构简单，电路容易制造，集成度高，通用性强，成本较低。

(2) 工作可靠性高，抗干扰能力强。数字信号用1和0来表示信号的有和无，因此数字电路很容易辨别信号，从而大大提高了电路工作的可靠性。同时数字信号不易受到噪声干扰，它有很强的抗干扰能力。

(3) 数字信息便于存储、加密、压缩、传输和再现。借助某种介质(如磁盘、光盘等)可将数字信息长期保存下来，并且容易进行加密、压缩、传输和再现等处理。

(4) 保密性好。数字信息容易进行加密处理，不易被窃取。

3. 时钟波形和数字波形

1) 时钟波形

时钟波形是数字系统用于控制和协调整个系统工作所必需的精确时钟节拍，又称为时钟脉冲，常用CP表示。它为周期性数字波形，有一定的周期、频率、宽度和幅度，如图1-2(a)所示。时钟波形的主要参数如下：

(1) 脉冲幅值(U_m)：脉冲电压波形变化的最大值，单位为伏(V)。

(2) 脉冲周期(T)：相邻两个脉冲波形重复出现所需的时间，单位为秒(s)。

(3) 脉冲频率(f)：每秒时间内脉冲出现的次数，单位为赫(Hz)。$f=1/T$。

(4) 脉冲宽度 (t_w)：单个脉冲持续的时间，单位和周期相同。

(5) 占空比(q)：脉冲宽度 t_w 与脉冲周期 T 的比值，即 $q=t_w/T$，它是描述脉冲波形疏密的参数。

(6) 上升沿、下降沿：脉冲由低电平跃变为高电平的一边称为上升沿(正沿)，脉冲由高电平跃变为低电平的一边称为下降沿(负沿)。

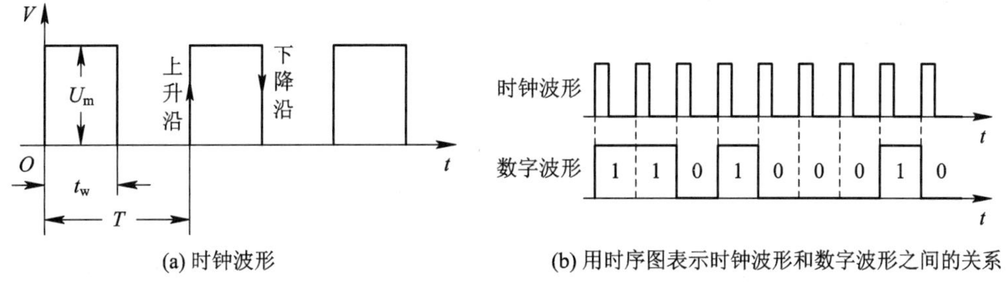

(a) 时钟波形

(b) 用时序图表示时钟波形和数字波形之间的关系

图1-2　时钟波形和数字波形

2) 数字波形

数字系统处理的二进制信息可用波形来表示，它只有0或1两个取值，没有定义的脉冲周期和脉冲宽度。因此，数字波形为非周期性波形。如图1-2(b)所示，图中数字波形的数据序列为110100010。

当数字波形和时钟波形同步时，数字波形的变化与时钟波形的变化是同时的，如图1-2(b)所示。由图可看出：时钟波形到来时，数字波形不一定发生变化，但数字波形的变化一定发生在时钟波形变化的时刻(本例为时钟波形的上升沿)。这种根据时间画出各信号之间关系的波形图称为时序图。

1.1.2 数制和码制

数制

1. 数制

数制是计数进位制的简称。在日常生活生产中，人们习惯用十进制数，而在数字电路中，应用最广泛的数制是二进制、八进制等。

1）十进制

十进制数有 0～9 十个数码，是以 10 为基数的计数体制。计数时，它的进位规律是"逢十进一"，即 9 + 1 = 10。数码在不同的位置，所代表的数值大小是不同的。例如，十进制数 3176.54 可表示为

$$(3176.54)_{10} = 3\times10^3 + 1\times10^2 + 7\times10^1 + 6\times10^0 + 5\times10^{-1} + 4\times10^{-2}$$

式中：10^3、10^2、10^1、10^0分别为整数部分千位、百位、十位、个位的"位权"，简称为"权"，10^{-1}、10^{-2}分别为小数部分十分位、百分位的权，它们都是基数 10 的幂。任意一个十进制数都可以表示为各个数位上的数码与其对应的权的乘积之和，称为按权展开式，即

$$(N)_{10} = \sum_{i=-m}^{n-1} K_i 10^i \tag{1-1}$$

式中：K_i为十进制数第 i 位的数码；n 为整数部分的位数；m 为小数部分的位数，n、m 都是正整数；10^i为第 i 位的权。

2）二进制

二进制数由 0 和 1 两个数码组成，是以 2 为基数的计数体制。计数时，它的进位规律是"逢二进一"，即 1+1=10，每个数位的权为 2 的幂。任意一个二进制数可以表示为

$$(N)_2 = \sum_{i=-m}^{n-1} K_i 2^i \tag{1-2}$$

式中：K_i为二进制数第 i 位的数码；2^i为第 i 位的权值；n 为整数部分的位数；m 为小数部分的位数，n、m 都是正整数。例如，二进制数 1011.11 的按权展开式为

$$\begin{aligned}(1011.11)_2 &= 1\times2^3 + 0\times2^2 + 1\times2^1 + 1\times2^0 + 1\times2^{-1} + 1\times2^{-2}\\ &= 8 + 0 + 2 + 1 + 0.5 + 0.25\\ &= (11.75)_{10}\end{aligned}$$

3）十六进制

十六进制数有 0～9 和 A(10)、B(11)、C(12)、D(13)、E(14)、F(15)共 16 个数码，是以 16 为基数的计数体制。计数时，它的进位规律是"逢十六进一"，即 F+1=10，每个数位的权值为 16 的幂。任意一个十六进制数可表示为

$$(N)_{16} = \sum_{i=-m}^{n-1} K_i 16^i \tag{1-3}$$

式中：K_i为十六进制数第 i 位的数码；16^i为第 i 位的权；n 为整数部分的位数；m 为小数部分的位数，n、m 都是正整数。例如，十六进制数 3BE.C4 的按权展开式为

$$\begin{aligned}(3BE.C4)_{16} &= 3\times16^2 + 11\times16^1 + 14\times16^0 + 12\times16^{-1} + 4\times16^{-2}\\ &= 768 + 176 + 14 + 0.75 + 0.015\,625\\ &= (958.765\,625)_{10}\end{aligned}$$

4）八进制

八进制数有 0～7 八个数码，是以 8 为基数的计数体制。计数时，它的进位规律是“逢八进一”，即 7+1=10，每个数位的权值为 8 的幂。任意八进制数按权展开的方法与二、十、十六进制数相同，此处不再赘述。

表 1-1 中列出了十进制、二进制、八进制和十六进制不同数制的对照关系。

表 1-1　十进制、二进制、八进制、十六进制对照表

十进制	二进制	八进制	十六进制	十进制	二进制	八进制	十六进制
0	0000	0	0	8	1000	10	8
1	0001	1	1	9	1001	11	9
2	0010	2	2	10	1010	12	A
3	0011	3	3	11	1011	13	B
4	0100	4	4	12	1100	14	C
5	0101	5	5	13	1101	15	D
6	0110	6	6	14	1110	16	E
7	0111	7	7	15	1111	17	F

2. 不同数制间的转换

不同数制间的转换

1）二进制数与十进制数的相互转换

(1) 将二进制数转换为十进制数。

用式(1-2)将二进制数按权展开，即得等值的十进制数。

(2) 将十进制数转换为二进制数。

任意十进制数转换为二进制数可将其整数部分和小数部分分别转换，整数部分采用“除 2 取余”法，即将整数部分依次除 2，直到商为 0，所得余数依次自下而上排列起来即得到二进制数的整数部分；小数部分采用“乘 2 取整”法，即将小数部分连续乘以 2，所得整数部分自上而下排列起来；最后将整数部分和小数部分组合到一起，为对应的二进制数，小数点位置不变。

例 1.1　$(44.375)_{10}=(\qquad)_2$

解　整数部分 44 用“除 2 取余”法，小数部分 0.375 用“乘 2 取整”法。

```
2 | 4 4          余数              0. 3 7 5
  2 | 2 2 ------ 0  ↑           ×       2       整数
    2 | 1 1 ------ 0            0. 7 5 0 ------ 0  ↓
      2 | 5 ------ 1            0. 7 5 0
        2 | 2 ------ 1          ×     2
          2 | 1 ------ 0        1. 5 0 0 ------ 1
              0 ------ 1        0. 5 0 0
                                ×   2
                                1. 0 0 0 ------ 1
                                0. 0 0 0
```

所以$(44.375)_{10}=(101100.011)_2$。

2）二进制数与十六进制数的相互转换

(1) 二进制数转换为十六进制数。

由于十六进制数的基数 $16=2^4$，故 1 位十六进制数由 4 位二进制数构成。因此，二进制数转换为十六进制数的方法是：整数部分从低位开始，每 4 位二进制数为一组，最后一组不足 4 位时，则在高位加 0 补足 4 位为止；小数部分从高位开始，每 4 位二进制数为一组，最后一组不足 4 位时，在低位加 0 补足 4 位；然后用对应的十六进制数来代替，再按原来的顺序写出对应的十六进制数。

例 1.2 $(111010100.011)_2=(\quad\quad)_{16}$

解
$$(111010100.011)_2=(0001\ 1101\ 0100.\ 0110)_2$$
$$=(\ 1\quad D\quad 4\ .\ 6\ )_{16}$$

所以 $(111010100.011)_2=(1D4.6)_{16}$。

(2) 十六进制数转换为二进制数。

十六进制数转换为二进制数将每位十六进制数用四位二进制数表示即可，小数点位置不变。

例 1.3 $(3B.E)_{16}=(\quad\quad)_2$

解
$$(\ 3\quad B\ .\ E\ )_{16}$$
$$=(0011\ 1011\ .\ 1110)_2$$

所以 $(3B.E)_{16}=(111011.1110)_2$。

3) 二进制数与八进制数的相互转换

(1) 二进制数转换为八进制数。

由于八进制数的基数 $8=2^3$，故 1 位八进制数由 3 位二进制数构成。因此，二进制数转换为八进制数的方法是：整数部分从低位开始，每 3 位二进制数为一组，最后一组不足 3 位时，则在高位加 0 补足 3 位为止；小数部分从高位开始，每 3 位二进制数为一组，最后一组不足 3 位时，在低位加 0 补足 3 位；然后用对应的八进制数来代替每组二进制数，再按原来的顺序写出对应的八进制数。

例 1.4 $(1101001.1001)_2=(\quad\quad)_8$

解
$$(1101001.1001)_2=(001\ 101\ 001.100\ 100)_2$$
$$=(\ 1\quad 5\quad 1\ .\ 4\quad 4\ )_8$$

所以 $(1101001.1001)_2=(151.44)_8$。

(2) 八进制数转换为二进制数。

八进制数转换为二进制数将每位八进制数用三位二进制数表示即可，小数点位置不变。

例 1.5 $(52.4)_8=(\quad\quad)_2$

解
$$(\ 5\quad 2\ .\ 4\ )_8$$
$$=(101\ 010\ .\ 100)_2$$

所以 $(52.4)_8=(101010.100)_2$。

3. 二进制代码

二进制代码

数字系统中二进制数码不仅可以表示数值的大小，而且可以表示特定的信息和符号，将若干个二进制数码 0 和 1 按一定规则排列起来表示某种特定

含义的代码称为二进制代码，或称二进制码。如在开运动会时，每个运动员都有一个号码，这个号码只用来表示不同的运动员，它并不表示数值的大小。下面介绍几种数字电路中常用的二进制代码。

将十进制数的0～9十个数字用4位二进制数表示的代码，称为二—十进制代码，简称BCD码。4位二进制码有16种组合，表示0～9十个数可有多种方案，所以BCD码有多种。常用的BCD码分为有权码和无权码两类，有权码用代码的权值命名，如8421码自左至右的权值为8、4、2、1，它与普通的四位二进制数的权值相同，但是在8421码中不允许出现1010～1111六种状态，只能用0000～1001十种状态，分别代表0～9十个数码，除8421码外有权码还有2421码、5421码，其中8421码最为常用。

无权码每位无确定的权值，但各有其特点和用途。例如格雷码，其特点是相邻两组代码之间只有一位代码不同，其余各位都相同，而且首尾(0和9)两组代码之间也只有一位代码不同，构成循环，因此，又称为循环码。如计数器按格雷码计数，则计数器每次状态更新只有一位代码变化，这与其他代码同时改变两位或多位的情况相比，出现错误的概率更小，工作更为可靠。余3BCD码是另一种无权码，是由8421BCD码加3(0011)形成的，所以称为余3BCD码。如8421BCD码0111(7)加0011(3)后，在余3BCD码中为1010，其表示十进制数7。表1-2列出了几种常用的BCD码。

表1-2　常用的BCD码表

十进制数	有权码			无权码	
	8421码	5421码	2421码	格雷码	余3码
0	0000	0000	0000	0000	0011
1	0001	0001	0001	0001	0100
2	0010	0010	0010	0011	0101
3	0011	0011	0011	0010	0110
4	0100	0100	0100	0110	0111
5	0101	1000	1011	0111	1000
6	0110	1001	1100	0101	1001
7	0111	1010	1101	0100	1010
8	1000	1011	1110	1100	1011
9	1001	1100	1111	1000	1100

注意：用BCD码表示十进制数时，必须用一个4位BCD码来表示该数中的每个十进制数。

例1.6　$(39)_{10}=(\qquad\qquad)_{8421BCD}$

解
$$(3\quad\quad 9)_{10}$$
$$=(0011\quad 1001)_{8421BCD}$$

所以$(39)_{10}=(00111001)_{8421BCD}$。注意，0011中的00不能省略。

强化规范意识、培养职业素养篇

数制码制——规范意识，职业素养

通过数制码制的学习，大家可以发现：不同的数制有不同的进位规则，不同的代码有不同的编码规则和用途。如 8421BCD 码自左至右的权值为 8、4、2、1，它与普通的四位二进制数的权值相同，用 0000～1001 十种状态分别代表 0～9 十个数码。又如计数器按格雷码计数，则计数器每次状态更新只有一位代码变化，这与其他代码同时改变两位或多位的情况相比，出现错误的概率更小，工作更为可靠。通过解读这些编码规则，希望同学们明确编码的专业标准，在工作和学习中，要严格要求自己，**强化规范意识，遵守职业道德，培养职业素养。**

1.1.3 逻辑函数及其表示法

逻辑代数是由英国数学家乔治·布尔于 19 世纪中叶首先提出来的，因此也称为布尔代数，它是一种描述客观事物逻辑关系的数学方法，是分析和设计数字电路的重要数学工具。逻辑代数与普通代数的相似之处在于它们都是用字母表示变量，如 A、B、C…X、Y、Z 等，用代数式描述客观事物间的关系。但不同的是，逻辑代数是描述客观事物间的逻辑关系，逻辑函数表达式中的逻辑变量的取值和逻辑函数值都只有两个值，即 0 和 1，这两个值不具有数量大小的意义，仅表示客观事物的两种相反的状态，如开关的闭合与断开，电灯的亮和灭，电位的高与低，真与假等。因此，逻辑代数有其自身独立的规律和运算法则，而不同于普通代数。

增强创新意识、提高创新能力篇

布尔发明逻辑代数的故事——坚持理想，敢行创新

逻辑代数是由英国数学家乔治·布尔(George Boole，1815—1864)于 19 世纪中叶首先提出的，因而又称布尔代数。它被广泛地应用于开关电路和数字逻辑电路的变换、分析、化简和设计上，因此也被称为开关代数。随着数字技术的发展，逻辑代数已经成为分析和设计逻辑电路的基本工具和理论基础。

乔治·布尔 1815 年 11 月 2 日生于英格兰的林肯，他是 19 世纪最重要的数学家之一，著有《逻辑的数学分析》和《思维规律的研究》等著作，其中《思维规律的研究》是其最著名的著作，在这本书中，布尔介绍了现在以他的名字命名的布尔代数。

人的思维过程能用数学表示吗？1849 年，乔治·布尔首先对这个问题作了大胆的尝试，他应用代数方法研究了逻辑，把一些简单的逻辑思维数学化，建立了逻辑代数，但此后很久都不受重视，数学家们曾轻蔑地说它没有数学意义，在哲学上也属于稀奇古怪的东西。直到 1938 年，一位年仅 22 岁的美国年轻人克劳德·艾尔伍德·香农(美国数学家、信息论

创始人)在《继电器与开关电路的符号分析》中，将布尔代数与开关电路联系起来了。布尔代数从发明之初不被重视到应用差不多经历了一个世纪。

听完乔治·布尔的故事，同学们有什么感悟吗？科学研究贵在坚持，要理论联系实际，辩证地看问题。希望同学们学习科学家**刻苦钻研的意志品格，坚持理想，培养创新意识和敢于挑战学科前沿的勇气。**

1. 逻辑函数的基本逻辑运算和复合逻辑运算

逻辑函数的基本逻辑运算

1) 基本逻辑运算

在逻辑代数中，基本的逻辑关系有与逻辑(与)、或逻辑(或)、非逻辑(非)三种，与之对应的有三种基本逻辑运算：与运算、或运算、非运算。

(1) 与逻辑。

当决定某一事件的全部条件都具备时，该事件才会发生，这样的因果关系称为与逻辑关系，简称与逻辑或与运算。图 1-3 所示为串联开关电路，A、B 是串联的两个开关，Y 是灯，开关的状态和灯的状态之间存在着确定的因果关系。只有当 A、B 开关都闭合时，灯才亮，而若有一个开关打开，灯就熄灭，这种灯的亮灭与开关通断之间的关系为与逻辑关系。

如果用 1 表示灯亮和开关闭合，用 0 表示灯灭和开关断开，可得如表 1-3 所示的与逻辑真值表。

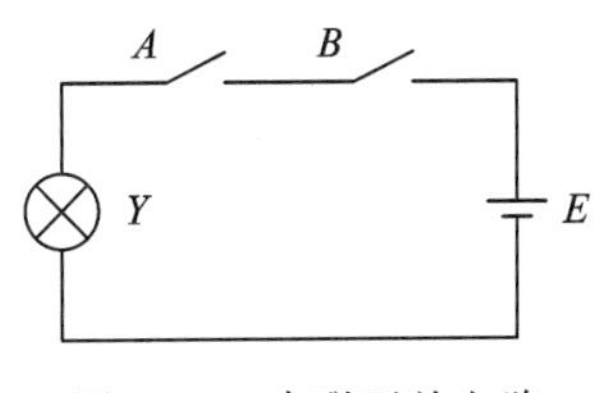

图 1-3　串联开关电路

表 1-3　与逻辑真值表

A	B	Y
0	0	0
0	1	0
1	0	0
1	1	1

若用逻辑表达式来描述与逻辑，则可写为

$$Y = A \cdot B \tag{1-4}$$

式中的符号“·”表示与运算，读作“与”(或逻辑乘)，通常可省略，简写为 $Y=A\,B$。对照表 1-3，得出与运算的运算规则如下：

$$0 \cdot 0=0,\ 0 \cdot 1=0,\ 1 \cdot 0=0,\ 1 \cdot 1=1$$

从上面的分析可以看出，与运算规则与普通代数中的乘法规则相似，所以与运算又称为逻辑乘，其逻辑关系可总结为：“全 1 出 1，有 0 出 0”。

实现与运算的电路称为与门，其逻辑符号如图 1-4 所示。与门的输入端可以不止两个，对于多变量的与运算可写为

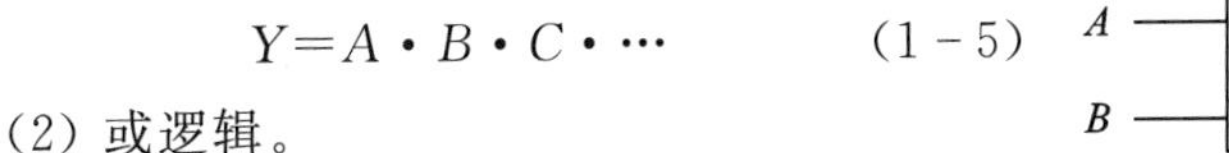

$$Y = A \cdot B \cdot C \cdot \cdots \tag{1-5}$$

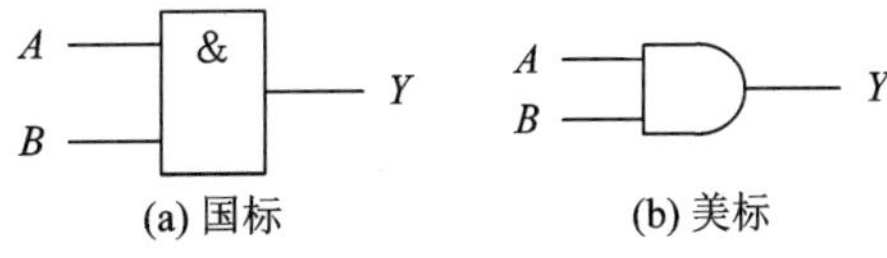

(a) 国标　(b) 美标

图 1-4　与门逻辑符号

(2) 或逻辑。

当决定某一事件的所有条件中，只要有一个或一个以上条件具备时，该事件就会发生，这样

的因果关系叫作或逻辑关系，简称或逻辑(或运算)。图 1-5 所示为并联开关电路，开关 A、B 有一个闭合，灯 Y 就亮，只有当 A、B 都打开时灯才熄灭，这种灯的亮灭与开关通断之间的关系为或逻辑关系。若仍用 1 表示灯亮和开关闭合，用 0 表示灯灭和开关断开，则可得如表 1-4 所示的或逻辑真值表。

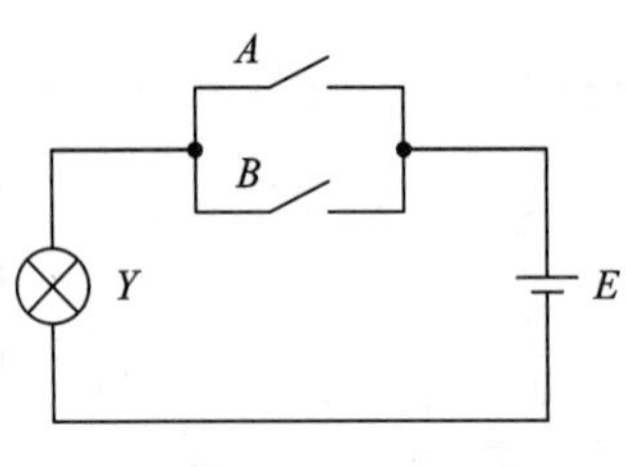

图 1-5　并联开关电路

表 1-4　或逻辑真值表

A	B	Y
0	0	0
0	1	1
1	0	1
1	1	1

或运算的逻辑表达式为

$$Y=A+B \tag{1-6}$$

式中的符号“+”表示或运算，读作“或”(或逻辑加)。对照表 1-4，或运算的运算规则如下：

$$0+0=0,\ 0+1=1,\ 1+0=1,\ 1+1=1$$

由上述分析可看出，或运算规则与普通代数的加法相似，所以或运算又称为逻辑加。需要注意的是：或运算与二进制的加法运算不同，尤其注意 1+1=1。或逻辑关系可总结为：“全 0 出 0，有 1 出 1”。

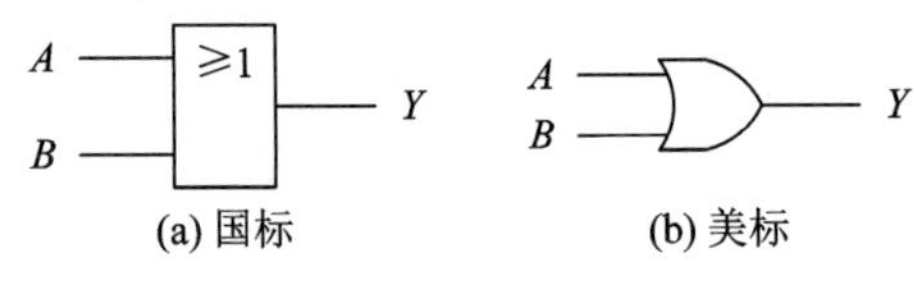

(a) 国标　(b) 美标

图 1-6　或门逻辑符号

实现或运算的电路称为或门，逻辑符号如图 1-6 所示。对于多变量的或运算可写为

$$Y=A+B+C+\cdots \tag{1-7}$$

(3) 非逻辑。

当决定某一事件的条件具备时，事件不发生；反之事件发生。这种逻辑关系称为非逻辑关系，简称非逻辑(非运算)。图 1-7 所示为开关与灯并联电路，当开关闭合时灯熄灭，当开关断开时灯亮，这种灯的亮灭与开关通断之间的关系为非逻辑关系。若仍用 1 表示灯亮和开关闭合，用 0 表示灯灭和开关断开，则非逻辑真值表如表 1-5 所示。

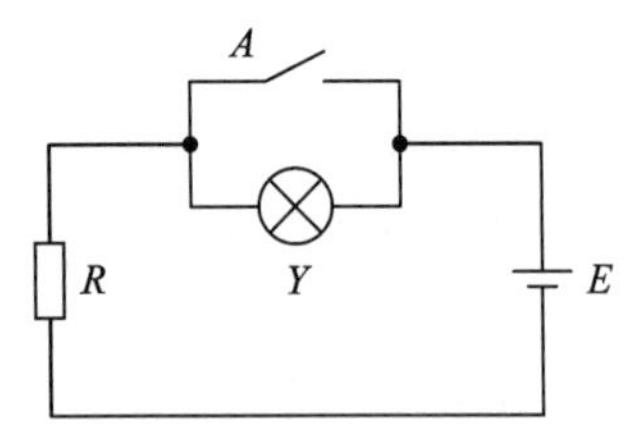

图 1-7　开关与灯并联电路

表 1-5　非逻辑真值表

A	Y
0	1
1	0

非运算的逻辑表达式为

$$Y=\overline{A} \tag{1-8}$$

式中的 $\overline{A}$ 读作“A 非”或“A 反”。非的运算规则为：$\overline{0}=1$，$\overline{1}=0$。

实现非运算的电路称为非门，逻辑符号如图 1-8 所示。非门是只有一个输入端的逻辑门。

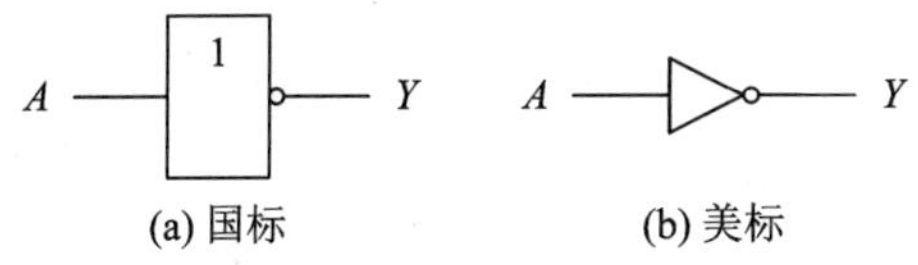

(a) 国标　　(b) 美标

图 1－8　非门逻辑符号

2）常用复合逻辑运算

逻辑函数的复合逻辑运算(一)

在数字系统中，除应用与、或、非三种基本逻辑运算之外，还广泛应用与、或、非的不同组合，最常见的复合逻辑运算有与非、或非、与或非、异或和同或等。

(1) 与非运算。

在与门后接一个非门，使与门的输出反相，就构成了与非门，如图1－9(a)所示，与非门逻辑符号如图 1－9(b)所示，与非逻辑真值表如表 1－6 所示。

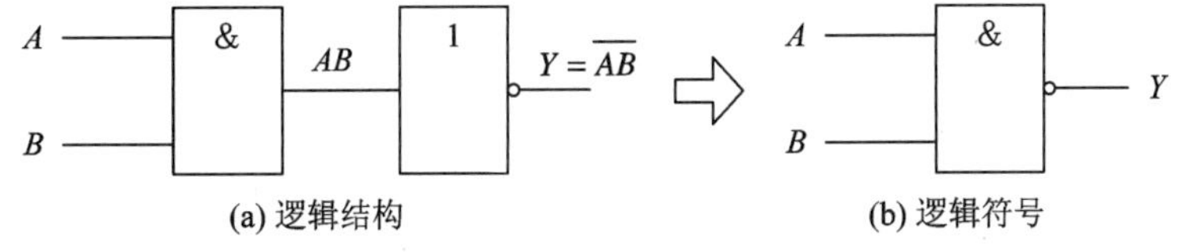

(a) 逻辑结构　　(b) 逻辑符号

图 1－9　与非门

表 1－6　与非逻辑真值表

A	B	Y
0	0	1
0	1	1
1	0	1
1	1	0

与非逻辑表达式为

$$Y=\overline{A\cdot B}=\overline{AB} \tag{1-9}$$

由真值表得出与非逻辑关系为："全 1 出 0，有 0 出 1"。

【仿真扫一扫】　请你动手做一做，仿真图如图 1－10 所示。将图 1－10 中的开关分别设置为高电平或低电平，以验证 2 输入与非门的真值表。其中，地线为低电平，VCC 线为高电平。仿真时，使用 A 键操作上面的开关，使用 B 键操作下面的开关。若指示灯亮，则表示输出为高电平。

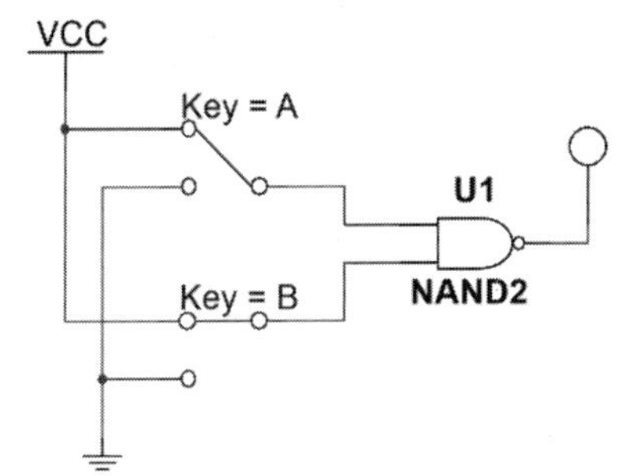

图 1－10　2 输入与非门功能验证仿真图

2 输入与非门功能验证仿真

(2) 或非运算。

在或门后接一个非门，使或门的输出反相，就构成了或非门。或非门逻辑结构及逻辑符号如图 1-11 所示，真值表如表 1-7 所示。

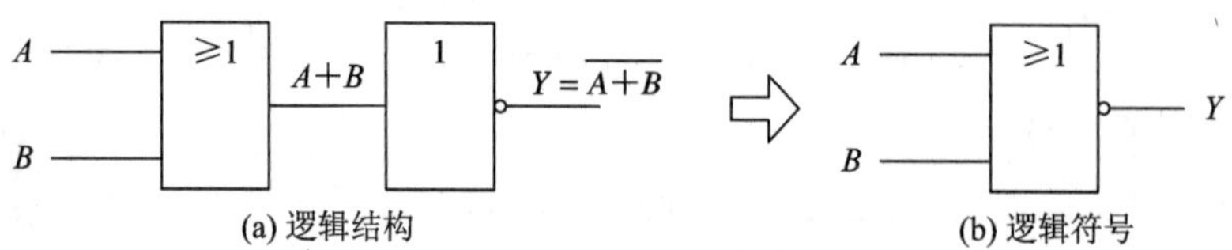

(a) 逻辑结构　　(b) 逻辑符号

图 1-11　或非门

表 1-7　或非逻辑真值表

A	B	Y
0	0	1
0	1	0
1	0	0
1	1	0

或非逻辑表达式为

$$Y=\overline{A+B} \tag{1-10}$$

或非逻辑关系可总结为："全 0 出 1，有 1 出 0"。

【仿真扫一扫】 仿真图如图 1-12 所示。将图 1-12 中的开关分别设置为高电平或低电平，以验证 2 输入或非门的真值表。其中，地线为低电平，VCC 线为高电平。仿真时，使用 A 键操作上面的开关，使用 B 键操作下面的开关。

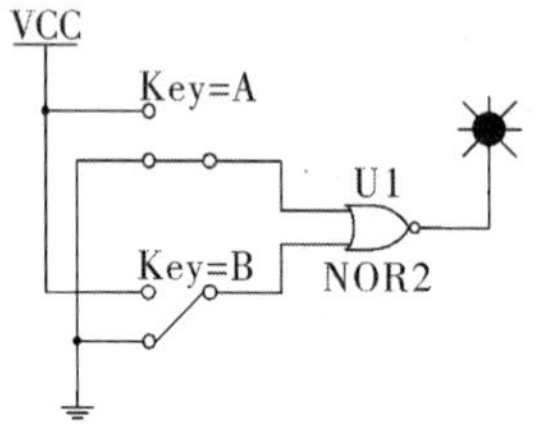

2 输入或非门功能验证仿真

图 1-12　2 输入或非门功能验证仿真图

(3) 与或非运算。

与或非运算为先与运算后或运算再进行非运算的复合逻辑运算。与或非门的逻辑图及逻辑符号分别如图 1-13(a)、(b)所示。

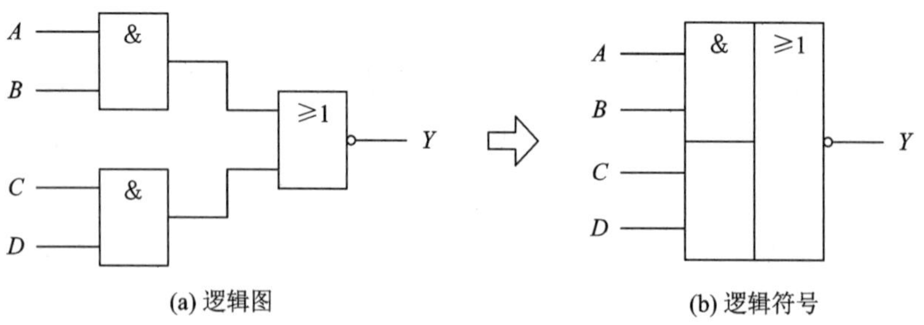

(a) 逻辑图　　(b) 逻辑符号

图 1-13　与或非门

与或非逻辑表达式为

$$Y=\overline{AB+CD} \tag{1-11}$$

(4) 异或运算。

异或运算的逻辑关系为：当两个输入变量取值相同时输出为0，当取值不同时输出为1。异或门逻辑符号如图1-14所示，真值表如表1-8所示。

逻辑函数的复合运算(二)

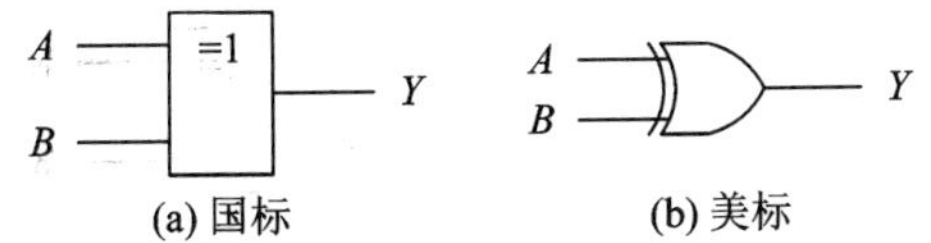

图1-14　异或门逻辑符号

表1-8　异或逻辑真值表

A	B	Y
0	0	0
0	1	1
1	0	1
1	1	0

异或逻辑表达式为

$$Y=\overline{A}B+A\overline{B}=A\oplus B \tag{1-12}$$

异或逻辑关系可总结为："相异出1"。

【仿真扫一扫】 仿真图如图1-15所示。将图1-15中的开关分别设置为0或1，以验证异或门的真值表。其中，地线为0，VCC线为1。仿真时，用A键操作上面的开关，用B键操作下面的开关。若指示灯亮，则表示输出为1。

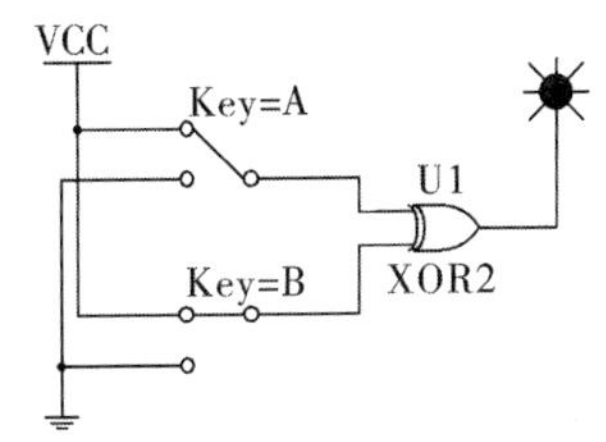

异或门功能验证仿真

图1-15　异或门功能验证仿真图

(5) 同或运算。

同或运算的逻辑关系为：当两个输入变量取值相同时输出为1，当取值不同时输出为0。同或门逻辑符号如图1-16所示，真值表如表1-9所示。

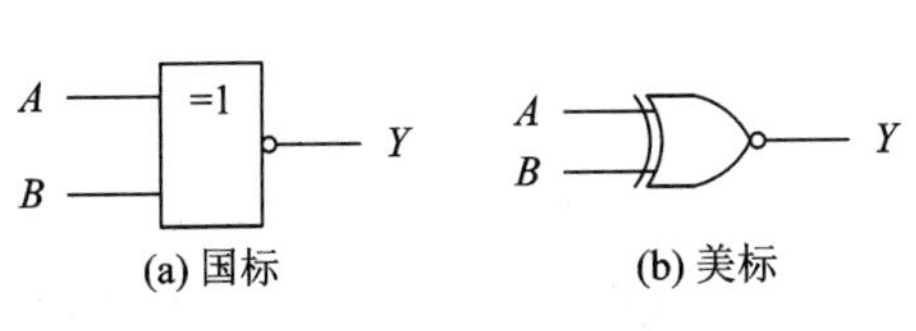

图1-16　同或门逻辑符号

表1-9　同或逻辑真值表

A	B	Y
0	0	1
0	1	0
1	0	0
1	1	1

同或逻辑表达式为

$$Y=AB+\overline{A}\overline{B}=A\odot B \tag{1-13}$$

比较异或运算和同或运算真值表可知，两者互为反函数，即

$$Y=A\odot B=\overline{A\oplus B}=\overline{A\overline{B}+\overline{A}B} \tag{1-14}$$

同或逻辑关系可总结为：“相同出 1”。

【仿真扫一扫】 仿真图如图 1-17 所示。将图 1-17 中的开关分别设置为 0 或 1，以验证同或门的真值表。其中，地线为 0，VCC 线为 1。仿真时，用 A 键操作上面的开关，用 B 键操作下面的开关。若指示灯亮，则表示输出为 1。

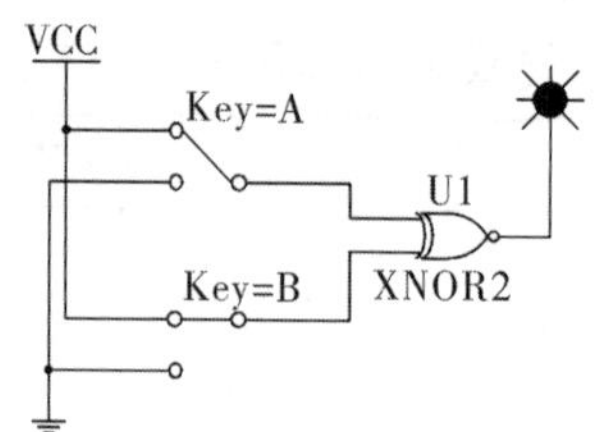

图 1-17 同或门功能验证仿真图

同或门功能验证仿真

几种常用的复合逻辑函数表达式及逻辑符号如表 1-10 所示。

表 1-10 常用的复合逻辑函数表达式及逻辑符号

逻辑名称	与非	或非	与或非	异或	同或
逻辑表达式	$Y=\overline{AB}$	$Y=\overline{A+B}$	$Y=\overline{AB+CD}$	$Y=A\oplus B$ $=\overline{A}B+A\overline{B}$	$Y=A\odot B$ $=AB+\overline{A}\,\overline{B}$
逻辑运算方法	先与后非	先或后非	先与后或再非	相异出 1，相同出 0	相同出 1，相异出 0
逻辑符号	A, B → & → Y	A, B → ≥1 → Y	A, B, C, D → & ≥1 → Y	A, B → =1 → Y	A, B → =1 → Y

2. 逻辑函数的表示方法及相互转换

逻辑函数表示方法

在前面讨论的每种逻辑关系中，当输入逻辑变量的取值确定时，输出逻辑变量的取值也被相应地确定了，输出变量与输入变量之间存在着一定的对应关系，这种对应关系称为逻辑函数。逻辑函数的表示方法较多，常用的有：真值表、逻辑函数式、逻辑图、波形图等，它们各有特点，又相互联系，还可以相互转换。

1）*真值表*

真值表是将输入逻辑变量的所有取值与相应的输出变量函数值排列在一起而组成的表格。逻辑函数的真值表具有唯一性，若两个逻辑函数具有相同的真值表，则两个逻辑函数必然相等。真值表的特点是直观、明了，特别是在把一个实际逻辑问题抽象为数学问题时，使用真值表最为方便。

真值表列写方法：每一个变量均有 0、1 两种取值，n 个变量共有 2^n 种不同的取值，将这 2^n 种不同取值按自然二进制数递增顺序排列(既不易遗漏，也不会重复)，同时在相应位置上填入函数的输出值，便可得到逻辑函数的真值表。

例 1.7　求函数 $Y=\overline{AB+CD}$ 的真值表。

解　因为函数有 4 个变量，所以共有 $2^4=16$ 种不同取值，按自然二进制数递增顺序列出 16 种取值，再将每组变量取值代入表达式中进行逻辑运算，求出对应的函数值，如表 1-11 所示。

表 1-11　例 1.7 真值表

A	B	C	D	Y
0	0	0	0	1
0	0	0	1	1
0	0	1	0	1
0	0	1	1	0
0	1	0	0	1
0	1	0	1	1
0	1	1	0	1
0	1	1	1	0
1	0	0	0	1
1	0	0	1	1
1	0	1	0	1
1	0	1	1	0
1	1	0	0	0
1	1	0	1	0
1	1	1	0	0
1	1	1	1	0

2) 逻辑函数式

逻辑函数式是用与、或、非等逻辑运算来表示输入变量和输出函数间因果关系的逻辑函数表达式。由真值表直接写出的逻辑函数式是最小项表达式(标准与-或逻辑式)。写最小项表达式的方法如下：

(1) 找出使输出(函数值)为 1 的对应的输入变量取值组合。

(2) 将每组输入变量取值组合写成一个乘积项，其中取值为 1 的用原变量表示，取值为 0 的用反变量表示。

(3) 将所有乘积项逻辑加，即得逻辑函数最小项表达式。

例 1.8　已知逻辑函数真值表如表 1-12 所示，试写出该逻辑函数的最小项表达式。

表 1-12　例 1.8 函数真值表

A	B	C	Y
0	0	0	1
0	0	1	0
0	1	0	0
0	1	1	0
1	0	0	0
1	0	1	0
1	1	0	0
1	1	1	1

解　① 使输出 Y 为 1 的对应的输入变量取值组合有 2 组，分别为：000、111。

② 写出函数值 $Y=1$ 的输入变量取值组成的乘积项，取值为 1 的用原变量表示，取值为 0 的用反变量表示。这里分别是

$$0\quad 0\quad 0：\ \overline{A}\ \ \overline{B}\ \ \overline{C}$$

$$1\quad 1\quad 1：\ A\ \ B\ \ C$$

③ 将所有乘积项逻辑加，就得到该逻辑函数的最小项表达式。

$$Y=\overline{A}\,\overline{B}\,\overline{C}+ABC$$

3）逻辑图

逻辑图是用基本逻辑门和复合逻辑门的逻辑符号组成的对应于某一逻辑功能的电路图。根据逻辑函数式画逻辑图时，只要把逻辑函数式中各逻辑运算用相应门电路的逻辑符号表示出来，就可得到和逻辑函数相对应的逻辑图。注意要按照逻辑运算的优先级顺序依次从左到右排列，同一优先级的排一列。

例 1.9　画出例 1.8 中逻辑函数式的逻辑图。

解　$Y=\overline{A}\overline{B}\overline{C}+ABC$ 中有三种逻辑运算，非运算用非门实现，与运算用与门实现，或运算用或门实现，运算次序为先非后与再或，因此用三级电路实现之，对应逻辑图如图 1-18所示。

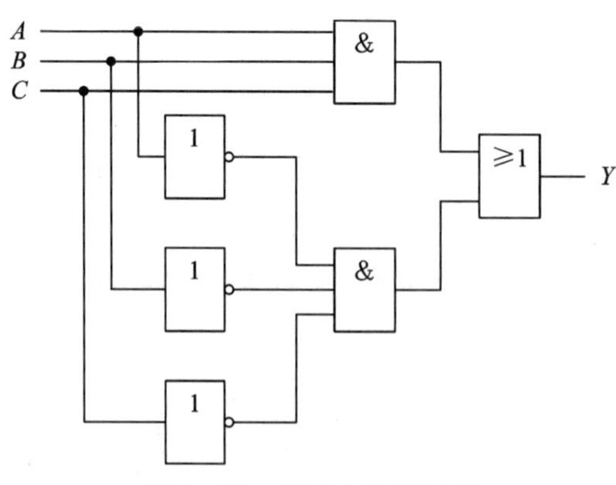

图 1-18　例 1.9 的逻辑图

根据给定的逻辑图写逻辑函数式时，可根据逻辑图从左至右逐级写出输出端函数表达式。

例 1.10　图 1-19 所示为控制楼梯照明灯电路。两个单刀双掷开关 A 和 B 分别安装在楼上和楼下。上楼之前，在楼下开灯，上楼后关灯；反之，下楼之前，在楼上开灯，下楼后关灯。试画出能实现该功能的逻辑图。

解　(1) 分析逻辑问题，建立逻辑函数的真值表。

设开关 A、B 合向左侧时为 0 状态，合向右侧时为 1 状态；Y 表示灯，灯亮时为 1 状态，灯灭时为 0 状态，则可得到真值表如表 1-13 所示。

(2) 根据真值表写出逻辑式。

根据表 1-13 的真值表可写出逻辑函数式为

$$Y=\overline{A}\,\overline{B}+AB=A\odot B=\overline{A\oplus B}$$

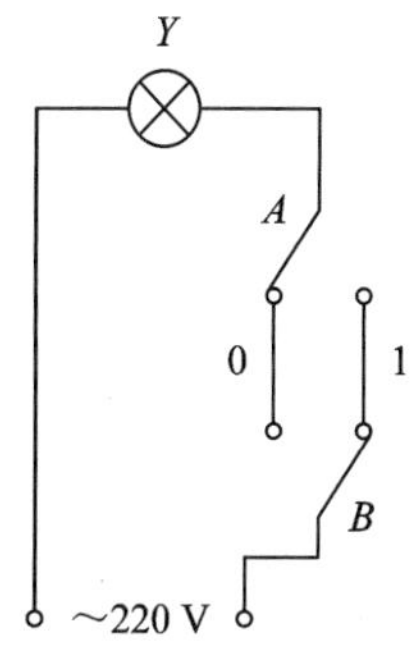

图 1-19　控制楼梯照明灯电路

表 1-13　控制楼梯照明灯电路的真值表

A	B	Y
0	0	1
0	1	0
1	0	0
1	1	1

(3) 画逻辑图。

根据表达式可画出逻辑图如图 1-20 所示，根据逻辑函数式可知，逻辑图可以用同或门实现，也可以用异或门和非门组成，可根据实际需求和题目要求选择。

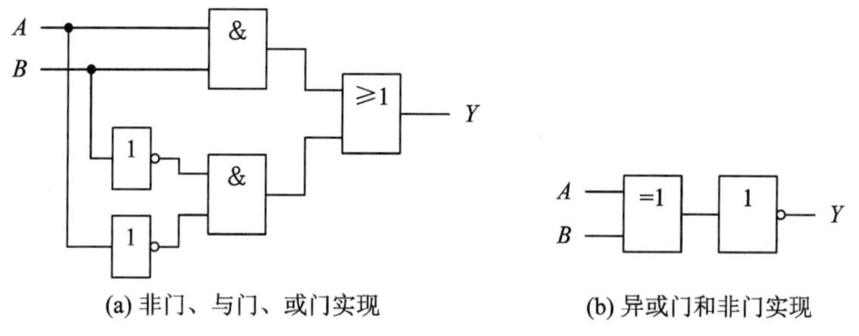

(a) 非门、与门、或门实现　　(b) 异或门和非门实现

图 1-20　控制楼梯照明灯电路的逻辑图

4) 波形图

波形图是反映输入和输出波形变化规律的图形。如果给出了输入信号的波形图，就可以根据逻辑函数式或真值表画出对应的输出信号的波形图，如图 1-21 所示是例 1.10 的波形图。其中 A 和 B 为输入信号的波形，Y 为输出信号波形。

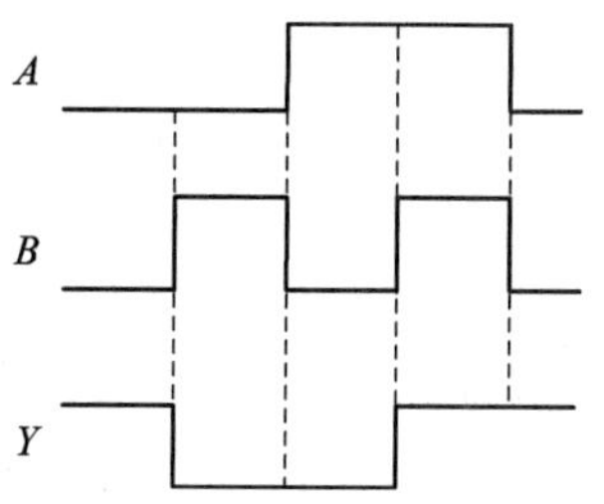

图 1-21　例 1.10 的波形图

1.1.4 逻辑代数的基本定律和规则

逻辑代数的基本公式

1. 逻辑代数的基本公式

1) 逻辑常量运算公式

逻辑常量只有 0 和 1 两个，常量间的与、或、非三种基本逻辑运算公式列于表 1-14 中。

表 1-14 逻辑常量运算公式

与运算	或运算	非运算
$0\cdot0=0$	$0+0=0$	$\overline{1}=0$
$0\cdot1=0$	$0+1=1$	
$1\cdot0=0$	$1+0=1$	$\overline{0}=1$
$1\cdot1=1$	$1+1=1$	

2) 逻辑变量、常量运算公式

设 A 为逻辑变量，则逻辑变量与常量间的运算公式列于表 1-15 中。

表 1-15 逻辑变量、常量运算公式

0-1 律	重叠律	互补律	还原律
$A\cdot0=0$	$A\cdot A=A$	$A\cdot\overline{A}=0$	$\overline{\overline{A}}=A$
$A\cdot1=A$			
$A+0=A$	$A+A=A$	$A+\overline{A}=1$	
$A+1=1$			

由于逻辑变量 A 的取值只能为 0 或 1，因此，只要把 A 的取值 0 或 1 代入表 1-15 中的各式，便可证明各等式都是成立的。

交换律、结合律、分配律

2. 逻辑代数的基本定律

1) 与普通代数相似的定律

(1) 交换律：

$$A+B=B+A,\quad A\cdot B=B\cdot A$$

(2) 结合律：

$$(A+B)+C=A+(B+C),\quad (A\cdot B)\cdot C=A\cdot(B\cdot C)$$

(3) 分配律

$$A\cdot(B+C)=AB+AC,\quad A+B\cdot C=(A+B)\cdot(A+C)$$

以上定律的正确性可以用真值表或逻辑代数的基本公式和基本定律证明，分配律的第二条是普通代数所没有的，现用基本公式和基本定律证明如下：

右式$=(A+B)(A+C)$

$=AA+AC+BA+BC$　　利用分配律第一条将右式展开

$=A+AC+AB+BC$　　利用 $A\cdot A=A$ 和交换律

$=A(1+C+B)+BC$　　利用分配律第一条，提出公因子

$=A+BC=$左式　　利用 $1+A=1$ 和 $A\cdot 1=A$

2）吸收律

吸收律

(1) $AB+A\overline{B}=A$。

证明：　$AB+A\overline{B}=A(B+\overline{B})=A\cdot 1=A$

(2) $A+AB=A$。

证明：　$A+AB=A(1+B)=A\cdot 1=A$

(3) $A+\overline{A}B=A+B$。

证明：　$A+\overline{A}B=(A+\overline{A})(A+B)=1\cdot(A+B)=A+B$

(4) $AB+\overline{A}C+BC=AB+\overline{A}C$。

证明：

$$
\begin{aligned}
\text{左式}&=AB+\overline{A}C+BC(A+\overline{A})\\
&=AB+\overline{A}C+ABC+\overline{A}BC\\
&=AB(1+C)+\overline{A}C(1+B)\\
&=AB+\overline{A}C=\text{右式}
\end{aligned}
$$

上面第(4)式子还可推广为

$$AB+\overline{A}C+BCD=AB+\overline{A}C \tag{1-15}$$

3）摩根定律

摩根定律又称为反演律，它有下面两种形式：

$$\overline{A\cdot B}=\overline{A}+\overline{B} \tag{1-16}$$

$$\overline{A+B}=\overline{A}\cdot\overline{B} \tag{1-17}$$

摩根定律可用真值表来证明，表1-16为式(1-16)的证明，式(1-17)请读者自己完成。

表1-16　$\overline{A\cdot B}=\overline{A}+\overline{B}$ 的证明

A	B	$\overline{AB}$	$\overline{A}+\overline{B}$
0	0	1	1
0	1	1	1
1	0	1	1
1	1	0	0

摩根定律

摩根定律可推广到多个变量，其逻辑式如下：

$$\overline{A\cdot B\cdot C\cdot\cdots}=\overline{A}+\overline{B}+\overline{C}+\cdots$$

$$\overline{A+B+C+\cdots}=\overline{A}\cdot\overline{B}\cdot\overline{C}\cdot\cdots$$

3. 逻辑代数的基本规则

1）代入规则

在任何一个逻辑等式中，如果将等式两边的某一变量都用同一个逻辑函数代替，则等式依然成立，这个规则称为代入规则。利用代入规则，可以将基本定律加以推广。如将摩根定律推广到三个变量，已知等式 $\overline{AB}=\overline{A}+\overline{B}$，若用 CD 代替等式中的 B，则得 $\overline{ACD}=$

$\overline{A}+\overline{CD}=\overline{A}+\overline{C}+\overline{D}$，同理可将变量个数推广到 n 个。

2）反演规则

对任何一个逻辑函数式 Y，如果将式中所有的“·”换成“+”，“+”换成“·”，0 换成 1，1 换成 0，原变量换成反变量，反变量换成原变量，则得到原来逻辑函数 Y 的反函数 $\overline{Y}$，这种变换规则称为反演规则。在应用反演规则时必须注意以下两点：

(1) 变换后的运算顺序要保持变换前的运算优先顺序不变，必要时可加括号表明运算的先后顺序。

(2) 反演规则中的反变量换成原变量，原变量换成反变量只对单个变量有效，而对于与非、或非等运算的长非号则保持不变。

反演规则常用于求一个已知逻辑函数的反函数。

例 1.11 试用反演规则求 $L_1=A\overline{B}+C\overline{D}E$ 和 $L_2=A+\overline{B+\overline{C}+\overline{D+\overline{E}}}$ 的反函数。

解

$$\overline{L_1}=(\overline{A}+B)(\overline{C}+D+\overline{E})$$

$$\overline{L_2}=\overline{A}\cdot\overline{\overline{B}\cdot C\cdot\overline{\overline{D}\cdot E}}$$

3）对偶规则

对任何一个逻辑函数式 Y，如把式中所有的“·”换成“+”，“+”换成“·”，1 换成 0，0 换成 1，这样就得到一个新的逻辑函数式 Y'，则 Y 和 Y' 互为对偶式。这种变换规则称为对偶规则。对偶变换时要注意保持变换前运算的优先顺序不变。

若两个逻辑函数式相等，则它们的对偶式也一定相等，这就是对偶定理。因此对偶规则常用于证明逻辑等式，若能证明一个逻辑等式的对偶式成立，则原等式也一定成立。

例 1.12 求 $L_1=A\overline{B}+C\overline{D}E$ 和 $L_2=\overline{\overline{A}\cdot\overline{B\cdot\overline{C}}}$ 的对偶式。

解

$$L_1'=(A+\overline{B})(C+\overline{D}+E)$$

$$L_2'=\overline{\overline{A}+\overline{B+\overline{C}}}$$

1.1.5 逻辑函数的化简

进行逻辑设计时，根据逻辑问题归纳出来的逻辑函数式往往不是最简逻辑函数式，并且可以有不同的形式。因此，实现这些逻辑函数就会有不同的逻辑电路。对逻辑函数进行化简和变换，可以得到最简的逻辑函数式和所需要的形式，设计出最简洁的逻辑电路。这对于节省元器件，优化生产工艺，降低成本和提高系统的可靠性，提高产品在市场上的竞争力是非常重要的。

不同形式的逻辑函数式有不同的最简形式，由于与-或表达式最常用，因此这里只讨论最简与-或表达式的最简标准。最简与-或表达式的标准如下：

(1) 逻辑函数式中的乘积项(与项)的个数最少。

(2) 每个乘积项中的变量数最少。

逻辑函数化简的方法通常有两种：代数法和卡诺图法。

1. 逻辑函数的代数化简法

运用逻辑代数的基本定律和公式对逻辑函数式化简的方法称为代数化简法。基本的代

数化简方法有以下几种。

逻辑函数的代数化简法

1）并项法

利用吸收律 $AB+A\overline{B}=A$，将两项合并为一项，并消去一个变量。

例 1.13　化简 $Y_1=A\overline{B}C+A\overline{B}\overline{C}$ 和 $Y_2=A(BC+\overline{B}\,\overline{C})+A(B\overline{C}+\overline{B}C)$。

解

$$Y_1=A\overline{B}C+A\overline{B}\overline{C}=A\overline{B}$$

$$\begin{aligned}Y_2&=A(BC+\overline{B}\overline{C})+A(B\overline{C}+\overline{B}C)\\&=A(\overline{B\oplus C})+A(B\oplus C)\\&=A\end{aligned}$$

2）吸收法

利用吸收律 $A+AB=A$ 和 $AB+\overline{A}C+BC=AB+\overline{A}C$，消去多余的乘积项。

例 1.14　化简 $Y_1=A\overline{B}+A\overline{B}C\overline{D}(E+F)$ 和 $Y_2=ABC+\overline{A}D+\overline{C}D+BD$。

解

$$Y_1=A\overline{B}+A\overline{B}C\overline{D}(E+F)=A\overline{B}$$

$$\begin{aligned}Y_2&=ABC+\overline{A}D+\overline{C}D+BD\\&=ABC+D(\overline{A}+\overline{C})+BD\\&=ACB+\overline{AC}\cdot D+BD\\&=ACB+\overline{AC}D\\&=ABC+\overline{A}D+\overline{C}D\end{aligned}$$

3）消去法

利用吸收律 $A+\overline{A}B=A+B$，消去多余的因子。

例 1.15　化简 $Y_1=AB+\overline{A}C+\overline{B}C$ 和 $Y_2=A\overline{B}+\overline{A}B+ABCD+\overline{A}\,\overline{B}CD$。

解

$$\begin{aligned}Y_1&=AB+\overline{A}C+\overline{B}C\\&=AB+(\overline{A}+\overline{B})C\\&=AB+\overline{AB}C\\&=AB+C\end{aligned}$$

$$\begin{aligned}Y_2&=A\overline{B}+\overline{A}B+ABCD+\overline{A}\overline{B}CD\\&=A\overline{B}+\overline{A}B+CD(AB+\overline{A}\overline{B})\\&=A\oplus B+CD\cdot\overline{A\oplus B}\\&=A\oplus B+CD\\&=A\overline{B}+\overline{A}B+CD\end{aligned}$$

4）配项法

在不能直接运用公式、定律化简时，可通过乘 $(A+\overline{A})=1$ 进行配项，然后再化简。

例 1.16　化简 $L=A\overline{B}+B\overline{C}+\overline{B}C+\overline{A}B$。

解

$$
\begin{aligned}
L &= A\bar{B}+B\bar{C}+\bar{B}C+\bar{A}B \\
&= A\bar{B}(C+\bar{C})+(A+\bar{A})B\bar{C}+\bar{B}C+\bar{A}B \\
&= A\bar{B}C+A\bar{B}\bar{C}+AB\bar{C}+\bar{A}B\bar{C}+\bar{B}C+\bar{A}B \\
&= (A+1)\bar{B}C+A\bar{C}(\bar{B}+B)+\bar{A}B(\bar{C}+1) \\
&= \bar{B}C+A\bar{C}+\bar{A}B
\end{aligned}
$$

实际上用代数法化简逻辑函数时，往往需要综合运用上述几种方法，才能得到最简结果。

例 1.17 化简函数 $Y=AD+A\bar{D}+AB+\bar{A}C+\bar{C}D+A\bar{B}EF$

解

$$
\begin{aligned}
Y &= AD+A\bar{D}+AB+\bar{A}C+\bar{C}D+A\bar{B}EF \\
&= A+AB+\bar{A}C+\bar{C}D+A\bar{B}EF \\
&= A+\bar{A}C+\bar{C}D \\
&= A+C+\bar{C}D \\
&= A+C+D
\end{aligned}
$$

例 1.18 化简函数 $Y=A\bar{C}\bar{D}+BC+B\bar{C}+A\bar{B}+A\bar{C}+\bar{B}\bar{C}$

解

$$
\begin{aligned}
Y &= A\bar{C}\bar{D}+BC+B\bar{C}+A\bar{B}+A\bar{C}+\bar{B}\bar{C} \\
&= A\bar{C}\bar{D}+B+A\bar{B}+A\bar{C}+\bar{B}\bar{C} \\
&= A\bar{C}\bar{D}+B+A+A\bar{C}+\bar{C} \\
&= B+A+\bar{C}
\end{aligned}
$$

代数法化简逻辑函数的优点是简单方便，对逻辑函数式中的变量个数没有限制。它适用于变量较多、较复杂的逻辑函数式的化简。它的缺点是需要熟练掌握和灵活运用逻辑代数的基本定律和基本公式，而且还需要有一定的化简技巧。另外代数化简法不易判断所化简的逻辑函数式是否已经达到最简式。只有通过多做练习，积累经验，才能做到熟能生巧，较好地掌握代数化简法。

2. 逻辑函数的卡诺图化简法

卡诺图化简法是逻辑函数式的图解化简法。它克服了代数化简法对化简结果是否最简形式难以确定的缺点。卡诺图化简法具有确定的化简步骤，能比较方便地获得逻辑函数的最简与-或表达式。

1）逻辑函数的最小项及其表达式

（1）最小项的定义及编号。

最小项的定义性质和表达式

在一个逻辑函数式中，如果一个乘积项包含了所有变量，而且每个变量以原变量或反变量的形式只出现一次，那么该乘积项称为该逻辑函数的一个最小项。

因为每个变量都以原变量或反变量两种可能的形式出现，所以 n 个变量，有 2^n 个最小项。为了方便起见，最小项通常用 m_i 表示，下标 i 为最小项编号。编号的方法是：将最小项中的原变量用 1 表示，反变量用 0 表示，则构成一组二进制数，将此二进制数转换成相应的十进制数就是该最小项的编号。如三变量最小项 $A\bar{B}C$，对应的二进制数为 101，十进制数为 5，所以最小项的编号为 5，记作 m_5。表 1-17 列出了三变量逻辑函数的全部最小项及编号。

表 1-17　三变量逻辑函数的最小项及编号

最小项	变量取值			最小项编号
	A	B	C	
$\overline{A}\,\overline{B}\,\overline{C}$	0	0	0	m_0
$\overline{A}\,\overline{B}C$	0	0	1	m_1
$\overline{A}B\overline{C}$	0	1	0	m_2
$\overline{A}BC$	0	1	1	m_3
$A\overline{B}\,\overline{C}$	1	0	0	m_4
$A\overline{B}C$	1	0	1	m_5
$AB\overline{C}$	1	1	0	m_6
ABC	1	1	1	m_7

(2) 最小项的性质。

表 1-18 为三变量逻辑函数最小项真值表，由表 1-18 可以看出，最小项具有以下性质：

① 对于任意一个最小项，只有一组变量取值使其值为 1，而其他组变量取值均使其为 0，且不同最小项，使其取值为 1 的变量取值也不同。

② 对于任意一组变量取值，所有最小项的和为 1。

③ 对于任意一组变量取值，任意两个最小项的乘积为 0。

表 1-18　三变量逻辑函数最小项真值表

A	B	C	$\overline{A}\,\overline{B}\,\overline{C}$	$\overline{A}\,\overline{B}C$	$\overline{A}B\overline{C}$	$\overline{A}BC$	$A\overline{B}\,\overline{C}$	$A\overline{B}C$	$AB\overline{C}$	ABC
0	0	0	1	0	0	0	0	0	0	0
0	0	1	0	1	0	0	0	0	0	0
0	1	0	0	0	1	0	0	0	0	0
0	1	1	0	0	0	1	0	0	0	0
1	0	0	0	0	0	0	1	0	0	0
1	0	1	0	0	0	0	0	1	0	0
1	1	0	0	0	0	0	0	0	1	0
1	1	1	0	0	0	0	0	0	0	1

(3) 逻辑函数的最小项表达式。

任何一个逻辑函数都可以表示成若干个最小项之和的形式，这样的逻辑表达式称为最小项表达式，也称标准与-或式。对一个逻辑函数而言，最小项表达式是唯一的，得到最小项表达式的方法通常是利用基本定律和配项法，将缺少某个变量的乘积项配项补齐。

例 1.19　写出逻辑函数 $Y=\overline{A}\overline{B}\overline{C}+\overline{\overline{AB}+C\cdot\overline{D}}$的最小项表达式。

解 ① 利用摩根定律和分配律把逻辑函数式展开为与-或式。

$$
\begin{aligned}
Y &= \overline{A}\,\overline{B}\,\overline{C} + AB\cdot\overline{C\cdot\overline{D}} \\
&= \overline{A}\overline{B}\overline{C} + AB\cdot(\overline{C}+D) \\
&= \overline{A}\overline{B}\overline{C} + AB\overline{C} + ABD
\end{aligned}
$$

② 利用配项法化为标准与-或式。

$$
\begin{aligned}
Y &= \overline{A}\,\overline{B}\,\overline{C}(D+\overline{D}) + AB\overline{C}(D+\overline{D}) + AB(C+\overline{C})D \\
&= \overline{A}\overline{B}\overline{C}\overline{D} + \overline{A}\overline{B}\overline{C}D + AB\overline{C}\overline{D} + AB\overline{C}D + ABCD + AB\overline{C}D
\end{aligned}
$$

③ 利用 $A+A=A$ 合并掉相同的最小项。

$$
\begin{aligned}
Y &= \overline{A}\,\overline{B}\,\overline{C}\,\overline{D} + \overline{A}\,\overline{B}\,\overline{C}D + AB\overline{C}\,\overline{D} + AB\overline{C}D + ABCD \\
&= m_0 + m_1 + m_{12} + m_{13} + m_{15} \\
&= \sum m\,(0,1,12,13,15)
\end{aligned}
$$

2）用卡诺图表示逻辑函数

（1）相邻最小项。

卡诺图

如果两个最小项中只有一个变量为互反变量，其余变量均相同，则这两个最小项为逻辑相邻，并把它们称为相邻最小项，简称相邻项。例如，三变量最小项 ABC 和 $AB\overline{C}$，其中的 C 和 $\overline{C}$ 为互反变量，其余变量（AB）都相同，所以它们是相邻最小项。显然，两个相邻最小项可以合并为一项，同时消去互反变量，如 $ABC+AB\overline{C}=AB(C+\overline{C})=AB$，合并结果为这两个最小项的共有变量，即去异留同。

（2）卡诺图的构成。

卡诺图又称为最小项方格图。用 2^n 个小方格表示 n 个变量的 2^n 个最小项，并且使相邻最小项在几何位置上也相邻，按这样的相邻要求排列起来的方格图称为 n 个变量最小项卡诺图，这种相邻原则又称为卡诺图的相邻性。

卡诺图中将 n 个变量分成行变量和列变量两组，行、列变量的取值决定了小方格的编号，即最小项的编号。行、列变量的取值顺序按照相邻性原则排列。下面介绍二变量～四变量卡诺图的画法。

① 二变量卡诺图。设变量为 A、B，因为有两个变量，对应有四个最小项，所以卡诺图应有四个小方格，按相邻性画出二变量卡诺图，如图 1-22 所示。由图 1-22(a)可以看出小方格代表的最小项由方格外面行变量和列变量的取值形式决定。若原变量用 1 表示，反变量用 0 表示，则行、列变量取值对应的十进制数为该最小项的编号，如图 1-22(b)所示。若用最小项的编号表示，则可用图 1-22(c)形式表示。

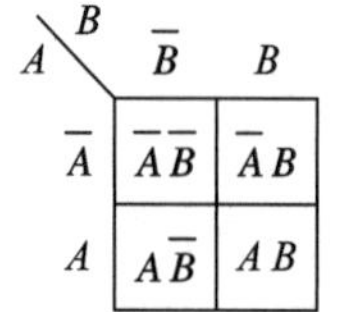

(a) 以原变量、反变量形式表示

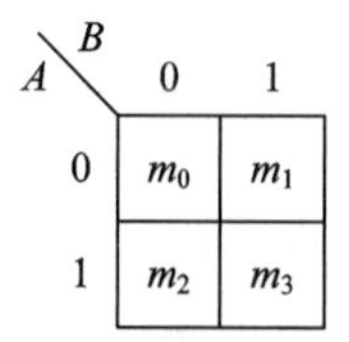

(b) 以0、1形式表示

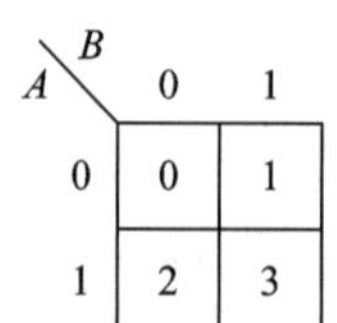

(c) 以最小项编号形式表示

图 1-22　二变量卡诺图

② 三变量卡诺图。设三个变量为 A、B、C，共有 $2^3=8$ 个最小项，按相邻性安放最小项可画出三变量卡诺图，如图 1 - 23 所示。

A \ BC	$\bar B\bar C$	$\bar B C$	BC	$B\bar C$
$\bar A$	$\bar A\bar B\bar C$	$\bar A\bar B C$	$\bar A B C$	$\bar A B\bar C$
A	$A\bar B\bar C$	$A\bar B C$	ABC	$AB\bar C$

(a) 以原变量、反变量形式表示

A \ BC	00	01	11	10
0	m_0	m_1	m_3	m_2
1	m_4	m_5	m_7	m_6

(b) 以 0、1 形式表示

图 1 - 23　三变量卡诺图

③ 四变量卡诺图。设四个变量为 A、B、C、D，共有 $2^4=16$ 个最小项，同理可画出如图 1 - 24 所示的四变量卡诺图。

AB \ CD	$\bar C\bar D$	$\bar C D$	CD	$C\bar D$
$\bar A\bar B$	$\bar A\bar B\bar C\bar D$	$\bar A\bar B\bar C D$	$\bar A\bar B C D$	$\bar A\bar B C\bar D$
$\bar A B$	$\bar A B\bar C\bar D$	$\bar A B\bar C D$	$\bar A B C D$	$\bar A B C\bar D$
AB	$AB\bar C\bar D$	$AB\bar C D$	$ABCD$	$ABC\bar D$
$A\bar B$	$A\bar B\bar C\bar D$	$A\bar B\bar C D$	$A\bar B C D$	$A\bar B C\bar D$

(a) 以原变量、反变量形式表示

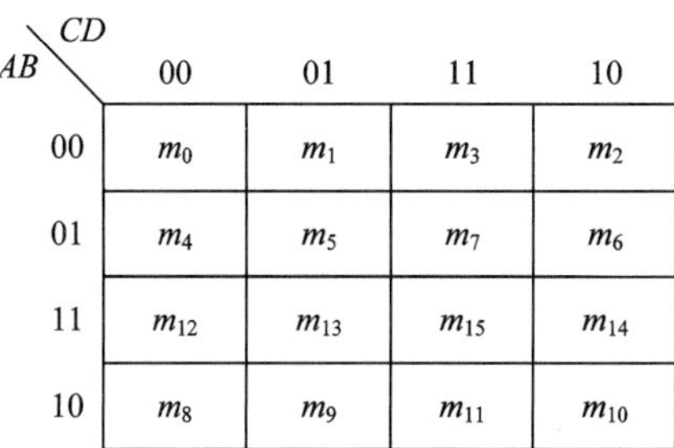

AB \ CD	00	01	11	10
00	m_0	m_1	m_3	m_2
01	m_4	m_5	m_7	m_6
11	m_{12}	m_{13}	m_{15}	m_{14}
10	m_8	m_9	m_{11}	m_{10}

(b) 以 0、1 形式表示

图 1 - 24　四变量卡诺图

(3) 用卡诺图表示逻辑函数的方法。

用卡诺图表示逻辑函数就是将函数真值表或表达式的值填入卡诺图中，方法如下：

① 根据逻辑函数变量的个数，画出相应变量的卡诺图。

② 在逻辑函数包含的最小项对应的方格中填入 1，没有最小项的方块内填 0 或不填。

根据逻辑函数画出的卡诺图是唯一的，它是描述逻辑函数的又一种表示形式。下面举例说明根据逻辑函数不同的表示形式填写卡诺图的方法。

已知逻辑函数为最小项表达式，画逻辑函数的卡诺图。

例 1.20　试画出例 1.19 中最小项表达式的卡诺图。

解　① 画出四变量卡诺图。

② 填卡诺图。在逻辑式中的最小项 m_0、m_1、m_{12}、m_{13}、m_{15}对应的方格填 1，其余不填，如图 1 - 25 所示。

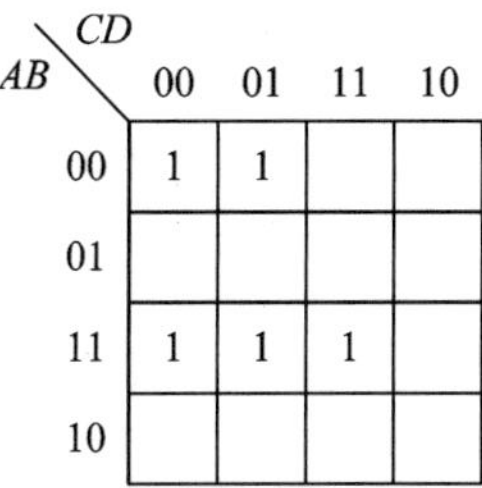

AB \ CD	00	01	11	10
00	1	1		
01				
11	1	1	1	
10				

图 1 - 25　例 1.19 逻辑函数的卡诺图

已知逻辑函数真值表，画出逻辑函数的卡诺图。

逻辑函数真值表和逻辑函数的最小项表达式是一一对应的，所以可以直接根据真值表填卡诺图。

例 1.21 已知逻辑函数 Y 的真值表如表 1-19 所示，试画出 Y 的卡诺图。

表 1-19 例 1.21 真值表

A	B	C	Y
0	0	0	1
0	0	1	0
0	1	0	1
0	1	1	0
1	0	0	1
1	0	1	0
1	1	0	1
1	1	1	0

解 ① 画出三变量卡诺图。

② 将真值表中 Y=1 对应的最小项 m_0、m_2、m_4、m_6 在卡诺图中相应的方块里填 1，其余的方块不填，如图 1-26 所示。

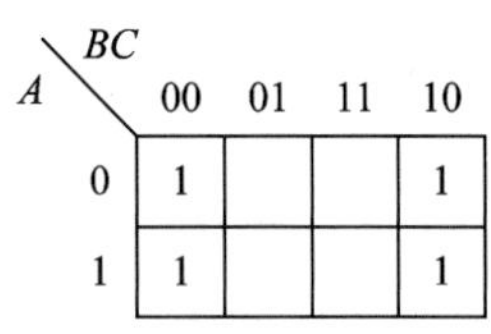

图 1-26 例 1.21 逻辑函数的卡诺图

已知逻辑函数为一般表达式，画逻辑函数的卡诺图。

当已知逻辑函数为一般表达式时，可先将其化成最小项表达式，再画出卡诺图。但有时比较麻烦，实际上只需把逻辑函数式展开成与-或式即可，再根据与-或式中每个与项的特征直接填卡诺图。具体方法下面举例说明。

例 1.22 已知 $Y=\overline{A}D+\overline{\overline{AB}(C+\overline{BD})}$，试画出 Y 的卡诺图。

解 ① 先将逻辑式转化为与-或式。

$$Y=\overline{A}D+AB+\overline{(C+\overline{BD})}=\overline{A}D+AB+\overline{C}BD$$

② 画四变量卡诺图。

③ 根据与-或式中的每一个与项，填卡诺图，如图 1-27 所示。

AB \ CD	00	01	11	10
00		1	1	
01		1	1	
11	1	1	1	1
10				

图 1-27 例 1.22 逻辑函数的卡诺图

第一个与项是$\overline{A}D$，缺少变量B和C，共有4个最小项。$\overline{A}D$对应最小项为同时满足$A=0$，$D=1$的方格，$A=0$对应的方格在第一和第二行内，$D=1$对应的方格在第二和第三列内，行和列相交的方格便为$\overline{A}D$对应的4个最小项，由图1-27可知，m_1、m_3、m_5、m_7方格即$\overline{A}D$对应的最小项方格，故在这4个方格中填1。

第二个与项是AB，AB对应最小项为同时满足$A=1$，$B=1$的方格。同理可知，卡诺图中m_{12}、m_{13}、m_{14}、m_{15}方格即AB对应的最小项方格，故在这4个方格中填1。

第三个与项是$\overline{C}BD$，对应最小项为同时满足$B=1$，$CD=01$的方格，卡诺图中m_5、m_{13}方格为对应的最小项方格，故在这2个方格中填1。

对于有重复最小项的方格只需填入一次1。如此填完全部与项，就画出了该逻辑函数对应的卡诺图，如图1-27所示。

3）用卡诺图化简逻辑函数

卡诺图中的小方格是按相邻性原则排列的，可以利用公式$AB+A\overline{B}=A$消去互反因子，保留相同的变量，达到化简的目的。两个相邻的最小项合并可以消去一个变量，四个相邻的最小项合并可以消去两个变量，八个相邻的最小项合并可以消去三个变量，2^n个相邻的最小项合并可以消去n个变量。

（1）合并相邻最小项的规律。

利用卡诺图化简逻辑函数，关键是合并相邻最小项，即将相邻最小项用一个圈圈起来，这个圈称为卡诺圈(包围圈)，合并相邻最小项的规律如下：

合并相邻最小项的规律

① 只有相邻的1方格才能合并，而且每个包围圈只能包含2^n个1方格($n=0$，1，2，…)。即只能按1、2、4、8、16个1方格的数目画包围圈。

② 包围圈尽量大(包含的1方格越多越好)，要注意同一行最右边和最左边、同一列最上边和最下边及四角的1方格是相邻1方格。

③ 包围圈的个数尽量少。

④ 所有的1方格都要被圈，且每个1方格可以多次被圈，但每个包围圈中至少要有一个1方格只被圈过一次。

⑤ 为避免画出多余的包围圈，画包围圈时应遵从由少到多的顺序圈。即先圈孤立的1方格，再圈仅为两个相邻的1方格，然后分别圈4个、8个相邻的1方格。

（2）化简的步骤。

卡诺图化简步骤

① 用卡诺图表示逻辑函数。

② 将相邻的1方格用包围圈圈起来。

③ 将各包围圈分别化简。方法为：将每个包围圈用一个与项表示，即包围圈内各最小项中互补的因子消去，相同的因子保留。若保留的因子为1用原变量表示，保留的因子为0用反变量表示。

④ 将各与项相或，便得到最简与-或表达式。

例1.23　用卡诺图化简逻辑函数$Y(A, B, C, D)=\sum m(0, 2, 4, 5, 6, 7, 9, 15)$。

解　① 画出四变量卡诺图。

② 填卡诺图。在m_0、m_2、m_4、m_5、m_6、m_7、m_9、m_{15}对应的方格内填1。

③ 画包围圈，如图 1-28 所示。先圈孤立的 1 方块(见 a 包围圈)，再圈仅 2 个相邻的 1 方块(见 b 包围圈)，再圈仅 4 个相邻的 1 方块(见 c 和 d 包围圈)。

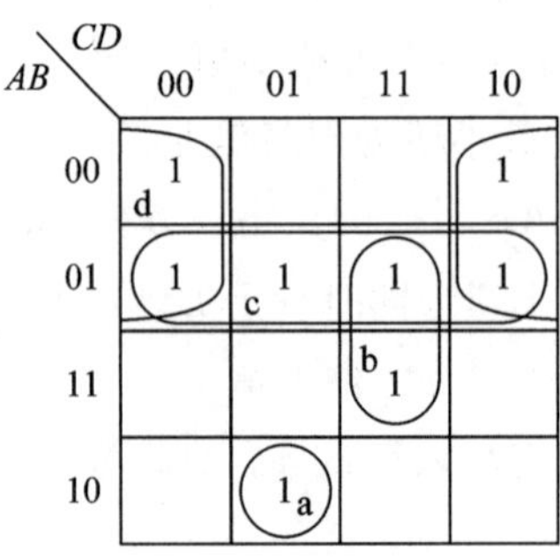

图 1-28　例 1.23 卡诺图

④ 将各包围圈分别化简。

$$Y_a = A\overline{B}\,\overline{C}$$

$$Y_b = BCD$$

$$Y_c = \overline{A}B$$

$$Y_d = \overline{A}\,\overline{D}$$

⑤ 将各与项相或，得到最简与-或表达式为

$$Y = A\overline{B}\,\overline{C}D + BCD + \overline{A}B + \overline{A}\,\overline{D}$$

例 1.24　用卡诺图化简逻辑函数 $Y(A,B,C,D) = \sum m\,(0,2,5,7,8,10,12,14,15)$。

解　① 画出四变量卡诺图，并在各最小项相应方格内填 1。

② 画包围圈，如图 1-29 所示。先圈仅 2 个相邻的 1 方块，再圈仅 4 个相邻的 1 方块。卡诺图 4 个角上的 1 方格也是循环相邻的，应圈在一起。

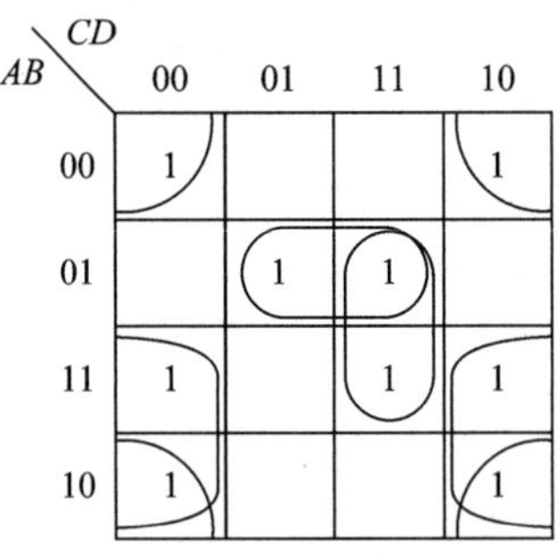

图 1-29　例 1.24 卡诺图

③ 将各包围圈分别化简。

④ 将各与项相或，得到最简与-或表达式为

$$Y = \overline{A}BD + BCD + A\overline{D} + \overline{B}\,\overline{D}$$

例 1.25　用卡诺图化简逻辑函数 $Y = \overline{A}\overline{B}CD + \overline{A}BC\overline{D} + A\overline{C}D + ABC + BD$。

解　① 画出四变量卡诺图，并在最小项相应方格内填 1。

② 画包围圈，如图 1-30(a) 所示。注意：先圈仅 2 个相邻的 1 方块。

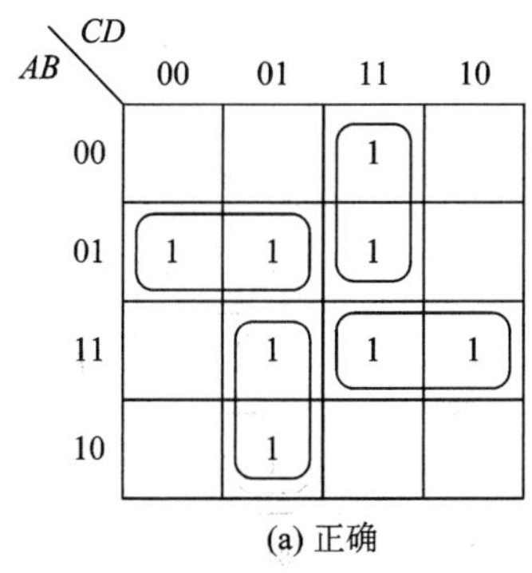

(a) 正确

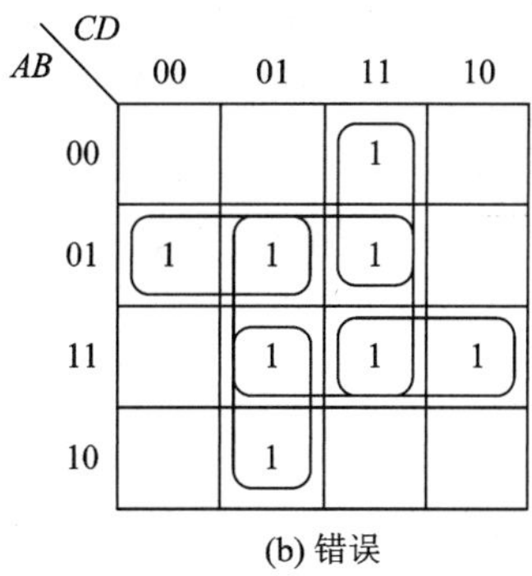

(b) 错误

图 1-30　例 1.25 卡诺图

③ 将各包围圈分别化简。

④ 将各与项相或，得到最简与-或表达式为

$$Y = \overline{A}CD + \overline{A}B\,\overline{C} + A\,\overline{C}D + ABC$$

注意：在例 1.25 中若先圈 4 个相邻的 1 方块，再圈 2 个相邻的 1 方块，便会多出一个包围圈，如图 1-30(b) 所示，这样就不能得到最简与-或表达式了。

4) 具有无关项的逻辑函数的化简

逻辑函数的卡诺图化简法举例

(1) 逻辑函数中的无关项。

在前面讨论的逻辑函数中，变量的每一组取值都有一个确定的函数值与之相对应，而在某些情况下，有些变量的取值是不允许出现或不会出现的，或某些变量的取值不影响电路的逻辑功能，上述这些变量组合对应的最小项称为约束项和任意项，约束项与任意项统称为无关项。

如十字路口的信号，A、B、C 分别表示红灯、绿灯和黄灯，1 表示灯亮，0 表示灯灭，正常工作时只能有一个灯亮，所以变量的取值只能为

A	B	C
0	0	1
0	1	0
1	0	0

其余几种变量组合 000，011，101，110，111 是不允许出现的，对应的最小项 $\overline{A}\,\overline{B}\,\overline{C}$、$\overline{A}BC$、$A\overline{B}C$、$AB\overline{C}$、$ABC$ 则为无关项。

(2) 具有无关项的逻辑函数的化简方法。

因为无关项不会出现或对函数值没有影响，所以其取值可以为 0，也可以为 1。在卡诺图中，无关项对应的方格中用“×”或“ϕ”标记，表示根据需要可以看作 1 或 0。在逻辑函数式中用字母 d 和相应的编号表示无关项。用卡诺图化简时，无关项方格是作为 1 方格还是作为 0 方格，应以得到的包围圈最大、且包围圈数目最少为原则，下面举例说明。

例 1.26　用卡诺图化简含有无关项的逻辑函数。

$$Y(A, B, C, D) = \sum m(0, 1, 4, 6, 9, 13) + \sum d(2, 3, 5, 7, 10, 11, 15)$$

式中：$\sum d(2,3,5,7,10,11,15)$ 表示最小项 m_2、m_3、m_5、m_7、m_{10}、m_{11}、m_{15} 为无关项。

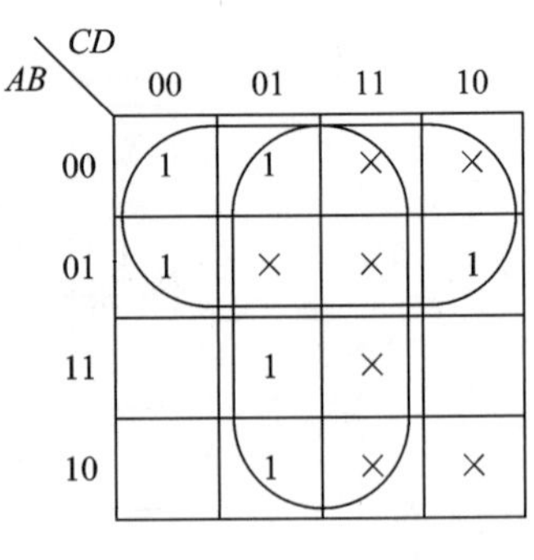

图 1-31　例 1.26 卡诺图

解　① 画四变量逻辑函数卡诺图，在最小项方格中填 1，在无关项方格中填×。

② 画包围圈，如图 1-31 所示。与 1 方格圈在一起的无关项被作为 1 方格，没有圈的无关项丢弃不用(1 方格不能遗漏，多余的"×"方格可以看成 0 丢弃)。

③ 写出逻辑函数的最简与-或表达式，为

$$Y=\overline{A}+D$$

若例 1.26 不利用无关项，便不能得到如此简化的与-或表达式。

 强化规范意识、培养职业素养篇

公式定律 —— 遵纪守法，行稳致远

逻辑代数的基础，是一些基本公式和定律，数字电路设计需要遵循这些公式和定律，若违背了这些公式和定律，电路就不能正常工作。卡诺图化简和公式法化简都可以使得逻辑函数表达式更加直观、简单，但这两种化简也都要遵守一定的规则和定律，否则有可能将式子越化越繁或出错。延伸到我们的生活中，社会健康发展也有它的规律，安全的规律、法律的制约规律等，万物都有它的制约因素。**我们每个人也只有遵守社会道德标准，严于律己、遵纪守法，做一个文明的社会人**，才能在社会上正常有序地生活，才会更加自由、舒适，走得更远。

任务 1.2　集成逻辑门电路

 厚植科技报国家家国情怀篇

我国芯片产业面临全球性挑战 —— 请党放心，强国有我

集成电路作为全球信息产业的基础与核心，被誉为"现代工业的粮食"，对经济建设、社会发展和国家安全具有重要战略意义和核心关键作用。

回顾我国集成电路产业的发展史，从 1965 年第一块硅基数字集成电路研制成功到 2019 年中芯国际 14 纳米工艺量产、2020 年全球首款 5nm 5G SoC 麒麟 9000 芯片面世，我国集成电路产业从无到有、从有到优，并将从优迈向强的发展历程，这些年我们深切感受到我国科技工作者锲而不舍、自主创新、攻坚克难、追求卓越的决心和信心。

通过美国对中兴通讯和华为的"卡脖子"事件，让我们意识到只有把关键核心技术掌握在自己手中，才能牢牢掌握创新和发展的主动权，才不会有被"卡脖子"的隐患，我国芯片产业面临全球性挑战，希望能激发同学们**"科技强则国家强"的爱国主义情操，提升民族责任感和使命感**，为我国的集成电路产业努力学习，刻苦钻研，为祖国的发展贡献力量。

习近平总书记在中国共产党第十九次全国代表大会上的报告中指出："青年兴则国家

兴，青年强则国家强。青年一代有理想、有本领、有担当，国家就有前途，民族就有希望。”希望你们能为中华之崛起而读书！

通常使用的所有逻辑门都封装在集成电路(Integrated Circuit，IC)中，每个独立的门由晶体管、电阻及其他元件构成。不同数字IC的结构差别很大，可以只含有几个逻辑门，也可以含有成千上万甚至上百万个逻辑门。根据电路技术中使用晶体管类型的不同，数字IC可以分为两类，即CMOS和TTL。

IC是一种完全在由半导体材料(通常是硅)构成的在微小芯片上制作的电子电路。图1-32是某IC封装的截面图，芯片封装在塑料或陶瓷外壳的内部，其上有输入、输出引脚，用于连接外部电路。所有逻辑电路都集成在封装内部的芯片上，芯片通过细导线与外部引脚连接。

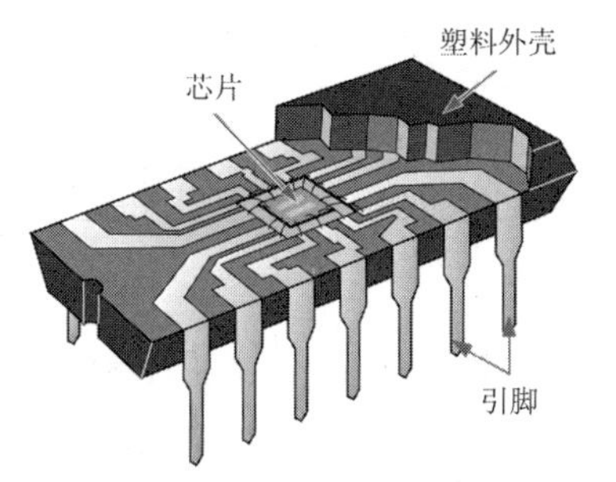

集成逻辑门电路概述

图1-32　某IC封装(DIP)的截面图

1.2.1　概述

1. IC封装种类

数字集成电路的封装是多种多样的。DIP(双列直插式封装)用于直插式印制电路板，图1-32和图1-33(a)分别是14脚和16脚DIP的外形。其引脚垂直向下以便插入电路板的通孔，与电路板的上下表面连接。

另一种IC封装是SMT(表贴式)封装，SMT封装有许多种，SOIC(小型IC封装)是其中的一种，如图1-33(b)所示。SMT封装的芯片焊接在电路板表面，其密度更高。

(a) 双列直插式封装(DIP)

(b) 表贴式封装(SOIC)

图1-33　IC封装形式

2. IC引脚数

图1-34显示了14脚IC(DIP或SOIC)的俯视图，左上方第一个引脚标号为1，在封装上使用小圆点、凹口或斜切角来指示引脚1的位置。从引脚1开始，沿左边从上到下，再沿右

边从下到上，引脚标号依次增加，标号最大的引脚总是位于右上方的引脚。

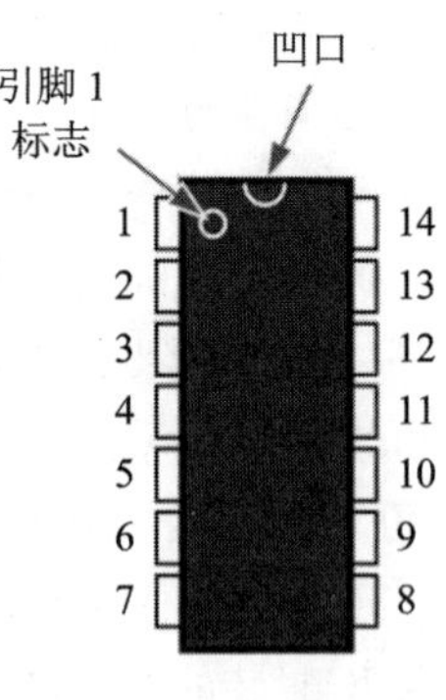

图 1-34　引脚标号

3. IC 分类

TTL 和 CMOS 集成门电路的标准器件都是 54/74 系列，即器件标号的前缀都是 54 或 74。前缀 54 表示军用标准，74 则表示商用标准，前缀后面接表示子系列的一些字母(如 LS)，然后再接器件标号。如 74LS08 表示民用 IC，属低功耗肖特基型 TTL 系列，其封装内部具有四个 2 输入与门。无论哪一类 IC，“08”都表示四个 2 输入与门的 IC，不同系列的差别仅在于电路工艺，而不是逻辑函数本身。

图 1-35 给出了与门、或门、非门、与非门、或非门 IC 的引脚图。对于 14 脚的 IC 封装，引脚 14(V_{CC}) 通常接直流电源电压，引脚 7(GND) 通常接地。

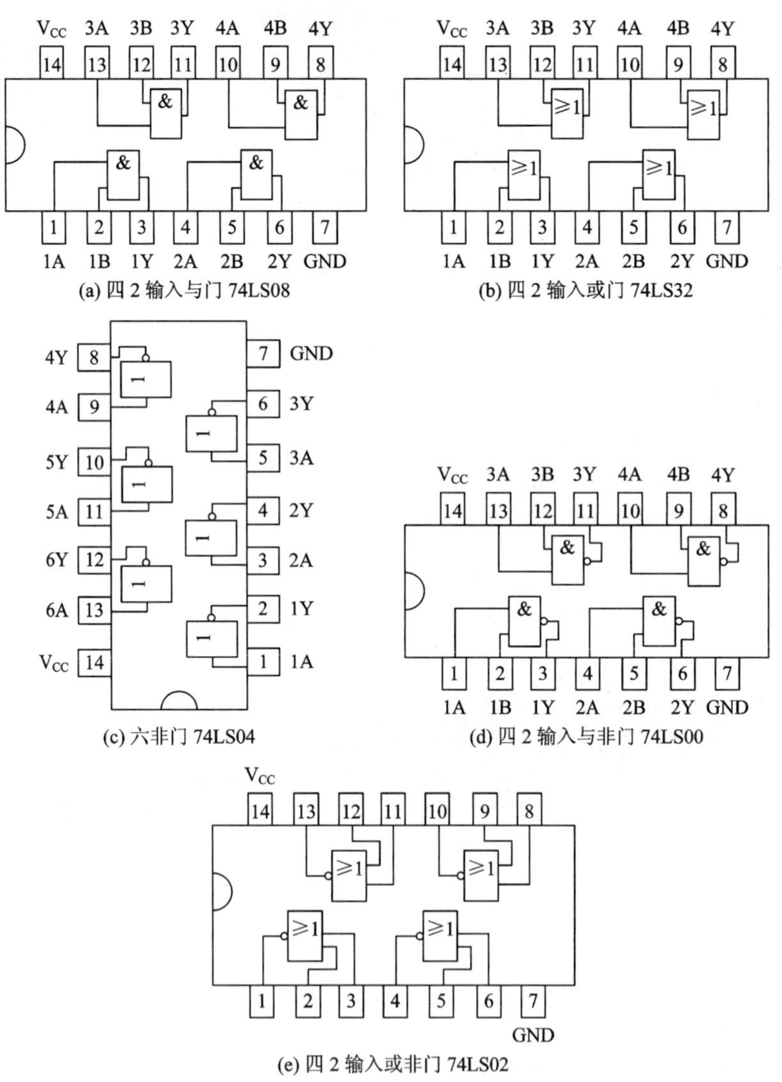

图 1-35　与门、或门、非门、与非门、或非门 IC 的引脚图

1.2.2　TTL数字集成电路

TTL数字集成电路

1. CT54系列和CT74系列

考虑到国际上通用标准型号和我国现行国家标准，根据工作温度和电源电压允许工作范围的不同，我国TTL数字集成电路分为CT54系列和CT74系列两大类，它们的工作条件如表1-20所示。

表1-20　CT54系列和CT74系列的对比

参　数	CT54系列			CT74系列		
	最小	一般	最大	最小	一般	最大
电源电压/V	4.5	5	5.5	4.75	5	5.25
工作温度/℃	−55	25	125	0	25	70

CT54系列和CT74系列具有完全相同的电路结构和电气性能参数。所不同的是CT54系列TTL集成电路更适合在温度条件恶劣、供电电源变化大的环境中工作，为军用品；而CT74系列TTL集成电路则适合在常规条件下工作，为商用品。

2. TTL集成逻辑门电路的系列

CT54系列和CT74系列的几个子系列用H、S、LS、AS等符号表示，如未标注子系列表示为标准系列。其中，H表示高速系列，S表示肖特基系列，LS表示低功耗肖特基系列，AS表示先进的肖特基系列，它们的主要区别在于开关速度和平均功耗两个参数上。如器件型号为CT7400、CT74H00、CT74S00、CT74LS00、CT74AS00，均为四2输入与非门，它们的逻辑功能、外形尺寸及引脚排列都相同，不同的是平均功耗等参数，如表1-21所示。其中CT74LS系列因其功耗较低，且有较高的工作速度，是目前TTL数字集成电路中的主要应用产品系列。

表1-21　TTL集成逻辑电路各子系列主要参数

型　号	工作电压/V	平均功耗/mW	平均传输延迟时间/ns	最高工作频率/MHz
CT7400	5	10	10	40
CT74H00	5	22.5	6	80
CT74S00	5	19	3	130
CT74LS00	5	2	9.5	50
CT74AS00	5	8	1.5	230

3. 多余输入端的处理方法

某些情况下，集成门的有些输入端是多余的。例如对于一个4输入的与门，若只需完成3变量相与，则该与门有1个输入端是多余的。对于多余的输入端，必须进行合理的处理，以防止噪声导致错误的门运算。对于TTL集成电路多余输入端的处理以不改变电路逻辑状态及不引入干扰为原则。常用方法如下：

(1) 对于与门和与非门多余输入端的处理方法：① 直接接电源电压V_{CC}或通过1～10 kΩ

的电阻接电源 V_{CC}；② 和有用输入端并联使用，如图 1-36 所示。如果外界干扰较小，多余的输入端可以悬空，TTL 电路输入端悬空时相当于输入高电平，做实验时与门和与非门等的多余输入端可悬空，但使用中多余输入端一般不悬空，以防止干扰。

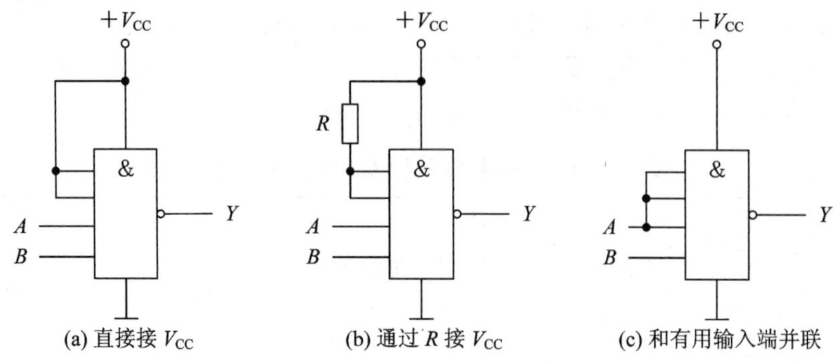

图 1-36　与非门多余输入端的处理

(2) 对于或门和或非门多余输入端的处理方法：① 直接接地；② 和有用输入端并联使用，如图 1-37 所示。

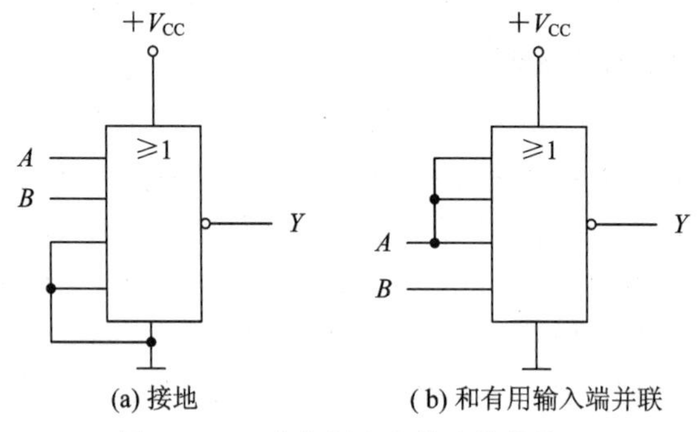

图 1-37　或非门多余输入端的处理

1.2.3　CMOS 数字集成电路

1. CMOS 数字集成电路的系列

CMOS 数字集成电路

CMOS 集成电路主要系列有 CC4000 系列和 CC54/74HC 系列(高速 CMOS，又称 HCMOS，54 系列为军用品，74 系列为商用品，它们的主要区别是工作温度不同，见表 1-22)。CC4000 系列由于具有功耗低、噪声容限大等特点，已得到广泛应用，但由于其工作速度较慢，使用受到一定的限制；CC54/74HC 系列具有较高的工作速度和驱动能力。这两个子系列主要参数比较如表 1-23 所示。

表 1-22　HCMOS 电路 54 系列和 74 系列工作温度的对比

参　数	54 系列			74 系列		
	最小	一般	最大	最小	一般	最大
工作温度/℃	−55	25	125	−40	25	85

表 1-23　CMOS 集成逻辑门电路各子系列主要参数比较

型　号	工作电压 /V	平均功耗 /mW	平均传输延迟时间 /ns	最高工作频率 /MHz	输出电流 /mA
CC4000	5	5×10^{-3}	45	5	0.51
CC54/74HC	5	1×10^{-3}	9	50	4

2. CMOS 门电路特性及使用常识

与 TTL 数字集成电路相比，CMOS 数字集成电路具有静态功耗低、工作电源电压范围宽、输出信号摆幅大、输入阻抗高、抗干扰能力强等特点，但因 CMOS 电路容易产生栅极击穿问题，所以使用时要注意以下几点：

(1) 避免静电损坏。因为 CMOS 管的输入阻抗较高，很容易接收静电电荷，所以存放 CMOS 电路时不能用塑料袋；组建和调试电路时工作台应良好接地；焊接时，电烙铁壳应接地，最好用电烙铁余热快速焊接。

(2) CMOS 电路的电源电压极性不可接反，否则，可能会造成电路永久性失效。

3. 多余输入端的处理方法

(1) CMOS 电路的输入阻抗高，易受外界干扰，所以 CMOS 电路的多余输入端不允许悬空。

(2) 对于与门和与非门，多余输入端应接正电源(V_{DD})或高电平；对于或门和或非门，多余输入端应接地(V_{SS})或低电平。

(3) 多余输入端不宜与有用输入端并联使用，因为这样会增大输入电容，从而使电路的工作速度下降。但在工作速度很低的情况下，允许输入端并联使用。

1.2.4　实验：门电路功能测试

强化规范意识、培养职业素养篇

两个插座插反酿成 6·6 西安空难 —— 安全意识、责任意识

进实验室，牢记“安全第一”，请同学们务必熟记实验安全操作规程，仔细检查，规范操作。下面通过一个发生在 1994 年的我国史上最大空难 —— 西安空难的真实案例来警示大家：高度的责任心是多么的重要！

1994 年 6 月 6 日上午，西北航空公司的 WH2303 航班执行西安—广州任务。其中飞行员 5 人，乘务组 9 人，旅客 146 人。机型为苏制图—154M 型 B2610 号。飞机在距咸阳机场 49 千米处的空中解体，160 人无一幸存。从飞机起飞到飞机解体，仅仅只过去了 9 分钟！

由于自动驾驶仪安装座上有两个插头相互插错，即控制副翼的插头(绿色)插在控制航向舵的插座(黄色)中，而控制航向舵的插头(黄色)插在了控制副翼的插座(绿色)中，酿成了西安空难，从而付出了 160 条生命的代价，它留给我们的教训是深刻的，而相关人员责任心及安全意识的缺失是导致该事故发生的人为原因。每一场事故并不是无缘无故发生的，精确的排查一直是减少事故的重要手段，无论是什么岗位，责任心永远是最重要的。时隔多年，提起西安空难，还是人们心中的痛，我们要从这次沉痛的灾难中吸取教训，形成敬畏科学的工作态度，**树立强烈的安全意识和责任意识，练就精湛技术。**

门电路功能测试

1. 实验目的

(1) 熟悉数字电路实验箱的基本使用方法。

(2) 掌握门电路的逻辑功能的测试方法。

2. 实验设备与器件

(1) ＋5 V 直流电源。

(2) 数字电子技术实验仪或实验箱(示意图如图 1－38 所示)。

(3) 集成块：74LS00、74LS08、74LS32、74LS86。

图 1－38　数字电路实验箱面板示意图

3. 测试方法

图 1－39 为 2 输入与非门 74LS00 逻辑功能测试原理图，门电路的输入由实验箱底部的“输入开关量并显示”模块提供，拨动开关放在上方为“1”(对应的 LED 亮)，移到下方为“0”(对应的 LED 灭)。门电路的输出连到实验箱上方“输出开关量显示”模块，输出高电平“1”时对应的 LED 亮，输出低电平“0”时 LED 灭。实物连接示意图如图 1－40 所示。

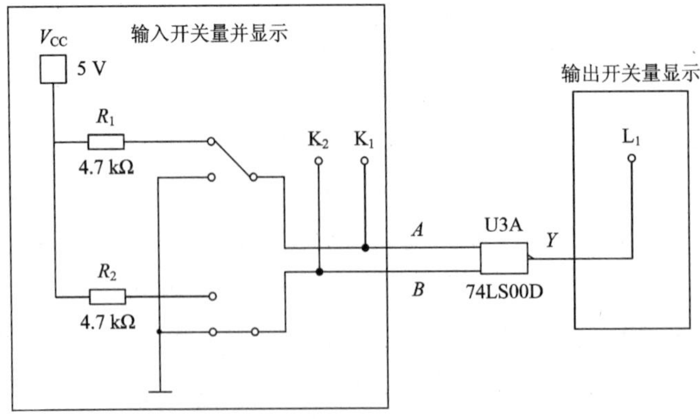

图 1－39　2 输入与非门 74LS00 逻辑功能测试原理图

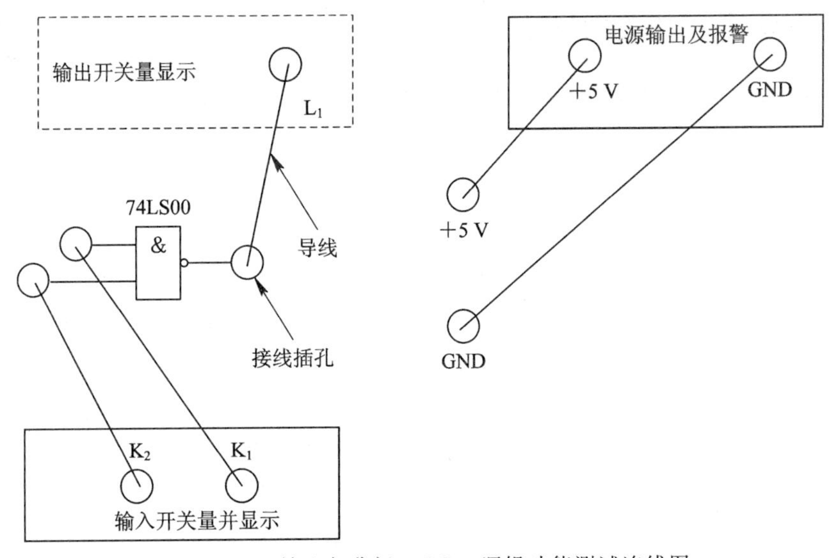

图1-40　2输入与非门74LS00逻辑功能测试连线图

4. 实验内容及数据记录

(1) 根据图1-40连接测试线路，将测试结果填入表1-24(a)。

(2) 依次完成74LS08、74LS32、74LS86的测试，分别将测试结果填入表1-24(b)、(c)、(d)。

(3) 测试如图1-41所示电路的逻辑功能，将测试结果填入表1-24(e)。

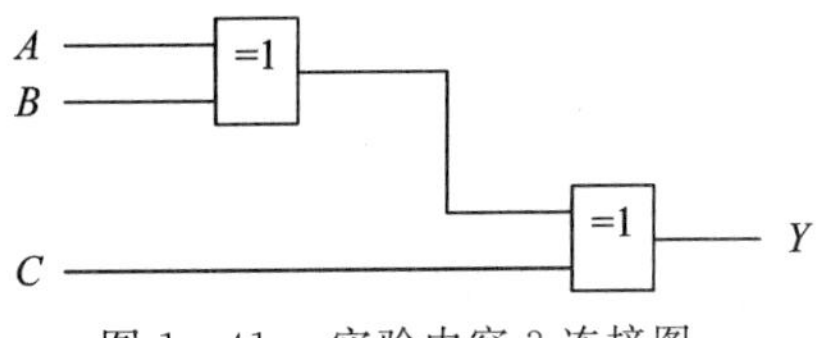

图1-41　实验内容3连接图

表1-24　实验内容记录

(a) 74LS00测试结果

输入		输出
A	*B*	*Y*
0	0	
0	1	
1	0	
1	1	

(b) 74LS08测试结果

输入		输出
A	*B*	*Y*
0	0	
0	1	
1	0	
1	1	

(c) 74LS32测试结果

输入		输出
A	*B*	*Y*
0	0	
0	1	
1	0	
1	1	

(d) 74LS86测试结果

输入		输出
A	*B*	*Y*
0	0	
0	1	
1	0	
1	1	

(e) 图1-41测试结果

A	*B*	*C*	*Y*
0	0	0	
0	0	1	
0	1	0	
0	1	1	
1	0	0	
1	0	1	
1	1	0	
1	1	1	

(4) 根据表1-24归纳逻辑功能，并写出四个集成块的名称。

厚植科技报国家家国情怀篇

“中国芯之父”邓中翰的故事——刻苦学习，报效祖国

说到我国集成电路的发展史，不得不提到一位杰出的科学家和杰出的爱国者，他就是“中国芯”的领路人——邓中翰院士。

邓中翰2009年当选中国工程院院士，也是当时最为年轻的中国工程院院士，有着“中国芯之父”的称号；邓中翰也是一位杰出的企业家，他是中星微电子有限公司的董事长；邓中翰还是一位杰出的爱国者，为中国人设计出属于中国人自己的计算机芯片，打破了“中国无芯”的历史。

在伯克利，邓中翰是一名不折不扣的传奇人物。普通的学生拿下一个博士学位一般需要6年时间，而他只用了5年，便拿下了电子工程学博士、物理学硕士和经济学硕士。

那是一段艰苦的学习历程。“我每天白天上课，下课后还要做科研，晚上12点左右才能回到寝室。然后从12点到凌晨三、四点，我还要自学经济学的课程，早上7点钟再起来上课”。这样的学习劲头让老师和同学都觉得邓中翰有些“疯狂”。

毕业后的邓中翰曾在美国硅谷打下一片天地。在打拼时，他时常会思考很多问题：“为什么日本会比中国发展得好?为什么中国没有硅谷?为什么中国没有芯片?”

1999年，邓中翰带着心中的疑问回到了祖国，在中关村成立了中星微电子公司，开启了“让中国拥有自己的芯片”的历程。2001年3月，中星微“星光一号”芯片终于研发成功，结束了中国无芯的历史。

20多年来，中星微成功突破了十五大核心技术，申请了4000多件国内外技术专利，形成了完整的“数字多媒体”“应用处理器”“安防监控”“传感网物联网”“人工智能”五大芯片技术体系，于2004、2013年两次荣获“国家科技进步奖一等奖”。2016年率先推出全球第一款具有深度学习能力的嵌入式神经网络处理器(NPU)人工智能芯片——“星光智能一号”，其后又于2018年推出运算速度提高16倍、功耗降低50%、适用场景更广的“星光智能二号”(NPU-Ⅱ)人工智能芯片，大大提升了我国在物联网前端边缘计算领域人工智能技术实力。

邓中翰说：“在国外留学的亲身经历，使我深刻认识到，国家的富强、民族的振兴、人民的富裕，归根结底取决于我们这个民族整体素质的提高。**当代大学生想要有所作为，不但要有爱祖国、爱人民的满腔热情，而且要有服务祖国、服务人民的真才实学。”**

任务1.3　用Multisim完成门电路逻辑功能的仿真测试及逻辑函数的化简与变换

1.3.1　Multisim常用数字仪器

Multisim是一款专门用于电路仿真和设计的软件，是目前最为流行的EDA软件之一。该软件基于PC平台，采用图形操作界面虚拟仿真了一个与实际情况非常相似的电子电路实验工作台，几乎可以完成在实验室进行的所有电子电路实验，已被广泛地应用于电子电路分析、设计、仿真等各项工作中。Multisim 13.0软件功能强大，这里重点介绍虚拟仪器在数字电子电路的应用。

1. Multisim 13.0 用户界面

Multisim 13.0 主界面如图 1-42 所示。

主菜单栏：软件全部菜单项。

工具栏：包含 Windows 常用工具，Multisim 13.0 主界面各区域控制、仿真控制工具。

元器件栏：给出了常用器件库，用于放置元件时快速打开器件库。

工作区(绘图区)：设计绘制电路原理图的图纸区域。

设计工具箱：显示设计项目结构及层次。

仿真开关：用于运行、关闭和暂停仿真过程。

仪器栏：Multisim 13.0 提供的虚拟仪器。

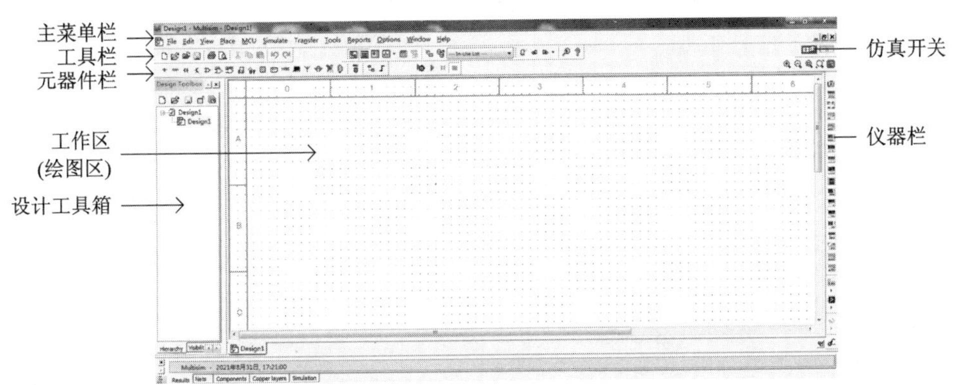

图 1-42　Multisim 13.0 的主界面

2. 数字电子电路常用虚拟仪器

虚拟仪器字信号发生器的使用

1) 字信号发生器

字信号发生器是一个能产生 32 位(路) 二进制数字信号的仪表，常用于测试多输入组合逻辑电路。

单击仪器栏的字信号发生器(Word Generator) 图标，将字信号发生器的电路符号放在图纸上，如图 1-43(a) 所示。字信号发生器符号两侧的输出端 0 ～ 31 为 32 路信号输出

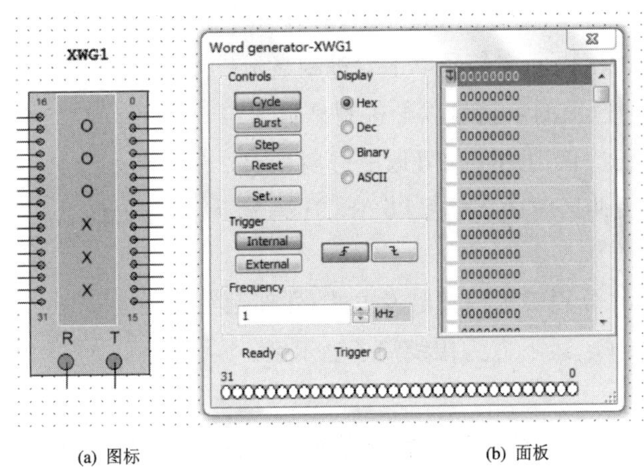

(a) 图标　　(b) 面板

图 1-43　字信号发生器

端；符号下边的 R 为输出端，用于指示字信号发生器数据准备就绪；T 为外部触发输入端，选择内部触发时，可以空着不接。双击符号打开字信号发生器面板如图 1-43(b) 所示，在面板上可以设置字信号。

(1) Controls 区。

Controls 区用于设置字信号发生器输出信号格式，其中：

Cycle：字信号发生器在设置好的初始值和终止值之间循环输出信号。(循环输出)

Burst：字信号发生器从初始值开始，逐条输出直至到终止值为止。(单帧输出)

Step：每点击鼠标一次就输出一条字信号。(单步输出)

Set …：点击此按钮，弹出 Settings 对话框，如图 1-44 所示。一般使用时选择“No change”选项，表示信号不变。

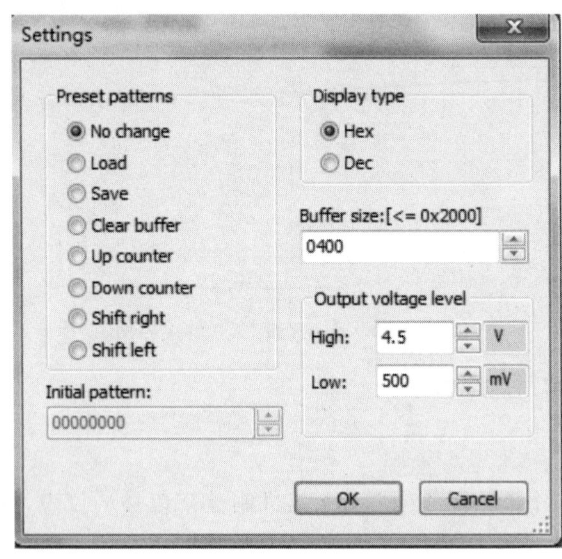

图 1-44 Settings 对话框

(2) Display 区。

Display 区主要有 Hex、Dec、Binary、ASCII 几个选项，含义分别如下：

Hex：字信号缓冲区内的字信号以十六进制显示。

Dec：字信号缓冲区内的字信号以十进制显示。

Binary：字信号缓冲区内的字信号以二进制显示。

ASCII：字信号缓冲区内的字信号以 ASCII 码显示。

(3) Trigger 区。

Internal/External 分别表示内部触发方式/外部触发方式。

(4) 32 路接线端子：最下方为接线端子显示区。

2) 逻辑转换器

虚拟仪器逻辑转换器的使用

逻辑转换器是 Multisim 仿真软件特有的虚拟仪表，在实验室里并不存在，主要用于逻辑电路几种描述方法的相互转换，如将逻辑电路转换为真值

表，将真值表转换为最简表达式，将逻辑表达式转换为与非门逻辑电路等。

单击仪器栏中的逻辑转换器(Logic Converter)图标，将逻辑转换器的电路符号放在图纸上，如图1-45(a)所示。逻辑转换器符号的下边有9个端口，其中左边8个为输入端，最右边1个为输出端。这9个端口当且仅当逻辑转换器进行电路转换为真值表时才需要使用，此时它们与电路中相应输入、输出端相连接。双击逻辑转换器符号，打开逻辑转换器面板，如图1-45(b)所示。面板左侧区域为真值表显示区，右侧为转换功能选择区，下边为逻辑表达式显示区。

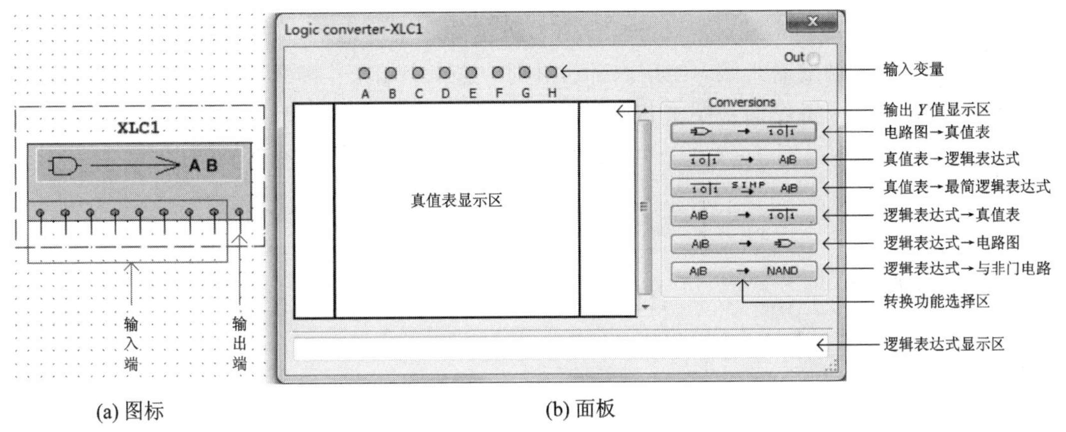

(a) 图标　　(b) 面板

图1-45　逻辑转换器

逻辑转换器主要实现以下几种逻辑转换：

(1) 电路图→真值表：把逻辑电路的输入、输出端对应连接到逻辑转换器的输入、输出端，单击 → 10|1，就可以在真值表显示区中得到真值表。该转换功能常用于组合逻辑电路的分析。

(2) 真值表→逻辑表达式：输入真值表到真值表显示区，单击 10|1 → A|B，就可以在逻辑表达式显示区中得到逻辑表达式。输入真值表的方法：首先选择输入变量，如选择A、B、C，此时一张空白三变量真值表就出现在真值表显示区，而输出值显示为问号“?”，每单击一次问号，问号就会按0—1—X—0循环变化，如此选定输出值即可。

(3) 真值表→最简逻辑表达式：输入真值表方法同(2)，单击 10|1 SIMP A|B，在逻辑表达式显示区中得到最简逻辑表达式。

(4) 逻辑表达式→真值表：在逻辑表达式显示区输入逻辑式，如$AB+AC+BC$，单击 A|B → 10|1，就可以在真值表显示区得到真值表。注意，逻辑式不可写成$Y=AB+AC+BC$。

(5) 逻辑表达式→电路图：在逻辑表达式显示区中输入逻辑式，单击 A|B → ，生成的电路图将出现在工作区(绘图区)。该转换功能常用于组合逻辑电路的设计。

(6) 逻辑表达式→与非门电路：在逻辑表达式显示区输入逻辑式，单击 AIB → NAND，生成由与非门构成的电路图。

3) 逻辑分析仪

虚拟仪器逻辑分析仪的使用

逻辑分析仪可以同步记录和显示 16 路逻辑信号，用于分析逻辑电路的逻辑功能。其具体作用是显示电路的输入和输出波形的时序对应关系，从而分析得知电路的逻辑功能。

单击仪器栏的逻辑分析仪(Logic Analyzer)图标，将逻辑分析仪的电路符号放在图纸上，如图 1-46(a)所示。它有 16 路信号输入端，把需要显示波形的信号接入逻辑分析仪的输入端；逻辑分析仪符号下边的 3 个输入端 C、Q、T 分别是外部时钟输入、时钟控制和触发输入端，使用内部时钟时，这 3 个端子空着不接。双击逻辑分析仪符号，在弹出的逻辑分析仪面板中进行参数设置，如图 1-46(b)所示。

(1) 波形显示区：图 1-46(b)中间空白有刻度和虚线部分为波形显示区。

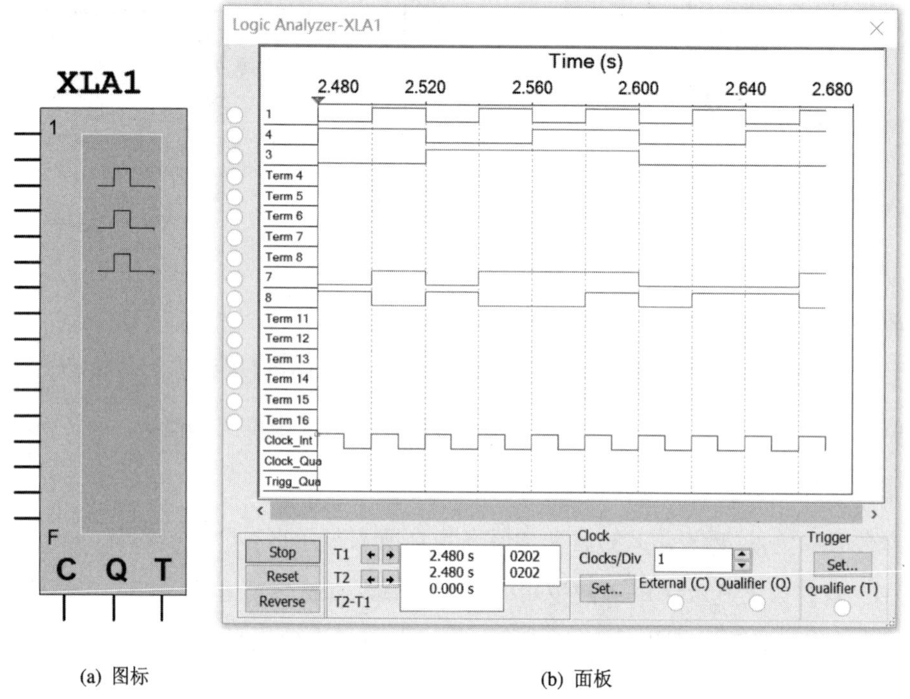

(a) 图标　　(b) 面板

图 1-46　逻辑分析仪

(2) 游标控制区和时钟控制区：下方左侧为游标控制区，右侧为时钟控制区。其中"Clocks/Div"选项用于设置波形显示区每个水平刻度所显示时钟脉冲的个数，"Set…"选项用于设置时钟脉冲的频率。

1.3.2 仿真实验：门电路及其应用

1. 常用门电路

在 Multisim 软件中查询表 1-25 所示集成电路的逻辑功能。

表 1-25 实验内容1记录

集成电路型号	英文名称	门电路功能	门电路符号
74LS00			
74LS02			
74LS04			
74LS08			
74LS32			
74LS86			

2. 门电路功能测试

按图1-47分别进行74LS20、74LS51(B单元)功能测试，结果分别填入表1-26和表1-27。

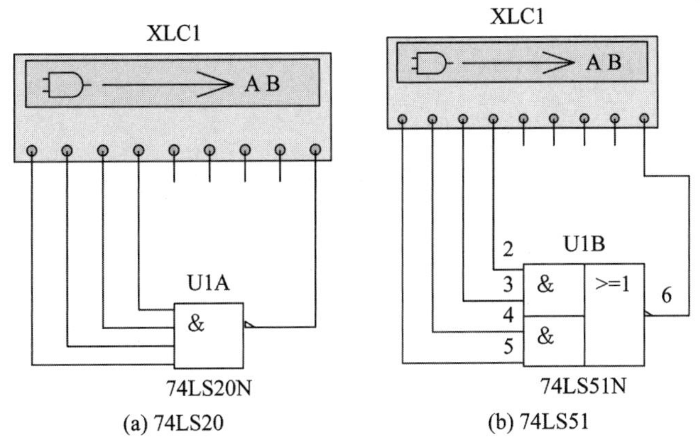

图1-47 实验内容2图

表 1-26 74LS20真值表

A	B	C	D	Y	A	B	C	D	Y
0	0	0	0		1	0	0	0	
0	0	0	1		1	0	0	1	
0	0	1	0		1	0	1	0	
0	0	1	1		1	0	1	1	
0	1	0	0		1	1	0	0	
0	1	0	1		1	1	0	1	
0	1	1	0		1	1	1	0	
0	1	1	1		1	1	1	1	

表 1-27　74LS51 真值表

A	B	C	D	Y	A	B	C	D	Y
0	0	0	0		1	0	0	0	
0	0	0	1		1	0	0	1	
0	0	1	0		1	0	1	0	
0	0	1	1		1	0	1	1	
0	1	0	0		1	1	0	0	
0	1	0	1		1	1	0	1	
0	1	1	0		1	1	1	0	
0	1	1	1		1	1	1	1	

3. 化简

利用逻辑转换器进行逻辑函数化简(提示：$\sum m$ 对应真值表中填 1，$\sum d$ 对应真值表中填×，其余为 0)。

(1) $L(A, B, C) = \sum m(2, 3, 4, 6)$。

(2) $L(A, B, C) = \sum m(3, 5, 6, 7)$。

(3) $L(A, B, C, D) = \sum m(2, 4, 5, 6, 10, 12, 13, 14, 15)$。

(4) $L(A, B, C, D) = \sum m(0, 1, 2, 3, 4, 6, 7, 8, 9, 11, 15)$。

(5) $L(A, B, C, D) = \sum m(0, 1, 4, 7, 10, 13, 14, 15)$。

(6) $L(A, B, C, D) = \sum m(0, 1, 5, 7, 8, 11, 14) + \sum d(3, 9, 15)$。

(7) $L(A, B, C, D) = \sum m(1, 2, 12, 14) + \sum d(5, 6, 7, 8, 9, 10)$。

(8) $L(A, B, C, D) = \sum m(0, 2, 7, 8, 13, 15) + \sum d(1, 5, 6, 9, 10, 11, 12)$。

4. 逻辑功能测试

(1) 按图 1-48 连接测试线路，将测试结果填入表 1-28 中。

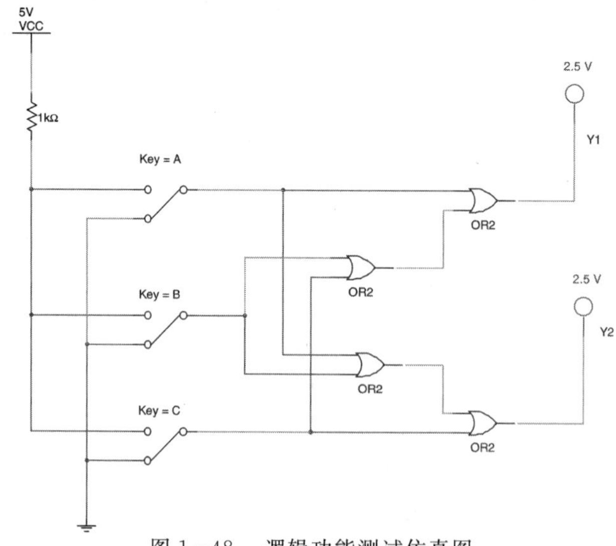

图 1-48　逻辑功能测试仿真图

表1-28　测试结果

A	B	C	Y_1	Y_2
0	0	0		
0	0	1		
0	1	0		
0	1	1		
1	0	0		
1	0	1		
1	1	0		
1	1	1		

(2) 按图1-49连接测试全加器逻辑功能，试在图1-50中画出时序图(至少一个循环)。

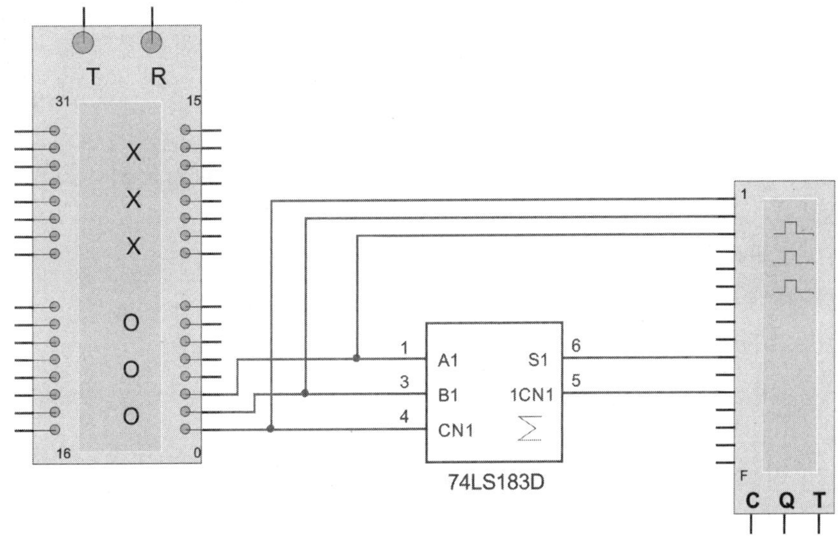

图1-49　全加器功能测试

图1-50　全加器时序图

任务 1.4　三人表决器的设计、仿真与制作

1.4.1　组合逻辑电路的分析方法和设计方法

根据逻辑功能的不同特点，常把数字电路分成组合逻辑电路(简称组合电路)和时序逻辑电路(简称时序电路)两大类。如果一个逻辑电路在任何时刻的输出状态只取决于这一时刻的输入状态，而与电路的原来状态无关，则该电路称为组合逻辑电路。

根据组合逻辑电路的上述特点，它在电路结构上只能由逻辑门电路组成，不会有记忆单元，而且只有从输入到输出的通路，没有从输出反馈到输入的回路。

描述组合逻辑电路逻辑功能的方法主要有逻辑表达式、真值表、卡诺图和逻辑图等。

1. 组合逻辑电路的分析方法

组合逻辑电路的分析方法

组合逻辑电路的分析，就是根据给定的逻辑电路图，找出输出信号与输入信号间的关系，从而确定它的逻辑功能。分析组合逻辑电路的目的是确定已知电路的逻辑功能，或者检查电路设计是否合理。组合逻辑电路通常采用的分析步骤如下：

(1) 根据给定逻辑电路图，写出逻辑函数表达式。必要时，进行化简，求出最简输出逻辑函数表达式。

(2) 列出逻辑函数的真值表。

(3) 观察真值表中输出与输入的关系，描述电路逻辑功能。

例 1.27　试分析图 1-51(a) 所示组合逻辑电路的功能。

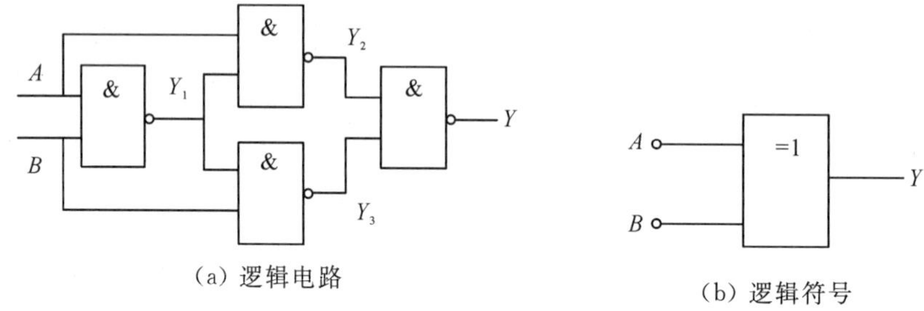

(a) 逻辑电路　　(b) 逻辑符号

图 1-51　例 1.27 的逻辑电路和逻辑符号

解　① 写出输出逻辑函数表达式：

$$Y_1=\overline{AB}$$

$$Y_2=\overline{A\cdot Y_1}=\overline{A\cdot\overline{AB}}$$

$$Y_3=\overline{B\cdot Y_1}=\overline{B\cdot\overline{AB}}$$

$$\begin{aligned}Y&=\overline{Y_2\cdot Y_3}\\&=\overline{\overline{A\cdot\overline{AB}}\cdot\overline{B\cdot\overline{AB}}}\\&=\overline{A}B+A\overline{B}\\&=A\oplus B\end{aligned}\tag{1-18}$$

② 列出逻辑函数真值表。将输入变量的各种取值组合(通常按自然二进制数递增顺序排

列）代入式(1－18)中进行计算，求出相应的输出Y值，由此可列出真值表如表1－29所示。

表1－29　例1.27的真值表

输　入		输　出
A	B	Y
0	0	0
0	1	1
1	0	1
1	1	0

③ 根据真值表描述电路的逻辑功能。由表1－29可看出：当输入A、B的取值不同时，输出$Y=1$；当输入A、B的取值相同时，输出$Y=0$。因此，该电路具有异或功能，为异或门。图1－51(b)为其逻辑符号。

2. 组合逻辑电路的设计方法

与分析过程相反，组合逻辑电路的设计是根据给定的实际逻辑问题，求出实现其逻辑功能的最简逻辑电路。为了讨论组合逻辑电路的设计方法，先来举个例子。

例1.28　试设计一个三人表决器，当表决某个提案时，多数人同意，则提案通过。要求：用与非门实现。

解　① 分析设计要求，设输入、输出变量并逻辑赋值，列出真值表。

输入变量：设三人分别为A、B、C。

输出变量：表决结果Y。

逻辑赋值：设A、B、C同意提案时取值为1，不同意时取值为0；提案通过则Y取值为1，否则取值为0。根据题目所表明的逻辑关系和上述假设，列出真值表如表1－30所示。

表1－30　例1.28真值表

A	B	C	Y	A	B	C	Y
0	0	0	0	1	0	0	0
0	0	1	0	1	0	1	1
0	1	0	0	1	1	0	1
0	1	1	1	1	1	1	1

② 根据真值表写出逻辑函数表达式并化简。

$$\begin{aligned}Y&=\overline{A}BC+A\overline{B}C+AB\overline{C}+ABC\\&=AB+BC+AC\end{aligned}$$

③ 画逻辑电路图。由于要求用与非门实现，所以作以下变换：

$$\begin{aligned}Y&=\overline{\overline{AB+BC+AC}}\\&=\overline{\overline{AB}\cdot\overline{BC}\cdot\overline{AC}}\end{aligned}$$

画出逻辑电路图，如图 1－52 所示。

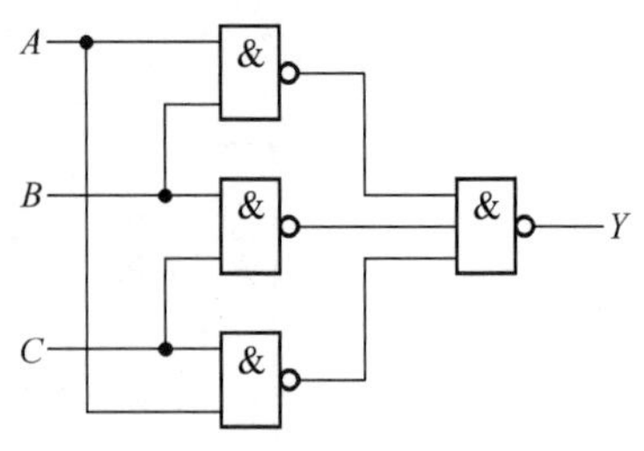

图 1－52　例 1.28 的逻辑电路图

由此例可见，组合逻辑电路的设计通常按以下三个基本步骤进行：

(1) 分析设计要求，列出真值表。

首先根据给定的设计要求(设计要求可以是一段文字说明，或者是一个具体的逻辑问题，也可以是功能表等)，分析其逻辑关系，确定哪些是输入变量，哪些是输出函数，以及它们之间的相互关系。并对输入变量和输出函数的状态用逻辑 0、1 进行状态赋值，然后将输入变量的所有取值组合和与之相对应的输出函数值列表，即得真值表。

(2) 求最简输出逻辑函数表达式。

用卡诺图法或公式法进行化简，得到最简逻辑函数表达式。若用公式法化简，则先根据真值表写出输出逻辑函数表达式，若用卡诺图法化简，则直接将真值表填入卡诺图，然后化简。

(3) 画逻辑图。

根据最简与-或输出逻辑函数表达式画出逻辑图。如果对采用的门电路类型有要求，可适当变换表达式形式，如与非、或非、与或非表达式等，然后用相应的门电路构成逻辑图。

协　加强团结协作，合作共赢篇

组合逻辑电路——小我融入国家大我，个人梦与中国梦统一

组合逻辑电路的设计遵循一定的原则：根据设计命题的要求和选用的逻辑器件，设计构造出能实现预定功能、经济合理的逻辑电路。也就是说，首先确定目标，然后从目前已有的器件中进行筛选，进一步设计电路。

党的十八大以来，习近平总书记提出并深刻阐述了实现中华民族伟大复兴的中国梦。组合逻辑电路的设计方法与实现“**中华民族伟大复兴的中国梦**”相似：首先确定奋斗目标，然后立足于现实，进一步设计出适合国情的奋斗道路、制订合理的方案。

而在组合逻辑电路的设计中，每一个组合逻辑电路都是由若干个门电路组成的。其中每个门电路都可以实现一个单一功能，只有多个门电路的功能加在一起，才能实现特定的、完整的逻辑功能，这就是部分和整体之间的辩证关系，整体和部分是相互依赖、相互作用的，其中整体是由部分构成的，其依赖于部分，具有部分没有的功能；同时部分也依赖于整体，部分离开整体就丧失了原有的功能。正如国家的建设发展跟我们每一个人息息相关，个人价值只有在集体价值中才能实现最大化。所以青年一代要坚定理想信念、刻苦学习、努力奋斗，立大志、行大道，要将自身前途与国家发展相统一，自觉把小我融入集体、国家和人民的大我，将个人理想融入国家前途和民族命运，一步一步把宏伟蓝图变为美好现实，实现**个人梦与中国梦的统一**。

1.4.2　用 Multisim 实现组合逻辑电路的分析和设计

例 1.29　用 Multisim 分析图 1－53 所示组合逻辑电路的功能。

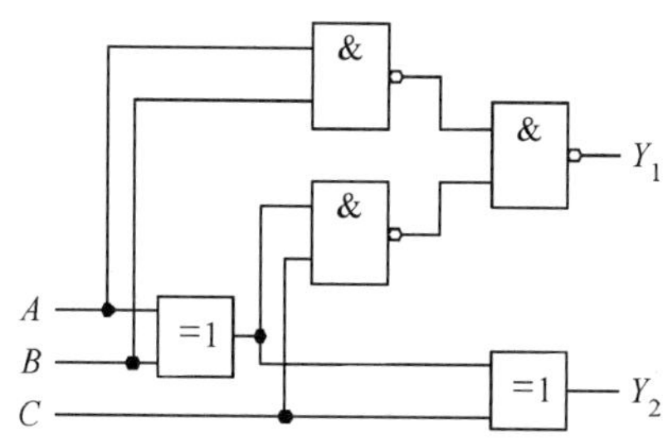

图 1－53　例 1.29 逻辑电路

解　(1) 列真值表。

① 在 Multisim 中画出图 1－53 所示电路，并与逻辑转换器的输入、输出端相连，由于逻辑转换器只有 1 个输出端，因此 Y_1、Y_2 先后分别连接，如图 1－54(a)、(b) 所示。

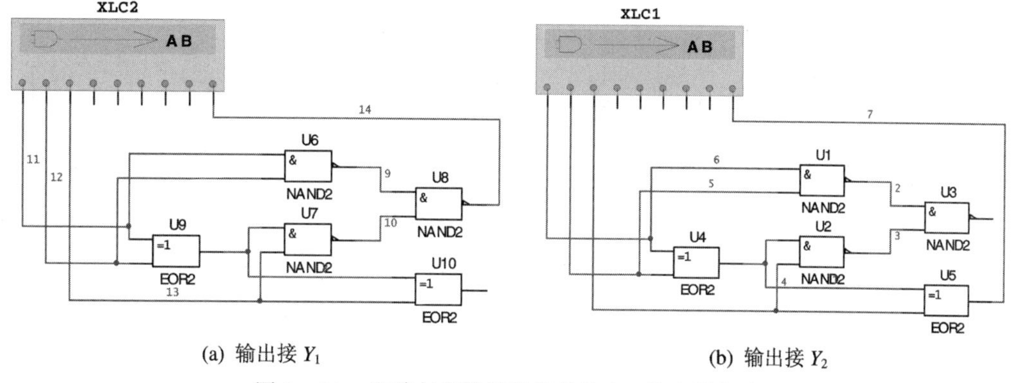

(a) 输出接 Y_1　　　　(b) 输出接 Y_2

图 1－54　电路与逻辑转换器的输入、输出端相连

② 双击逻辑转换器图标，打开面板，单击 [→ 1 0|1]，出现真值表，如图 1－55(a)、(b) 所示。分别记录真值表，如表 1－31 所示。

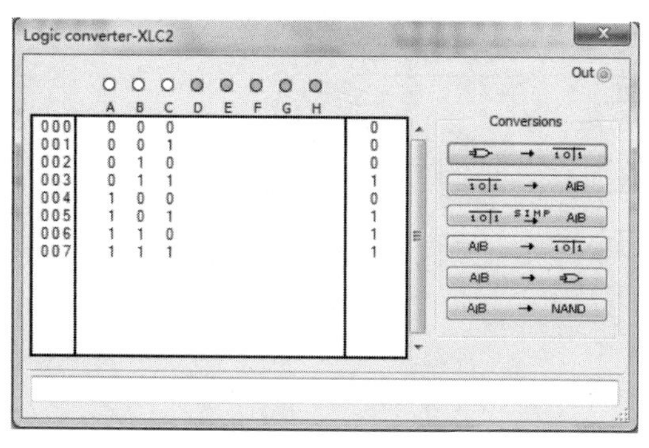

(a) Y_1 真值表

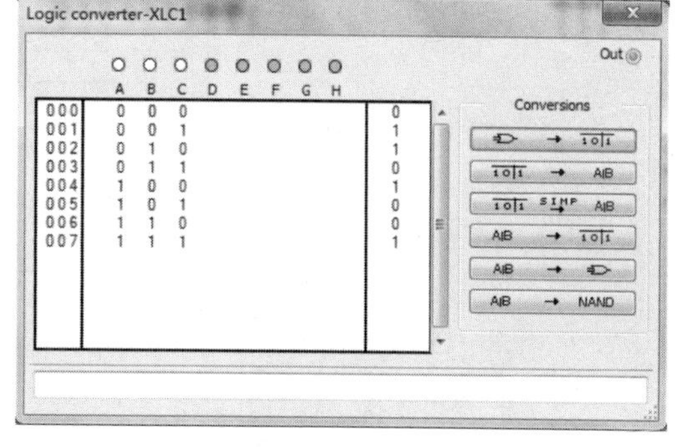

(b) Y_2 真值表

图 1－55　例 1.29 真值表

表 1-31　例 1.29 真值表

A	B	C	Y_1	Y_2
0	0	0	0	0
0	0	1	0	1
0	1	0	0	1
0	1	1	1	0
1	0	0	0	1
1	0	1	1	0
1	1	0	1	0
1	1	1	1	1

(2) 求最简表达式。

在图 1-55 中单击 [101|1 SIMP→ A|B]，在逻辑表达式显示区中出现真值表对应的最简逻辑表达式，如图 1-56(a)、(b) 所示。注意表达式中的“'”表示非号。

所以得：

$$Y_1 = AC + AB + BC$$

$$Y_2 = \overline{A}\,\overline{B}C + \overline{A}B\,\overline{C} + A\,\overline{B}\,\overline{C} + ABC$$

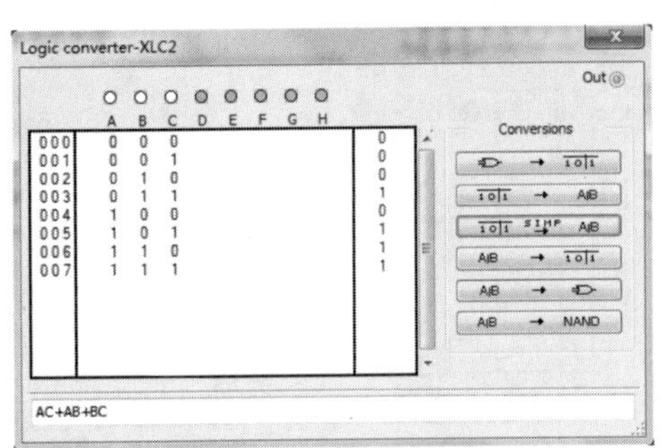

(a) Y_1 最简表达式

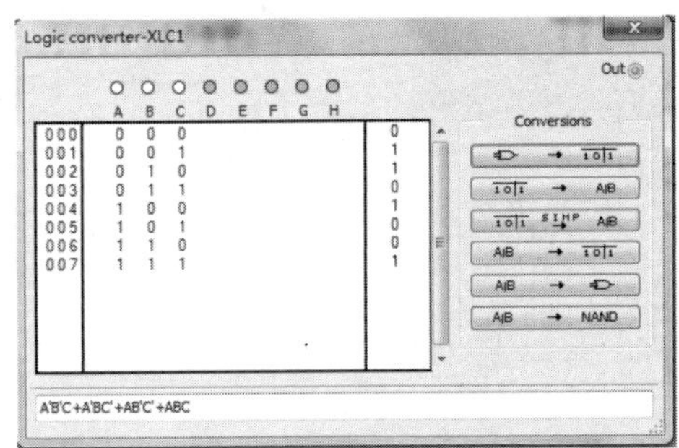

(b) Y_2 最简表达式

图 1-56　例 1.29 的最简表达式

(3) 用逻辑分析仪进行仿真，并画出时序图(一个循环)。

① 将图1-53中的输入端与字信号发生器相连，输出端与逻辑分析仪相连，如图1-57所示。

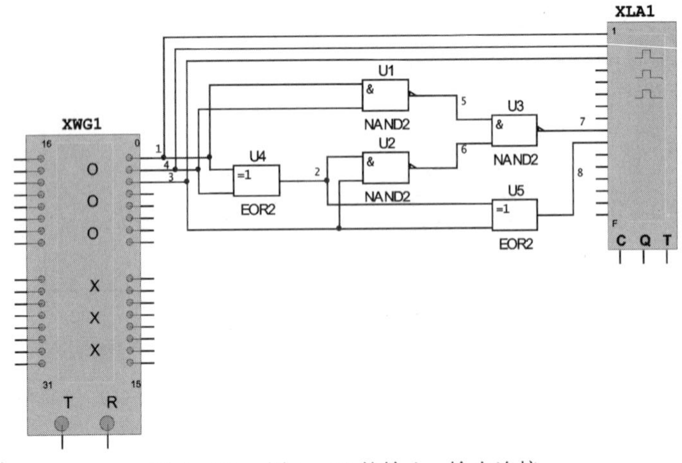

图 1-57　图 1-53 的输入、输出连接

② 设置字信号发生器参数：双击字信号发生器图标，打开面板设置字信号，设置方法：在 Display 栏选择显示字的类型为十六进制数，此时右边数字栏为 8 位十六进制数(对应 32 位二进制数)。在右边数字栏内输入对应数字，这里设定三路二进制信号 000 ～ 111(对应十六进制 0 ～ 7)，依次在每一行的最低位输入 0 ～ 7 即可。输入后用鼠标右击最后一行(00000007)，在弹出的选择框中将其设置为循环输出的终止值，这样字信号就在 0 ～ 7 之间循环输出。系统默认第一行(00000000) 为循环的初始值。在面板的 Controls 栏设置字信号输出的方式为 Cycle，输出频率为 50 Hz，这两个参数可以根据需要灵活选择。参数设置如图 1－58(a) 所示。

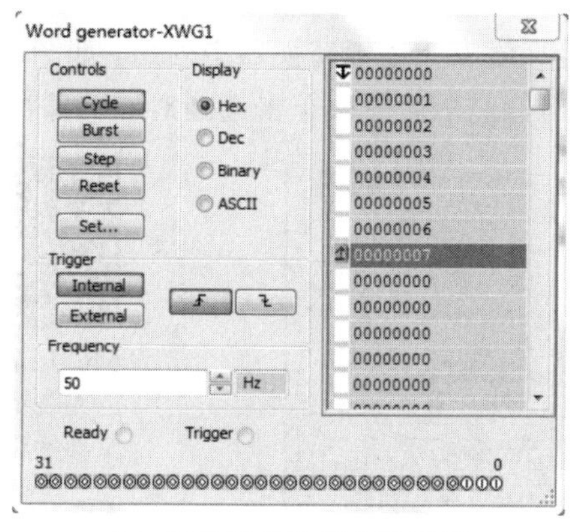

(a) 字信号发生器参数设置

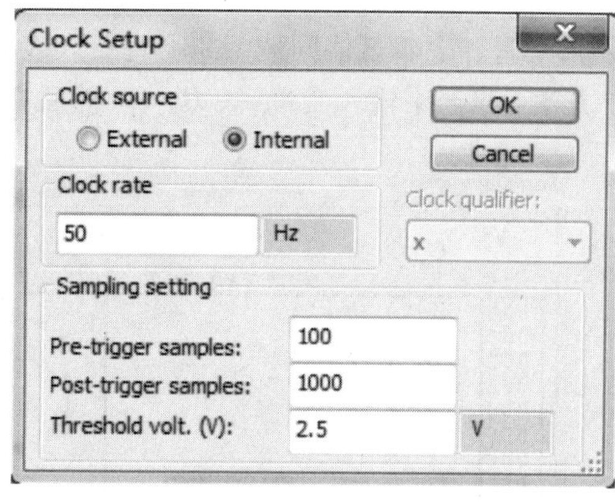

(b) 逻辑分析仪参数设置

图 1－58　字信号发生器和逻辑分析仪参数设置

③ 设置逻辑分析仪参数：双击逻辑分析仪图标，打开逻辑分析仪面板，在时钟控制区设置采样时钟频率，这里设置为 50 Hz，如图 1－58(b) 所示。运行仿真后，在波形显示窗中可以看到信号的波形，如图 1－59 所示。

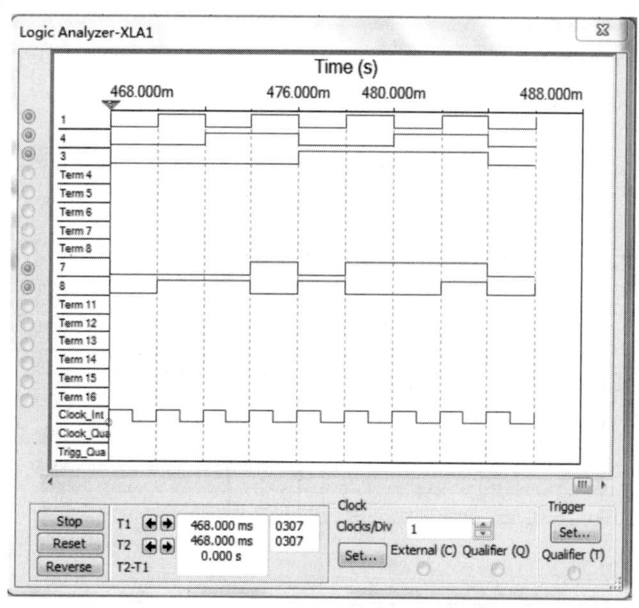

图 1－59　电路输入、输出波形仿真

④ 分析电路的逻辑功能：观察输入、输出波形变化可看出，该电路能实现两个加数 A、B 和来自低位的进位 C 三者相加，得到本位和 Y_2 和该位向前的进位信号 Y_1，因此是能实现多位数的某位相加的加法器。

请读者用组合逻辑电路的分析法对此例题进行分析，然后与用 Multisim 实现组合逻辑电路的分析结果进行比较。可以看出，两者结果是相同的。

前面学习了用 Multisim 实现组合逻辑电路的分析，下面来学习用 Multisim 实现组合逻辑电路的设计。

【仿真扫一扫】 **例 1.30** 用 Multisim 完成例 1.28 三人表决器的设计并进行仿真测试。

解 (1) 列真值表。

逻辑变量和逻辑赋值同例 1.28，将三人表决器真值表在逻辑转换器中列出，如图 1-60 所示。方法：先选中输入变量 A、B、C，然后在输出值显示区依次单击选择对应的输出值。

Multisim 设计三人表决器及功能验证

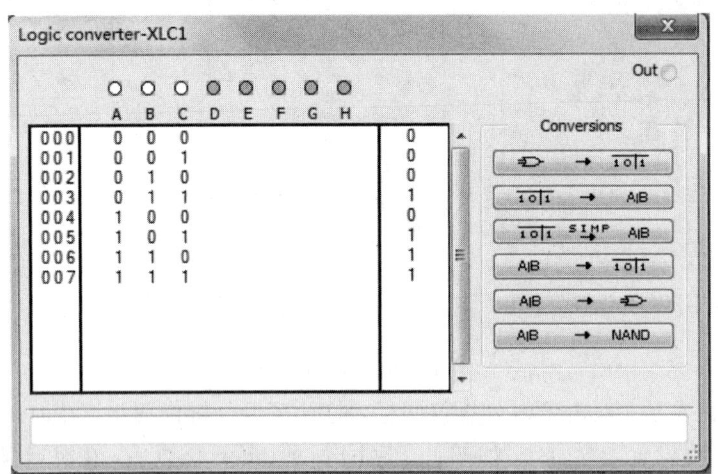

图 1-60 三人表决器真值表

(2) 求最简逻辑表达式。

单击图 1-60 中的 10|1 SIMP A|B，下方逻辑表达式显示区中出现最简逻辑表达式，如图 1-61 所示。

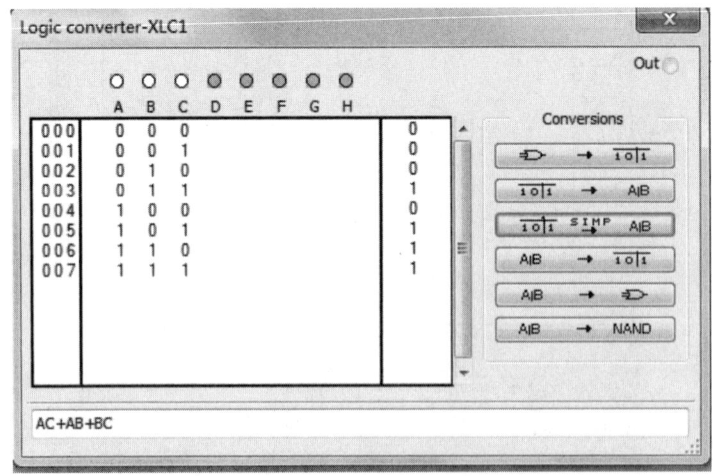

图 1-61 三人表决器最简逻辑表达式

(3) 画出最简与非门电路。

单击 AIB → NAND，工作区中出现逻辑电路，如图 1 - 62 所示，可以看出这是由 2 输入与非门组成的逻辑电路。

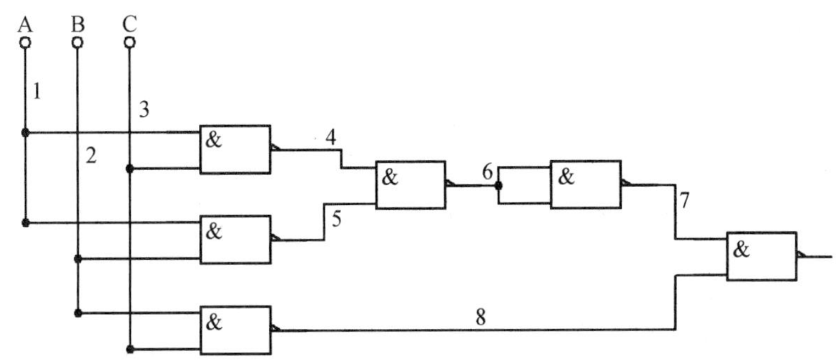

图 1 - 62　2 输入与非门构成的三人表决器逻辑图

(4) 仿真。

将图 1-62 中的 A、B、C 端子删除，将输入 A、B、C 分别接按键 S1、S2、S3，连线如图 1-63 所示，拨动按键实现输入组合 000 ～ 111，观察输出灯的亮灭(灯亮输出为 1)，将仿真结果与例 1.28 的真值表 1 - 30 比较，若两者一致，说明该电路设计正确。

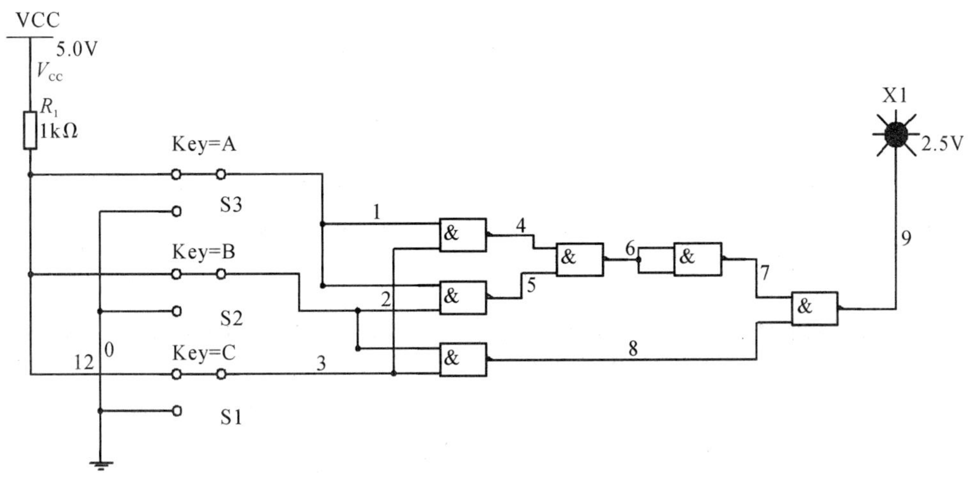

图 1 - 63　2 输入与非门构成的三人表决器仿真图

1.4.3　三人表决器的制作

三人表决器的设计与制作

1. 工作任务

请用 74LS00 与非门设计一个三人表决器，在面包板上搭接电路，输出用 LED 指示。

 **坚定"四个自信"篇**

电子表决器——人民民主，增强自信

电子表决器是典型的组合逻辑电路之一，其应用场合之一就是全国人民代表大会会议，重要的决议草案和决定草案都要通过表决进行法定确认，而表决是民主的重要实现形式之一。

1990年第七届全国人大三次会议第一次使用电子表决器，从举手表决，到无记名投票；从无记名投票到电子表决器；从记名按电子表决器到无记名按电子表决器，电子表决器是技术进步带来的表决方式的创新。电子表决器方便快捷，尤其是便于对表决结果的统计，甚至可以实时显示表决的结果。而且电子表决器还便于表达真实的意志，其优越性是显而易见的。表决技术的发展与变化也反映了民主的发展与进步。

电子表决器在全国人民代表大会的运用，体现了我国**坚持人民当家作主，发展全过程人民民主**，密切联系群众，紧紧依靠人民推动国家发展的中国特色社会主义制度的显著优势。实践充分证明，全过程人民民主能够把党的主张、国家意志、人民意愿紧密融合在一起，使得党、国家和人民成为目标相同、利益一致、相互交融、同心同向的整体，产生极大耦合力，确保集中力量办大事，实现国家统一有效组织各项事业，增强民族凝聚力，激发中国人民奋进新征程的磅礴力量。

希望通过电子表决器设计项目的学习，增强同学们对国家、民族的认同感和自豪感，从而增强中国特色社会主义道路自信、理论自信、制度自信、文化自信。

2. 任务分析

前面的例1.28及例1.30都设计了用与非门构成的三人表决器，但由于74LS00是2输入的与非门，因此不能采用例1.28所设计的逻辑电路图(图1-52中有一个3输入的与非门)，因而只能参照图1-62的2输入与非门构成的三人表决器逻辑图搭接电路。

3. 主要元器件

主要元器件包括面包板一块，两片74LS00集成块，发光二极管和限流电阻各一个，导线若干。

4. 任务实施指导

1) 面包板的结构、使用方法

面包板是由于板子上有许多小的插孔，很像面包中的小孔，因此而得名，是专为电子电路的无焊接实验设计制造的，由于各种电子元器件可根据需要随意插入或拔出，免去了焊接，节省了电路的组装时间，而且元件可以重复使用，因此非常适合电子电路的组装和调试训练。熟练掌握面包板的使用方法是提高实验效率，减少实验故障出现概率的重要基础之一。下面就面包板的结构和使用方法做简单介绍。

面包板外观如图1-64所示。面包板分上、中、下三部分，上面和下面部分一般是由一行或两行的插孔构成的窄条，中间部分是由中间一条隔离凹槽和上下各5行的插孔构成的宽条。

窄条上下两行之间电气不连通。每5个插孔为一组(通常称为"孤岛")，通常面包板上

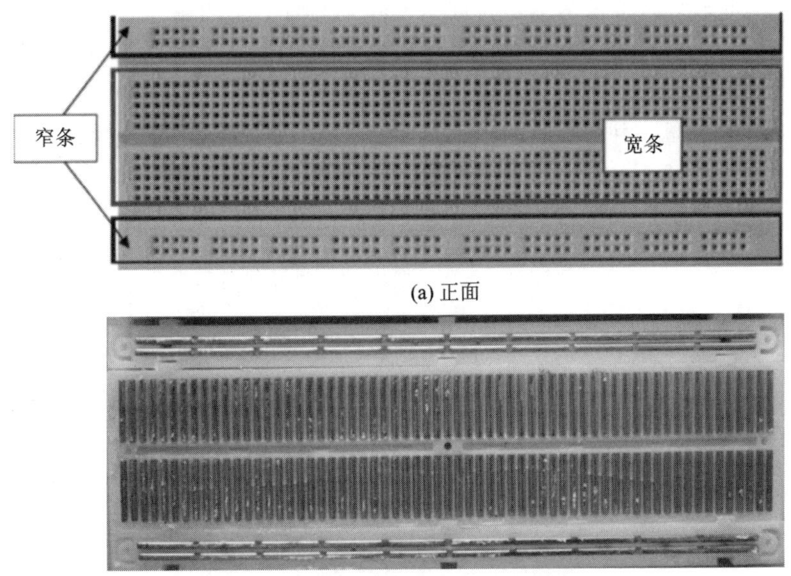

(a) 正面

(b) 背面(去除保护层后)

图1-64　面包板外观图

有10组。这10组“孤岛”一般有3种内部连通结构：① 左边5组内部电气连通，右边5组内部电气连通，但左右两边之间不连通，这种结构通常称为5-5结构。② 左边3组内部电气连通，中间4组内部电气连通，右边3组内部电气连通，但左边3组、中间4组以及右边3组之间是不连通的，这种结构通常称为3-4-3结构。若使用的时候需要连通，必须在两者之间跨接导线。③ 还有一种结构是10组“孤岛”都连通，这种结构最简单。窄条外观及内部结构如图1-65所示。

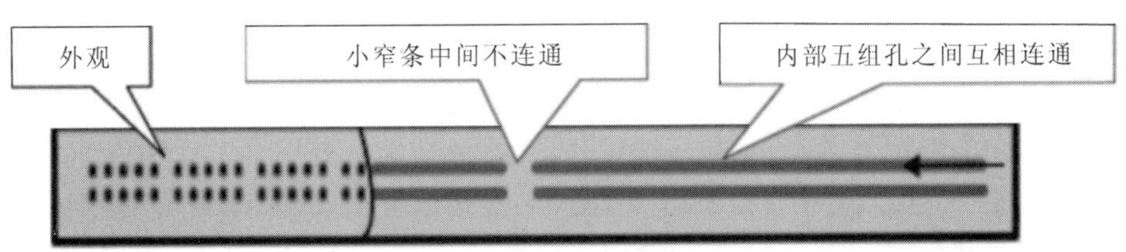

图1-65　面包板窄条外观及内部结构图(5-5结构)

中间部分宽条由中间一条隔离凹槽和上下各5行的插孔构成。在同一列中的5个插孔是互相连通的，列和列之间以及凹槽上下部分则是不连通的。宽条外观及内部结构如图1-66所示。

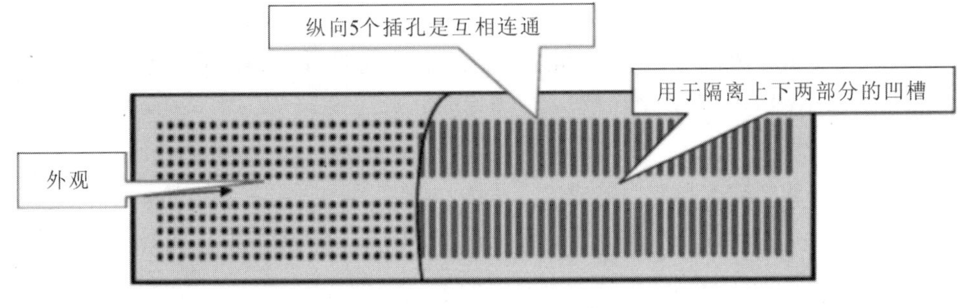

图1-66　面包板宽条外观及内部结构图

在做实验的时候，通常是两窄一宽同时使用，下面窄条的第一行一般和地线连接，上面窄条的第二行和电源相连。由于集成块电源一般在上面，接地在下面，因此如此布局有助于将集成块的电源脚和上面第二行窄条相连，接地脚和下面窄条的第一行相连，减少连线长度和跨接线的数量。由于凹槽的上下是不连通的，因此需将集成块跨插在凹槽上，才能保证每个引脚都是独立的，如图 1-67(a) 所示。中间宽条用于连接电路。电位器三个引脚应横跨在宽条的相邻三列插孔之间，电阻、电容以及发光二极管等元件一般横跨在宽条的任意两列插孔之间，而不能竖着跨接在同一列插孔之间，否则元件将被短路，如图1-67(b) 所示。

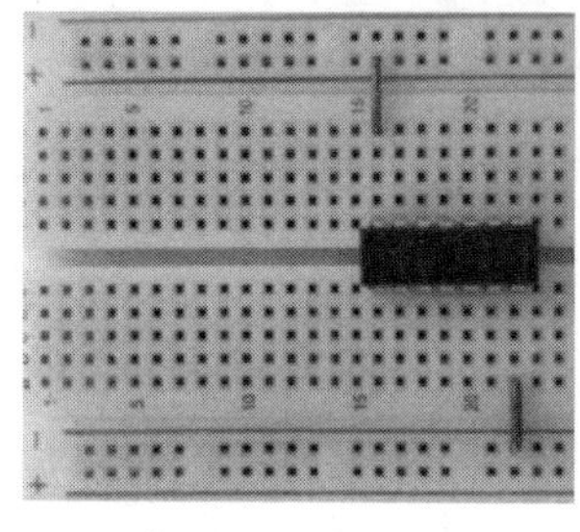

(a) 集成块的插接及电源脚、接地脚的连线

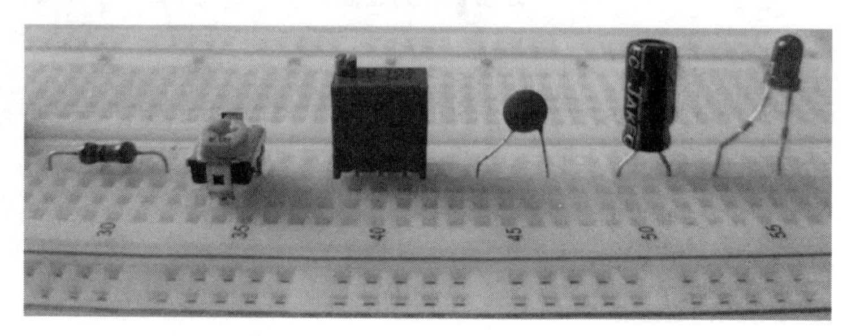

(b) 电阻、电位器、电容、发光二极管的插接

图 1-67　集成块及常用元器件在面包板上的插接

2) 面包板布线的基本原则

(1) 连接点越少越好。每增加一个连接点，实际上就人为地增加了故障概率。面包板孔内不通、导线松动、导线内部断裂等都是常见故障。

(2) 尽量避免立交桥。所谓的“立交桥”，就是元器件或者导线骑跨在别的元器件或者导线上。这样做一方面给后期更换元器件带来麻烦，另一方面，在出现故障时，零乱的导线很容易使人失去信心。

(3) 尽量牢靠。元器件引脚或导线头要沿面包板的板面垂直方向插入插孔，应能感觉到有轻微、均匀的摩擦阻力，在面包板倒置时，元器件应能被簧片夹住而不脱落。有两种现象需要注意：第一，集成电路容易松动，因此，对于运放等集成电路，需要用力下压，一旦不牢靠，需要更换位置。第二，有些元器件管脚太细，要注意轻轻拨动一下，如果发现不牢靠，需要更换位置。

(4) 方便测试。5 孔孤岛一般不要占满，至少留出一个孔，用于测试。

(5) 布局尽量紧凑。信号流向尽量合理。

(6) 布局尽量与原理图近似。这样有助于查找故障时，尽快找到元器件位置。

(7) 电源区使用尽量清晰。在搭接电路之前，首先将电源区划分成正电源、地、负电源 3 个区域(没有负电源划分成 2 个区域)，并用导线完成连接。

3) 参考接线图

参照图 1-62 的 2 输入与非门构成的三人表决器逻辑图进行搭接电路，两片 74LS00 共有 8 个 2 输入与非门，选择其中的 6 个，完成接线。图 1-68 所示为其中一种布线方案。

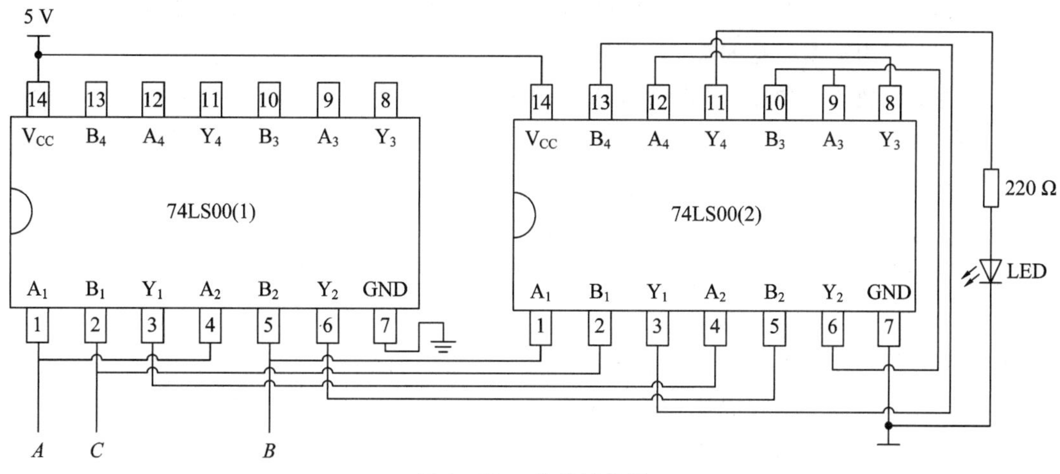

图1-68　参考接线图

5. 调试检测

(1) 对照表1-30验证电路的逻辑功能。输入端为1时接电源，输入端为0时接地。LED灯亮时输出为1，灯灭时输出为0。

(2) 出现故障时可用万用表检查连线情况。

6. 考核评分

项目设有功能分、工艺分和职业素养分。教师对制作情况进行评价，学生在自评和小组互评的基础上进行成果展示和经验交流。

信　坚定“四个自信”篇

组合逻辑电路设计——“绿水青山就是金山银山”

组合逻辑电路的设计可以实现一定的功能，但即使要实现同样功能的逻辑电路，所用到的元器件个数及类型都有可能不同，但都以所选用的元器件最少，电路最简单为目标，这样不仅能节省元器件、降低成本、资源浪费最少，而且还能优化生产工艺和提高系统的可靠性。这如同生态环境保护和经济发展不是矛盾对立的关系，而是辩证统一的关系。经济发展不能以破坏生态为代价，生态本身就是经济，保护生态就是发展生产力。《习近平总书记系列重要讲话读本》中指出“我们既要绿水青山，也要金山银山。宁要绿水青山，不要金山银山，而且绿水青山就是金山银山。”实践证明，在“绿水青山就是金山银山”理念引领下，我们的祖国不仅天更蓝、山更绿、水更清，而且生活更美好了，让绿水青山持续发挥生态效益和经济社会效益，实现生态环境保护和经济发展“双丰收”。

项目小结

(1) 数字信号是指在时间上和幅值上都断续变化的离散信号，用来传输和处理数字信号的电路为数字电路。在数字电路中主要采用二进制数，二进制代码不仅可以表示数值，也可以表示特定的信息及符号，BCD码是用4位二进制代码表示1位十进制数的编码，有多种形式，其中最为常用的是8421BCD码。

(2) 逻辑代数是一种描述事物逻辑关系的数学方法，逻辑变量的取值只有0、1两种可能，且它们只表示两种不同的逻辑状态，而不表示具体的大小。最基本的逻辑关系有三种，即“与”“或”“非”，将其分别组合可得到“与非”“或非”“与或非”“异或”“同或”等复合逻辑关系，对应有与门、或门、非门三种基本逻辑门电路及与非门、或非门、与或非门、异或门和同或门等复合逻辑门电路。逻辑函数的表示方法有逻辑函数式、真值表、逻辑图、波形图等。

(3) 逻辑函数的化简有代数法和卡诺图法，代数法是利用逻辑代数的基本定律和规则对逻辑函数进行化简，这种方法不受任何条件的限制，适用于各种复杂的逻辑函数，但没有固定的步骤可循，且需要熟练地运用基本定律、规则和一定的运算技巧。卡诺图法简单、直观，容易掌握，有一定的规律可循，但当变量个数太多时卡诺图较复杂，将失去简单、直观的优点，所以卡诺图法不适合化简变量个数太多的逻辑函数。

(4) 在使用集成逻辑门电路时，未被使用的多余输入端应注意正确连接。对于与门、与非门，多余输入端可通过上拉电阻接正电源，也可和已用输入端并联使用；对于或门、或非门，多余输入端可直接接地，也可和已用的输入端并联使用。

(5) 组合逻辑电路是一种应用很广的逻辑电路。组合逻辑电路的分析步骤为：① 写出输出端的逻辑表达式，必要时，进行化简求出最简输出逻辑函数表达式；② 列出真值表；③ 确定功能。组合逻辑电路的设计步骤为：① 根据设计要求列出真值表；② 写出逻辑表达式(或填写卡诺图)；③ 逻辑化简和变换；④ 画出逻辑图。

(6) 数字电路中常用的虚拟仪器有字信号发生器、逻辑转换器和逻辑分析仪。字信号发生器是一个能产生32位(路)二进制数字信号的仪表，常用于测试多输入组合逻辑电路的输入信号。逻辑转换器主要用于逻辑电路几种描述方法的相互转换，可以实现将电路图转换为真值表，真值表转换为逻辑表达式，真值表转换为最简逻辑表达式，逻辑表达式转换为真值表，逻辑表达式转换为电路图，逻辑表达式转换为与非门电路。逻辑分析仪可以同步记录和显示16路逻辑信号，用于分析逻辑电路的逻辑功能。其具体作用是显示电路的输入和输出波形的时序对应关系，从而分析得知电路的逻辑功能。

习　题

1. 填空题。

(1) 二进制数只有________和________两个数码，它是以________为基数的计数体制。

(2) 十进制数转换为二进制数的方法是：整数部分用__________法，小数部分用________法。

(3) 十进制数$(23.76)_{10}$对应的二进制数为____________，8421BCD码为__________，余3BCD码为__________。

(4) 逻辑变量和逻辑函数只有________、________两种取值，它们仅表示两种相反的逻辑状态。

(5) 基本逻辑关系有三种，它们是________、________、________。

(6) 常用的复合逻辑运算有________、________、________、________、________。

(7) 摩根定律的两种形式是互为________________。

(8) 最简与-或式的标准是逻辑式中的________最少，每个乘积项中的________最少。

2. 选择题。

(1) 十进制数$(46)_{10}$用 8421BCD 码表示为________。

A. 1000110　　B. 01000110　　C. 100110　　D. 1111001

(2) 下列数中最小的是________。

A. $(1100100)_2$　　B. $(63)_{16}$　　C. $(98)_{10}$　　D. $(10010111)_{8421BCD}$

(3) 12 位的 BCD 码可以表示的最大十进制数是________。

A. 4095　　B. 1024　　C. 999　　D. 9999

(4) 基本逻辑运算有________三种类型。

A. 与、异或、非　　B. 与、同或、非

C. 与、或、非　　D. 与、或、与非

(5) A、B、C 是与非门的输入，则输出 Y 为________。

A. ABC　　B. $\overline{A}\cdot\overline{B}\cdot\overline{C}$　　C. $\overline{A}+\overline{B}+\overline{C}$　　D. $\overline{A+B+C}$

(6) 只有当决定一件事的几个条件全部不具备时，这件事才不会发生，这种逻辑关系为________。

A. 与　　B. 与非　　C. 或　　D. 或非

(7) 测得某门电路输入 A、B 和输出 Y 波形如图 1-69 所示，则 Y 的表达式是________。

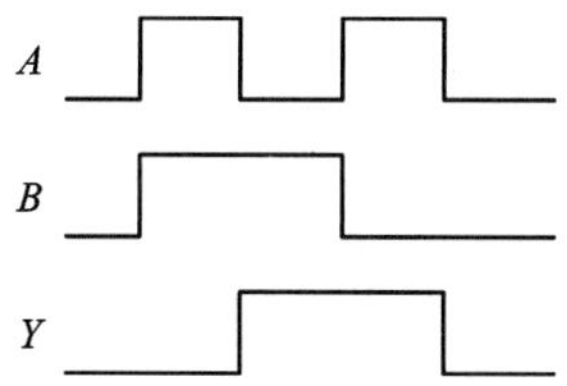

图 1-69　选择题第(7) 题图

A. $Y=\overline{AB}$　　B. $Y=\overline{A\oplus B}$

C. $Y=\overline{A+B}$　　D. $Y=A\oplus B$

(8) $F(A, B, C)=\sum m(1, 2, 3, 4, 5, 6, 7)$，则 F 的反函数 $\overline{F}$ 为________。

A. ABC　　B. $A+B+C$　　C. $\overline{A}\,\overline{B}\,\overline{C}$　　D. $\overline{\overline{A}\,\overline{B}\,\overline{C}}$

(9) 与非门和或非门多余的输入端应________。

A. 接地　　B. 接电源

C. 并接到使用的输入端　　D. 悬空

(10) 组合逻辑电路的输出状态决定于________。

A. 当时的输入变量的组合

B. 当时的输入变量和原来的输出状态的组合

C. 当时的输入变量和原来的输出状态的与

D. 当时的输入变量和原来的输出状态的或

3. 将下列十进制数转换为二进制数。

(1) $(174)_{10}$　(2) $(37.438)_{10}$　(3) $(0.416)_{10}$　(4) $(81.39)_{10}$

4. 将下列二进制数转换为十进制数。

(1) $(1100110011)_2$　(2) $(101110.011)_2$

(3) $(1000110.1010)_2$　(4) $(0.001011)_2$

5. 将下列十进制数转换为八进制数。

(1) $(84)_{10}$　(2) $(254.75)_{10}$　(3) $(0.437)_{10}$

6. 将下列十进制数转换为十六进制数。

(1) $(427)_{10}$　(2) $(1276.47)_{10}$　(3) $(0.978)_{10}$

7. 将下列十六进制数转换为十进制数。

(1) $(6CF)_{16}$　(2) $(8ED.C7)_{16}$　(3) $(A70.BC)_{16}$

8. 将下列十六进制数转换为二进制数和八进制数。

(1) $(36B)_{16}$　(2) $(4DE.C8)_{16}$

(3) $(7FF.ED)_{16}$　(4) $(69E.BF)_{16}$

9. 将下列二进制数转换为八进制数和十六进制数。

(1) $(1001011.010)_2$　(2) $(1110010.1101)_2$

(3) $(1100011.011)_2$　(4) $(11110001.001)_2$

10. 将下列 8421**BCD** 码转换为十进制数。

(1) $(011010010001)_{8421BCD}$　(2) $(011110000110)_{8421BCD}$

(3) $(01010110.10000101)_{8421BCD}$

11. 用反演规则求下列函数的反函数。

(1) $L=(A+C)(\overline{B}+C)$

(2) $L=\overline{A}B+\overline{B}C+C(\overline{A}+D)$

(3) $L=\overline{A}+\overline{B+\overline{C+\overline{\overline{D}}}}$

12. 求下列函数式的对偶式。

(1) $L=AB+A\,\overline{C}+\overline{B}CD$

(2) $L=(\overline{A}+B)(A+\overline{C})(C+D\,\overline{E})+F$

(3) $L=A+\overline{\overline{B}C}$

13. 用代数法化简下列逻辑函数。

(1) $L=A+ABC+A\,\overline{BC}+BC+\overline{B}C$

(2) $L=AB\,\overline{C}+\overline{A}B+ABC$

(3) $L=(A\oplus B)C+ABC+\overline{A}\,\overline{B}C$

(4) $L = A\overline{B} + \overline{A}B + A$

(5) $L = A\overline{B} + BC + ACD$

(6) $L = \overline{A} + \overline{B} + \overline{C} + \overline{D} + ABCD$

14. 用卡诺图化简下列逻辑函数。

(1) $Y(A, B, C, D) = \sum m(0, 2, 6, 8, 10, 14)$

(2) $Y = ABC + ABD + \overline{C}\,\overline{D} + A\overline{B}C + \overline{A}C\overline{D} + A\overline{C}D$

(3) $Y = \overline{A}\,\overline{B}\,\overline{C}\,\overline{D} + \overline{A}\,\overline{B}\,\overline{C}D + \overline{A}\,\overline{B}C\overline{D} + A\overline{B}\,\overline{C}\,\overline{D} + A\overline{B}\,\overline{C}D + A\overline{B}CD$

(4) $Y(A, B, C, D) = \sum m(0, 2, 5, 7, 8, 9, 10, 13, 15)$

(5) $Y(A, B, C, D) = \sum m(0, 2, 5, 6, 7, 8, 9, 10, 11, 14, 15)$

(6) $Y(A, B, C, D) = \sum m(0, 2, 4, 5, 8, 9, 10, 11, 12, 13, 15)$

(7) $Y(A, B, C, D) = \sum m(0, 1, 2, 3, 4, 6, 7, 8, 9, 11, 15)$

(8) $Y(A, B, C, D) = \sum m(0, 1, 4, 7, 10, 13, 14, 15)$

(9) $Y(A, B, C, D) = \sum m(1, 2, 12, 14) + \sum d(5, 6, 7, 8, 9, 10)$

(10) $Y(A, B, C, D) = \sum m(0, 1, 2, 3, 4, 7, 8, 9) + \sum d(10, 11, 12, 13, 14, 15)$

15. 已知 A、B、C 的波形如图 1－70 所示，试分析 Y_1、Y_2、Y_3、Y_4 的输出波形。

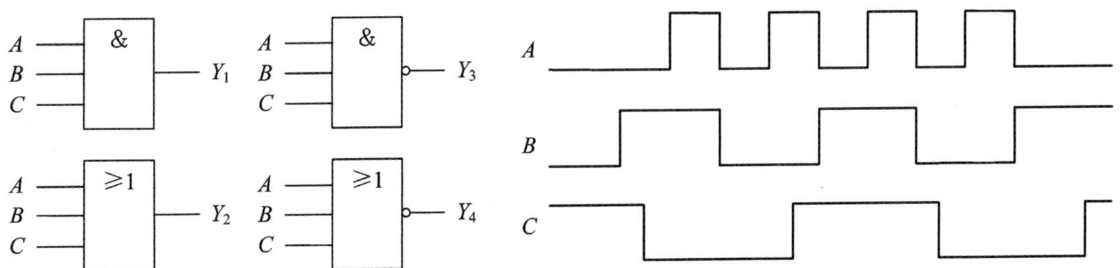

图 1－70　题 15 图

16. 判断图 1－71 所示 TTL 门电路输出与输入之间的逻辑关系哪些是正确的，哪些是错误的，并对接法错误的电路进行改正。

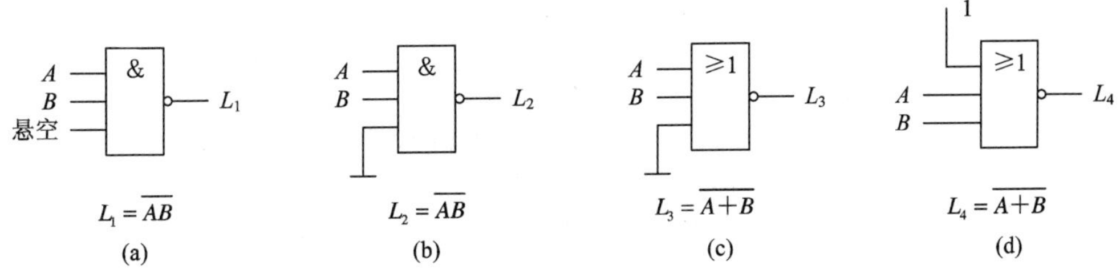

图 1－71　题 16 图

17. 图 1－72 所示 CMOS 电路中，要求实现规定的逻辑功能，判断其连接有无错误，如有错误请改正。

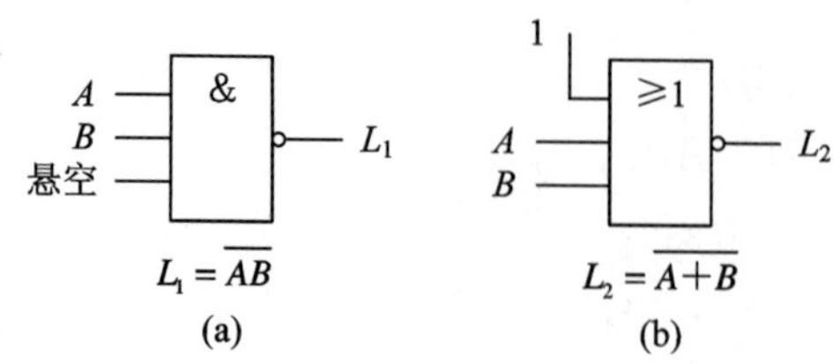

图 1-72　题 17 图

18. 分析图 1-73 所示电路的逻辑功能。

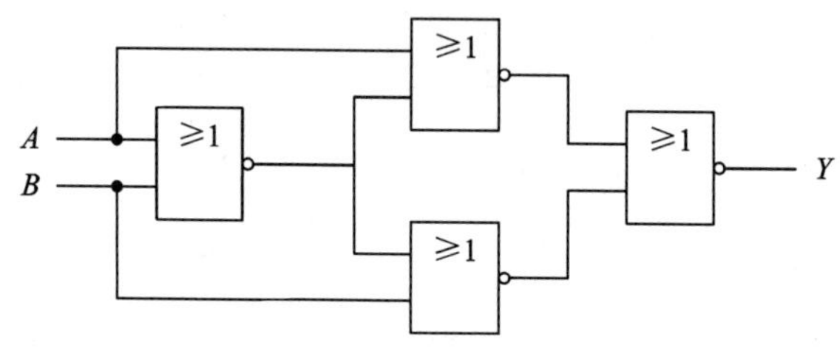

图 1-73　题 18 图

19. 分析图 1-74 所示电路的逻辑功能。

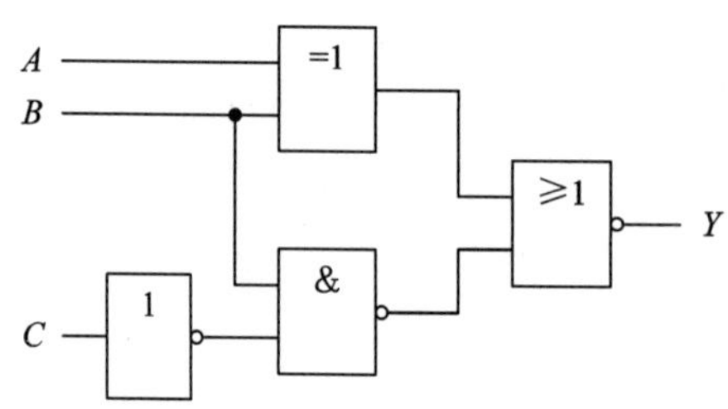

图 1-74　题 19 图

20. 分析图 1-75 所示电路的逻辑功能。

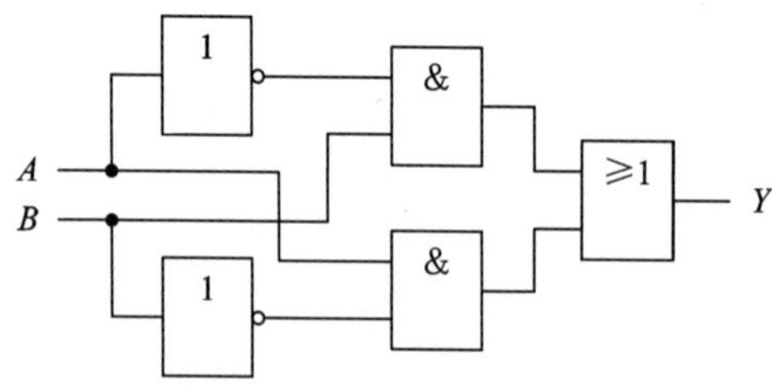

图 1-75　题 20 图

21. 分析图 1-76 所示电路的逻辑功能。

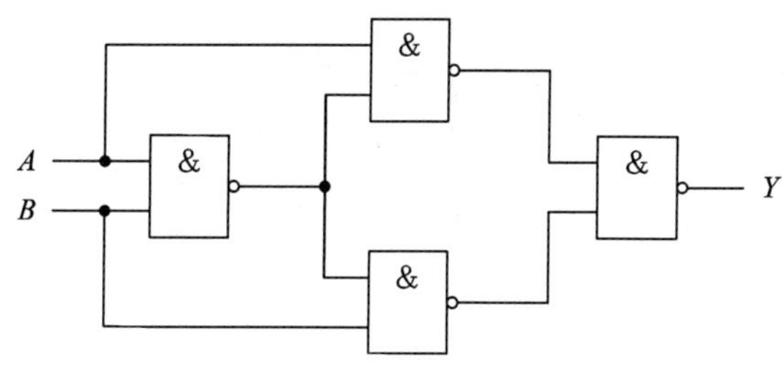

图 1-76　题 21 图

22. 用与非门设计一个举重裁判表决电路。设举重比赛有 3 名裁判，一名主裁判和两名副裁判。杠铃完全举上的裁决由每一名裁判按下自己面前的按钮来确定，只有当两名或两名以上裁判判定成功，并且其中有一名为主裁判时，表明成功的灯才亮。

23. 某实验室有红、黄两个故障指示灯，用来表示三台设备的工作情况：当只有一台设备有故障时，黄色指示灯亮；当有两台设备同时产生故障时，红色指示灯亮；当三台设备都出现故障时，红色和黄色指示灯都亮。试设计一个控制灯亮的逻辑电路。（设 A、B、C 为三台设备的故障信号，有故障时为 1，正常工作时为 0；Y_1 表示黄色指示灯，Y_2 表示红色指示灯，灯亮为 1，灯灭为 0。）

项目2　病员呼叫数码显示电路的设计与制作

知识目标

(1) 掌握加法器的逻辑符号、功能，掌握74LS283的逻辑功能及应用。

(2) 理解数值比较器的作用、功能，掌握74LS85的逻辑功能及应用。

(3) 掌握编码器的类型、功能，掌握74LS148、74LS147的逻辑功能及应用。

(4) 掌握译码器的类型、功能，掌握74LS138、74LS42等的逻辑功能及应用。

(5) 掌握用二进制译码器实现组合逻辑电路的方法。

(6) 理解数据选择器的功能及其使用，掌握74LS151的逻辑功能及应用。

(7) 掌握用数据选择器实现组合逻辑电路的方法。

技能目标

(1) 能用组合逻辑电路集成芯片完成简单数字电路设计。

(2) 能用Multisim实现病员呼叫数码显示电路的设计与仿真。

素质目标

(1) 通过查找资料、独立思考、互相讨论等方式，培养分析问题和解决问题的能力。

(2) 通过学习“非物质文化遗产系列——中国珠算”，增强对中华传统文化的兴趣，增强民族自豪感，坚定文化自信。

(3) 通过设计病员呼叫数码显示电路，学习我国人民至上、生命至上的理念，增强民族自豪感和幸福感。

任务2.1　加法器和数值比较器

在数字系统中，尤其在计算机的数字系统中，加法器是构成算术运算的基本单元电路。除了常用的算术运算外，还经常要对两个数的大小进行比较。因此加法器和数值比较器是常用的逻辑部件。

信　坚定“四个自信”篇

非物质文化遗产“中国珠算”——弘扬文化，坚定自信

加法器常用作计算机算术逻辑部件，计算非常先进快捷，但大家了解计算工具的发展史吗？

中国是世界上四大文明古国之一，曾经创造出辉煌灿烂的中华文明，在早期的计算工具

的发明创造方面就写出过光辉的一页。在商代，当时的人们就创造了十进制记数方法，领先于世界千余年。到了周代，发明了当时最先进的计算工具——算筹，中国古代数学家祖冲之，就是用算筹计算出圆周率在 3.141 592 6 和 3.141 592 7 之间，这一结果比西方早一千年。

到了汉朝，开始出现珠算盘，这是中国计算工具发展史上的第一项重大发明。珠算，是以算盘为工具进行数字计算的一种方法，由"筹算"演变而来，以算理、算法为基础，运用口诀通过手指拨动算珠进行加、减、乘、除和开方等数学运算的计算技术。珠算盘不仅对中国经济的发展起过重大作用，而且还传到了日本、朝鲜、东南亚等地区，经受了历史的考验，至今仍在使用。

珠算是以中国古代劳动人民发明的算盘为工具进行数字计算的一种方法，被誉为中国的"第五大发明"，2008 年列入第二批国家级非物质文化遗产，2013 年列入人类非物质文化遗产名录。算盘起源于中国，体现了中华民族的聪明才智，被称为"最古老的计算机"。

周恩来总理曾说过，"不要把算盘丢掉"。珠算是中国传统文化之一，希望同学们在本项目的学习过程中，通过认识计算工具的发展历史，既要了解我国古代灿烂的文明成果，增强**对中华传统文化的兴趣，增强民族自豪感，坚定文化自信**，坚定民族复兴的理想信念，弘扬以爱国主义为核心的民族精神，又要认识到社会由简单到复杂、由低级到高级的发展规律，懂得用发展的思维发现问题、解决问题，自觉学习科学，追求真理。

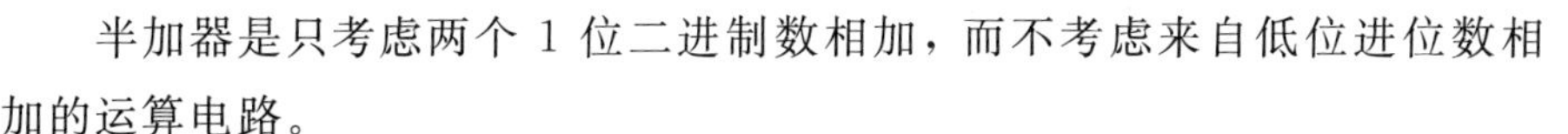

2.1.1　加法器

半加器

1. 半加器

半加器是只考虑两个 1 位二进制数相加，而不考虑来自低位进位数相加的运算电路。

半加器的真值表如表 2-1 所示，表中 A 和 B 分别为被加数和加数输入，S 为本位和输出，C 为向相邻高位的进位输出。

由真值表可直接写出输出逻辑函数表达式为

$$\begin{cases} S=\overline{A}B+A\overline{B}=A\oplus B \\ C=AB \end{cases} \tag{2-1}$$

由式(2-1)可看出，半加器由一个异或门和一个与门组成，半加器逻辑图及逻辑符号如图 2-1 所示。

表 2-1　半加器的真值表

输　入		输　出	
被加数 A	加数 B	进位数 C	和数 S
0	0	0	0
0	1	0	1
1	0	0	1
1	1	1	0

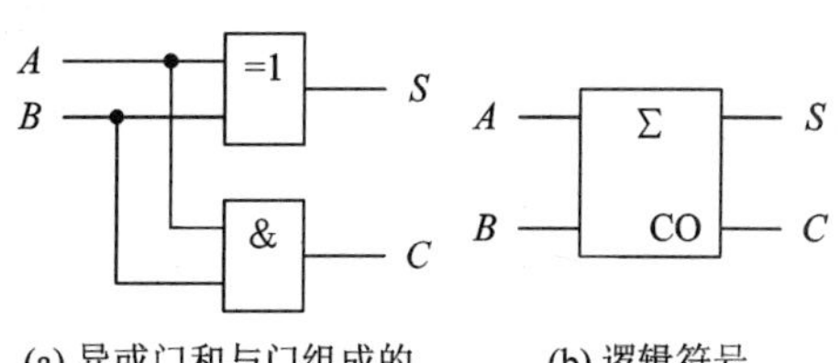

(a) 异或门和与门组成的半加器逻辑图　　(b) 逻辑符号

图 2-1　半加器的逻辑图和逻辑符号

【仿真扫一扫】 通过 Multisim 仿真软件验证图 2-1(a)所示电路。仿真图如图 2-2 所示。将图 2-2 中的开关 A、B 分别置 1 或置 0，观察并验证半加器的真值表(表 2-1)。

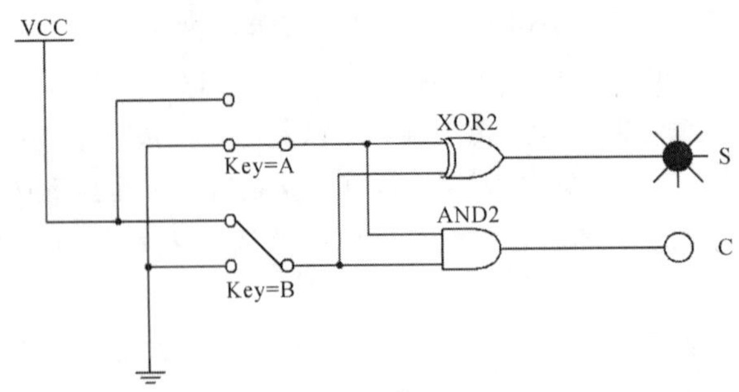

图 2-2 半加器仿真图

半加器功能验证仿真

2. 全加器

将两个多位二进制数相加时，除考虑本位两个二进制数相加外，还考虑相邻低位来的进位数相加的运算电路，称为全加器。全加器的真值表如表 2-2所示，表中 A_i 和 B_i 分别为被加数和加数输入，C_{i-1} 为相邻低位的进位输入，S_i 为本位和输出，C_i 为该位向相邻高位的进位输出。

全加器

根据真值表填卡诺图化简，如图 2-3 所示。

表 2-2 全加器真值表

输入			输出	
A_i	B_i	C_{i-1}	C_i	S_i
0	0	0	0	0
0	0	1	0	1
0	1	0	0	1
0	1	1	1	0
1	0	0	0	1
1	0	1	1	0
1	1	0	1	0
1	1	1	1	1

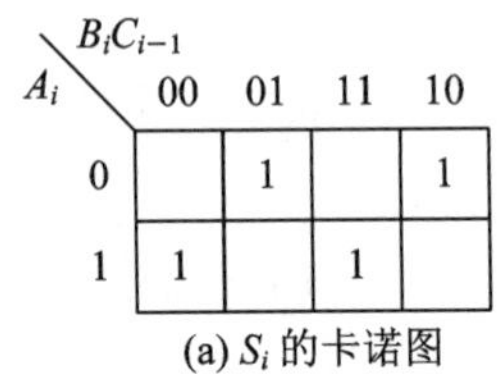

(a) S_i 的卡诺图

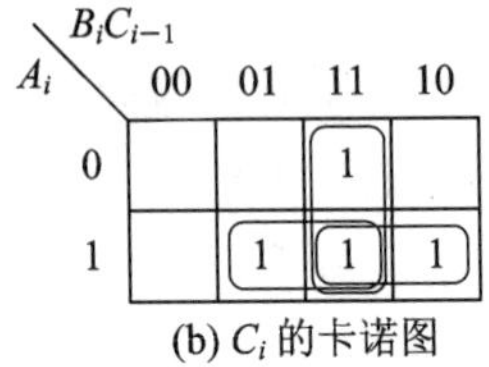

(b) C_i 的卡诺图

图 2-3 表 2-2 卡诺图化简

由图 2-3(a)可看出，S_i 不能化简，得到最简逻辑表达式为

$$S_i=\overline{A_i}\,\overline{B_i}C_{i-1}+\overline{A_i}B_i\,\overline{C_{i-1}}+A_i\,\overline{B_i}\,\overline{C_{i-1}}+A_iB_iC_{i-1} \tag{2-2}$$

$$C_i=A_iB_i+B_iC_{i-1}+A_iC_{i-1} \tag{2-3}$$

根据式(2-2)、式(2-3)画出逻辑图，如图 2-4 所示。

另一种方法为由真值表 2-2 写出 S_i 和 C_i 的输出逻辑函数表达式，再经变换得

$$\begin{aligned}S_i&=\overline{A_i}\,\overline{B_i}C_{i-1}+\overline{A_i}B_i\,\overline{C_{i-1}}+A_i\,\overline{B_i}\,\overline{C_{i-1}}+A_iB_iC_{i-1}\\&=\overline{(A_i\oplus B_i)}C_{i-1}+(A_i\oplus B_i)\overline{C_{i-1}}=A_i\oplus B_i\oplus C_{i-1}\end{aligned} \tag{2-4}$$

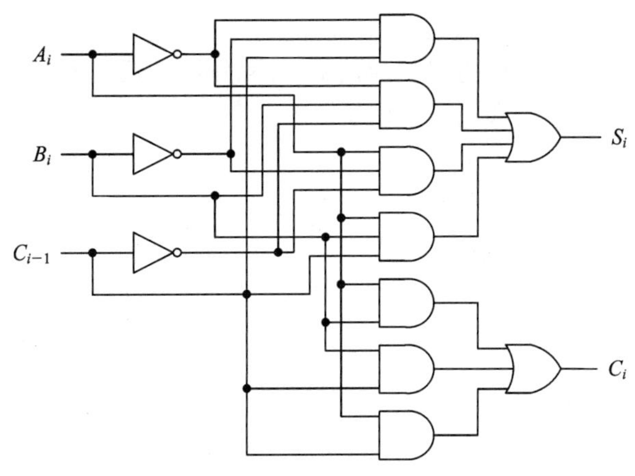

图 2-4　由最简逻辑表达式得到的全加器逻辑图

$$C_i=\overline{A_i}B_iC_{i-1}+A_i\overline{B_i}C_{i-1}+A_iB_i\overline{C_{i-1}}+A_iB_iC_{i-1}=A_iB_i+(A_i\oplus B_i)C_{i-1} \quad (2-5)$$

根据式(2-4)、式(2-5)画出逻辑图，如图 2-5(a)所示。可以看出用这种方法得到的逻辑图要比图 2-4 更简单。全加器逻辑符号如图 2-5(b)所示。

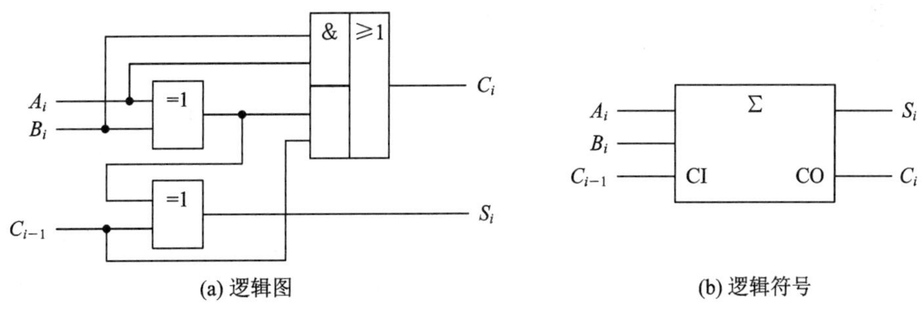

(a) 逻辑图　　(b) 逻辑符号

图 2-5　全加器

【仿真扫一扫】 通过 Multisim 仿真软件验证图 2-5(a)所示电路，仿真图如图 2-6 所示。将图 2-6 中的开关 A、B、C 分别置 1 或置 0，观察并验证全加器的真值表表 2-2。

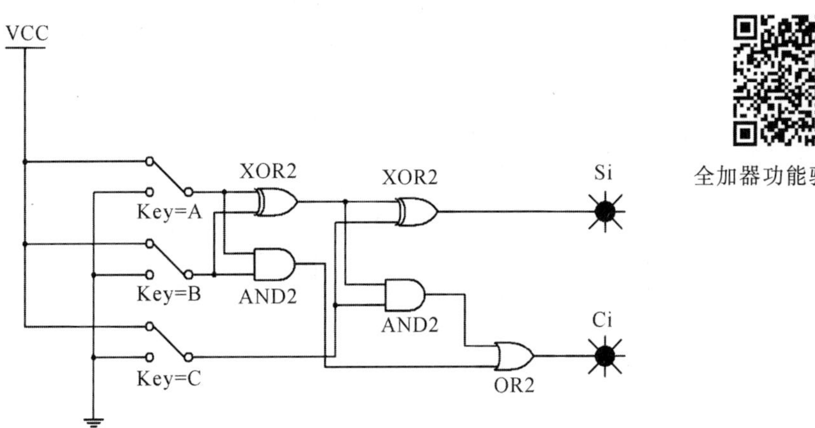

全加器功能验证仿真

图 2-6　全加器仿真图

3. 多位加法器

多位加法器

实现多位加法运算的电路称为多位加法器。按照进位方式的不同，多位加法器又分为串行进位加法器和超前进位加法器。

1）串行进位加法器

图 2－7 所示是 4 位串行进位加法器，从图中可见，两个 4 位相加数 $A_3A_2A_1A_0$ 和 $B_3B_2B_1B_0$ 的各位同时送到相应全加器的输入端，进位数串行传送，其低位进位输出端依次连至相邻高位的进位输入端，最低位进位输入端 C_{i-1} 接地。因此，高位数的相加必须等到低位运算完成后才能进行，这种进位方式称为串行进位，运算速度较慢。

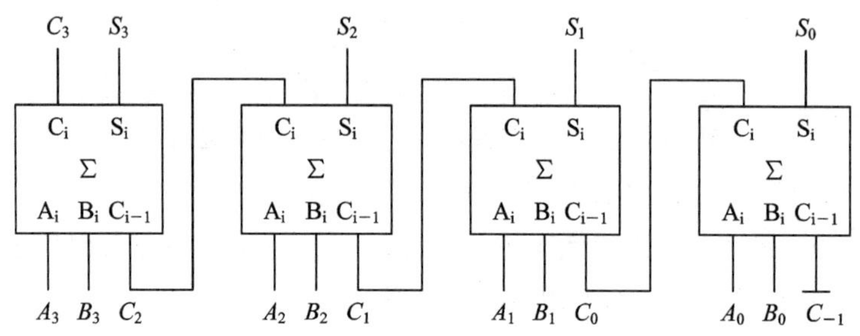

图 2－7 4 位串行进位加法器

2）超前进位加法器

为了提高速度，可采用超前进位加法器。它是在进行加法运算时，各位全加器的进位信号由输入二进制数直接产生，各位运算并行进行，所以运算速度快。下面介绍集成 4 位超前进位二进制加法器 74LS283。

图 2－8 是集成 4 位超前进位二进制加法器 74LS283 的引脚图和逻辑符号。该电路中只要在两组二进制数输入端 A_3～A_0 和 B_3～B_0 分别接上 4 位二进制的被加数和加数，并将进位输入端 C_1 接地，则在和数输出端 S_3、S_2、S_1、S_0 可得到两个 4 位二进制数的和数，以及在进位输出端 CO 得到向高位的进位。

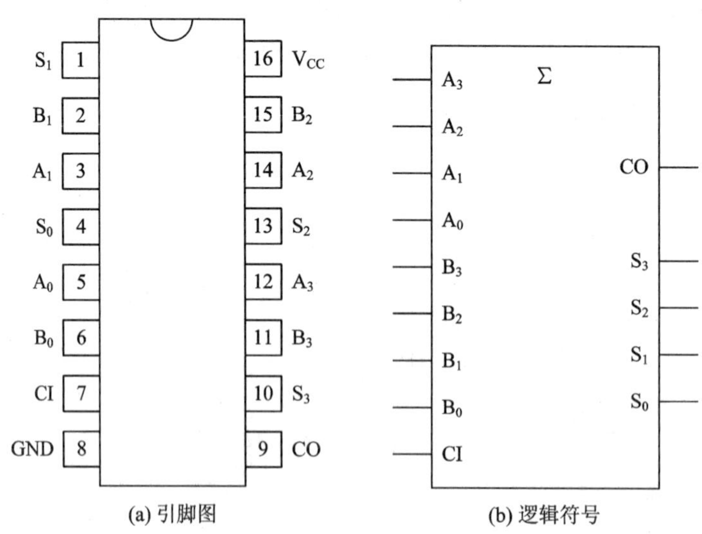

(a) 引脚图 (b) 逻辑符号

图 2－8 4 位二进制加法器 74LS283

若要进行两个8位二进制数的加法运算，可用两片74LS283，其电路如图2-9所示。电路连接时，将低四位集成芯片(1)的CI接地，低四位的CO进位接到高四位芯片(2)的CI端。两个二进制数A、B分别从低位到高位依次接到相应的输入端，最后的运算结果为$C_7S_7S_6S_5S_4S_3S_2S_1S_0$。

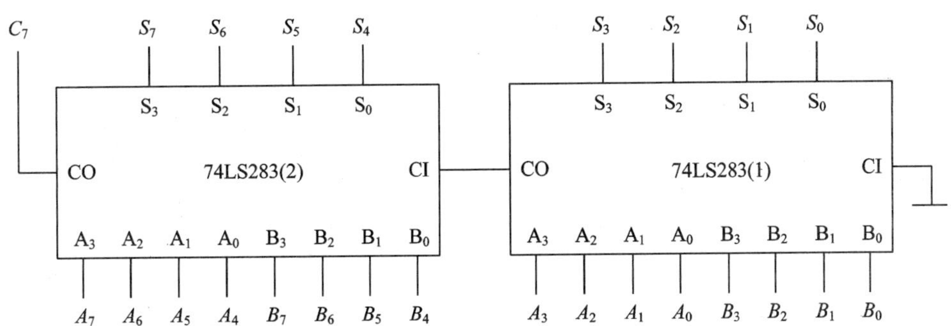

图2-9　2片742LS83组成的8位二进制数加法器电路图

加法器除可进行二进制数的算术运算外，还可用来实现组合逻辑函数。

例2.1　试用74LS283构成一个将8421BCD码转换成余3码的代码转换电路。

解　对同一个十进制数，余3码比8421BCD码多3，故将8421BCD码与3(即0011)相加后就可输出余3BCD码。因此，A_3～A_0输入8421BCD码，B_3～B_0输入0011，二者相加后在S_3～S_0端便可输出余3BCD码，电路如图2-10所示。

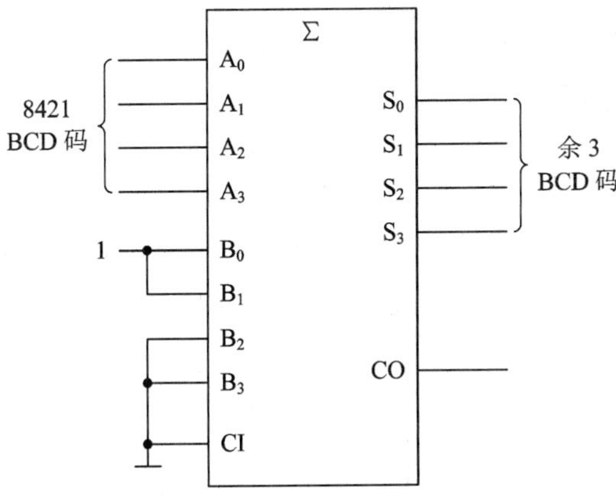

图2-10　8421BCD码转换成余3码电路

2.1.2　数值比较器

用于比较两个数的大小或是否相等的电路，称为数值比较器。

1. 1位数值比较器

1位数值比较器

1位数值比较器的功能是比较两个1位二进制数A和B的大小，比较结果有三种情况，即$A>B$、$A<B$、$A=B$，比较结果分别用$Y_{(A>B)}$、$Y_{(A<B)}$和$Y_{(A=B)}$表示。设当$A>B$时，$Y_{(A>B)}=1$；$A<B$时，$Y_{(A<B)}=1$；$A=B$时，$Y_{(A=B)}=1$。由此可列出真值表如表2-3所示。根据表2-3可写出逻辑函数表达式为

$$\begin{cases} Y_{(A>B)}=A\overline{B} \\ Y_{(A<B)}=\overline{A}B \\ Y_{(A=B)}=\overline{A}\,\overline{B}+AB=\overline{Y_{(A>B)}+Y_{(A<B)}} \end{cases} \tag{2-6}$$

由式(2-6)可画出逻辑图如图 2-11 所示。

表 2-3　1 位数值比较器真值表

输入		输　出		
A	B	$Y_{(A>B)}$	$Y_{(A<B)}$	$Y_{(A=B)}$
0	0	0	0	1
0	1	0	1	0
1	0	1	0	0
1	1	0	0	1

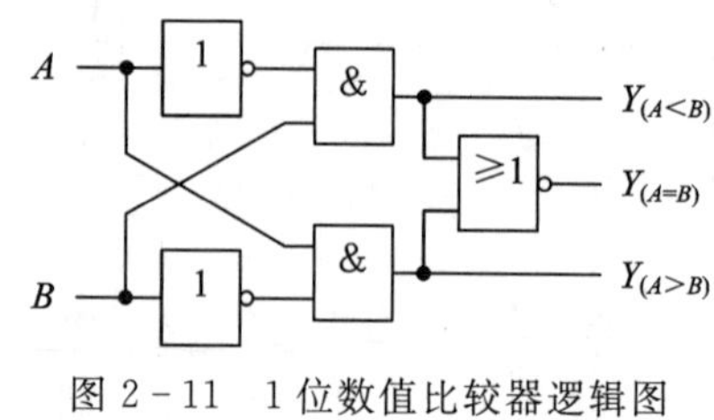

图 2-11　1 位数值比较器逻辑图

2. 多位数值比较器

4 位数值比较器

1 位数值比较器只能对两个 1 位二进制数进行比较，而实用的比较器一般是多位的，如两个 4 位二进制数 $A=A_3A_2A_1A_0$ 和 $B=B_3B_2B_1B_0$ 进行比较时，则需从最高位开始逐步向低位进行比较，只有在高位数相等时，才要进行低位数的比较。当比较到某一位数值不相等时，其结果便为两个 4 位数的比较结果。若 $A_3>B_3$，则 $A>B$；若 $A_3<B_3$，则 $A<B$；若 $A_3=B_3$，则需比较次高位。若次高位 $A_2>B_2$，则 $A>B$；若 $A_2<B_2$，则 $A<B$；若 $A_2=B_2$，则再去比较 A_1 和 B_1。依次类推，直至比较出结果为止。

图 2-12 所示为 4 位数值比较器 74LS85 的引脚图和逻辑符号。图中 A_3、A_2、A_1、A_0 和 B_3、B_2、B_1、B_0 为两组比较的 4 位二进制数的输入端；$Y_{(A>B)}$、$Y_{(A<B)}$、$Y_{(A=B)}$ 为三种不同比较结果的输出端；$I_{(A>B)}$、$I_{(A<B)}$、$I_{(A=B)}$ 为级联输入端，用于扩展多于 4 位的两个二进制数的比较。当数值比较器最高位两个 4 位二进制数相等时，由来自低位的比较结果 $I_{(A>B)}$、$I_{(A<B)}$、$I_{(A=B)}$ 决定两个数的大小。其功能表如表 2-4 所示。

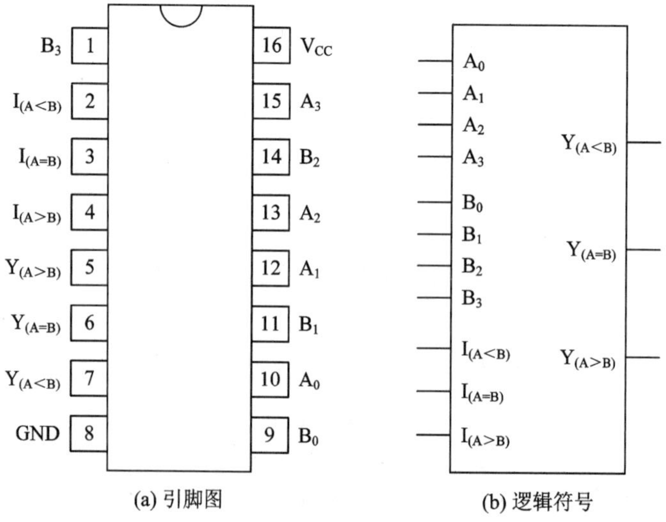

图 2-12　4 位数值比较器 74LS85

表 2－4　74LS85 数值比较器功能表

输　入							输　出		
A_3B_3	A_2B_2	A_1B_1	A_0B_0	$I_{(A>B)}$	$I_{(A<B)}$	$I_{(A=B)}$	$Y_{(A>B)}$	$Y_{(A<B)}$	$Y_{(A=B)}$
$A_3>B_3$	×	×	×	×	×	×	1	0	0
$A_3<B_3$	×	×	×	×	×	×	0	1	0
$A_3=B_3$	$A_2>B_2$	×	×	×	×	×	1	0	0
$A_3=B_3$	$A_2<B_2$	×	×	×	×	×	0	1	0
$A_3=B_3$	$A_2=B_2$	$A_1>B_1$	×	×	×	×	1	0	0
$A_3=B_3$	$A_2=B_2$	$A_1<B_1$	×	×	×	×	0	1	0
$A_3=B_3$	$A_2=B_2$	$A_1=B_1$	$A_0>B_0$	×	×	×	1	0	0
$A_3=B_3$	$A_2=B_2$	$A_1=B_1$	$A_0<B_0$	×	×	×	0	1	0
$A_3=B_3$	$A_2=B_2$	$A_1=B_1$	$A_0=B_0$	1	0	0	1	0	0
$A_3=B_3$	$A_2=B_2$	$A_1=B_1$	$A_0=B_0$	0	1	0	0	1	0
$A_3=B_3$	$A_2=B_2$	$A_1=B_1$	$A_0=B_0$	0	0	1	0	0	1

例 2.2　试用两片 74LS85 构成一个 8 位数值比较器。

解　将两个 8 位二进制数的高 4 位 $A_7A_6A_5A_4$ 和 $B_7B_6B_5B_4$ 接到高位片 74LS85(2)的数据输入端，低 4 位数 $A_3A_2A_1A_0$ 和 $B_3B_2B_1B_0$ 接到低位片 74LS85(1)的数据输入端。根据其功能表，当数值比较器高 4 位二进制数相等时，由来自低位的比较结果 $I_{(A>B)}$、$I_{(A<B)}$、$I_{(A=B)}$ 决定两个数的大小，因此将低位片的比较输出端 $Y_{(A>B)}$、$Y_{(A<B)}$、$Y_{(A=B)}$ 和高位片的级联输入端 $I_{(A>B)}$、$I_{(A<B)}$、$I_{(A=B)}$ 对应相连。低位数值比较器的级联输入端应取 $I_{(A>B)}=I_{(A<B)}=0$，$I_{(A=B)}=1$，这样，当两个 8 位二进制数相等时，比较器的总输出 $Y_{(A=B)}=1$。例 2.2 连接图如图 2－13 所示。

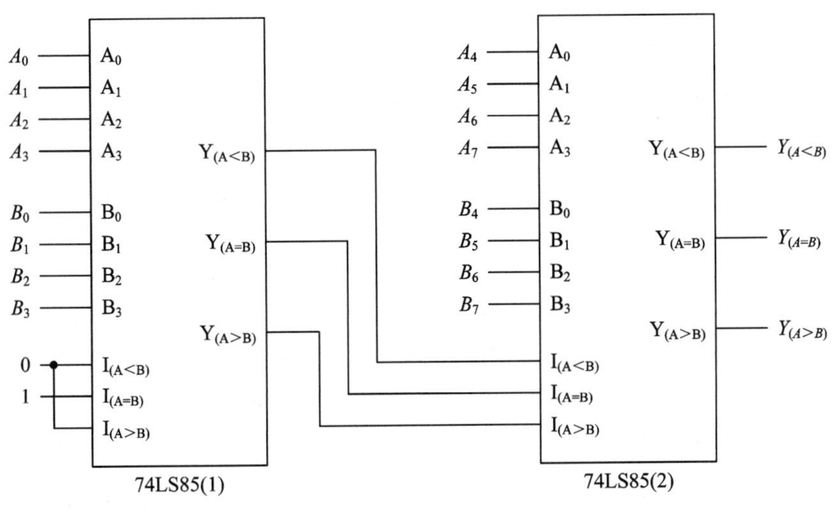

图 2－13　两片 74LS85 组成的 8 位数值比较器

任务 2.2 编 码 器

将具有特定含义的信息编成相应二进制代码的过程，称为编码。实现编码功能的逻辑电路称为编码器。常用的编码器有普通编码器和优先编码器。它们又分为二进制编码器和二-十进制编码器。

2.2.1 二进制编码器

将 2^n 个编码信号转换为 n 位二进制代码输出的电路，称为二进制编码器。普通编码器任何时刻只允许输入一个有效编码信号，否则输出将发生混乱。现以图 2-14 所示的 3 位二进制编码器为例说明编码器的工作原理。

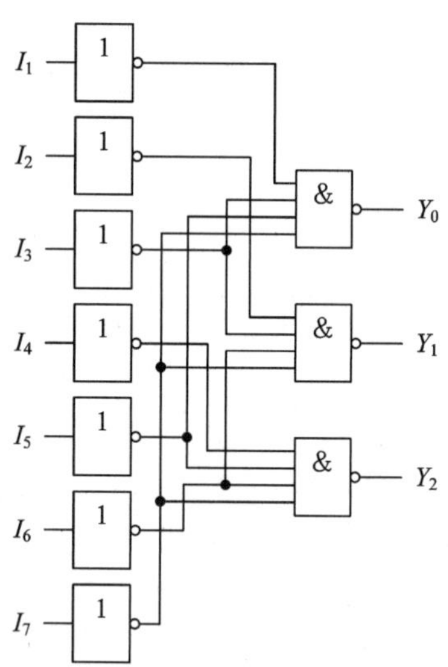

二进制编码器

图 2-14 3 位二进制编码器逻辑图

图 2-14 中输入的编码信号有 8 个，分别为 $I_0 \sim I_7$(图 2-14 中 I_0省略没有画出)，高电平 1 有效；输出二进制代码为 3 位，分别为 Y_2、Y_1、Y_0。由图 2-14 可写出编码器的输出逻辑表达式为

$$\begin{cases} Y_2 = \overline{\overline{I_4}\ \overline{I_5}\ \overline{I_6}\ \overline{I_7}} \\ Y_1 = \overline{\overline{I_2}\ \overline{I_3}\ \overline{I_6}\ \overline{I_7}} \\ Y_0 = \overline{\overline{I_1}\ \overline{I_3}\ \overline{I_5}\ \overline{I_7}} \end{cases} \tag{2-7}$$

根据式(2-7)可列出如表 2-5 所示的功能表，由该表可知，图 2-14 所示编码器输出为原码，且在任何时刻只能对一个输入信号进行编码，不允许有两个或两个以上的输入信号同时请求编码，否则输出的编码会发生混乱，所以是普通编码器。$I_0 \sim I_7$这 8 个编码信号是相互排斥的，当 $I_1 \sim I_7$都为 0 时，输出就是 I_0的编码，故 I_0可以不画。由于该编码器有 $8(2^3)$个输入端，3 个输出端，故又称为 8 线-3 线编码器。

表 2-5　3 位二进制普通编码器的功能表

输　入								输　出		
I_0	I_1	I_2	I_3	I_4	I_5	I_6	I_7	Y_2	Y_1	Y_0
1	0	0	0	0	0	0	0	0	0	0
0	1	0	0	0	0	0	0	0	0	1
0	0	1	0	0	0	0	0	0	1	0
0	0	0	1	0	0	0	0	0	1	1
0	0	0	0	1	0	0	0	1	0	0
0	0	0	0	0	1	0	0	1	0	1
0	0	0	0	0	0	1	0	1	1	0
0	0	0	0	0	0	0	1	1	1	1

2.2.2　二-十进制编码器

二-十进制编码器是将十进制的十个数码 0、1、2、3、4、5、6、7、8、9 编成二进制代码的电路，输入 0～9 十个数码，输出二进制代码 n 为 4($2^n \geqslant 10$)，故输出为 4 位二进制代码。其逻辑图如图 2-15 所示。

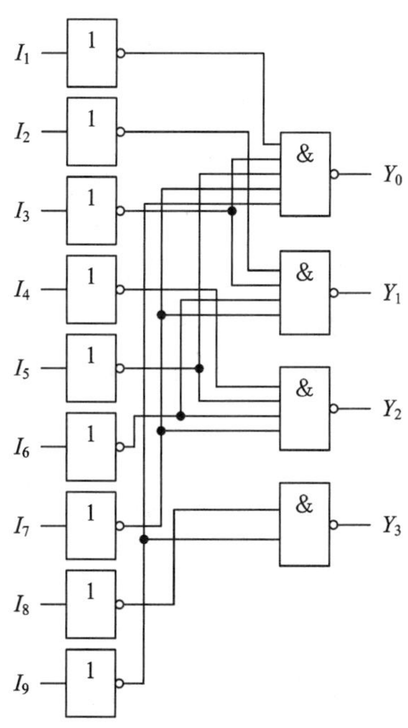

二-十进制编码器

图 2-15　二-十进制编码器逻辑图

图 2-15 中输入的编码信号有 10 个，分别为 I_0～I_9(图 2-15 中 I_0 省略没有画出)，高电平 1 有效；输出二进制代码为 4 位，分别为 Y_3、Y_2、Y_1、Y_0。由图 2-15 写出编码器的输

出逻辑表达式(请读者自行写出)，然后列出其功能表如表 2-6 所示，由该表可知，图2-15所示编码器输出为原码，且为 8421BCD 码，同样在任何时刻只能对一个输入信号进行编码，所以是普通编码器。由于该编码器有 10 个输入端，4 个输出端，故又称为 10 线-4 线编码器。

表 2-6　二-十进制普通编码器的功能表

输入										输出			
I_0	I_1	I_2	I_3	I_4	I_5	I_6	I_7	I_8	I_9	Y_3	Y_2	Y_1	Y_0
1	0	0	0	0	0	0	0	0	0	0	0	0	0
0	1	0	0	0	0	0	0	0	0	0	0	0	1
0	0	1	0	0	0	0	0	0	0	0	0	1	0
0	0	0	1	0	0	0	0	0	0	0	0	1	1
0	0	0	0	1	0	0	0	0	0	0	1	0	0
0	0	0	0	0	1	0	0	0	0	0	1	0	1
0	0	0	0	0	0	1	0	0	0	0	1	1	0
0	0	0	0	0	0	0	1	0	0	0	1	1	1
0	0	0	0	0	0	0	0	1	0	1	0	0	0
0	0	0	0	0	0	0	0	0	1	1	0	0	1

2.2.3　优先编码器

优先编码器

优先编码器允许同时输入两个或两个以上的编码信号。当多个输入信号同时出现时，只对其中优先级最高的一个进行编码，而对级别较低的不响应。优先级别的高低由设计者根据输入信号的轻重缓急而定。

1. 集成 3 位二进制(8 线-3 线)优先编码器

74LS148 是一种常用的 8 线-3 线优先编码器，图 2-16 所示为 74LS148 的逻辑符号和引脚图，表 2-7 为其功能表。

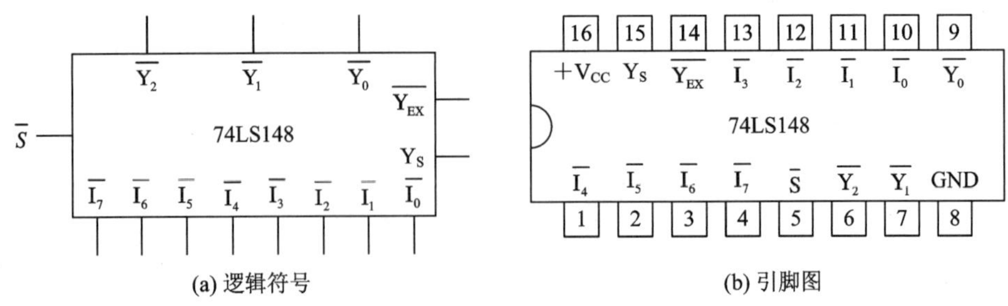

(a) 逻辑符号　　(b) 引脚图

图 2-16　8 线-3 线优先编码器 74LS148

表 2－7　8 线－3 线优先编码器 74LS148 的功能表

输　入									输　出				
$\overline{S}$	$\overline{I_0}$	$\overline{I_1}$	$\overline{I_2}$	$\overline{I_3}$	$\overline{I_4}$	$\overline{I_5}$	$\overline{I_6}$	$\overline{I_7}$	$\overline{Y_2}$	$\overline{Y_1}$	$\overline{Y_0}$	$\overline{Y_{EX}}$	Y_S
1	×	×	×	×	×	×	×	×	1	1	1	1	1
0	1	1	1	1	1	1	1	1	1	1	1	1	0
0	×	×	×	×	×	×	×	0	0	0	0	0	1
0	×	×	×	×	×	×	0	1	0	0	1	0	1
0	×	×	×	×	×	0	1	1	0	1	0	0	1
0	×	×	×	×	0	1	1	1	0	1	1	0	1
0	×	×	×	0	1	1	1	1	1	0	0	0	1
0	×	×	0	1	1	1	1	1	1	0	1	0	1
0	×	0	1	1	1	1	1	1	1	1	0	0	1
0	0	1	1	1	1	1	1	1	1	1	1	0	1

由功能表可得出 74LS148 的功能如下：

(1) 使能输入端 $\overline{S}$：低电平有效，即只有在 $\overline{S}=0$ 时，编码器才处于工作状态；而在 $\overline{S}=1$时，编码器处于禁止状态，不论有无输入，所有输出端均被封锁为高电平。

(2) 编码输入端$\overline{I_0}\sim\overline{I_7}$：低电平 0 有效，表示有编码请求。输入高电平 1 无效，表示无编码请求。优先级顺序为$\overline{I_7}\rightarrow\overline{I_0}$，即$\overline{I_7}$的优先级最高，然后依次是$\overline{I_6}$、$\overline{I_5}\cdots\overline{I_0}$。

(3) 编码输出端$\overline{Y_2}$、$\overline{Y_1}$、$\overline{Y_0}$：编码输出为反码。

(4) 选通输出端 Y_S 和扩展端$\overline{Y_{EX}}$：为扩展编码器的功能而设置。$\overline{Y_{EX}}$低电平有效，$\overline{Y_{EX}}=0$表示电路工作，而且有编码输入；Y_S 高电平有效，当 $Y_S=0$ 时，电路工作，但无编码输入。

如只要$\overline{I_7}=0$，则无论$\overline{I_6}\sim\overline{I_0}$中哪个为 0，因$\overline{I_7}$优先级最高，此时优先编码器只对$\overline{I_7}$编码，输出为 7($\overline{Y_2}\,\overline{Y_1}\,\overline{Y_0}=111$)的反码，即$\overline{Y_2}\ \overline{Y_1}\ \overline{Y_0}=000$。

2. 集成二－十进制(10 线－4 线)优先编码器

集成 10 线－4 线优先编码器 74LS147 的逻辑符号和引脚图如图 2－17 所示，功能表如表 2－8 所示。由功能表可知 74LS147 的功能与 74LS148 相似。

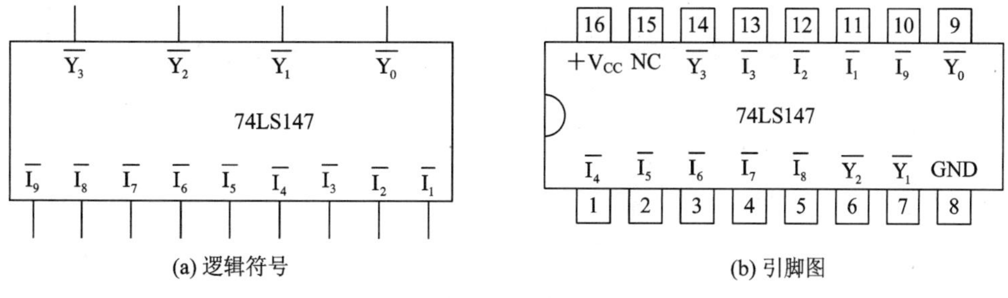

图 2－17　10 线－4 线优先编码器 74LS147

表 2-8　10 线-4 线优先编码器 74LS147 的功能表

输　入									输　出			
$\overline{I_1}$	$\overline{I_2}$	$\overline{I_3}$	$\overline{I_4}$	$\overline{I_5}$	$\overline{I_6}$	$\overline{I_7}$	$\overline{I_8}$	$\overline{I_9}$	$\overline{Y_3}$	$\overline{Y_2}$	$\overline{Y_1}$	$\overline{Y_0}$
1	1	1	1	1	1	1	1	1	1	1	1	1
×	×	×	×	×	×	×	×	0	0	1	1	0
×	×	×	×	×	×	×	0	1	0	1	1	1
×	×	×	×	×	×	0	1	1	1	0	0	0
×	×	×	×	×	0	1	1	1	1	0	0	1
×	×	×	×	0	1	1	1	1	1	0	1	0
×	×	×	0	1	1	1	1	1	1	0	1	1
×	×	0	1	1	1	1	1	1	1	1	0	0
×	0	1	1	1	1	1	1	1	1	1	0	1
0	1	1	1	1	1	1	1	1	1	1	1	0

编码输入端$\overline{I_1}$～$\overline{I_9}$低电平有效，$\overline{I_9}$优先级最高，$\overline{I_8}$次之，其余依此类推，$\overline{I_1}$优先级最低。编码输出为 8421BCD 码的反码。当$\overline{I_9}=0$ 时，其余输入编码信号$\overline{I_1}$～$\overline{I_8}$不论为 0 还是 1 都不起作用，电路只对$\overline{I_9}$进行编码，输出$\overline{Y_3}$～$\overline{Y_0}$为 9 的 8421BCD 码(1001)的反码 0110。

在图 2-17 中，没有输入端$\overline{I_0}$，这是因为当$\overline{I_1}$～$\overline{I_9}$都为高电平 1 时，输出$\overline{Y_3}\,\overline{Y_2}\,\overline{Y_1}\,\overline{Y_0}=1111$，其原码为 0000，相当于输入$\overline{I_0}$请求编码。

任务 2.3　译　码　器

译码是编码的逆过程，即将具有特定意义的二进制代码转换成相应信号输出的过程。实现译码功能的逻辑电路称为译码器。常用的译码器有二进制译码器、二-十进制译码器和显示译码器。

2.3.1　二进制译码器

将输入的 n 位二进制代码转换为 2^n 个信息输出的电路，称为二进制译码器。

二进制译码器

1. 2 线-4 线译码器

若输入是 2 位二进制代码，则有 4 个输出端，所以 2 位二进制译码器又可称为 2 线-4 线译码器。图 2-18 是 2 线-4 线译码器的逻辑电路图。由图 2-18 可写出逻辑函数表达式为

$$\begin{cases}\overline{Y_0}=\overline{\overline{A_1}\ \overline{A_0}}\\ \overline{Y_1}=\overline{\overline{A_1}A_0}\\ \overline{Y_2}=\overline{A_1\ \overline{A_0}}\\ \overline{Y_3}=\overline{A_1A_0}\end{cases} \tag{2-8}$$

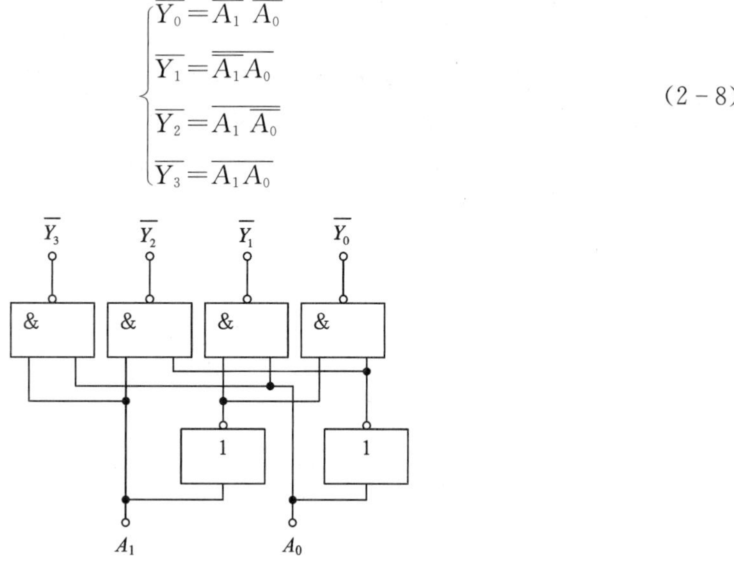

图 2 - 18　2 线- 4 线译码器逻辑图

根据式(2 - 8)可列出 2 线 - 4 线译码器的功能表如表 2 - 9 所示。由表 2 - 9 可看出：图 2 - 18 所示译码器在任一时刻从 A_1A_0 输入一组代码，只有一个输出端输出低电平 0 的译码信号，其余输出都为高电平 1。可见，译码器的译码输出具有唯一性。

表 2 - 9　2 线- 4 线译码器的功能表

输　入		输　出			
A_1	A_0	$\overline{Y_3}$	$\overline{Y_2}$	$\overline{Y_1}$	$\overline{Y_0}$
0	0	1	1	1	0
0	1	1	1	0	1
1	0	1	0	1	1
1	1	0	1	1	1

【仿真扫一扫】 完成图 2 - 19 所示电路的 Multisim 仿真。将图 2 - 19 中的开关 M(高位)、L(低位)分别置 1 或置 0，观察输出并列出真值表，并说一说与表 2 - 9 的区别。

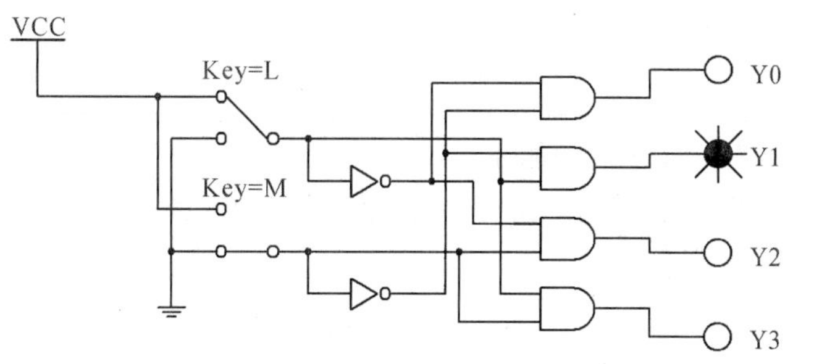

图 2 - 19　2 线- 4 线译码器仿真图

2 线- 4 线译码器功能仿真

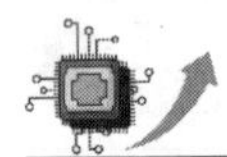

2. 集成二进制译码器 74LS138

图 2-20 是 3 位二进制(3 线-8 线)译码器 74LS138 的引脚图和逻辑符号。其中 A_2、A_1、A_0 为二进制代码输入端；$\overline{Y_0}$~$\overline{Y_7}$ 为输出端，低电平有效；ST_A、$\overline{ST_B}$、$\overline{ST_C}$ 为 3 个选通控制端(使能端)，ST_A 为高电平有效，$\overline{ST_B}$ 和 $\overline{ST_C}$ 为低电平有效。其功能表如表 2-10 所示。

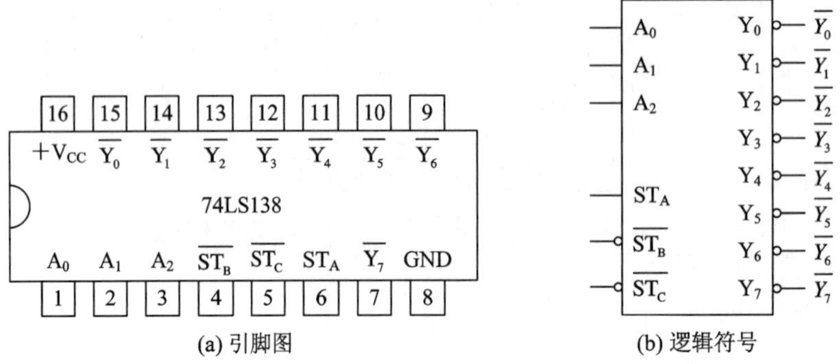

(a) 引脚图　　(b) 逻辑符号

图 2-20　3 线-8 线译码器 74LS138

表 2-10　3 线-8 线译码器 74LS138 的功能表

输入					输出							
ST_A	$\overline{ST_B}+\overline{ST_C}$	A_2	A_1	A_0	$\overline{Y_0}$	$\overline{Y_1}$	$\overline{Y_2}$	$\overline{Y_3}$	$\overline{Y_4}$	$\overline{Y_5}$	$\overline{Y_6}$	$\overline{Y_7}$
×	1	×	×	×	1	1	1	1	1	1	1	1
0	×	×	×	×	1	1	1	1	1	1	1	1
1	0	0	0	0	0	1	1	1	1	1	1	1
1	0	0	0	1	1	0	1	1	1	1	1	1
1	0	0	1	0	1	1	0	1	1	1	1	1
1	0	0	1	1	1	1	1	0	1	1	1	1
1	0	1	0	0	1	1	1	1	0	1	1	1
1	0	1	0	1	1	1	1	1	1	0	1	1
1	0	1	1	0	1	1	1	1	1	1	0	1
1	0	1	1	1	1	1	1	1	1	1	1	0

3 线-8 线译码器 74LS138 的功能如下：

(1) 当 $ST_A=0$ 或 $\overline{ST_B}+\overline{ST_C}=1$ 时，译码器禁止工作，所有输出 $\overline{Y_0}$~$\overline{Y_7}$ 封锁为高电平 1。

(2) 当 $ST_A=1$ 且 $\overline{ST_B}+\overline{ST_C}=0$(即 $ST_A=1$，$\overline{ST_B}=\overline{ST_C}=0$)时，译码器工作。这时，每输入一个二进制代码，对应的一个输出端为低电平(即输出为低电平有效)，也就是有一个对应的输出端被“译中”。由表 2-10 可写出 74LS138 的输出逻辑函数式为

$$
\begin{cases}
\overline{Y_0}=\overline{\overline{A_2}\ \overline{A_1}\ \overline{A_0}}=\overline{m_0} \\
\overline{Y_1}=\overline{\overline{A_2}\ \overline{A_1}A_0}=\overline{m_1} \\
\overline{Y_2}=\overline{\overline{A_2}A_1\ \overline{A_0}}=\overline{m_2} \\
\overline{Y_3}=\overline{\overline{A_2}\ A_1\ A_0}=\overline{m_3} \\
\overline{Y_4}=\overline{A_2\overline{A_1}\ \overline{A_0}}=\overline{m_4} \\
\overline{Y_5}=\overline{A_2\overline{A_1}A_0}=\overline{m_5} \\
\overline{Y_6}=\overline{A_2A_1\overline{A_0}}=\overline{m_6} \\
\overline{Y_7}=\overline{A_2A_1A_0}=\overline{m_7}
\end{cases}
\tag{2-9}
$$

由式(2-9)可看出，74LS138 将输入 3 位二进制代码的 8 种组合都译出来了，因此，它的 8 个输出为 8 个最小项的与非表达式，即$\overline{Y_i}=\overline{m_i}(i=0,1,\cdots,7)$。

3. 用译码器实现组合逻辑函数

用译码器实现组合逻辑函数

由于二进制译码器输出端能提供输入变量的全部最小项，而任何组合逻辑函数都可以变换为最小项之和的标准与-或式，因此用二进制译码器和门电路可实现任何组合逻辑函数。二进制译码器既可用来实现单输出逻辑函数，也可用来实现多输出逻辑函数。用二进制译码器实现逻辑函数时，逻辑函数的变量数应和译码器输入的代码变量数相等。

例 2.3　试用译码器和门电路设计一个 1 位全加器。

解　(1) 分析设计要求，列出真值表。设在第 i 位的两个二进制数相加，被加数为 A_i，加数为 B_i，来自相邻低位的进位数为 C_{i-1}，本位和输出数为 S_i，向相邻高位的进位数为 C_i。由此可列出全加器的真值表如表 2-2 所示。

(2) 根据真值表写出输出逻辑函数式，并变换为与非-与非表达式：

$$
\begin{cases}
S_i=\overline{A_i}\ \overline{B_i}C_{i-1}+\overline{A_i}B_i\overline{C_{i-1}}+A_i\ \overline{B_i}\ \overline{C_{i-1}}+A_iB_iC_{i-1} \\
\quad =m_1+m_2+m_4+m_7 \\
\quad =\overline{\overline{m_1}\cdot\overline{m_2}\cdot\overline{m_4}\cdot\overline{m_7}} \\
C_i=\overline{A_i}B_iC_{i-1}+A_i\ \overline{B_i}C_{i-1}+A_iB_i\ \overline{C_{i-1}}+A_iB_iC_{i-1} \\
\quad =m_3+m_5+m_6+m_7=\overline{\overline{m_3}\cdot\overline{m_5}\cdot\overline{m_6}\cdot\overline{m_7}}
\end{cases}
\tag{2-10}
$$

(3) 选择译码器。电路有 3 个输入信号 A_i、B_i、C_{i-1}，有两个输出信号 S_i、C_i。因此，选用 3 线-8 线译码器 74LS138。根据 74LS138 译码器的输出：$\overline{Y_i}=\overline{m_i}(i=0,1,\cdots,7)$，将 S_i、C_i 式与 74LS138 的输出表达式进行比较。设 $A_i=A_2$、$B_i=A_1$、$C_{i-1}=A_0$，将式(2-10)与式(2-9)比较后得

$$
\begin{cases}
S_i=\overline{\overline{Y_1}\cdot\overline{Y_2}\cdot\overline{Y_4}\cdot\overline{Y_7}} \\
C_i=\overline{\overline{Y_3}\cdot\overline{Y_5}\cdot\overline{Y_6}\cdot\overline{Y_7}}
\end{cases}
\tag{2-11}
$$

(4) 画连线图。根据式(2-11)可画出如图 2-21 所示的连线图。

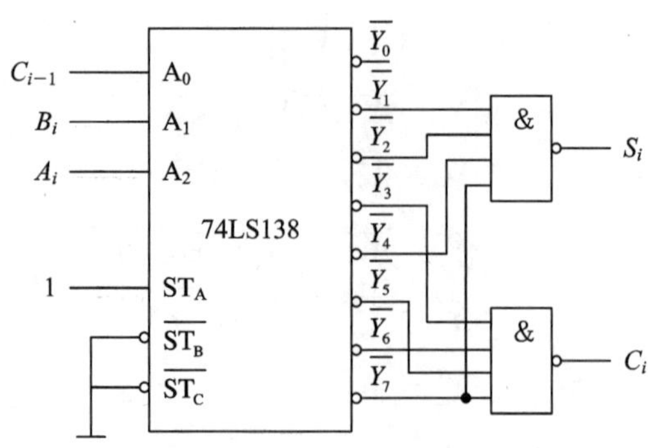

图 2-21　例 2.3 的逻辑图

4. 二进制译码器的扩展

图 2-22 所示为用两片 74LS138 组成的 4 线-16 线译码器的逻辑图。74LS138(1)为低位片，74LS138(2)为高位片。将低位片的 ST_A接高电平 1，高位片的 ST_A和低位片的$\overline{ST_B}$相连作 A_3，同时将低位片的$\overline{ST_C}$和高位片$\overline{ST_B}$、$\overline{ST_C}$相连作使能端 E，便组成了 4 线-16 线译码器。其工作原理为：当 $E=1$ 时，两个译码器都不工作，输出$\overline{Y_{15}}\sim\overline{Y_0}$都为高电平 1。当 $E=0$ 时，译码器工作，这时，有以下两种情况：

(1) 当 $A_3=0$ 时，低位片工作，输出$\overline{Y_7}\sim\overline{Y_0}$由输入二进制代码 $A_2A_1A_0$决定。由于高位片的 $ST_A=A_3=0$ 而不能工作，因此输出$\overline{Y_{15}}\sim\overline{Y_8}$都为高电平 1。

(2) 当 $A_3=1$ 时，低位片的$\overline{ST_B}=A_3=1$ 不工作，输出$\overline{Y_7}\sim\overline{Y_0}$都为高电平 1。高位片的 $ST_A=A_3=1$，$\overline{ST_B}=\overline{ST_C}=0$，处于工作状态，输出$\overline{Y_{15}}\sim\overline{Y_8}$由 $A_2A_1A_0$决定。

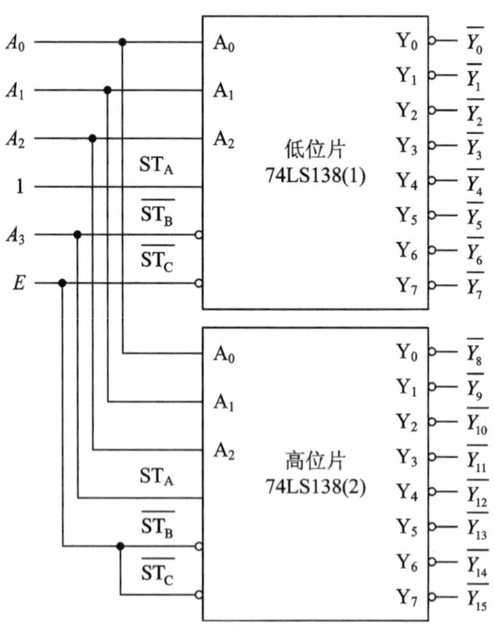

图 2-22　两片 74LS138 组成 4 线-16 线译码器

2.3.2　二-十进制译码器

将 BCD 码的十组代码翻译成 0～9 十个对应输出信号的电路，称为二-十进制译码器。

由于有 4 个输入端，10 个输出端，所以又称 4 线-10 线译码器。

二-十进制
译码器

图 2-23 是二-十进制(4 线-10 线)译码器 74LS42 的引脚图和逻辑符号，其功能表如表 2-11 所示。

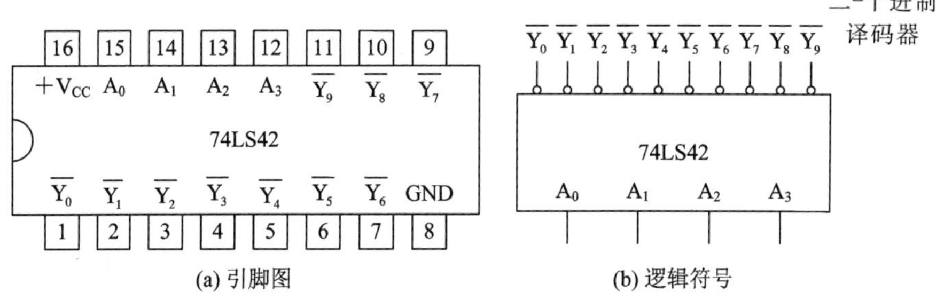

(a) 引脚图　　(b) 逻辑符号

图 2-23　4 线-10 线译码器 74LS42

表 2-11　4 线-10 线译码器 74LS42 功能表

十进制数	输入				输出									
	A_3	A_2	A_1	A_0	$\overline{Y_0}$	$\overline{Y_1}$	$\overline{Y_2}$	$\overline{Y_3}$	$\overline{Y_4}$	$\overline{Y_5}$	$\overline{Y_6}$	$\overline{Y_7}$	$\overline{Y_8}$	$\overline{Y_9}$
0	0	0	0	0	0	1	1	1	1	1	1	1	1	1
1	0	0	0	1	1	0	1	1	1	1	1	1	1	1
2	0	0	1	0	1	1	0	1	1	1	1	1	1	1
3	0	0	1	1	1	1	1	0	1	1	1	1	1	1
4	0	1	0	0	1	1	1	1	0	1	1	1	1	1
5	0	1	0	1	1	1	1	1	1	0	1	1	1	1
6	0	1	1	0	1	1	1	1	1	1	0	1	1	1
7	0	1	1	1	1	1	1	1	1	1	1	0	1	1
8	1	0	0	0	1	1	1	1	1	1	1	1	0	1
9	1	0	0	1	1	1	1	1	1	1	1	1	1	0
伪码	1	0	1	0	1	1	1	1	1	1	1	1	1	1
	1	0	1	1	1	1	1	1	1	1	1	1	1	1
	1	1	0	0	1	1	1	1	1	1	1	1	1	1
	1	1	0	1	1	1	1	1	1	1	1	1	1	1
	1	1	1	0	1	1	1	1	1	1	1	1	1	1
	1	1	1	1	1	1	1	1	1	1	1	1	1	1

由表 2-11 可知，该译码器有 4 个输入端 A_3、A_2、A_1、A_0，输入 8421BCD 码；有 10 个输出端$\overline{Y_0}$～$\overline{Y_9}$，分别与十进制数 0～9 相对应，低电平有效。当输入为 0000～1001 时，对应的输出端为低电平，其他输出端均为高电平；当输入信号为 1010～1111 时，输出全部为无效的高电平 1，为伪码。当输入信号 $A_3A_2A_1A_0=0101$ 时，输出$\overline{Y_5}=0$，为有效输出，其余输出都为 1，为无效输出。当 A_3 接低电平 0 时，则 74LS42 可作 3 线-8 线译码器使用。

2.3.3 数码显示译码器

在数字系统中，经常需要把测量数据和运算结果用十进制数直观地显示出来，以便人们观测、查看。因此，数字显示电路是数字系统的重要组成部分。显示译码器主要由译码器和驱动器两部分组成，通常这两者都集成在一块芯片中。显示译码器的输入一般为二－十进制代码，其输出的信号用以驱动显示器件，显示出十进制数字来。

1. 七段数字显示器

七段数字显示器

常用的七段数字显示器有半导体数码显示器(LED)和液晶显示器(LCD)等。

1）七段半导体数码显示器

它由七段发光二极管按分段式封装而成，如图 2－24(a)所示，选择不同段的发光，可以显示不同的字形。当 a、b、c、d、e、f、g 段全发光时，显示出 8；当 b、c 段发光时，显示 1…，如图 2－24(b)所示。

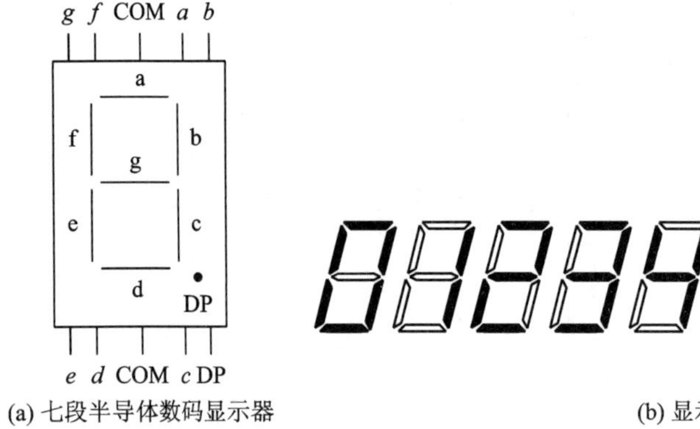

(a) 七段半导体数码显示器　　(b) 显示的数字

图 2－24　七段半导体数码显示器及显示的数字

LED 数码管中七个发光二极管有共阴极和共阳极两种接法，如图 2－25(a)、(b)所示，图中 R 为外接限流电阻。共阴接法数码管中，当某一段输入端接高电平时，该段发光；共阳接法数码管中，当某一段输入端接低电平时，该段发光。因此使用哪种数码管一定要与使用的七段显示译码器相配合，共阴接法数码显示器需要配用输出高电平有效的七段显示译码器，共阳接法数码显示器需要配用输出低电平有效的七段显示译码器。

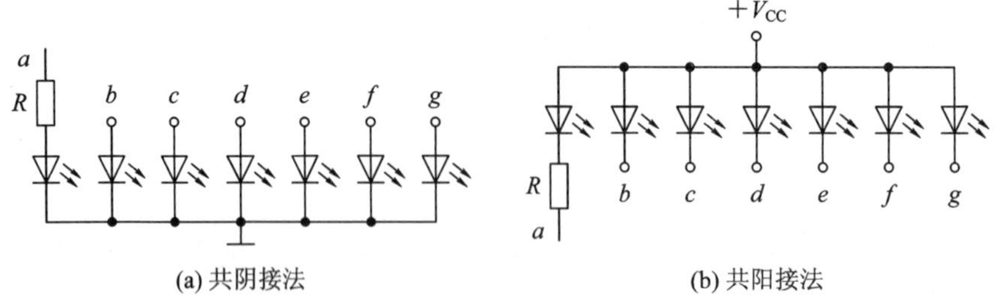

(a) 共阴接法　　(b) 共阳接法

图 2－25　半导体数码显示器的内部接法

LED 数码管的优点是工作电压较低、体积小、寿命长、亮度高、响应速度快、工作可靠性高。它的主要缺点是工作电流大，每个字段的工作电流约为 10 mA。

2）液晶显示器

液晶是既有液体的流动性，又有某些光学特性的有机化合物，其透明度和颜色受外加电场的控制。利用这一特点，液晶可做成电场控制的七段液晶数码显示器，其字形和七段半导体显示器相近。液晶显示器在没有外加电场时，液晶分子排列整齐，入射的光线绝大部分被反射回来，液晶呈现透明状态，不显示数字。当在相应字段的电极加上电压时，液晶中的导电正离子做定向运动，在运动过程中不断撞击液晶分子，从而破坏了液晶分子的整齐排列，使入射光产生了散射而变得混浊，使原来透明的液晶变成了暗灰色，从而显示出相应的数字。当外加电压断开时，液晶分子又恢复到整齐排列的状态，显示的数字也随之消失。

液晶显示器的主要优点是功耗极小，工作电压低。它的主要缺点是显示的数字不够清晰，响应速度慢。

2. 七段显示译码器

七段显示译码器把输入的 BCD 码翻译成驱动七段 LED 数码管各对应段所需电平。图 2－26 所示为 4 线-七段显示译码器/驱动器 74HC4511 的引脚图和逻辑符号。图中 A_3～A_0 为代码输入端，输入 8421BCD 码；$\overline{BI}$为消隐输入端，低电平有效；$\overline{LT}$为灯测试输入端，低电平有效；LE 为数据锁存输入端，高电平有效；Y_a～Y_g 为输出端，高电平有效，可直接驱动共阴数码显示器。其功能如表 2－12 所示。

七段显示译码器

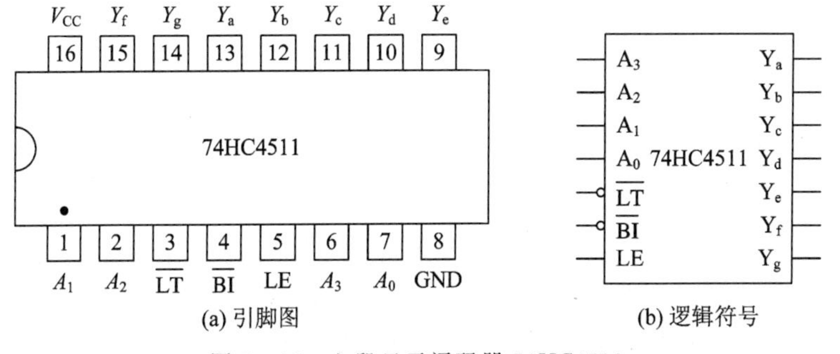

(a) 引脚图　　(b) 逻辑符号

图 2－26　七段显示译码器 74HC4511

由表 2－12 可知 74HC4511 的功能如下：

（1）译码显示。当 LE＝0 且$\overline{BI}$＝1、$\overline{LT}$＝1 时，译码器工作。Y_a～Y_g 输出的高电平由 A_3～A_0 输入的 8421BCD 码控制，并显示相应的数字。当输入为 1010～1111 六个状态时，Y_a～Y_g 都输出低电平，数码显示器不显示数字。

（2）灯测试功能，由输入$\overline{LT}$控制。当$\overline{LT}$＝0 时，无论其他输入端处于何种状态，译码器输出 Y_a～Y_g 都为高电平 1，数码显示器显示数字8。因此，$\overline{LT}$主要用于检查译码器的工作情况和数码显示器各字段的好坏。

（3）消隐功能，由输入$\overline{BI}$控制。当$\overline{BI}$＝0 且$\overline{LT}$＝1 时，无论其他输入端输入何种电平，译码器输出 Y_a～Y_g 都为低电平 0，数码显示器的字形熄灭。消隐又称灭灯。

（4）锁存功能，由输入 LE 控制。设$\overline{BI}$＝1、$\overline{LT}$＝1，当 LE＝0 时，译码器输出 Y_a～Y_g 的状

态由 $A_3 \sim A_0$ 输入的 BCD 码决定。当 LE 由 0 跃变为 1 时，输入的代码被立刻锁存，此后，译码器输出 $Y_a \sim Y_g$ 的状态只取决于锁存器中锁存的代码，不再随输入的 BCD 码变化。

表 2-12　七段显示译码器 74HC4511 功能表

输入							输出							显示数字
LE	$\overline{BI}$	$\overline{LT}$	A_3	A_2	A_1	A_0	Y_a	Y_b	Y_c	Y_d	Y_e	Y_f	Y_g	
0	1	1	0	0	0	0	1	1	1	1	1	1	0	0
0	1	1	0	0	0	1	0	1	1	0	0	0	0	1
0	1	1	0	0	1	0	1	1	0	1	1	0	1	2
0	1	1	0	0	1	1	1	1	1	1	0	0	1	3
0	1	1	0	1	0	0	0	1	1	0	0	1	1	4
0	1	1	0	1	0	1	1	0	1	1	0	1	1	5
0	1	1	0	1	1	0	0	0	1	1	1	1	1	6
0	1	1	0	1	1	1	1	1	1	0	0	0	0	7
0	1	1	1	0	0	0	1	1	1	1	1	1	1	8
0	1	1	1	0	0	1	1	1	1	0	0	1	1	9
0	1	1	1	0	1	0	0	0	0	0	0	0	0	熄灭
0	1	1	1	0	1	1	0	0	0	0	0	0	0	熄灭
0	1	1	1	1	0	0	0	0	0	0	0	0	0	熄灭
0	1	1	1	1	0	1	0	0	0	0	0	0	0	熄灭
0	1	1	1	1	1	0	0	0	0	0	0	0	0	熄灭
0	1	1	1	1	1	1	0	0	0	0	0	0	0	熄灭
×	×	0	×	×	×	×	1	1	1	1	1	1	1	8
×	0	1	×	×	×	×	0	0	0	0	0	0	0	熄灭
1	1	1	×	×	×	×	锁存 LE 由 0 变 1 时 $A_3 \sim A_0$ 输入的 BCD 码							

图 2-27 所示为输出高电平有效的 4 线-七段译码器 CC74HC4511 与共阴数码显示器的连接图。图中 R 为限流电阻，其值在 200～680 Ω 间选用。

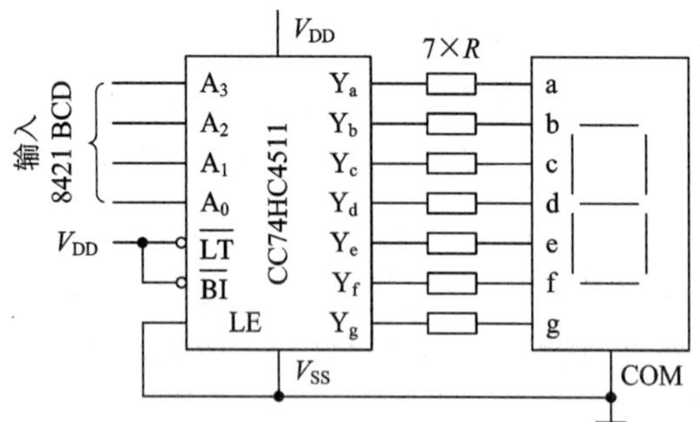

图 2-27　显示译码器 CC74HC4511 与共阴接法数码显示器的连接图

任务 2.4　病员呼叫数码显示电路设计与仿真

2.4.1　仿真实验：译码器逻辑功能测试

译码器逻辑功能测试仿真实验步骤如下：

(1) 按图 2 - 28 连接 74LS138 功能测试图，设置字信号发生器输出为二进制码，观察输出状态的变化并在图 2 - 29 中画出。

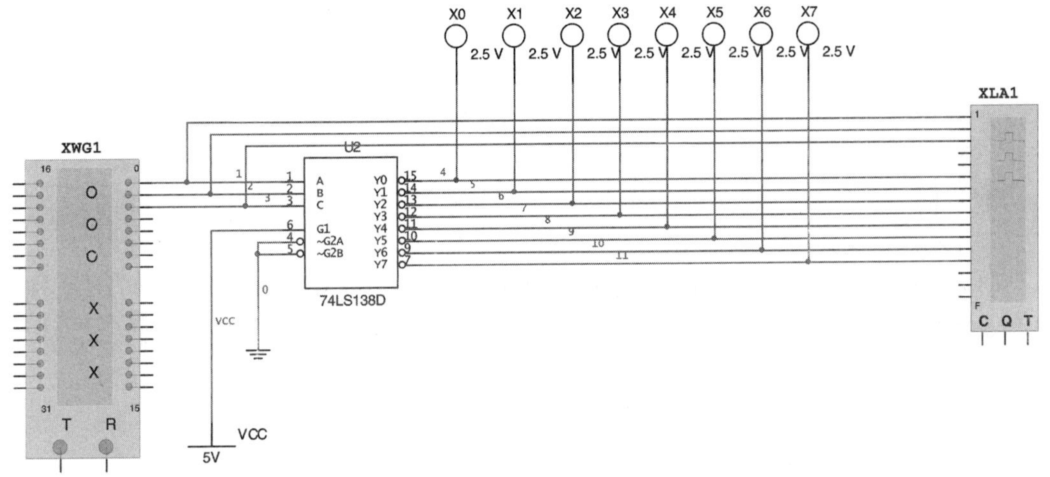

图 2 - 28　74LS138 功能测试图

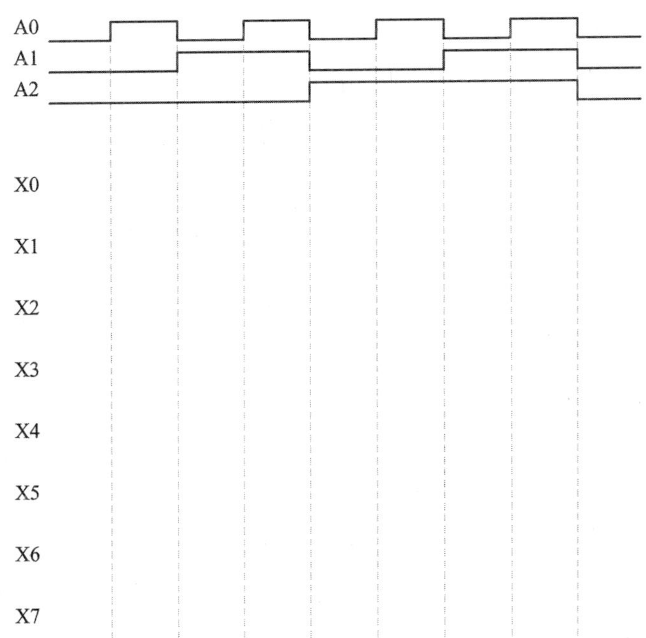

图 2 - 29　绘制图 2 - 28 波形

(2) 按图 2-30 连接 74LS42 功能测试图，设置字信号发生器输出为 8421BCD 码，观察输出状态。

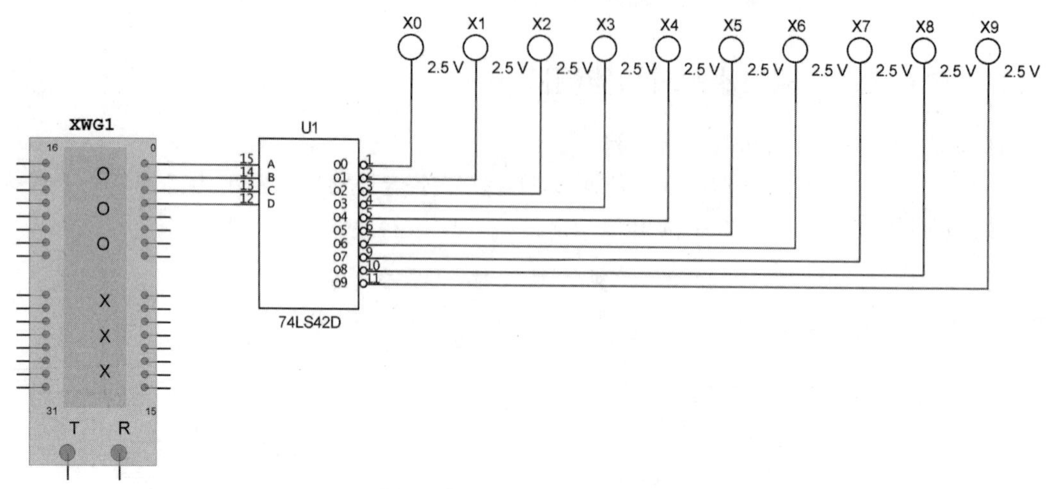

图 2-30　74LS42 功能测试图

(3) 按图 2-31 连接数码译码显示电路，设置字信号发生器输出为 8421BCD 码，观察字符变化情况。

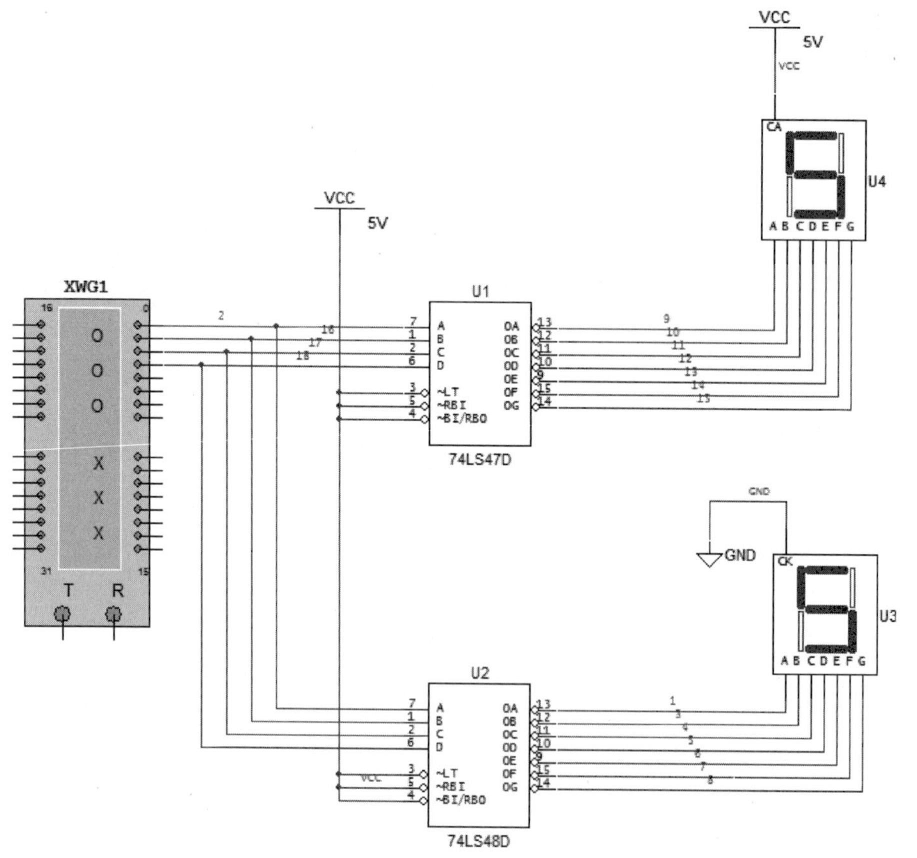

图 2-31　数码译码显示电路图

2.4.2　实验：编码器和译码器逻辑功能测试

编码器和译码器的功能测试

1. 实验目的

(1) 掌握 74LS148、74LS138 的逻辑功能。

(2) 掌握七段显示译码器与数码管的使用。

2. 实验设备与器件

(1) 数字电子技术实验仪或实验箱。

(2) 集成块：74LS148、74LS138(CC4511、共阴数码管实验箱上已有)。

(3) 导线。

3. 实验内容及步骤

1) 74LS148 编码器逻辑功能测试

将编码器使能端 $\overline{S}$ 及输入端 $\overline{I_0}$～$\overline{I_7}$ 分别依次接至逻辑电平开关输出口，编码输出端 $\overline{Y_2}$、$\overline{Y_1}$、$\overline{Y_0}$ 及选通输出端 Y_S 和扩展端 $\overline{Y_{EX}}$ 分别连接至逻辑电平显示器的输入口上，拨动逻辑电平开关，按表 2-7 逐项测试 74LS148 的逻辑功能。

2) 74LS138 译码器逻辑功能测试

将译码器使能端 ST_A、$\overline{ST_B}$、$\overline{ST_C}$ 及输入端 A_2、A_1、A_0 分别接至逻辑电平开关输出口，8 个输出端 $\overline{Y_0}$～$\overline{Y_7}$ 依次连接至逻辑电平显示器的八个输入口上，拨动逻辑电平开关，按表 2-10 逐项测试 74LS138 的逻辑功能。

3) 用 CD4511 驱动共阴数码管显示数字

将实验装置上的七段数码管显示部分的显示译码/驱动器 CC4511 的输入口 A_i、B_i、C_i、D_i(有 6 组，选择其中一组如 $A_3B_3C_3D_3$)接至逻辑电平开关输出口，COM_3 与电源输出模块的地相连，拨动逻辑电平开关，观察逻辑电平开关拨动的四位数与 LED 数码管显示的对应数字是否一致。

4. 实验预习要求

(1) 复习有关编码器和译码器的原理。

(2) 根据实验任务，画出所需的实验电路及记录表格。

5. 实验报告

(1) 将测得的数据填入表格，对实验结果进行分析、讨论。

(2) 总结 74LS148、74LS138 的功能。

2.4.3　病员呼叫数码显示电路的设计与仿真测试

试用 74LS147 设计一个病员呼叫数码显示电路，实现以下功能：

(1) 用 1～9 个开关模拟 9 个病房的呼叫输入信号，9 号病员的病情最为严重(优先级最高)，8、7、6、5…病情依次减弱，1 号病情最轻(即 9～1 优先级依次降低)。

(2) 用一个数码管显示呼叫信号的号码：没信号呼叫时显示 0；当有多人呼叫时，病情严重者优先，显示优先级最高的呼叫号。

用 Multisim 设计并验证其功能的正确性，参考电路如图 2-32 所示。

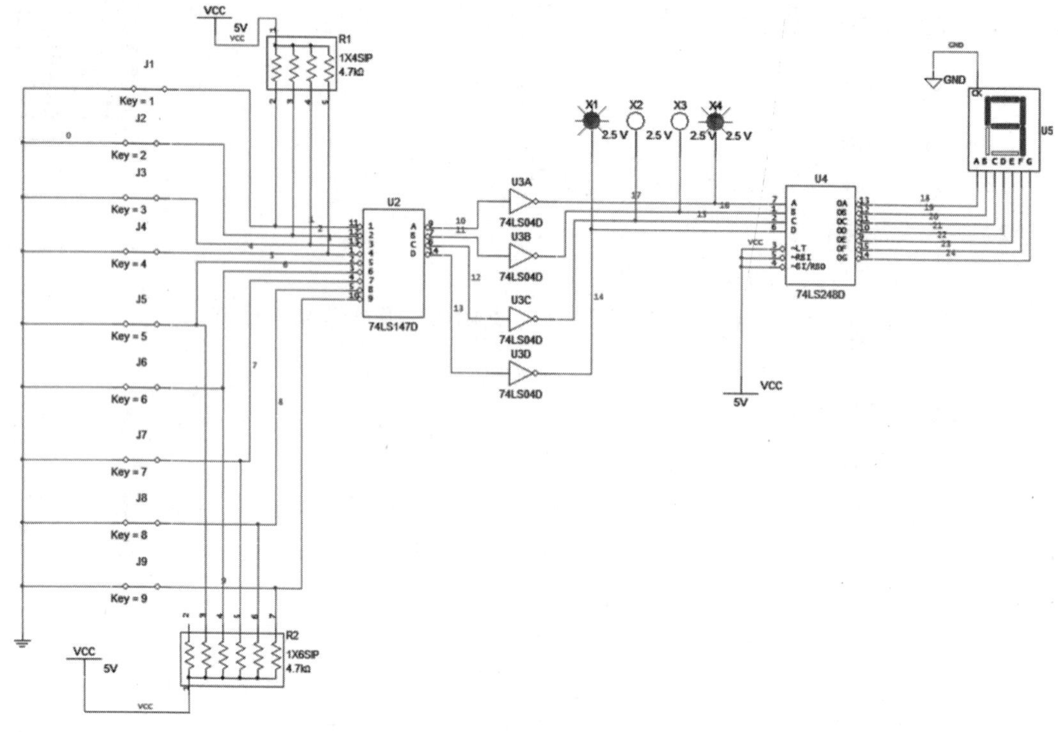

图 2-32　病员呼叫数码显示仿真电路图

信　坚定"四个自信"篇

病员呼叫数码显示电路——人民至上，生命至上

病员呼叫数码显示电路设计中编码的优先级是按照病员的病情严重程度来分的，病情最严重，优先级最高，体现了生命至上的理念。这不禁让我们想起 2020 年突如其来的新冠疫情。

回望两年多的时光，追溯中国经历的每一次战"疫"，我们的国家始终不放弃救治每一个感染者，不惜一切代价挽救生命，最大限度保护人民生命安全和身体健康。从出生仅 30 多个小时的婴儿到 100 多岁的老人，每一个生命都得到全力护佑。有数据显示，2020 年疫情期间，在湖北，共有 3600 多名 80 岁以上老年患者被治愈，其中有 7 名百岁老人，年龄最大的 108 岁。

习近平总书记在中国共产党第二十次全国代表大会上的报告中指出："特别是面对突如其来的新冠肺炎疫情，我们坚持人民至上、生命至上，坚持外防输入、内防反弹，坚持动态清零不动摇，开展抗击疫情人民战争、总体战、阻击战，最大限度保护了人民生命安全和身体健康，统筹疫情防控和经济社会发展取得重大积极成果。"

两年多来，在这场没有硝烟的战"疫"中，党中央率领全国各族人民风雨同舟、无所畏惧、勇往直前，书写了**人民至上、生命至上**的时代答卷，彰显了中华民族的力量与担当。

当你在庆幸自己是一个中国人，能生活在这样一片"净土"的同时，心中升起的定是满满的自豪感和幸福感吧？这样全力护佑你爱你的祖国母亲，难道还不值得我们为之奋发图

强、精忠报国吗？

任务 2.5　数据选择器

能够根据地址码的要求，从多路输入数据中选择其中一路输出的电路，称为数据选择器，又称多路选择器，它的作用与图 2-33 所示的单刀多掷开关相似。通过地址信号 A_1、A_0 的作用，从输入数据 D_3、D_2、D_1、D_0 中选择一路数据输出。可见一个 4 选 1 的数据选择器需有 2 位地址输入端，它共有 $2^2=4$ 种不同的组合，每一种组合可选择对应的一路数据输出。同理一个 8 选 1 的数据选择器，应有 3 位地址输入端。其余依此类推。

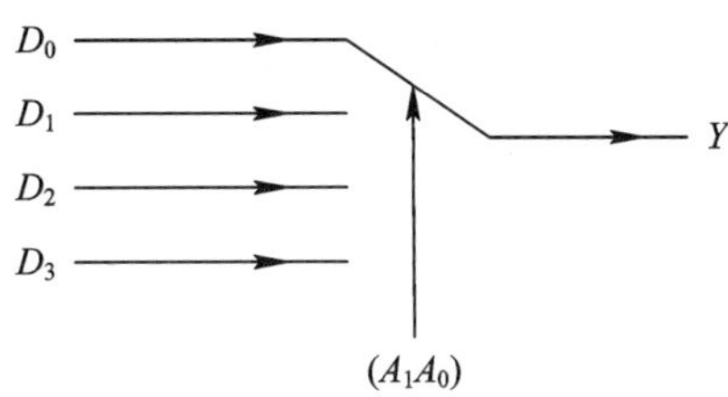

图 2-33　4 选 1 数据选择器示意图

2.5.1　4 选 1 数据选择器

4 选 1 数据选择器

图 2-34 所示为 4 选 1 数据选择器的逻辑图，图中 A_1、A_0 为地址输入端，$D_0 \sim D_3$ 为数据输入端，Y 为数据输出端，$\overline{ST}$ 为使能端，又称选通端，输入低电平有效。由逻辑图得逻辑函数表达式为

$$Y=(\overline{A_1}\,\overline{A_0}D_0+\overline{A_1}A_0D_1+A_1\overline{A_0}D_2+A_1A_0D_3)\overline{\overline{ST}} \qquad (2-12)$$

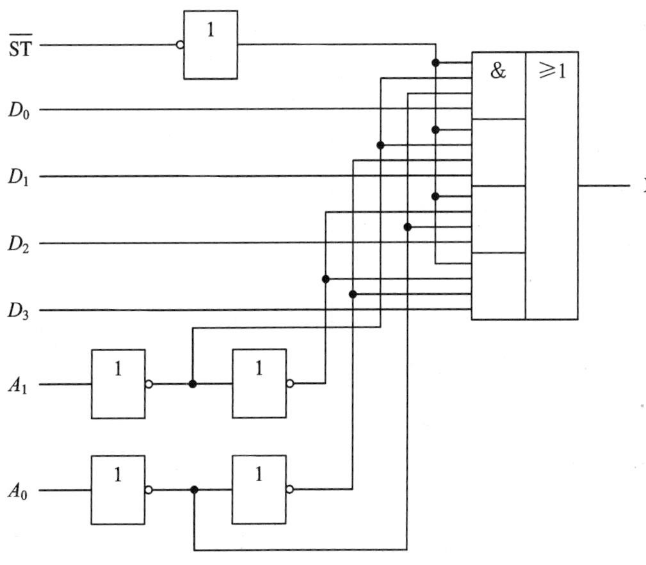

图 2-34　4 选 1 数据选择器逻辑图

由逻辑函数表达式(2-12)可列出功能表如表 2-13 所示。

表 2-13　4 选 1 数据选择器的功能表

输入							输出
$\overline{ST}$	A_1	A_0	D_0	D_1	D_2	D_3	Y
1	×	×	×	×	×	×	0
0	0	0	D_0	×	×	×	D_0
0	0	1	×	D_1	×	×	D_1
0	1	0	×	×	D_2	×	D_2
0	1	1	×	×	×	D_3	D_3

当$\overline{ST}=1$时，输出 $Y=0$，数据选择器不工作。当$\overline{ST}=0$时，数据选择器工作，其输出为

$$\begin{aligned}Y &=\overline{A_1}\,\overline{A_0}D_0+\overline{A_1}A_0D_1+A_1\overline{A_0}D_2+A_1A_0D_3\\ &=m_0D_0+m_1D_1+m_2D_2+m_3D_3\end{aligned} \tag{2-13}$$

即

$$Y(A_1,A_0)=\sum_{i=0}^{3}m_iD_i \tag{2-14}$$

图 2-35 所示为 CMOS 双 4 选 1 数据选择器 CC14539 的逻辑功能示意图。它由两个功能完全相同的 4 选 1 数据选择器组成。因此，它们的功能表相同，输出逻辑表达式也相同。D_3～D_0为数据输入端，A_1、A_0为共用地址输入端，$\overline{ST}$为使能端，低电平有效，Y 为数据输出端。表 2-14 只列出 CC14539 中一个数据选择器的功能表。

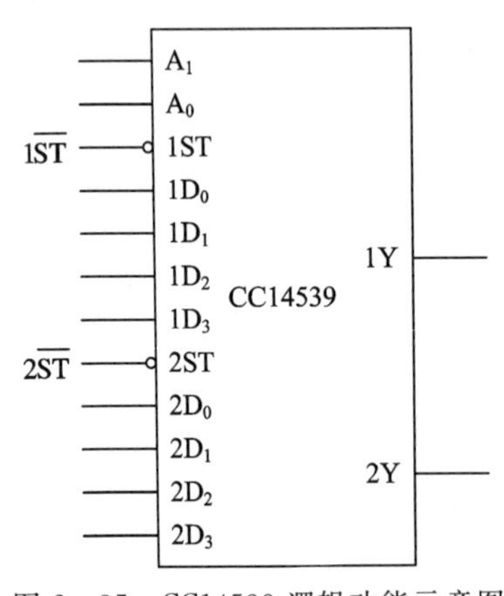

图 2-35　CC14539 逻辑功能示意图

表 2-14　CC14539 的逻辑功能表

输入							输出
$1\overline{ST}$	A_1	A_0	$1D_3$	$1D_2$	$1D_1$	$1D_0$	$1Y$
1	×	×	×	×	×	×	0
0	0	0	×	×	×	0	0 ⎫ $1D_0$
0	0	0	×	×	×	1	1 ⎭
0	0	1	×	×	0	×	0 ⎫ $1D_1$
0	0	1	×	×	1	×	1 ⎭
0	1	0	×	0	×	×	0 ⎫ $1D_2$
0	1	0	×	1	×	×	1 ⎭
0	1	1	0	×	×	×	0 ⎫ $1D_3$
0	1	1	1	×	×	×	1 ⎭

由表 2-14 可写出输出逻辑函数式为

$$\begin{aligned}1Y &=(\overline{A_1}\,\overline{A_0}1D_0+\overline{A_1}A_01D_1+A_1\overline{A_0}1D_2+A_1A_01D_3)1\overline{ST}\\ &=(m_01D_0+m_11D_1+m_21D_2+m_31D_3)\overline{\overline{1ST}}\end{aligned} \tag{2-15}$$

当 $1\overline{ST}=1$ 时，输出 $1Y=0$，数据选择器不工作。当 $1\overline{ST}=0$ 时，数据选择器工作，这时

$$1Y=\overline{A_1}\,\overline{A_0}1D_0+\overline{A_1}A_01D_1+A_1\overline{A_0}1D_2+A_1A_01D_3 \tag{2-16}$$

2.5.2　集成 8 选 1 数据选择器 74LS151

图 2－36 所示为 8 选 1 数据选择器 74LS151 的引脚图和逻辑符号。它有 3 个地址输入端 A_2、A_1、A_0，8 个数据输入端 D_7～D_0，2 个互补输出端 Y 和 $\overline{Y}$，1 个使能端 $\overline{ST}$，低电平有效。其功能如表 2－15 所示。

8 选 1 数据选择器 74LS151

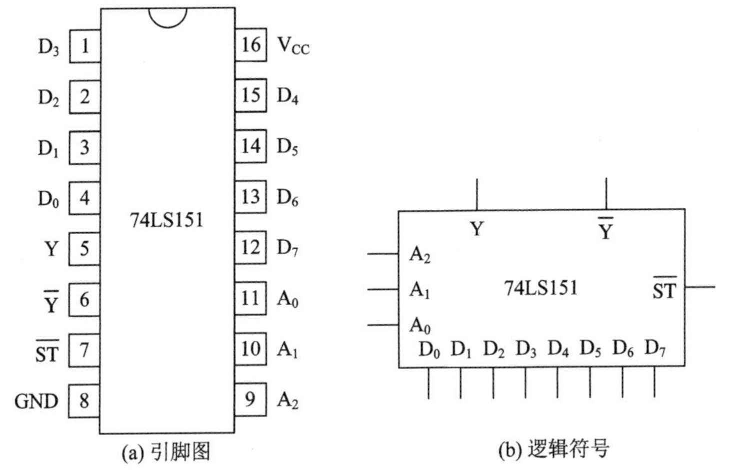

图 2－36　8 选 1 数据选择器 74LS151

表 2－15　8 选 1 数据选择器 74LS151 功能表

输　入					输　出	
$\overline{ST}$	D	A_2	A_1	A_0	Y	$\overline{Y}$
1	×	×	×	×	0	1
0	D_0	0	0	0	D_0	$\overline{D_0}$
0	D_1	0	0	1	D_1	$\overline{D_1}$
0	D_2	0	1	0	D_2	$\overline{D_2}$
0	D_3	0	1	1	D_3	$\overline{D_3}$
0	D_4	1	0	0	D_4	$\overline{D_4}$
0	D_5	1	0	1	D_5	$\overline{D_5}$
0	D_6	1	1	0	D_6	$\overline{D_6}$
0	D_7	1	1	1	D_7	$\overline{D_7}$

由表 2－15 可写出 8 选 1 数据选择器的输出逻辑函数 Y 为

$$Y=(\overline{A_2}\,\overline{A_1}\,\overline{A_0}\,D_0+\overline{A_2}\,\overline{A_1}\,A_0D_1+\overline{A_2}\,A_1\,\overline{A_0}\,D_2+\overline{A_2}\,A_1A_0D_3+A_2\,\overline{A_1}\,\overline{A_0}\,D_4+A_2\,\overline{A_1}\,A_0D_5+A_2A_1\,\overline{A_0}\,D_6+A_2A_1A_0D_7)\overline{ST} \tag{2-17}$$

当 $\overline{ST}=1$ 时，输出 $Y=0$，数据选择器不工作。当 $\overline{ST}=0$ 时，数据选择器工作，这时逻辑函数 Y 为

$$Y=\overline{A_2}\,\overline{A_1}\,\overline{A_0}\,D_0+\overline{A_2}\,\overline{A_1}\,A_0D_1+\overline{A_2}\,A_1\,\overline{A_0}\,D_2+\overline{A_2}\,A_1A_0D_3+$$
$$A_2\,\overline{A_1}\,\overline{A_0}\,D_4+A_2\,\overline{A_1}\,A_0D_5+A_2A_1\,\overline{A_0}\,D_6+A_2A_1A_0D_7$$
$$=m_0D_0+m_1D_1+m_2D_2+m_3D_3+m_4D_4+m_5D_5+m_6D_6+m_7D_7 \qquad (2-18)$$

即

$$Y(A_2,\ A_1,\ A_0)=\sum_{i=0}^{7}m_iD_i \qquad (2-19)$$

当$\overline{ST}=1$时，无论输入端 A_2、A_1、A_0 的状态如何，电路不工作，输出 Y 为 0；当$\overline{ST}=0$时，电路根据输入端 A_2、A_1、A_0 的状态，在数据 $D_7\sim D_0$ 中选出对应的信号从输出端 Y 输出。

【仿真扫一扫】 按图 2－37 连接仿真电路，观察数据选择器的功能。

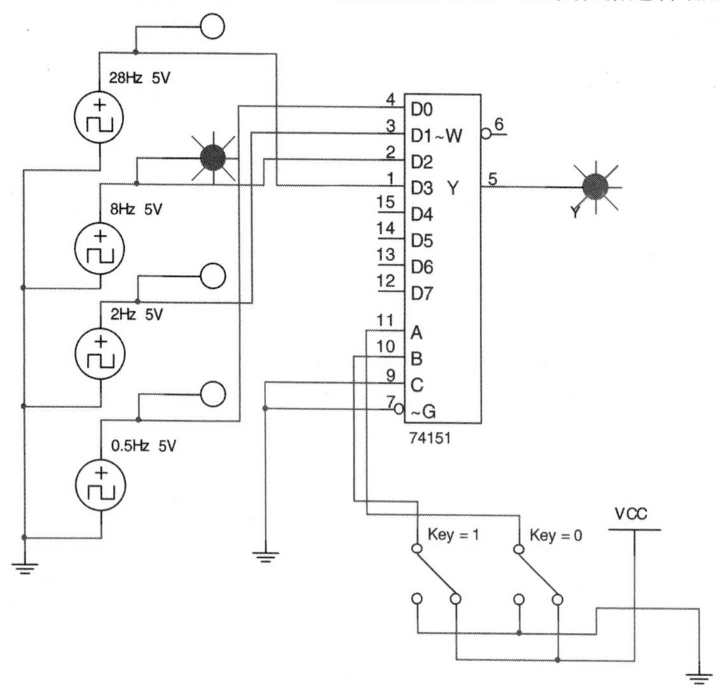

8 选 1 数据选择器功能仿真

图 2－37　8 选 1 数据选择器功能仿真图

2.5.3　用数据选择器实现组合逻辑函数

用数据选择器实现组合逻辑函数

由式(2－13)和式(2－18)数据选择器的输出逻辑表达式可看出：在输入数据全部为 1 时，输出 Y 为输入地址变量全体最小项的和，在输入数据全部为 0 时，输出 Y 为 0。而任何一个逻辑函数都可表示成最小项表达式，因此用数据选择器可实现组合逻辑函数。

由于数据选择器的输出逻辑表达式中包含要实现逻辑函数的全部最小项，因此，用数据选择器实现逻辑函数的方法是：首先将逻辑函数变换为最小项表达式，然后与数据选择器的输出进行比较。数据选择器输出逻辑表达式中，包含逻辑函数中的最小项应保留，即相应输入数据取 1；对于逻辑函数中没有的最小项，数据选择器输出逻辑表达式中对应的最小项应去掉，即相应输入数据取 0。这时数据选择器输出的就是要实现的逻辑函数。

1. 逻辑函数变量数和地址码变量数相同

当逻辑函数的变量个数和数据选择器的地址输入变量个数相同时，将变量和地址码对应相连，对应的输入取 1 或 0，就可实现逻辑函数。

例 2.4　试用数据选择器实现逻辑函数

$$Y=AB+AC+BC$$

解　① 选用数据选择器。由于逻辑函数 Y 中有 A、B、C 三个变量，而 8 选 1 数据选择器有三个地址端 A_2、A_1 和 A_0，所以选用 8 选 1 数据选择器 74LS151。

② 写出逻辑函数的最小项表达式：

$$\begin{aligned} Y &= AB+AC+BC \\ &= \overline{A}BC+A\overline{B}C+AB\overline{C}+ABC \\ &= m_3+m_5+m_6+m_7 \end{aligned} \tag{2-20}$$

③ 对比函数表达式(2-20)和数据选择器 74LS151 输出表达式(2-18)中最小项的对应关系。将输入变量接至数据选择器的地址输入端，即令 $A=A_2$，$B=A_1$，$C=A_0$。当式(2-18)中包含式(2-20)的最小项时，对应输入数据 D_i 取 1；对于式(2-20)中没有出现的最小项，式(2-18)中相应的最小项应去掉，对应输入数据 D_i 取 0。可得

$$\begin{cases} D_3=D_5=D_6=D_7=1 \\ D_0=D_1=D_2=D_4=0 \end{cases} \tag{2-21}$$

④ 画连线图。根据式(2-21)可画出如图 2-38 所示的连线图。

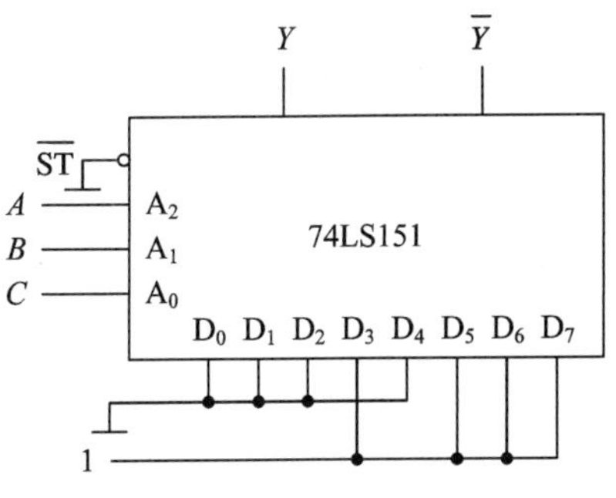

图 2-38　例 2.4 连线图

2. 逻辑函数变量数多于地址码变量数

当逻辑函数的变量个数多于数据选择器的地址输入变量的个数时，应分离出多余的变量用数据替代，将余下的变量分别有序地加到数据选择器的地址输入端上。

例 2.5　试用 4 选 1 数据选择器实现例 2.4 的逻辑函数。

解　① 由于逻辑函数 Y 中有 A、B、C 三个变量，而 4 选 1 数据选择器只有两个地址端 A_1 和 A_0，所以选 A、B 接到数据选择器的地址输入端，即令 $A=A_1$，$B=A_0$。将 C 加到适当的数据输入端。

② 写出逻辑函数的最小项表达式为

$$\begin{aligned} Y &= AB+AC+BC \\ &= \overline{A}BC+A\overline{B}C+AB\overline{C}+ABC \\ &= m_1\cdot C+m_2\cdot C+m_3\cdot(C+\overline{C}) \end{aligned} \tag{2-22}$$

③ 对比函数表达式(2-22)和4选1数据选择器输出表达式(2-13)中最小项的对应关系，可得

$$D_0=0,\ D_1=D_2=C,\ D_3=1 \tag{2-23}$$

④ 画出连线图，如图2-39所示。图中用1数据选择器实现，在1Y端得到所需函数。2数据选择器不工作。

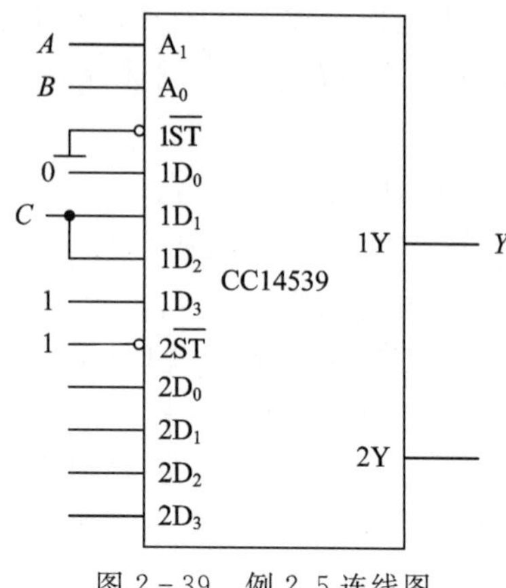

图2-39　例2.5连线图

任务2.6　仿真实验：用译码器和数据选择器产生逻辑函数

(1) 按图2-40连接测试电路，将观测结果填入表2-16中，并写出产生的逻辑函数表达式X。

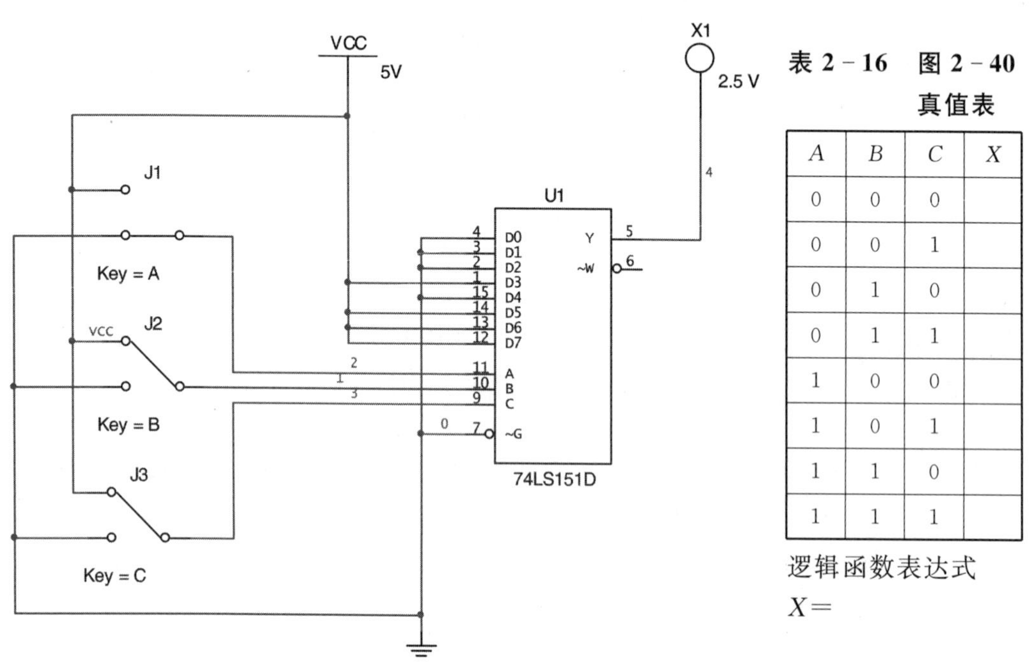

图2-40　用数据选择器产生逻辑函数

表2-16　图2-40真值表

A	B	C	X
0	0	0	
0	0	1	
0	1	0	
0	1	1	
1	0	0	
1	0	1	
1	1	0	
1	1	1	

逻辑函数表达式

$X=$

（2）按图 2－41 连接测试电路，将观测结果填入表 2－17 中，并写出产生的逻辑函数表达式 X_1 和 X_2。

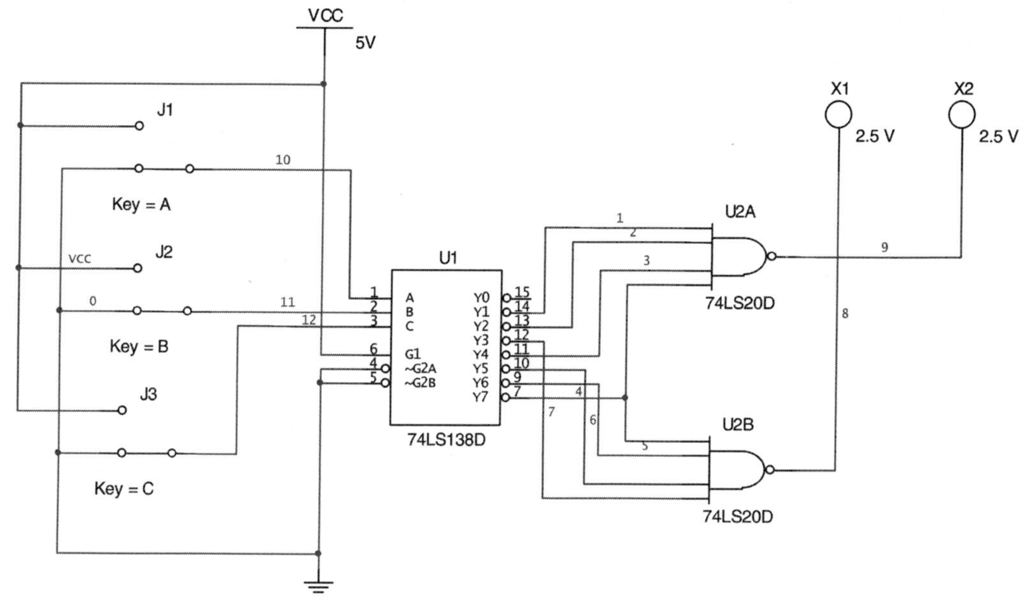

图 2－41　用译码器产生逻辑函数

表 2－17　图 2－41 真值表

A	B	C	X_1	X_2
0	0	0		
0	0	1		
0	1	0		
0	1	1		
1	0	0		
1	0	1		
1	1	0		
1	1	1		

逻辑函数表达式 $X_1=$

逻辑函数表达式 $X_2=$

项目小结

（1）加法器、数值比较器、编码器、译码器、数据选择器等是常用的中规模集成组合逻辑电路(MSI)组合逻辑部件，学习时应重点掌握其逻辑功能及应用，注意使能端的作用和用法。

（2）加法器用于实现多位加法运算，其单元电路有半加器和全加器；数值比较器用于比较两个二进制数的大小。

(3) 编码器的作用是将具有特定含义的信息编成相应二进制代码输出，常用的有二进制优先编码器、二-十进制优先编码器。

(4) 译码器的作用是将表示特定意义信息的二进制代码翻译出来，常用的有二进制译码器、二-十进制译码器和数码显示译码器。

(5) 数据选择器的作用是根据地址码的要求，从多路输入信号中选择其中一路输出。

(6) 用于实现组合逻辑电路的 MSI 组件主要有译码器和数据选择器，前者便于设计多输出函数，后者常用以设计单输出函数。用 MSI 组件设计组合逻辑电路的基本方法：根据逻辑函数选择合适的 MSI 芯片，将要实现的函数变换成与芯片输出函数相似的形式，再对两个函数式进行比较，确定电路连接关系。

习　题

1. 填空题。

(1) 全加器有 3 个输入端，它们分别为________、________和________；有 2 个输出端，分别为________、________。

(2) 译码器按功能的不同分为三种：____________、____________、____________。

(3) 8 选 1 数据选择器在所有输入数据都为 1 时，其输出最小项表达式共有__________个最小项。如所有输入数据都为 0 时，则输出为__________。

2. 选择题。

(1) 若在编码器中有 50 个编码对象，则要求输出二进制代码位数为________位。

A. 5　　B. 6　　C. 10　　D. 50

(2) 当编码器 74LS148 的输入端$\overline{I_1}$、$\overline{I_5}$、$\overline{I_6}$、$\overline{I_7}$为低电平，其余输入端为高电平时，输出信号为________。

A. 111　　B. 110　　C. 001　　D. 000

(3) 当优先编码器有多个输入有效时，输出编码是________。

A. 所有有效输入的组合　　B. 等于最小值的输入　　C. 等于最大值的输入

(4) 二进制数 A 为 0110，二进制数 B 为 1001，将其作为数值比较器的输入，则________。

A. 输出“$A<B$”有效　　B. 输出“$A=B$”有效　　C. 输出“$A>B$”有效

(5) 8 位的 BCD 码可以表示的最大十进制数是________。

A. 1024　　B. 256　　C. 99

(6) BCD 码七段显示译码器有________。

A. 4 个输入和 10 个输出　　B. 4 个输入和 7 个输出　　C. 7 个输入和 4 个输出

(7) 二-十进制码译码器有________。

A. 10 个输入和 4 个输出　　B. 4 个输入和 10 个输出　　C. 4 个输入和 16 个输出

(8) 一片 4 位二进制译码器，它的输出函数有________。

A. 4 个　　B. 8 个　　C. 10 个　　D. 16 个

(9) 一个 16 选 1 的数据选择器，其地址输入端有________个。

A. 1　　B. 2　　C. 4　　D. 16

(10) 用 4 选 1 数据选择器实现函数 $Y=A_1A_0+\overline{A_1}A_0$，应使________。

A. $D_0=D_2=0$，$D_1=D_3=1$　　B. $D_0=D_2=1$，$D_1=D_3=0$

C. $D_0=D_1=0$，$D_2=D_3=1$　　D. $D_0=D_1=1$，$D_2=D_3=0$

3. 试用 3 线-8 线译码器 74LS138 和与非门实现下面多输出逻辑函数，画出连线图。

$$\begin{cases} Y_1=AC+A\overline{B} \\ Y_2=\overline{A}\,\overline{B}C+A\overline{B}\,\overline{C}+BC \\ Y_3=AB\overline{C}+\overline{B}\,\overline{C} \end{cases}$$

4. 试求如图 2-42 所示电路输出 Y_A 和 Y_B 的最简与或表达式。

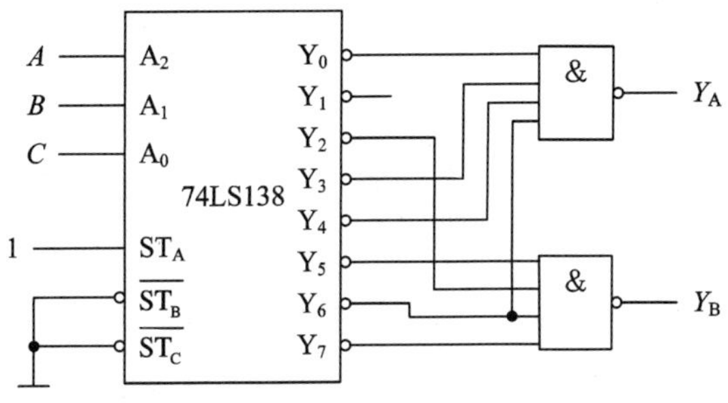

图 2-42　题 4 图

5. 数据选择器 74LS151 的电路连线图如图 2-43 所示，试写出输出 L 的逻辑函数式。

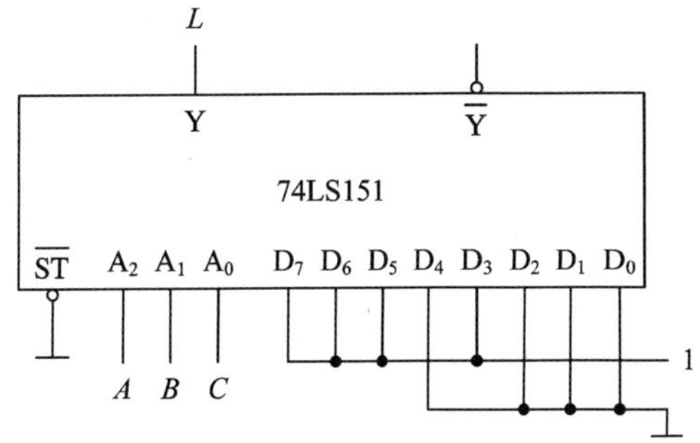

图 2-43　题 5 图

6. 数据选择器 74LS151 的电路连线图如图 2-44 所示，试写出输出 L 的逻辑函数式并化简。

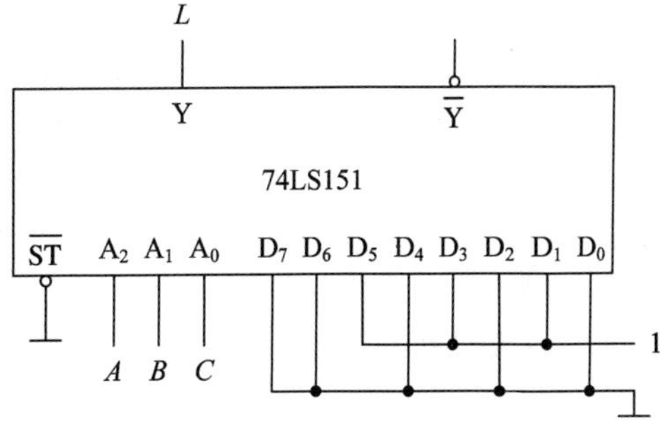

图 2-44　题 6 图

7. 试分别用译码器 74LS138 和数据选择器 74LS151 实现逻辑函数 $L=AB+BC+AC$。

项目 3　智力竞赛抢答器的设计与制作

知识目标

（1）熟练掌握基本 RS 触发器、同步 RS 触发器、边沿 D 触发器和边沿 JK 触发器的触发方式及逻辑功能。

（2）熟练掌握由 555 定时器构成的多谐振荡器、施密特触发器及单稳态触发器的电路结构、参数计算以及应用。

技能目标

（1）能借助资料读懂常用集成触发器产品的型号，明确引脚功能。

（2）会正确选用集成触发器产品及相互替代。

（3）能灵活应用 555 定时器实现双音报警器电路的设计与制作。

（4）能综合应用本项目所学知识完成智力竞赛抢答器的设计与制作。

素质目标

（1）具有一定的信息素养，能够通过查阅资料解决实际问题。

（2）具有知行合一、注重实践的劳动参与意识。

（3）通过双音报警器、智力竞赛抢答器的制作，培养精益求精、一丝不苟、追求卓越的工匠精神。

（4）通过设计到仿真到实践的过程，理解仿真是电子产品设计中很重要的方法，是理论和实践的桥梁。

任务 3.1　集成触发器

触发器是一个具有记忆功能的二进制信息存储元件，是构成多种时序电路的最基本逻辑单元。触发器具有两个稳定状态，即“0”和“1”，在一定的外界信号作用下，可以从一个稳定状态翻转到另一个稳定状态。

触发器的种类很多，按照电路结构形式的不同，触发器可分为基本触发器、时钟触发器，其中时钟触发器又分为同步触发器、边沿触发器等。

根据电路结构功能的不同，触发器可以分为 RS 触发器、JK 触发器、D 触发器、T 触发器和 T′触发器。

3.1.1　基本 RS 触发器

基本 RS 触发器(一)

基本 RS 触发器是各类触发器中最简单的一种，是构成其他触发器的基本单元。其电路结构可由与非门组成，也可由或非门组成，下面讨论由

与非门组成的基本 RS 触发器。

1. 电路组成及逻辑符号

由两个与非门的输入和输出端交叉耦合构成的基本 RS 触发器电路如图 3－1(a)所示，图 3－1(b)为其逻辑符号。$\overline{R_D}$和$\overline{S_D}$为信号输入端，上面的非号表示低电平有效，在逻辑符号中用小圆圈表示；Q 和 $\overline{Q}$ 是两个互补输出端，当触发器处于稳定状态时，它们的输出状态相反。

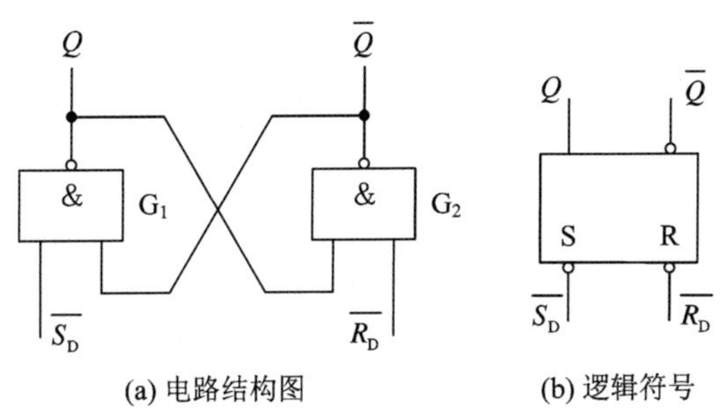

(a) 电路结构图　　(b) 逻辑符号

图 3－1　由与非门构成的基本 RS 触发器

2. 触发器的状态

1）触发器的输出状态

通常用 Q 端的输出状态来表示触发器的状态。当 $Q=1$、$\overline{Q}=0$ 时，称为触发器的 1 状态，记为 $Q=1$；当 $Q=0$、$\overline{Q}=1$ 时，称为触发器的 0 状态，记为 $Q=0$。这两个状态和二进制信息的 1 和 0 对应。

2）触发器的现态和次态

触发器输入信号变化前的状态称为现态，又称原状态，用 Q^n 表示。

触发器输入信号发生变化以后的状态称为次态，又称新状态，用 Q^{n+1}表示。

3. 逻辑功能分析

下面根据与非门的逻辑功能讨论基本 RS 触发器的工作原理。

（1）当$\overline{R_D}=0$、$\overline{S_D}=1$ 时，触发器置 0。

因$\overline{R_D}=0$，G_2 门的输出$\overline{Q}^{n+1}=1$，这时 G_1 输入都为高电平 1，输出$Q^{n+1}=0$，触发器被置 0。使触发器处于 0 状态的输入端$\overline{R_D}$称为置 0 端，也称复位端，低电平有效。

（2）当$\overline{R_D}=1$、$\overline{S_D}=0$ 时，触发器置 1。

因$\overline{S_D}=0$，G_1 门输出$Q^{n+1}=1$，这时 G_2 门输入都为高电平 1，输出$\overline{Q}^{n+1}=0$，触发器被置 1。使触发器处于 1 状态的输入端$\overline{S_D}$称为置 1 端，也称置位端，也是低电平有效。

（3）当$\overline{R_D}=1$、$\overline{S_D}=1$ 时，触发器保持原状态不变。

当触发器原处于$Q^n=0$、$\overline{Q^n}=1$ 的 0 状态时，$Q^n=0$ 反馈到 G_2 门的输入端，G_2 门因输入有低电平 0，输出$\overline{Q}^{n+1}=1$；$\overline{Q}^{n+1}=1$ 又反馈到 G_1 门的输入端，G_1 输入都为高电平 1，输出$Q^{n+1}=0$。电路保持 0 状态不变。

当触发器处于$Q^n=1$、$\overline{Q^n}=0$ 的 1 状态时，电路同样能保持 1 状态不变。

(4) 当$\overline{R_D}=0$、$\overline{S_D}=0$时，触发器功能失效。

因 G_1 门输入$\overline{S_D}=0$，G_2 门输入$\overline{R_D}=0$，所以，触发器输出$Q^{n+1}=\overline{Q}^{n+1}=1$，这既不是 1 状态，也不是 0 状态。而在$\overline{R_D}$和$\overline{S_D}$同时由 0 变为 1 时，输出可能是 0 状态，也可能是 1 状态，输出Q^{n+1}的状态是任意的，即$Q^{n+1}=\times$。这种情况是不允许的，禁止使用。为保证触发器能正常工作，要求在$\overline{R_D}$和$\overline{S_D}$两个输入信号中，至少有一个为高电平 1，即要求$\overline{R_D}+\overline{S_D}=1$。

4. 特性表

基本 RS 触发器(二)

触发器次态Q^{n+1}与输入信号及电路原有状态(现态)Q^n之间关系的真值表称作特性表。因此，上述基本 RS 触发器的逻辑功能可用表 3-1 所示的特性表来表示。

表 3-1 与非门组成的基本 RS 触发器的特性表

$\overline{R_D}$ $\overline{S_D}$	Q^n	Q^{n+1}	逻辑功能说明
0 0	0	×	触发器状态不定(禁用)
0 0	1	×	
0 1	0	0	触发器置 0
0 1	1	0	
1 0	0	1	触发器置 1
1 0	1	1	
1 1	0	0	触发器保持原状态不变
1 1	1	1	

5. 基本 RS 触发器的应用举例

例 3.1 运用基本 RS 触发器消除机械开关振动引起的干扰。

解 机械开关接通时，由于振动会使电压或电流波形产生“毛刺”，如图 3-2 所示。在电子电路中，一般不允许出现这种现象，因为这种干扰信号会导致电路工作出错。

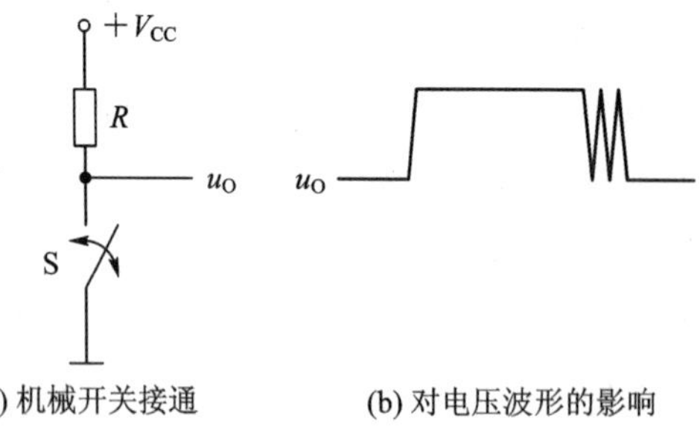

图 3-2 机械开关的工作情况

利用基本 RS 触发器的记忆作用可以消除上述开关振动所产生的影响，开关与触发器的连接方法如图 3-3(a)所示。设单刀双掷开关原来与 *B* 点接通，这时触发器的状态为 0。当开关由 *B* 拨向 *A* 时，有一短暂的浮空时间，这时触发器的$\overline{R_D}$、$\overline{S_D}$均为 1，*Q* 仍为 0。当中

间触点与 A 接触时，A 点的电位由于振动而产生“毛刺”。但是，首先是 B 点已经成为高电平，A 点一旦出现低电平，触发器的状态翻转为1，其次即使 A 点再出现高电平，也不会再改变触发器的状态，所以 Q 端的电压波形不会出现“毛刺”，电压波形如图 3-3(b)所示。

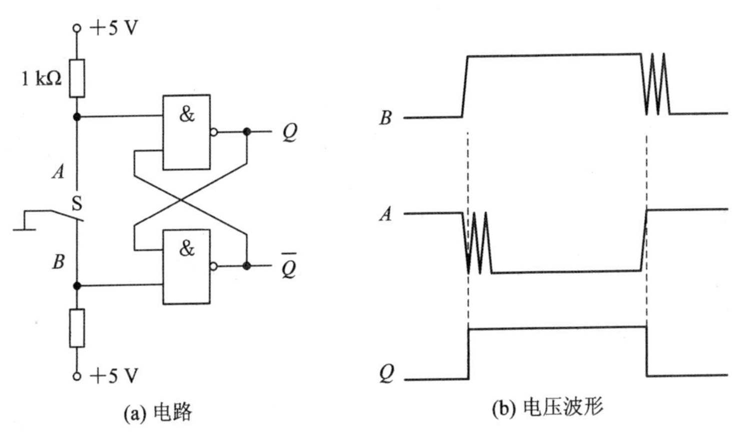

(a) 电路　　(b) 电压波形

图 3-3　利用基本 RS 触发器消除机械开关振动的影响

此外，还可以用两个或非门的输入、输出端交叉耦合构成基本 RS 触发器，其逻辑电路和逻辑符号分别如图 3-4(a)和 3-4(b)所示。这种触发器的触发信号是高电平有效，因此在逻辑符号的$\overline{R_D}$端和$\overline{S_D}$端没有小圆圈。

由或非门构成的基本 RS 触发器的逻辑功能分析方法与由与非门构成的 RS 触发器逻辑功能分析方法类似，其特性表如表 3-2 所示。

表 3-2　或非门组成的基本 RS 触发器的特性表

R_D	S_D	Q^n	Q^{n+1}	逻辑功能说明
0	0	0	0	触发器保持原状态不变
		1	1	
0	1	0	1	触发器置 1
		1	1	
1	0	0	0	触发器置 0
		1	0	
1	1	0	×	触发器状态不定(禁用)
		1	×	

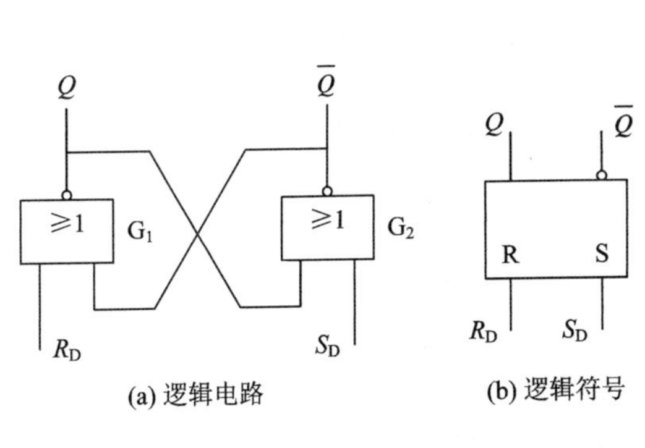

(a) 逻辑电路　　(b) 逻辑符号

图 3-4　两或非门组成的基本 RS 触发器

综上所述，基本 RS 触发器的特点可归纳为以下几点：

(1) 基本 RS 触发器具有置位、复位和保持(记忆)的功能。

(2) 由与非门组成的基本 RS 触发器的触发信号是低电平有效，由或非门组成的基本 RS 触发器的触发信号是高电平有效，属于电平触发方式。

(3) 基本 RS 触发器存在约束条件。

(4) 当输入信号发生变化时，输出即刻就会发生相应的变化，即抗干扰性能较差。

3.1.2 同步触发器

前面介绍的基本 RS 触发器的状态是由$\overline{R_D}$、$\overline{S_D}$(或 R_D、S_D)端的输入信号直接控制的，任何时候只要触发端信号出现干扰，触发器立刻就会做出反应，从而导致电路的抗干扰性比较差。在实际工作中，触发器的状态不仅要由$\overline{R_D}$、$\overline{S_D}$(或 R_D、S_D)端的信号来决定，而且要求触发器按一定的节拍翻转，为此，需要在电路中加入时钟脉冲控制端 CP。电路在时钟脉冲 CP 的作用下，根据输入信号翻转，没有时钟脉冲输入时，电路的状态保持不变。这种具有时钟脉冲 CP 控制端的触发器称为时钟触发器，又称为同步触发器。同步触发器主要有同步 RS 触发器、同步 D 触发器等。

1. 同步 RS 触发器

1) 电路组成及逻辑符号

同步 RS 触发器

同步 RS 触发器是在基本 RS 触发器的基础上增加了两个由时钟脉冲 CP 控制的与非门 G_3、G_4 组成的，如图 3-5(a)所示，图 3-5(b)所示为其逻辑符号。图中 CP 为时钟脉冲输入端，简称钟控端或 CP 端，R 和 S 为信号输入端，Q 和 $\overline{Q}$ 为信号输出端。输入端框内的 C1 为控制关联标记，1 为标识序号，说明 1R 和 1S 受 C1 控制。

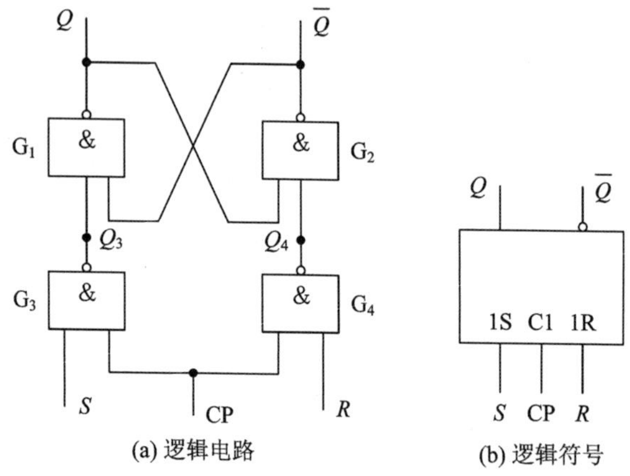

图 3-5 同步 RS 触发器

2) 逻辑功能

当 CP=0 时，G_3、G_4被封锁，输出均为 1。这时，不管 R 端和 S 端的信号如何变化，触发器的状态保持不变，即 $Q^{n+1}=Q^n$。

当 CP=1 时，G_3、G_4解除封锁，R、S 端的输入信号才能通过这两个门使基本 RS 触发器的状态翻转。其输出状态仍由 R、S 端的输入信号和电路的原有状态 Q^n决定。

(1) 当 $S=1$，$R=0$ 时，G_3 门输出 $Q_3=0$，G_4 门输出 $Q_4=1$，所以触发器输出 $Q=1$，$\overline{Q}=0$，触发器被置 1；

(2) 当 $S=0$，$R=1$ 时，G_3门输出 $Q_3=1$，G_4门输出 $Q_4=0$，所以触发器输出 $Q=0$，

$\overline{Q}=1$，触发器被置0；

(3) 当 $S=0$，$R=0$ 时，G_3门输出 $Q_3=1$，G_4门输出 $Q_4=1$，所以触发器保持原状态不变；

(4) 当 $S=1$，$R=1$ 时，G_3门输出 $Q_3=0$，G_4门输出 $Q_4=0$，这个状态是不允许出现的，触发器输出状态不定。

由此，可以得出同步RS触发器的特性表，如表3-3所示。

表3-3　同步RS触发器的特性表

CP	R	S	Q^n	Q^{n+1}	逻辑功能说明
0	×	×	×	Q^n	触发器保持原状态不变
1	0	0	0	0	触发器保持原状态不变
			1	1	
1	0	1	0	1	触发器置1
			1	1	
1	1	0	0	0	触发器置0
			1	0	
1	1	1	0	×	触发器状态不定(禁用)
			1	×	

由表3-3可看出：当CP=1时，同步RS触发器具有置0、置1和保持三种可用的功能。存在的问题有两个：① 当 $R=S=1$ 时，因CP=1，G_3和G_4都输出0，这时 $Q^{n+1}=\overline{Q^{n+1}}=1$，当 R 和 S 同时由1变为0时，输出 Q^{n+1} 的状态是任意的，即 $Q^{n+1}=\times$，这是不允许的，排除 R 和 S 同时为1的条件是 $R\cdot S=0$，也就是说要保证同步RS触发器能正常工作，R 和 S 两个输入信号中至少有一个为0。② 当CP=1，R 和 S 端的输入信号不变时，触发器的状态才是稳定的，当发生变化时，其输出状态也随之改变，这种现象称为空翻，这也是不允许的。因此，它的使用受到较大限制，只能用于数据锁存。

3) 特性方程

触发器次态 Q^{n+1} 与 R、S 及现态 Q^n 之间关系的逻辑表达式称为触发器的特性方程。

根据表3-3可画出同步RS触发器 Q^{n+1} 的卡诺图，如图3-6所示。由此可得出同步RS触发器的特性方程为：

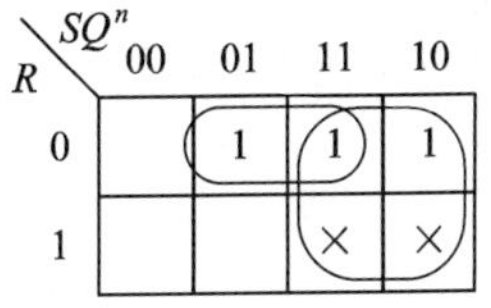

图3-6　同步RS触发器 Q^{n+1} 的卡诺图

$$\begin{cases} Q^{n+1}=S+\overline{R}Q^n \\ RS=0\text{(约束条件)} \quad \text{(CP=1期间有效)} \end{cases} \tag{3-1}$$

例3.2　图3-7(a)所示电路的输入波形如图3-7(b)所示，请画出 Q 端输出波形。设触发器的初始状态为 $Q=0$。

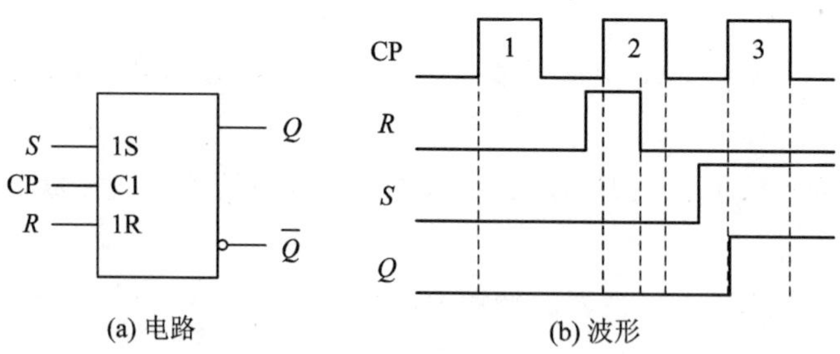

(a) 电路　　(b) 波形

图 3-7　例 3.2 电路及输入波形

解　根据图 3-7(a)可知，这是一个同步 RS 触发器，同步 RS 触发器受时钟 CP 控制，CP=0期间，触发器保持原状态不变，CP=1 期间，可接收 R、S 的输入信号而改变输入状态。

(1) 在第 1 个 CP=1 到来之前，触发器保持初始状态 $Q=0$。

(2) 在第 1 个 CP=1 期间，$R=S=0$，根据同步 RS 触发器的特性可知，触发器处于保持状态，所以触发器输出 $Q=0$，并保持到下一个 CP 高电平到来。

(3) 在第 2 个 CP=1 期间，R 的输入波形发生翻转，先看第一段：$R=1$，$S=0$，根据同步 RS 触发器的特性可知，触发器处于置 0 状态，所以 $Q=0$；再看第二段，紧接着 R 翻转为 0，此时 $R=S=0$，根据同步 RS 触发器的特性可知，触发器处于保持状态，所以 $Q=0$，并保持到下一次 CP 的到来。

(4) 在第 3 个 CP=1 期间，$R=0$，$S=1$，根据同步 RS 触发器的特性可知，触发器处于置 1 状态，所以 $Q=1$。

所以，电路输出端 Q 的输出波形如图 3-7(b)所示，由此可以看出电路接收触发的时间变短了，不在时钟控制期间的触发信号将不被响应，电路的可靠性和抗干扰能力较基本 RS 触发器有了一定的改善，但电路仍然存在空翻现象。

2. 同步 D 触发器

1) 电路组成及逻辑符号

为了避免同步 RS 触发器出现两个触发信号同时等于 1 的情况的发生，可以在 R 和 S 端之间接入一个非门 G_5，使 R 和 S 端永远处于不同的电平，电路如图 3-8(a)所示。这种只有一个触发信号输入的触发器称为 D 触发器。D 触发器又称为数据触发器，它是将数据存入或取出的基本单元电路。D 触发器的逻辑符号如图 3-8(b)所示。图中 D 为输入端，Q 和 $\overline{Q}$ 为互补输出端。

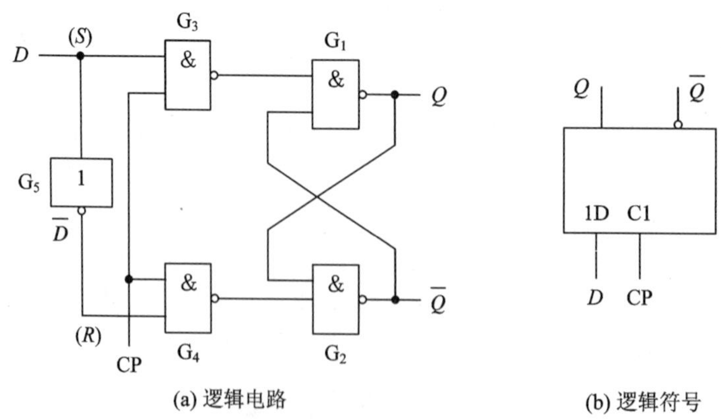

(a) 逻辑电路　　(b) 逻辑符号

图 3-8　同步 D 触发器逻辑电路及逻辑符号

2）逻辑功能

(1) 在 CP=0 时，G_3、G_4 被封锁，都输出 1，触发器保持原状态不变，不受 D 端输入信号的控制。

(2) 在 CP=1 时，G_3、G_4 解除封锁，可接收 D 端输入信号。从图 3-8(a)可看出，D 端输入信号加在同步 RS 触发器的 S 端，$\overline{D}$端的信号加在 R 端。因此，当 $D=1$ 时，$\overline{D}=0$，相当于同步 RS 触发器输入触发信号 $R=0$、$S=1$，触发器置 1，即 $Q=1$；当 $D=0$ 时，$\overline{D}=1$，相当于同步 RS 触发器输入触发信号 $R=1$、$S=0$，触发器置 0，即 $Q=0$。

由此可得到同步 D 触发器的特性表，如表 3-4 所示。

表 3-4　同步 D 触发器的特性表

CP	D	Q^n	Q^{n+1}	逻辑功能说明
0	×	×	Q^n	触发器保持原状态不变
1	0	0	0	触发器置 0
		1	0	
1	1	0	1	触发器置 1
		1	1	

由表 3-4 可知，同步 D 触发器的逻辑功能为：当 CP 由 0 变为 1 时，触发器翻到和 D 相同的状态；当 CP 由 1 变为 0 时，触发器保持原状态不变。

3）特性方程

根据特性表可写出 D 触发器的特性方程为

$$
\begin{aligned}
Q^{n+1} &= S+\overline{R}Q^n \\
&= D+\overline{\overline{D}}\,Q^n \\
&= D \quad (\text{CP}=1\ \text{期间有效})
\end{aligned}
\tag{3-2}
$$

同步 D 触发器没有不定状态，在 CP=1 时，具有置 0 和置 1 功能，其输出状态总是跟随 D 端输入信号变化。

例 3.3　试对应输入波形画出图 3-9 中 Q 端波形(设触发器初始状态为 0)。

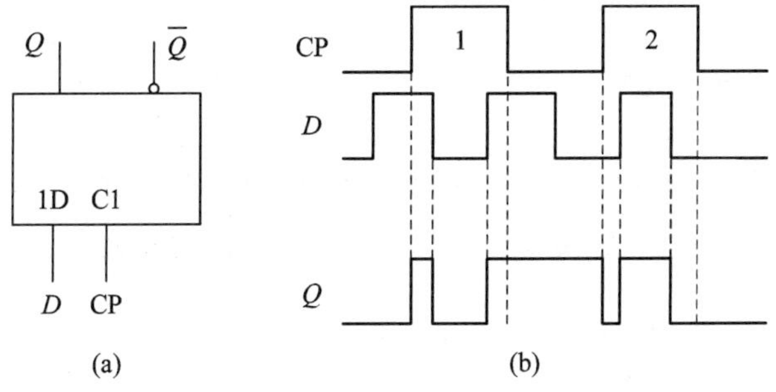

图 3-9　例 3.3 电路及输入波形

解　根据图 3-9(a)可知，这是一个同步 D 触发器，同步 D 触发器受时钟 CP 控制，CP=0期间，触发器保持原状态不变，CP=1 期间，输出跟随 D 端输入信号变化。

(1) 在第 1 个 CP=1 到来之前，触发器保持初始状态 $Q=0$。

(2) 在第 1 个 CP=1 期间，触发端 D 发生多次翻转，根据同步 D 触发器的特性可知，触发器跟随 D 变化，所以触发器输出 Q 与 D 相同。当 CP 再次翻转为 0 时，触发器保持 CP 期间的最后一个状态并保持到下一个 CP 高电平到来。

(3) 在第 2 个 CP=1 期间，同样的触发端 D 发生多次翻转，触发器跟随 D 变化，所以触发器输出 Q 与 D 相同。当 CP 再次翻转为 0 时，触发器保持 CP 期间的最后一个状态并保持到下一个 CP 高电平到来。

由例 3.3 可以看出，在 CP=1 期间，当 D 端输入信号发生多次变化时，其输出状态也会相应发生多次变化。因此，D 触发器同样存在空翻现象。综上可知，同步触发器主要用于数据的锁存。

3.1.3 边沿触发器

边沿触发器和之前介绍的基本 RS 触发器以及同步触发器不同，边沿触发器仅在时钟脉冲上升沿或者下降沿到达时才接收信号，使电路的输出状态跟随输入信号改变，而在时钟其他时间内，触发器的状态不会改变，从而提高了触发器电路工作的可靠性和抗干扰能力。

触发脉冲的上升沿是指时钟脉冲 CP 由低电平正跃到高电平(↑)瞬间电压的变化；而下降沿则是指 CP 由高电平负跃到低电平(↓)瞬间电压的变化。边沿触发器主要有边沿 D 触发器和边沿 JK 触发器。

1. 边沿 D 触发器

1) 逻辑符号

边沿 D 触发器

图 3-10 所示为边沿 D 触发器的逻辑符号，D 为信号输入端，框内的“>”表示触发器按边沿触发方式工作。在图 3-10(a)中，时钟脉冲输入端 C1 框外不带小圆圈，表示用时钟脉冲 CP 上升沿(或称正跃变)触发，为上升沿 D 触发器的逻辑符号。在图3-10(b)中，C1 框外加了小圆圈，表示用时钟脉冲 CP 下降沿(或称负跃变)触发，为下降沿 D 触发器的逻辑符号。

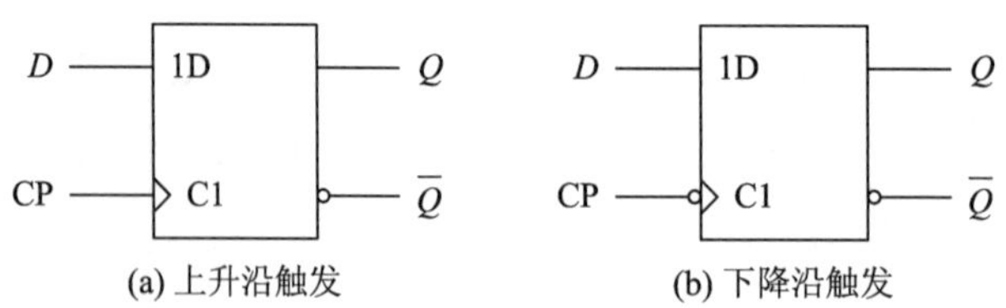

图 3-10 边沿 D 触发器的逻辑符号

2) 逻辑功能

【仿真扫一扫】 上升沿有效 D 触发器功能测试。在 Multisim 中连接电路如图 3-11 所示。其中，脉冲发生器每 2 秒钟产生一个时钟脉冲，通过开关使输入信号在 0 和 1 之间切换，

通过电平指示灯和示波器，观察 D 触发器的 Q 输出端的状态和 D 触发器输出动作的特点。

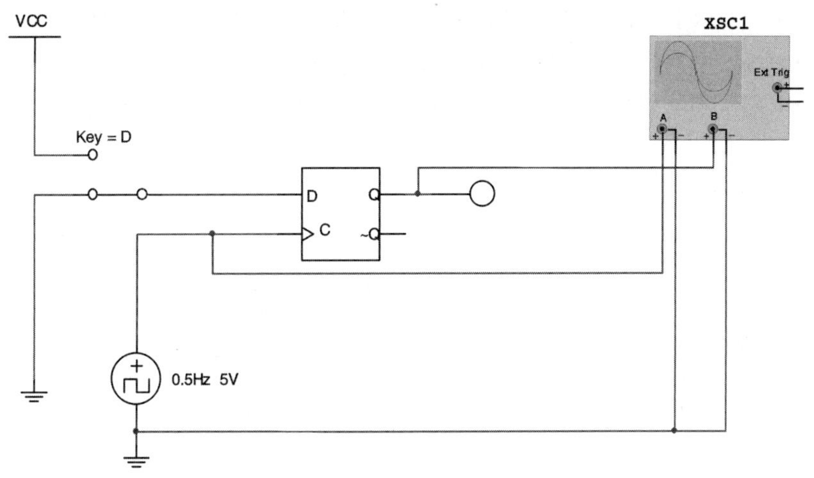

图 3－11　上升沿有效 D 触发器功能测试图

示波器的波形图如图 3－12 所示，其中第一个波形是时钟脉冲的波形，第二个波形是触发器输出端 Q 的输出波形。

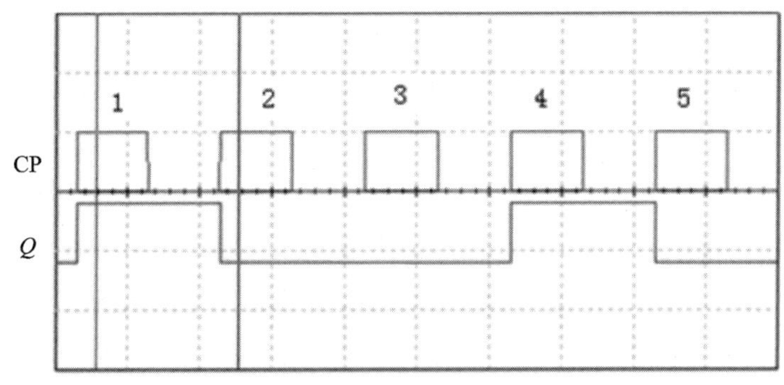

图 3－12　示波器的输出波形

初始状态触发器输入端 D 接地，在第 1 个 CP 到来之前，按下控制键，D 接高电平，在 CP 时钟上升沿到来之前，触发器输出端灯不亮，保持原来状态，CP 时钟上升沿到来瞬间，灯亮，输出端 Q 由 0 翻转到 1；按下控制键，D 接低电平，但输出端 Q 保持 1 不变，直到第 2 个时钟上升沿到来，输出端才瞬间由 1 翻转到 0。由此可见，上升沿 D 触发器只有在 CP 上升沿作用瞬间才会翻转到和输入端 D 相同的状态，而在 CP 其他时间内，不管 D 端输入信号如何变化，触发器的输出状态不会改变。

(1) 上升沿 D 触发器的特性表。

根据仿真实例的分析归纳，可以得出上升沿 D 触发器的特性表，如表 3－5 所示。

表 3－5　上升沿 D 触发器的特性表

输　入		输　出		说明
D	CP	Q	$\overline{Q}$	
0	↑	0	1	置 0
1	↑	1	0	置 1

(2) 触发器的特性方程。

图 3-10(a)所示上升沿 D 触发器的特性方程为：$Q^{n+1}=D$(CP 上升沿有效)。

例 3.4 图 3-13 所示为上升沿 D 触发器的时钟脉冲 CP 和 D 端输入信号的电压波形，试画出触发器输出端 Q 和 $\overline{Q}$ 的电压波形。设触发器的初始状态为 $Q=0$。

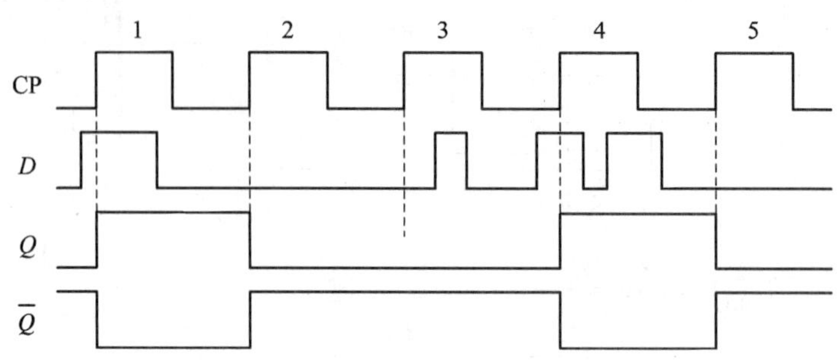

图 3-13 上升沿 D 触发器的输入和输出波形

解 第 1 个时钟脉冲 CP 上升沿到达时，D 端输入信号为 1，所以触发器由 0 状态翻到 1 状态，$Q^{n+1}=1$。而在 CP=1 期间 D 端输入信号虽然由 1 变为 0，但触发器的输出状态不会改变，仍保持 1 状态不变。

第 2 个时钟脉冲 CP 上升沿到达时，D 端输入信号为 0，触发器由 1 状态翻转到 0 状态，$Q^{n+1}=0$。

第 3 个时钟脉冲 CP 上升沿到达时，由于 D 端输入信号仍为 0，所以，触发器保持 0 状态不变。在 CP=1 期间，D 端虽然出现了一个正脉冲，但触发器的状态不会改变。

第 4 个时钟脉冲 CP 上升沿到达时，D 端输入信号为 1，所以，触发器由 0 状态翻到 1 状态，$Q^{n+1}=1$，在 CP=1 期间，D 端虽然出现了负脉冲，这时，触发器的状态同样不会改变。

第 5 个时钟脉冲 CP 上升沿到达时，D 端输入信号为 0，这时，触发器由 1 状态翻转到 0 状态，$Q^{n+1}=0$。

根据上述分析可画出如图 3-13 所示的输出端 Q 的电压波形，输出端 $\overline{Q}$ 的电压波形为 Q 的反相波形。

2. 边沿 JK 触发器

1) 逻辑符号

JK 触发器是另一类常用触发器，除了时钟输入之外，这种触发器有两个控制输入端。这两个控制信号分别为 J 和 K，JK 触发器是以集成电路的发明人 Jack Kilby 的名字命名的。边沿 JK 触发器的逻辑符号如图 3-14 所示。图 3-14(a)所示为由时钟脉冲 CP 下降沿触发的 JK 触发器的逻辑符号，图 3-14(b)所示为由时钟脉冲 CP 上升沿触发的 JK 触发器的逻辑符号。

边沿 JK 触发器

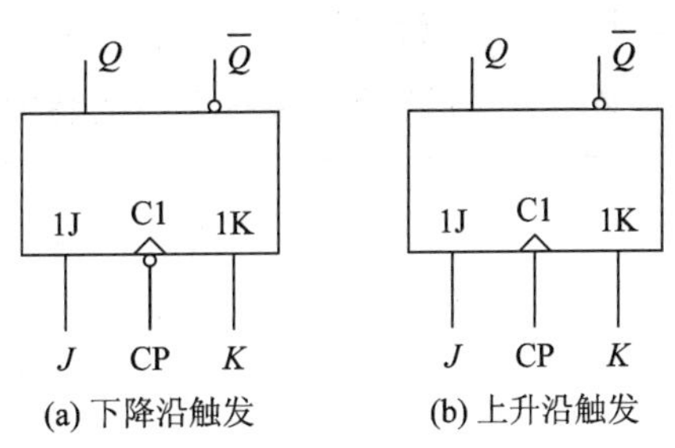

图 3-14　边沿 JK 触发器的逻辑符号

2）逻辑功能

（1）JK 触发器的特性表。

通过仿真或实验即可得出 JK 触发器的特性表。下面讨论如图 3-14(a)所示的下降沿触发的 JK 触发器的特性表。JK 触发器在时钟脉冲的触发沿根据 J 和 K 输入的状态存储数据。当加载时钟脉冲后，触发器的输出取决于 J 和 K 输入的状态。

如图 3-15(a)所示，当 J 输入高电平且 K 输入低电平时，触发器将在时钟脉冲的触发边沿(下降沿)进入置位状态(Q 为高电平)。如果它本来就是置位状态，那么它将保持在置位状态。

如图 3-15(b)所示，当 J 输入为低电平且 K 输入为高电平时，触发器将在时钟脉冲的触发边沿(下降沿)进入复位状态(Q 为低电平)。如果它本来就是复位状态，那么它将保持在复位状态。

如图 3-15(c)所示，当 J 和 K 输入都是高电平时，触发器将在时钟脉冲的触发边沿变成与原来状态相反的状态(比如原来触发器为 0 状态，现在输出变为 1 状态)，即翻转。

如图 3-15(d)所示，当 J 和 K 输入都为低电平时，触发器将保持原来的状态不变。

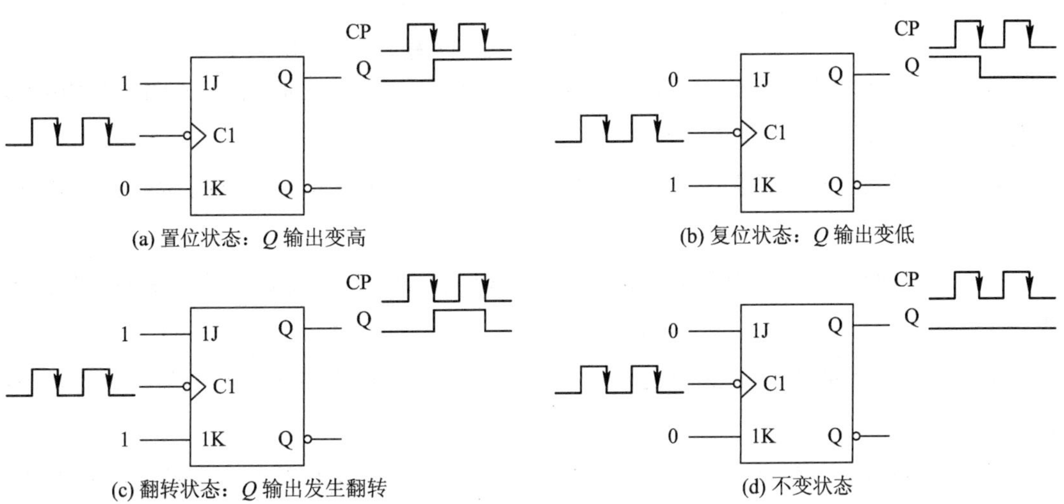

图 3-15　JK 触发器的四种状态

根据以上结论，可以得出下降沿 JK 触发器的特性表，如表 3-6 所示。

表 3-6　下降沿有效 JK 触发器的特性表

输　入			输　出		说　明
J	K	CP	Q^{n+1}	$\overline{Q}^{n+1}$	
0	0	↓	Q^n	$\overline{Q^n}$	保持不变
0	1	↓	0	1	置 0
1	0	↓	1	0	置 1
1	1	↓	$\overline{Q^n}$	Q^n	翻转

(2) JK 触发器的特性方程。

图 3-14(a)所示下降沿 JK 触发器的特性方程为

$$Q^{n+1}=J\overline{Q^n}+\overline{K}Q^n \quad \text{（CP 下降沿到达时有效）}$$

例 3.5　图 3-16 所示为下降沿 JK 触发器的 CP、J、K 端的输入电压波形，试画出输出端 Q 和$\overline{Q}$的电压波形。设触发器的初始状态为 $Q=0$。

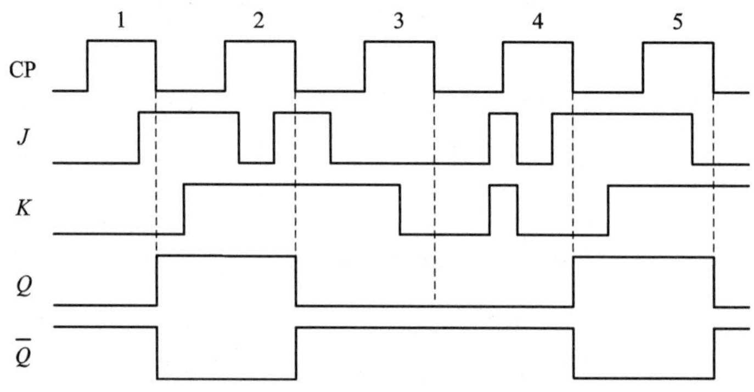

图 3-16　边沿 JK 触发器的输入和输出电压波形

解　第 1 个时钟脉冲 CP 下降沿到达时，由于 $J=1$、$K=0$，所以在 CP 下降沿作用下，触发器由 0 状态翻转到 1 状态，$Q^{n+1}=1$。

第 2 个时钟脉冲 CP 下降沿到达时，由于 $J=K=1$，触发器由 1 状态翻转到 0 状态，$Q^{n+1}=0$。

第 3 个时钟脉冲 CP 下降沿到达时，因 $J=K=0$，这时，触发器保持原来的 0 状态不变，$Q^{n+1}=Q^n=0$。

第 4 个时钟脉冲 CP 下降沿到达时，因 $J=1$、$K=0$，触发器由 0 状态翻转到 1 状态，$Q^{n+1}=1$。

第 5 个时钟脉冲 CP 下降沿到达时，由于 $J=0$、$K=1$，使触发器由 1 状态再翻转到 0 状态。

由上述分析可得如下结论：下降沿 JK 触发器用时钟脉冲 CP 下降沿触发，在 CP 下降

沿到达时刻电路才会接收 J、K 端的输入信号并改变状态，而在 CP 为其他值时，不管 J、K 为何值，电路状态都不会改变。

3.1.4　常用集成触发器

1. 集成上升沿 D 触发器 74LS74

1) 引脚排列图和逻辑符号

74LS74 为双上升沿 D 触发器，管脚排列如图 3-17(a)所示，逻辑符号如图 3-17(b)所示。图中，CP 为时钟输入端；D 为数据输入端；Q、$\overline{Q}$ 为互补输出端；$\overline{R_D}$为直接复位端，低电平有效；$\overline{S_D}$为直接置位端，低电平有效；$\overline{R_D}$和$\overline{S_D}$用来设置初始状态。

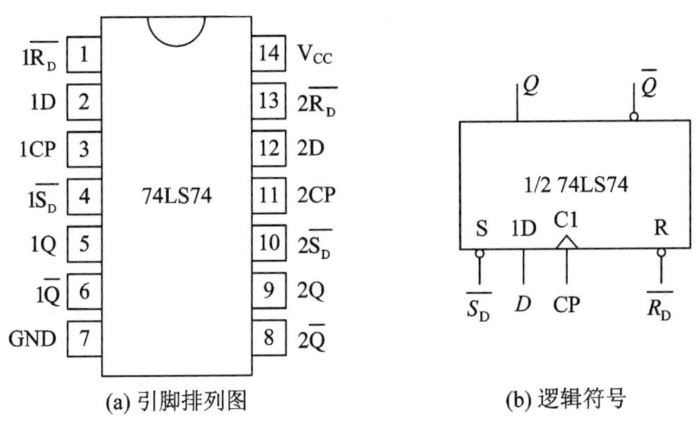

图 3-17　74LS74 的引脚排列图和逻辑符号

2) 逻辑功能

表 3-7 为 74LS74 的功能表，从表中可以看出 D 触发器具有以下功能：

(1) 异步置 0。当$\overline{R_D}=0$、$\overline{S_D}=1$ 时，触发器置 0，$Q^{n+1}=0$，它与时钟脉冲 CP 及 D 端的输入信号没有关系，这也是异步置 0 的来历。$\overline{R_D}$称为异步置 0 端。异步置 0 又称直接置 0。

(2) 异步置 1。当$\overline{R_D}=1$、$\overline{S_D}=0$ 时，触发器置 1，$Q^{n+1}=1$，它同样与时钟脉冲 CP 及 D 端的输入信号没有关系，这也是异步置 1 的来历。$\overline{S_D}$称为异步置 1 端。异步置 1 又称直接置 1。

由此可见，$\overline{R_D}$和$\overline{S_D}$端的信号对触发器的控制作用优先于 CP 信号。

(3) 置 0。取$\overline{R_D}=\overline{S_D}=1$，如 $D=0$，则在 CP 由 0 正跃到 1 时，触发器置 0，$Q^{n+1}=0$。由于触发器的置 0 和 CP 到来同步，因此，又称为同步置 0。

(4) 置 1。取$\overline{R_D}=\overline{S_D}=1$，如 $D=1$，则在 CP 由 0 正跃到 1 时，触发器置 1，$Q^{n+1}=1$。由于触发器的置 1 和 CP 到来同步，因此，又称为同步置 1。

(5) 保持。取$\overline{R_D}=\overline{S_D}=1$，在 CP=0 时，不论 D 端输入信号为 0 还是为 1，触发器都保持原来的状态不变。

表 3-7　D 触发器 74LS74 的逻辑功能表

输　入				输　出		功能说明
$\overline{S_D}$	$\overline{R_D}$	CP	D	Q^{n+1}	$\overline{Q^{n+1}}$	
0	1	×	×	1	0	异步置 1
1	0	×	×	0	1	异步置 0
0	0	×	×	1	1	不允许
1	1	↑	1	1	0	置 1
1	1	↑	0	0	1	置 0
1	1	0	×	Q^n	$\overline{Q^n}$	保持

例 3.6　设触发器初态为 1，试对应图 3-18(b)输入波形，画出 Q_1 的波形。

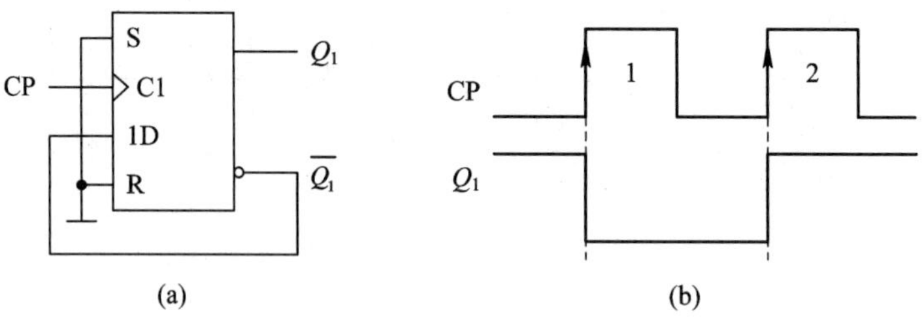

图 3-18　例 3.6 电路及波形

解　由图 3-18(a)可知，这是一个带异步端的边沿 D 触发器，且上升沿有效。S 与 R 端是异步置位和异步置零端，均是高电平有效。

根据连线图 3-18(a)可知：① $R=S=0$，异步端处于无效状态，触发器可接收 D 端输入信号。② $Q_1^{n+1}=D=\overline{Q_1^n}$。

(1) 在第 1 个上升沿到来之前，$Q_1^{n+1}=Q_1^n=1$；

(2) 当第 1 个上升沿到来时，$Q_1^{n+1}=D=\overline{Q_1^n}=0$，输出波形发生翻转；

(3) 第 2 个上升沿到来时，$Q_1^{n+1}=D=\overline{Q_1^n}=1$，输出波形再次发生翻转。

所以 Q_1 的输出波形图如图 3-18(b)所示，可以看出这个触发器在时钟触发沿到达时状态发生翻转，这种功能称为计数功能，相应触发器称为计数触发器，又称为 T′触发器。

2. 集成下降沿 JK 触发器 74LS112

1) 引脚排列图和逻辑符号

74LS112 为双下降沿 JK 触发器，该触发器内含两个相同的 JK 触发器，它们都带有异步置 0 和异步置 1 输入端，属于下降沿触发的边沿触发器，其引脚排列图和逻辑符号如图 3-19 所示。

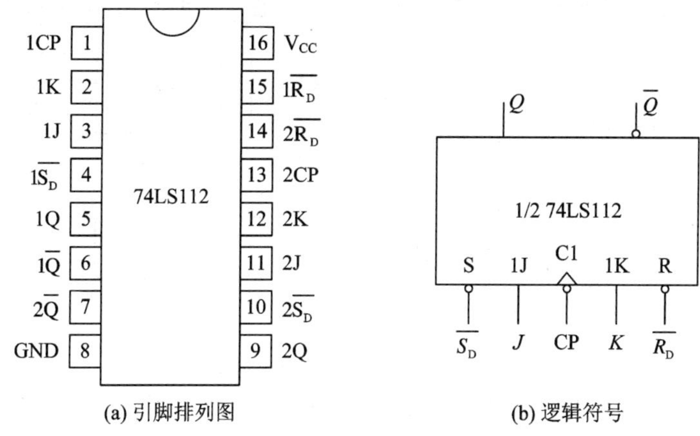

图 3-19 74LS112 的引脚排列图和逻辑符号

2）逻辑功能

表 3-8 是 74LS112 的功能表，从表中可以看出 74LS112 具有以下功能：

(1) 异步置 0。当$\overline{R_D}=0$、$\overline{S_D}=1$ 时，触发器置 0，它与时钟脉冲 CP 及 J、K 的输入信号无关。

(2) 异步置 1。当$\overline{R_D}=1$、$\overline{S_D}=0$ 时，触发器置 1，它与时钟脉冲 CP 及 J、K 的输入信号也无关。

(3) 保持。取$\overline{R_D}=\overline{S_D}=1$，当 $J=K=0$ 时，触发器保持原来的状态不变。即使在 CP 下降沿作用下，电路状态也不会改变，$Q^{n+1}=Q^n$。

(4) 置 0。取$\overline{R_D}=\overline{S_D}=1$，当 $J=0$、$K=1$ 时，在 CP 下降沿作用下，触发器翻转到 0 状态，即置 0，$Q^{n+1}=0$。

(5) 置 1。取$\overline{R_D}=\overline{S_D}=1$，当 $J=1$、$K=0$ 时，在 CP 下降沿作用下，触发器翻转到 1 状态，即置 1，$Q^{n+1}=1$。

(6) 计数。取$\overline{R_D}=\overline{S_D}=1$，当 $J=K=1$ 时，每输入 1 个 CP 的下降沿，触发器的状态变化一次，$Q^{n+1}=\overline{Q^n}$，这种情况常用来进行计数。

表 3-8 JK 触发器 74LS112 的逻辑功能表

输入					输出		功能说明
$\overline{R_D}$	$\overline{S_D}$	J	K	CP	Q^{n+1}	$\overline{Q^{n+1}}$	
0	1	×	×	×	0	1	异步置 0
1	0	×	×	×	1	0	异步置 1
0	0	×	×	×	1	1	不允许
1	1	0	0	↓	Q^n	$\overline{Q^n}$	保持
1	1	0	1	↓	0	1	置 0
1	1	1	0	↓	1	0	置 1
1	1	1	1	↓	$\overline{Q^n}$	Q^n	计数

例 3.7 设触发器初态为 1，试对应图 3-20(b)输入波形画出 Q_1 的波形。

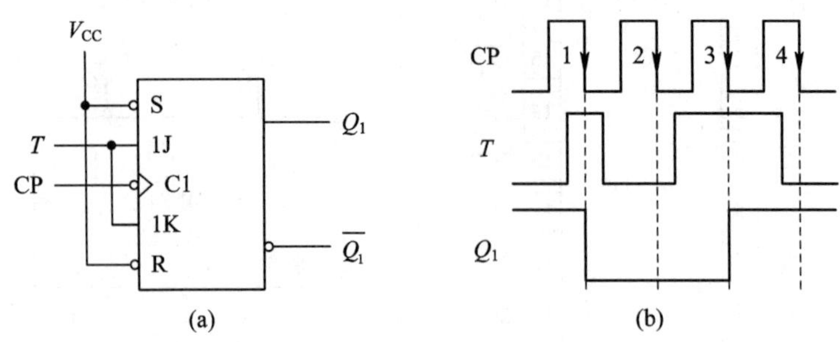

图 3-20 例 3.7 电路及波形

解 由图 3-20(a)可知，这是一个带异步端的边沿 JK 触发器，且下降沿有效。S 与 R 端是异步置位和异步置零端，均是低电平有效。

根据连线图 3-20(a)可知：① $R=S=1$，异步端处于无效状态，触发器输出受 J、K 端输入信号控制。② $J=K=T$。

(1) 在第 1 个下降沿到来之前，$Q_1^{n+1}=Q_1^n=1$。

(2) 第 1 个下降沿到来时，因 $J=K=T=1$，根据 JK 触发器的逻辑功能表，$Q_1^{n+1}=\overline{Q_1^n}$，输出波形发生翻转。

(3) 第 2 个下降沿到来时，因此时 $J=K=T=0$，$Q_1^{n+1}=Q_1^n=0$，触发器保持原状态不变。

(4) 第 3 个下降沿到来时，因 $J=K=T=1$，$Q_1^{n+1}=\overline{Q_n}=1$，触发器输出波形发生翻转，并保持到下一次触发。

(5) 第 4 个下降沿到来时，因 $J=K=T=0$，触发器保持原状态 1 不变。

所以 Q_1 的输出波形图如图 3-20(b)所示，可以看出 $T=0$ 时，$Q_1^{n+1}=Q_1^n$；$T=1$ 时，$Q_1^{n+1}=\overline{Q_1^n}$。这种功能称 T 功能，相应触发器称 T 触发器。

例 3.8 如图 3-21 所示，试对应图 3-21(b)输入波形画出图 3-21(a)电路的输出波形。

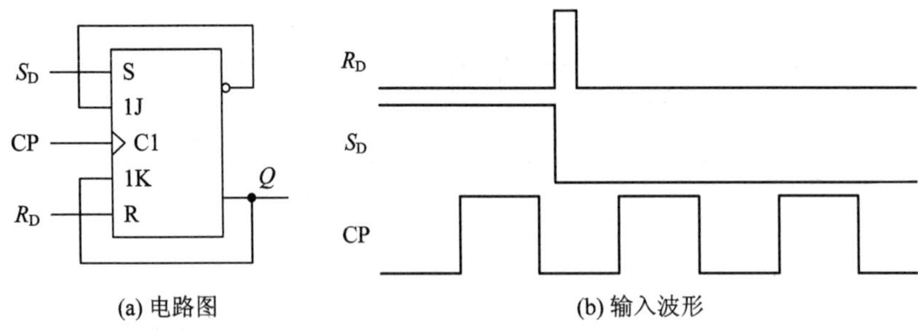

图 3-21 例 3.8 电路及输入波形

解 由图 3-21(a)可知，该电路是一个带异步端的上升沿触发的边沿 JK 触发器，S_D是异步置位端，R_D是异步置零端，均为高电平有效。

(1) 当 $R_D=0$，$S_D=1$ 时，异步置位端有效，触发器被置为 1，所以 Q 输出高电平。第 1 个时钟上升沿到来时，异步置位端 S_D有效，所以触发器被强制置为 1，不接收 J、K 的输入信号。

(2) 当 $R_D=1$，$S_D=0$ 时，异步置零端有效，触发器被置为 0，所以 Q 输出低电平。

(3) 当 $R_D=0$，$S_D=0$ 时，两个异步端均处于无效状态，触发器输出受 J、K 端输入信号控制，此时触发器的初始状态为 $Q^n=0$。当第 2 个时钟上升沿到来时，$J=\overline{Q^n}=1$，$K=Q^n=0$，根据 JK 触发器的特性表可知，此时触发器被置 1，所以 Q 输出为高电平并一直保持到下一个上升沿。

(4) 当第 3 个上升沿到来时，因 $J=\overline{Q^n}=0$，$K=Q^n=1$，根据 JK 触发器的特性表可知，此时触发器被置 0，所以 Q 输出为低电平并一直保持到下一个上升沿。

所以，触发器 Q 端输出波形如图 3-22 所示。

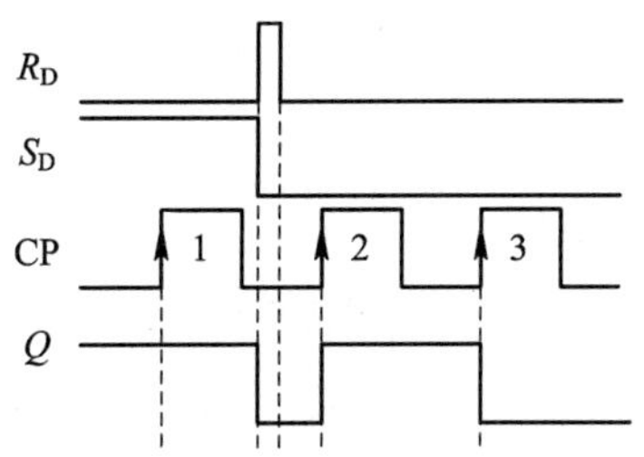

图 3-22　例 3.8 输出波形

3.1.5　仿真实验：集成触发器逻辑功能的仿真测试

1. 单次脉冲产生器

按图 3-23(a)连接电路，连续按 J1 键，探针亮暗交替，构成单次脉冲产生器，在图 3-23(a)选中除探针 X1 以外部分，点击 Place 菜单下的 Replace by subcircuit 生成如 3-23(b)所示的单次脉冲子电路。

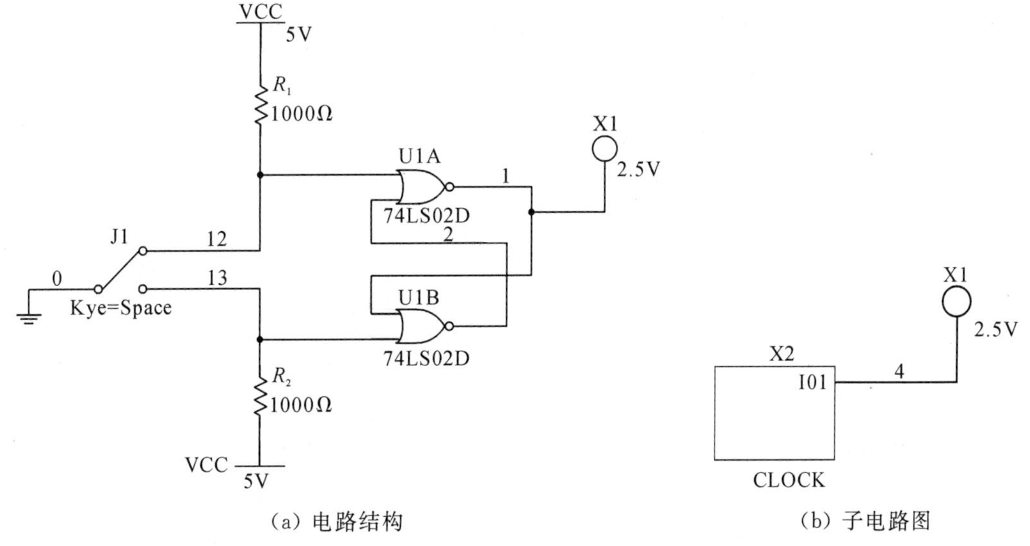

(a) 电路结构　　(b) 子电路图

图 3-23　由基本 RS 触发器构成的单次脉冲发生器

2. 74LS74 的逻辑功能测试

按图 3-24 连接电路，并根据表 3-9 进行测试及记录，并分析其逻辑功能，完成表 3-10。输入端的“1”表示接高电平，“0”表示接低电平，输出端“1”表示探针亮，“0”表示探针灭。

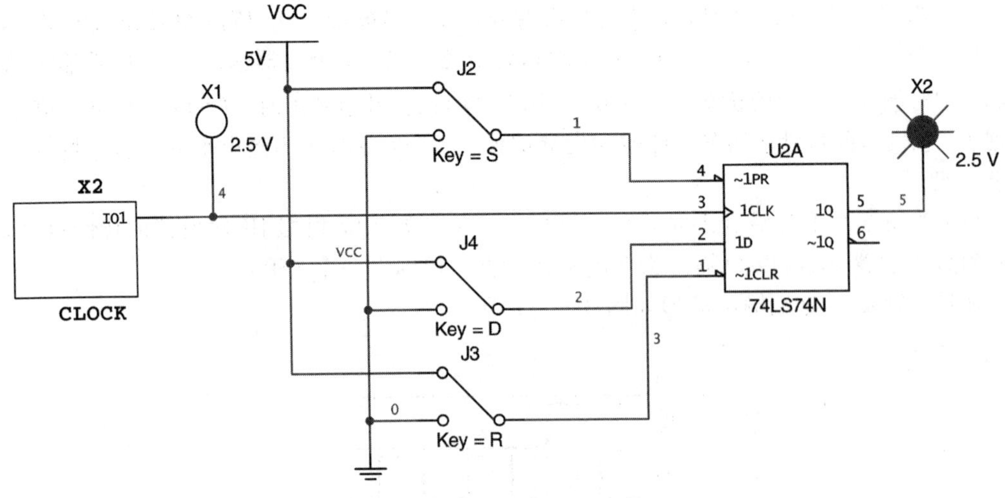

图 3-24　74LS74 逻辑功能测试电路($R=S=1$)

表 3-9　74LS74 逻辑功能的测试($R=S=1$)

D	CP	Q^{n+1}	
		$Q^n=0$	$Q^n=1$
0	0→1		
	1→0		
1	0→1		
	1→0		

表 3-10　74LS74 触发器功能($R=S=1$)

输　入		输出	功能说明
CP	D	Q^{n+1}	
	0		
	1		

3. 74LS112 逻辑功能测试

按图 3-25 连接电路，并根据表 3-11 进行测试及记录，分析 74LS112 的功能，完成表 3-12。

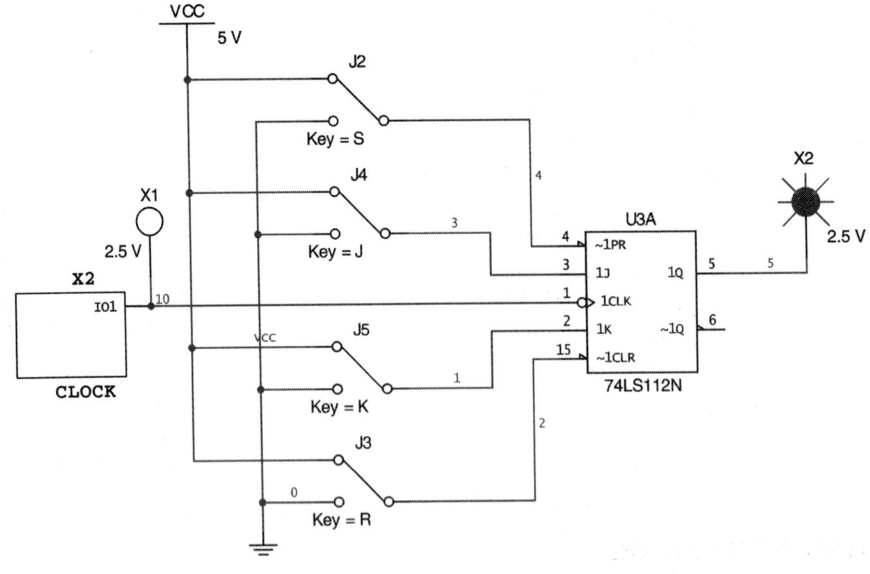

图 3-25　74LS112 逻辑功能测试电路

表 3-11 74LS112 逻辑功能的测试($R=S=1$)

J	K	CP	Q^{n+1}	
			$Q^n=0$	$Q^n=1$
0	0	0→1		
		1→0		
0	1	0→1		
		1→0		
1	0	0→1		
		1→0		
1	1	0→1		
		1→0		

表 3-12 74LS112 逻辑功能的测试($R=S=1$)

输入			输　出	
CP	J	K	Q^{n+1}	功能说明
	0	0		
	0	1		
	1	0		
	1	1		

任务3.2　双音报警器的仿真与制作

3.2.1　555定时器及其应用

555定时器又称为时基电路，因其电路结构简单、功能灵活、使用方便而得到广泛的应用，只要在其外部接少数电阻和电容，就可以构成单稳态触发器、多谐振荡器和施密特触发器等。555定时器根据电路内部器件的类型可分为双极型(TTL型)和单极型(CMOS型)两种，电源电压的使用范围较广，双极型为5～16 V，单极型为3～18 V，每种类型的定时器电路都有单定时器电路和双定时器电路。

1. 555定时器的电路结构及其功能

1) 电路结构

555定时器内部电路及引脚图如图3-26所示，一般由分压器、比较器、触发器和开关及输出等部分组成。

555定时器的电路结构和逻辑功能

(1) 电阻分压器。

电阻分压器由三个等值的电阻串联而成，将电源电压V_{CC}分为三等份，作用是为比较器提供两个参考电压U_{R1}、U_{R2}。若控制端CO悬空，则比较器C_1的同相输入端参考电压$U_{R1}=\frac{2}{3}V_{CC}$，比较器C_2的反相输入端参考电压$U_{R2}=\frac{1}{3}V_{CC}$；若控制端CO外加控制电压U_S，则$U_{R1}=U_S$，$U_{R2}=\frac{1}{2}U_S$。

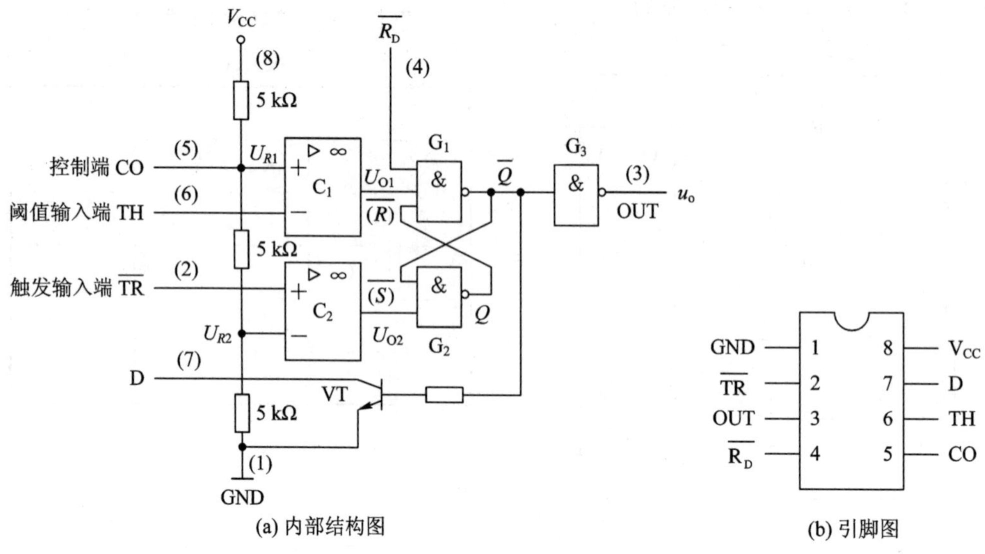

图 3-26　555 定时器内部电路及引脚图

(2) 比较器。

比较器由两个结构相同的集成运算放大器 C_1、C_2 构成。C_1 用来比较参考电压 U_{R1} 和阈值输入端电压 U_{TH} 的大小，确定 U_{O1} 的状态；C_2 用来比较参考电压 U_{R2} 和触发输入端电压 $U_{\overline{TR}}$ 的大小，确定 U_{O2} 的状态。

(3) 基本 RS 触发器。

与非门 G_1 和 G_2 构成基本 RS 触发器，由集成运算放大器 C_1、C_2 的输出信号 U_{O1} 和 U_{O2} 决定其输出端 Q 及 $\overline{Q}$ 的状态。

(4) 开关及输出。

放电开关由一个晶体三极管 VT 组成，其基极受基本 RS 触发器输出端 $\overline{Q}$ 控制。当 $\overline{Q}=1$ 时，三极管导通，放电端 D 通过导通的三极管为外电路提供放电的通路；当 $\overline{Q}=0$ 时，三极管截止，放电通路被截断。

2) 555 定时器的工作原理

当复位端 $\overline{R_D}=0$ 时，输出一定为低电平，$u_o=0$，放电管 VT 导通；正常工作时复位端 $\overline{R_D}=1$。

(1) 若 $U_{TH}>U_{R1}$，$U_{\overline{TR}}>U_{R2}$，则 $\overline{R}=0$，$\overline{S}=1$，$Q=0$，放电管导通，输出 $u_o=Q=0$。

(2) 若 $U_{TH}<U_{R1}$，$U_{\overline{TR}}<U_{R2}$，则 $\overline{R}=1$，$\overline{S}=0$，$Q=1$，放电管截止，输出 $u_o=Q=1$。

(3) 若 $U_{TH}<U_{R1}$，$U_{\overline{TR}}>U_{R2}$，则 $\overline{R}=1$，$\overline{S}=1$，Q 保持原状态不变，输出状态及放电管工作状态保持不变。

综上所述，当 555 定时器 CO 端不接固定电压时的功能表如表 3-13 所示。

表 3－13　555 定时器的逻辑功能表

输入			输出	
U_{TH}	$U_{\overline{TR}}$	$\overline{R_D}$	u_o	VT 状态
×	×	0	0	导通
$>\frac{2}{3}V_{CC}$	$>\frac{1}{3}V_{CC}$	1	0	导通
$<\frac{2}{3}V_{CC}$	$<\frac{1}{3}V_{CC}$	1	1	截止
$<\frac{2}{3}V_{CC}$	$>\frac{1}{3}V_{CC}$	1	不变	不变

2. 555 定时器构成施密特触发器

用 555 定时器构成施密特触发器

施密特触发器的重要特点就是能够把变化非常缓慢的输入脉冲波形整形成为适合于数字电路需要的矩形脉冲，而且由于具有滞回特性，所以抗干扰能力很强，因此在脉冲的产生和整形电路中应用广泛。

1）电路结构

将 555 定时器的阈值输入端 TH 和触发输入端 $\overline{TR}$ 连在一起作为输入信号 u_i 的输入端即可构成施密特触发器，电路结构如图 3－27(a)所示。

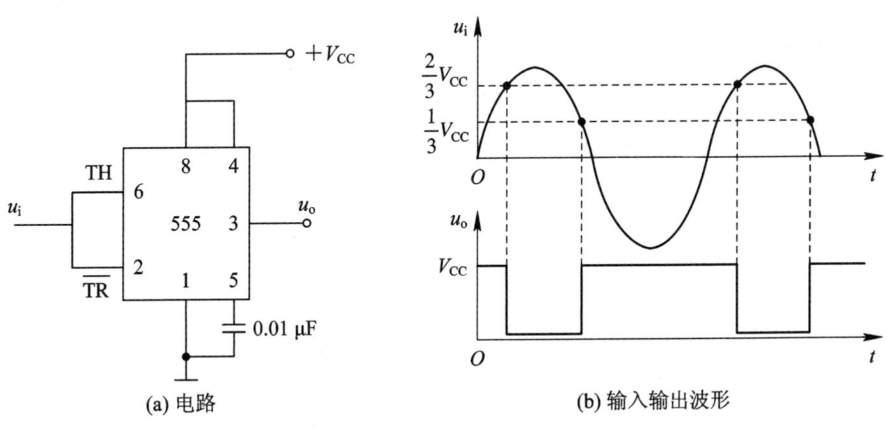

图 3－27　施密特触发器电路结构及输入输出波形

2）工作原理

设输入信号 u_i 为正弦波，正弦波幅值大于 555 定时器的参考电压 $U_{R1}=\frac{2}{3}V_{CC}$（控制端 CO 通过电容接地）。

（1）当 u_i 在 $0<u_i<\frac{1}{3}V_{CC}$ 上升区间时，即 $U_{TH}=U_{\overline{TR}}<\frac{1}{3}V_{CC}$，$u_o=1$。

（2）当 $\frac{1}{3}V_{CC}<u_i<\frac{2}{3}V_{CC}$ 时，即 $U_{TH}<\frac{2}{3}V_{CC}$，$U_{\overline{TR}}>\frac{1}{3}V_{CC}$，输出保持 $u_o=1$ 不变。

（3）当 $u_i>\frac{2}{3}V_{CC}$ 时，即 $U_{TH}=U_{\overline{TR}}>\frac{2}{3}V_{CC}$，$u_o=0$。

(4) 当 u_i 下降为$\frac{1}{3}V_{CC}<u_i<\frac{2}{3}V_{CC}$时，即 $U_{TH}<\frac{2}{3}V_{CC}$，$U_{\overline{TR}}>\frac{1}{3}V_{CC}$，输出保持 $u_o=0$ 不变。

(5) 当 $u_i<\frac{1}{3}V_{CC}$时，即 $U_{TH}=U_{\overline{TR}}<\frac{1}{3}V_{CC}$，$u_o=1$。

综上可得施密特触发器的工作波形如图 3-27(b)所示。

3) 滞回特性

由上述分析可见，电路的正向阈值电压与负向阈值电压不同，图 3-28 是施密特触发器的电压传输特性曲线，它直观地反映了施密特触发器的滞回特性。

回差电压 ΔU_T 又称为滞回电压，其定义为上限阈值电压和下限阈值电压之差，即$\Delta U_T=U_{T+}-U_{T-}=\frac{1}{3}V_{CC}$。

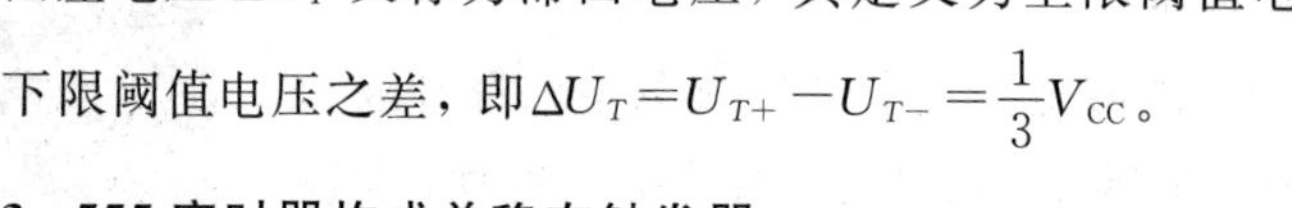

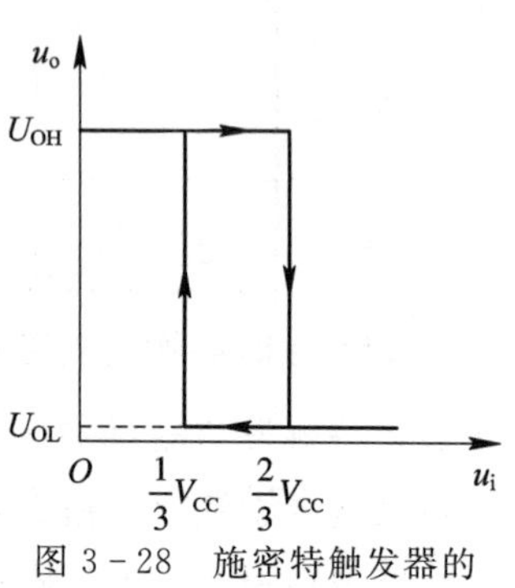

图 3-28 施密特触发器的电压传输特性

3. 555 定时器构成单稳态触发器

单稳态触发器具有如下特点：

(1) 它有一个稳定状态和一个暂稳状态；

(2) 在外来触发脉冲的作用下，能够由稳定状态翻转到暂稳状态；

(3) 暂稳状态维持一段时间后，将自动返回到稳定状态，而暂稳状态时间的长短，与触发脉冲无关，仅取决于电路本身的参数。

用 555 定时器构成单稳态触发器

单稳态触发器在数字系统和装置中，一般用于定时、整形以及延时等。住宅小区楼梯间的延时灯就是单稳态触发器的一个典型应用。

1) 电路结构

将 555 定时器中放电管的集电极与阈值输入端 TH 接到一起，通过电阻 R 接电源，通过电容 C 接地，触发输入端$\overline{TR}$作为触发信号 u_i的输入端，单稳态触发器的电路如图 3-29(a)所示。

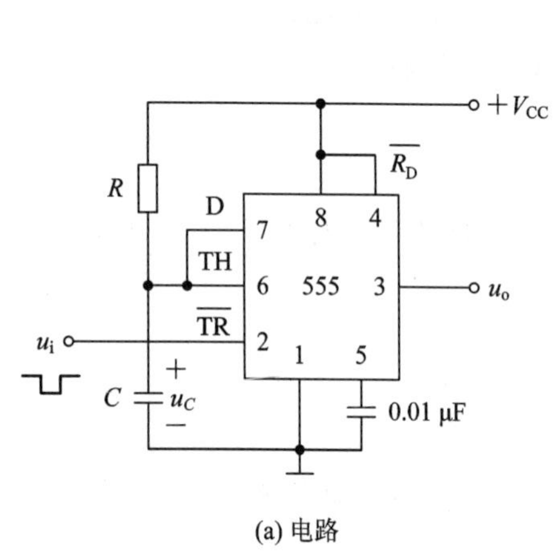

(a) 电路

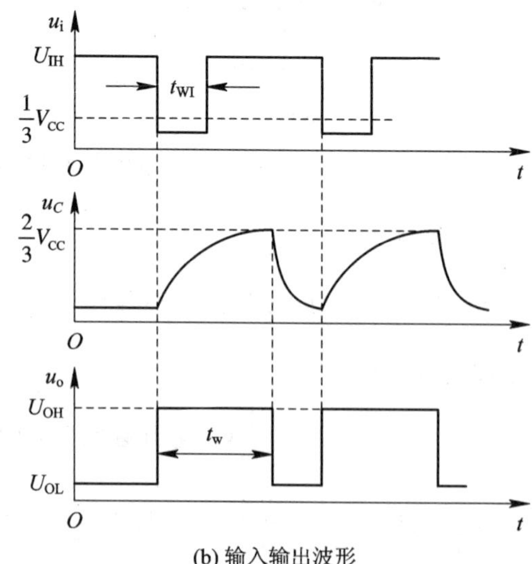

(b) 输入输出波形

图 3-29 单稳态触发器的电路结构及输入输出波形

2) 工作原理

当无触发脉冲信号时，输入端 $u_i=U_{IH}$，当直流电源 $+V_{CC}$ 接通以后，经电阻 R 对 C 充电，当电容电压 $u_C>\frac{2}{3}V_{CC}$ 时，即 $U_{TH}>\frac{2}{3}V_{CC}$，而 $U_{\overline{TR}}=U_{IH}>\frac{1}{3}V_{CC}$，此时输出 $u_o=0$，同时放电管导通，使电容 C 迅速放电，$u_C\approx0$，$U_{TH}\approx0<\frac{2}{3}V_{CC}$，$U_{\overline{TR}}>\frac{1}{3}V_{CC}$，电路将保持原状态，即 $u_o=0$，为单稳态触发器的稳定状态。

当单稳态触发器有触发脉冲信号，即 $u_i=U_{\overline{TR}}$=“0”$<\frac{1}{3}V_{CC}$ 时，且 $U_{TH}\leqslant\frac{2}{3}V_{CC}$，触发器输出由“0”变为“1”，三极管由导通变为截止，放电端 D 与地断开。直流电源 $+V_{CC}$ 通过电阻 R 向电容 C 充电，电容两端电压按指数规律从零开始增加，电路进入暂稳状态，经过一个脉冲宽度 t_{WI} 时间，负脉冲消失，输入端 u_i 恢复为 U_{IH}，即 $u_i=U_{IH}>\frac{1}{3}V_{CC}$，由于电容两端电压 $u_C<\frac{2}{3}V_{CC}$，而 $U_{TH}=u_C<\frac{2}{3}V_{CC}$，所以输出保持原状态“1”不变。当电容两端电压 $u_C\geqslant\frac{2}{3}V_{CC}$ 时，$U_{TH}=u_C\geqslant\frac{2}{3}V_{CC}$，又有 $U_{\overline{TR}}>\frac{1}{3}V_{CC}$，输出就由暂稳状态“1”自动返回稳定状态“0”。如果继续有触发脉冲输入，将重复上面的过程，输入输出波形如图 3－29(b)所示。

3) 暂稳状态时间(输出脉冲宽度)

暂稳状态持续的时间又称输出脉冲宽度，用 t_W 表示。它由电路中电容两端的电压来决定，$t_W\approx1.1RC$。

4. 555 定时器构成多谐振荡器

1) 电路结构

用 555 定时器构成多谐振荡器

将 555 定时器放电管的集电极通过电阻 R_1 接电源 V_{CC}，再通过 R_2、C 与地相接，将阈值电平输入端与触发输入端直接相连，接于 R_2、C 之间，多谐振荡器的电路如图 3－30(a)所示。

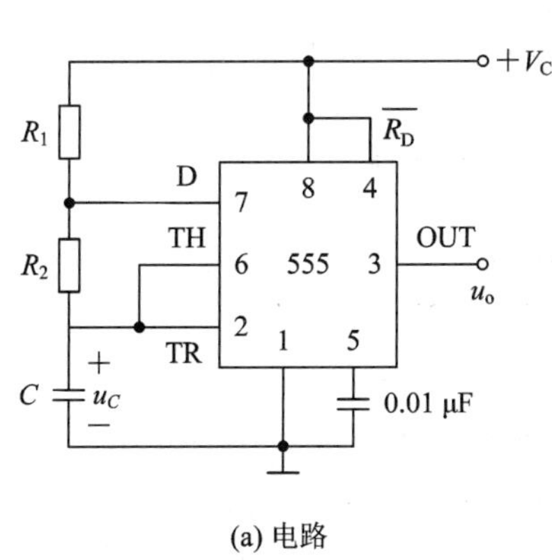

(a) 电路

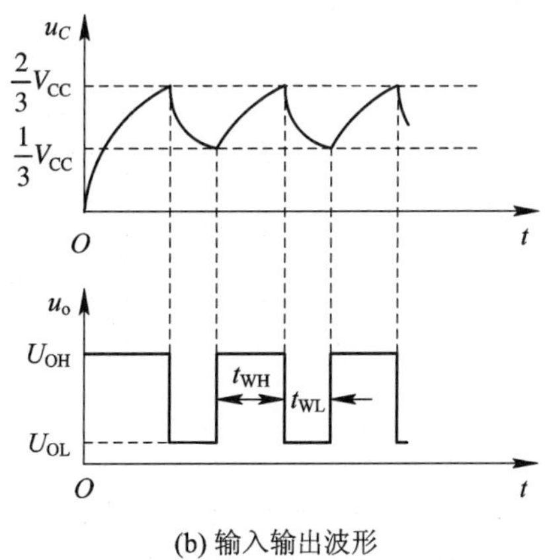

(b) 输入输出波形

图 3－30　多谐振荡器的电路结构及输入输出波形

2）工作原理

假定零时刻电容初始电压为零，接通电源后，因电容两端电压不能突变，则有 $U_{TH}=U_{\overline{TR}}=u_C=0<\frac{1}{3}V_{CC}$，输出 $u_o=1$，放电管 VT 截止，直流电源通过电阻 R_1、R_2 向电容充电，这时电路处于第一暂稳态。

当电容两端电压 $u_C\geqslant\frac{2}{3}V_{CC}$ 时，$U_{TH}=U_{\overline{TR}}=u_C\geqslant\frac{2}{3}V_{CC}$，电路状态发生变化，即 $u_o=0$，放电管 VT 导通，电容通过电阻 R_2 放电，这时电路为第二暂稳态。

当电容两端电压 $u_C\leqslant\frac{1}{3}V_{CC}$ 时，$U_{TH}=U_{\overline{TR}}=u_C\leqslant\frac{1}{3}V_{CC}$，电路状态又发生变化，$u_o=1$，放电管截止，电源通过 R_1、R_2 重新向 C 充电，重复上述过程。多谐振荡器的输入输出波形如图 3-30(b)所示。

3）振荡周期

振荡周期 $T=t_{WH}+t_{WL}$。其中，t_{WH} 为充电时间(电容两端电压从 $\frac{1}{3}V_{CC}$ 上升到 $\frac{2}{3}V_{CC}$ 所需时间)，$t_{WH}\approx0.7(R_1+R_2)C$；$t_{WL}$ 为放电时间(电容两端电压从 $\frac{2}{3}V_{CC}$ 下降到 $\frac{1}{3}V_{CC}$ 所需时间)，$t_{WL}\approx0.7R_2C$。因而有 $T=t_{WH}+t_{WL}\approx0.7(R_1+2R_2)C$。

对于矩形波，除了用幅度、周期来衡量以外，还有一个参数叫占空比，用符号 q 表示，即 $q=\frac{t_{WH}}{T}$。其中，t_{WH} 指输出一个周期内高电平所占时间；T 为周期。在图 3-30(b)所示输出矩形信号中 $q=\frac{t_{WH}}{T}=\frac{t_{WH}}{t_{WH}+t_{WL}}=\frac{R_1+R_2}{R_1+2R_2}$。

4）改进电路

图 3-30(a)所示电路占空比不可调，若将电路的充放电回路分开，则构成占空比可调的多谐振荡器，电路如图 3-31 所示。

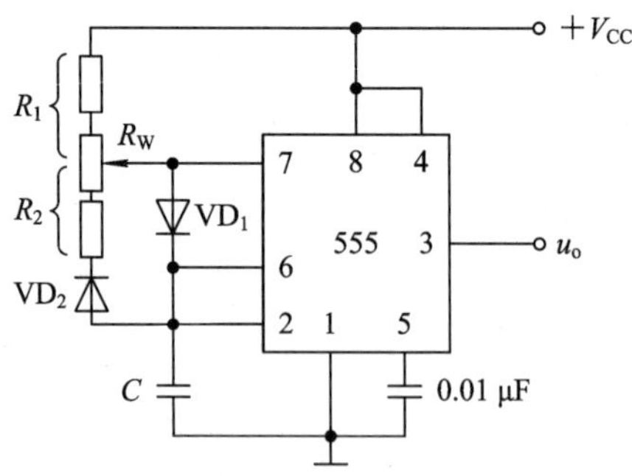

图 3-31　可调占空比的多谐振荡器电路

该电路当 $u_o=1$ 时，放电管 VT 截止，电源通过 R_1、VD_1 对电容 C 充电；当 $u_o=0$ 时，放电管导通，电容 C 通过 VD_2、R_2 放电，所以 $t_{WH}=0.7R_1C$，$t_{WL}=0.7R_2C$，$T=t_{WH}+t_{WL}=0.7(R_1+R_2)C$，则 $q=\frac{t_{WH}}{T}=\frac{0.7R_1C}{0.7(R_1+R_2)C}=\frac{R_1}{R_1+R_2}$。

改变滑动触点的位置可以改变电阻 R_1、R_2的值，即可改变 q 值。

3.2.2　555 定时器应用电路和双音报警器的仿真测试

1. 多谐振荡器仿真测试

（1）单击 Multisim 元器件栏中的“Place Mixed”按钮，如图 3-32 所示，从弹出的对话框的“Family”栏中选“TIMER”，再在“Component”栏中选“LM555CM”，如图 3-33 所示，点击对话框右上角的“OK”按钮将 555 电路调出放置在绘图区。

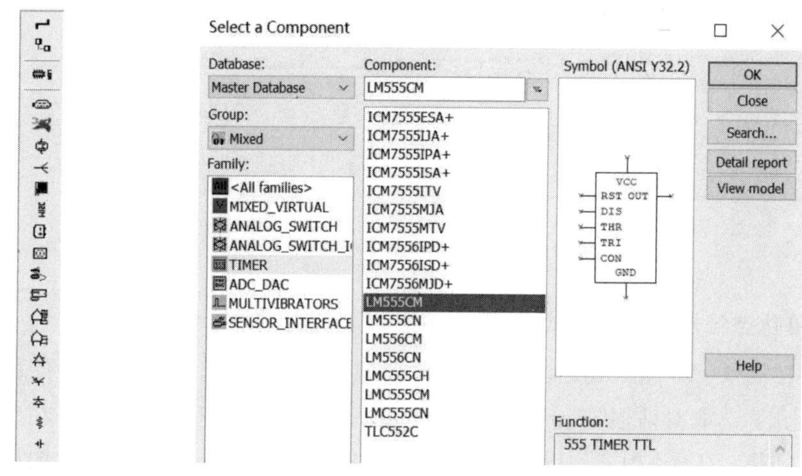

图 3-32　元器件栏　　　　图 3-33　选择元件对话框

（2）从 Multisim 软件元器件栏中调出其他元件，并从基本界面右侧调出虚拟双踪示波器，按图 3-34 在绘图区建立仿真实验电路。

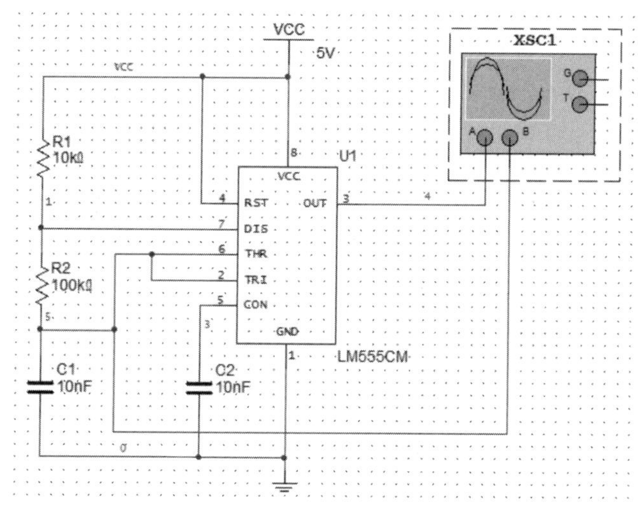

图 3-34　多谐振荡器仿真电路

（3）打开仿真开关，双击示波器图标，观察屏幕上的波形，示波器面板设置如图 3-35

所示。利用屏幕上的读数指针对波形进行测量，并将结果填入表 3-14 中。

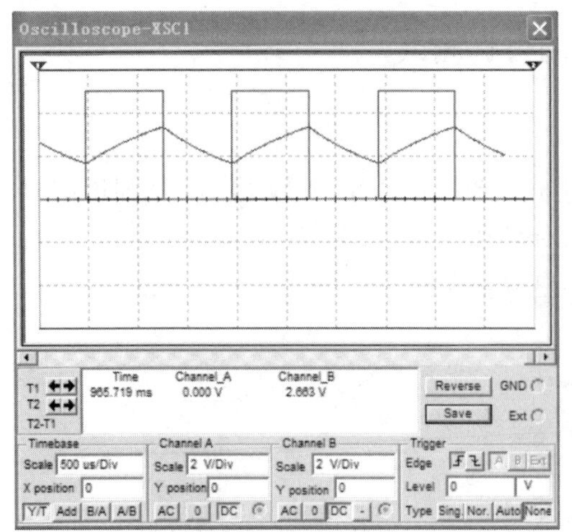

图 3-35　示波器面板设置

表 3-14　仿真结果

	周期 T	高电平宽度 t_{WH}	占空比 q
理论计算值			
实验测量值			

2. 单稳态触发器仿真测试

(1) 按图 3-36 在 Multisim 中画出仿真电路。其中，信号源从元器件栏的“Source”电源库中调出，选取对话框“Family”栏的“ SIGNAL_VOLTAG...”，然后在“Component”栏中选“CLOCK_VOLTAGE”，点击对话框右上角“OK”按钮，将其调入绘图区，然后双击图标，在弹出的对话框中，将“Frequency”栏设为 5 kHz，“Duty”栏设为 90%，点击对话框下方“确定”退出；XSC1 为虚拟 4 踪示波器。

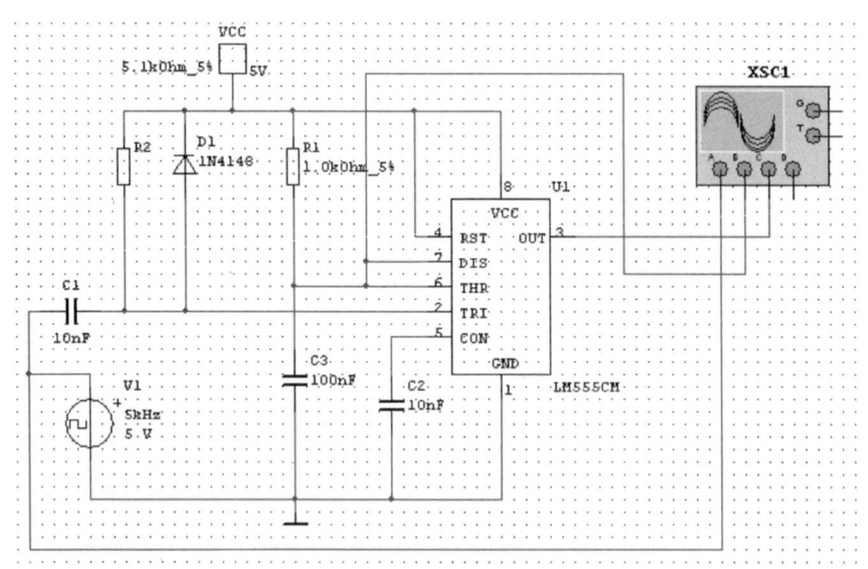

图 3-36　单稳态触发器仿真电路

(2) 打开仿真开关，双击虚拟 4 踪示波器图标，从打开的放大面板上可以看到 V_i、V_C 和 V_o 的波形，如图 3-37 所示。4 踪示波器面板设置如图 3-37 所示。

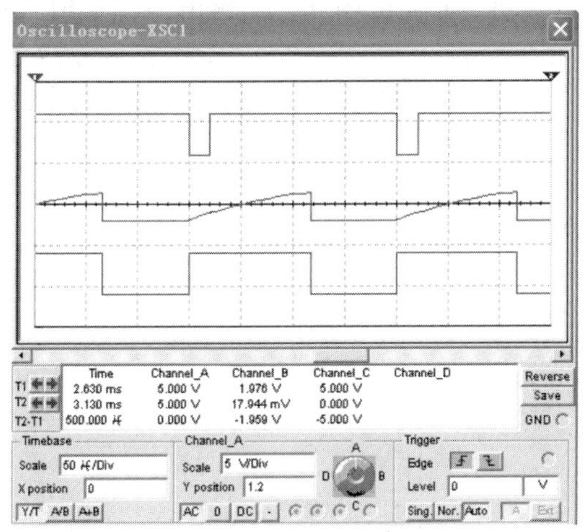

图 3-37 示波器面板参数设置及波形

(3) 利用屏幕上的读数指针读出单稳态触发器的暂稳态时间，并与用公式 $t_W=1.1RC$ 计算的理论值比较。

3. 双音报警电路的仿真测试

用两个 555 定时器构成一个双音报警电路，请根据图 3-38 连接电路和设置参数，使用虚拟示波器观察 U1 输出端波形和 U2 输出端波形，同时观察 LED1 和 LED2 的工作情况。

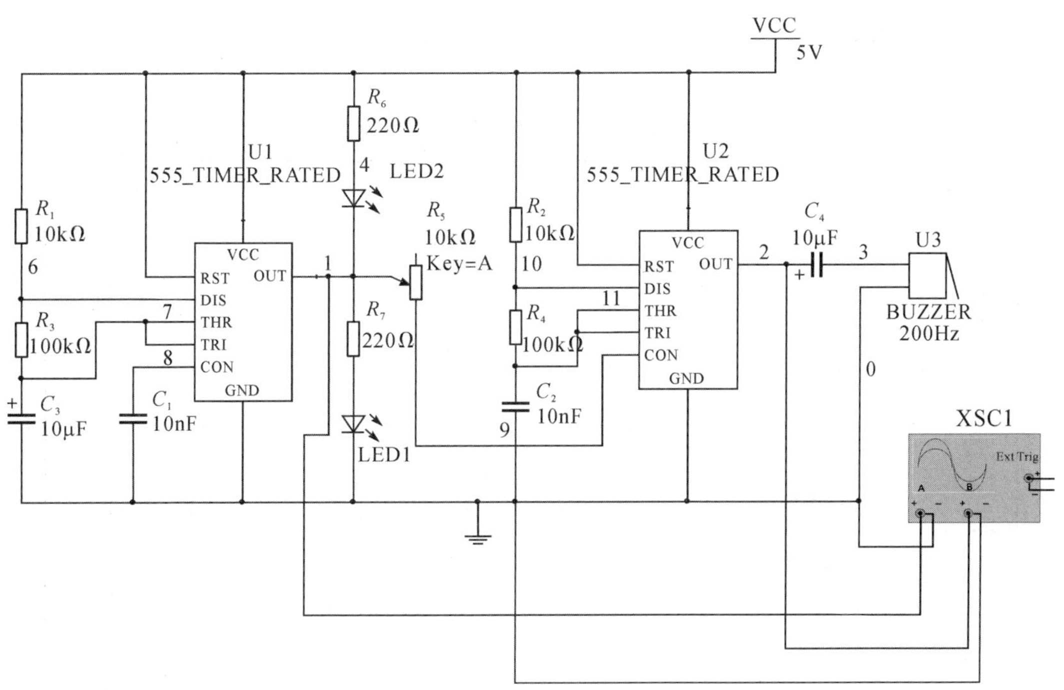

图 3-38 双音报警电路仿真电路

调整示波器面板参数，使 U1 输出端和 U2 输出端波形清晰可见，波形参考图如图 3-39 所示。

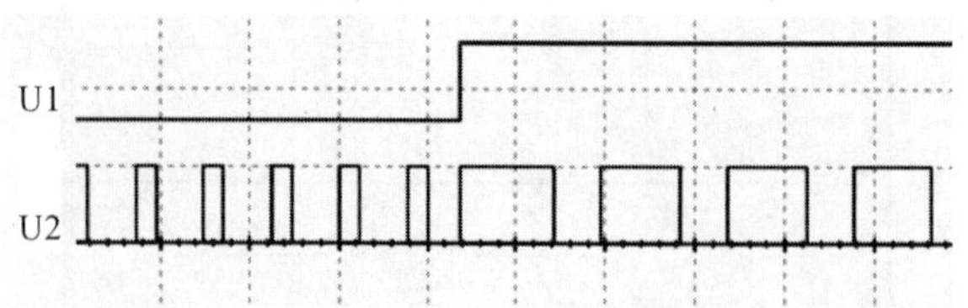

图 3-39 U1 输出端和 U2 输出端波形参考图

3.2.3 双音报警器的制作

1. 工作原理

双音报警器的制作

图 3-38 所示为模拟救护车变音警笛声的双音报警器电路原理图，图中 U1 和 U2 两片 555 定时器都接成多谐振荡器的工作方式。其中，U1 输出的方波信号通过 R_5 去控制 U2 的 5 脚电平。当 U1 输出高电平时，LED1 点亮，LED2 不亮，由 U2 组成的多谐振荡器电路输出频率较低的一种音频；当 U1 输出低电平时，LED2 点亮，LED1 不亮，由 U2 组成的多谐振荡器电路输出频率较高的另一种音频。因此，U2 的振荡频率被 U1 的输出电压调制为两种音频频率，使扬声器发出“嘀、嘟、嘀、嘟、……”的与救护车鸣笛声相似的变音警笛声，同时红色和绿色两个发光二极管交替闪亮，实现了双音报警。双音报警电路的波形图如图 3-39 所示。

2. 元器件清单

双音报警电路的元器件清单如表 3-15 所示。

表 3-15 双音报警器元器件清单

序号	名　称	规　格	数量
1	集成电路	NE556	1 个
2	电阻	10 kΩ	2 个
3	电阻	100 kΩ	2 个
4	电阻	220 Ω	2 个
5	电位器	10 kΩ(103 卧式)	1 个
6	电容	103 瓷片电容(0.01 μF)	2 个
7	电解电容	10 μF/16 V	2 个
8	LED 发光二极管	3 mm 红色、绿色各一个	2 个
9	扬声器	8 Ω 0.5 W	1 个
10	导线	直径 0.5 mm 硬导线(红色、黑色各半)	若干

3. 电路制作与调试

(1) 根据双音报警器电路原理图画出电路连接图。

NE556 是双定时器，一片 NE556 集成了两个 555 定时器，其引脚排列图如图 3-40 所示。

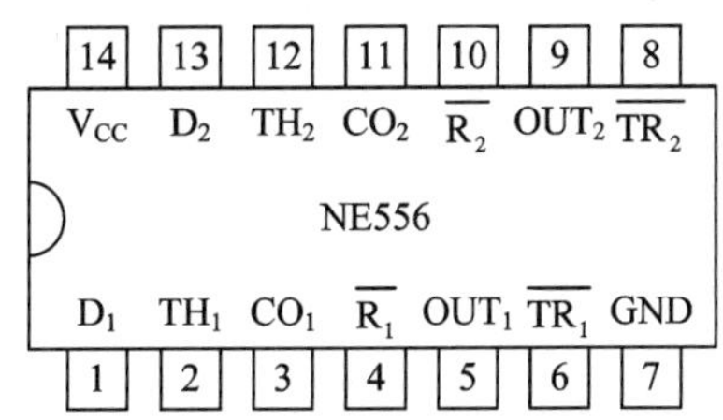

双音报警器接线实例

图 3-40　NE556 引脚排列

(2) 根据画出的电路连接图，在面包板上搭建电路。

(3) 调试注意事项如下：

① 电路加+5 V 直流电压。

② 如果两个 LED 灯不能交替点亮或者扬声器的声音不能清楚地区别出两个音，请轻轻调节电位器 R_5，直至双音报警器红色和绿色发光二极管交替闪亮，而且扬声器清楚地发出“嘀、嘟、嘀、嘟、……”的声音。

任务 3.3　智力竞赛抢答器的制作

3.3.1　智力竞赛抢答器电路结构与工作原理

1. 逻辑要求

由触发器构成的智力竞赛抢答器可以允许四名选手进行抢答，任何一名选手先将某一按键按下，则与其对应的发光二极管(指示灯)被点亮，同时蜂鸣器发出响声，表示此人抢答成功；而紧随其后的其他按键再被按下均无效，指示灯仍保持第一个按键按下时所对应的状态不变。电路设有主持人控制的复位操作按键，当主持人按下复位按键后，抢答电路清零，松开后则允许下一轮抢答。

2. 电路组成

根据电路的逻辑功能设计出的电路如图 3-41 所示，该电路由集成触发器 74LS175、双 4 输入与非门 74LS20、四 2 输入与非门 74LS00、六反相器 74LS04 以及由 555 定时器构成的脉冲产生电路构成。其中 S1、S2、S3、S4 为 4 路抢答按键，S5 为主持人复位按键。74LS175 为四 D 触发器，其内部具有 4 个独立的 D 触发器，4 个触发器的输入端分别为 D1、D2、D3、D4，输出端为 Q1，$\overline{Q1}$；Q2，$\overline{Q2}$；Q3，$\overline{Q3}$；Q4，$\overline{Q4}$。四 D 触发器具有共同的上升沿触发的时钟端(CP)和共同的低电平有效的清零端($\overline{CLR}$)。

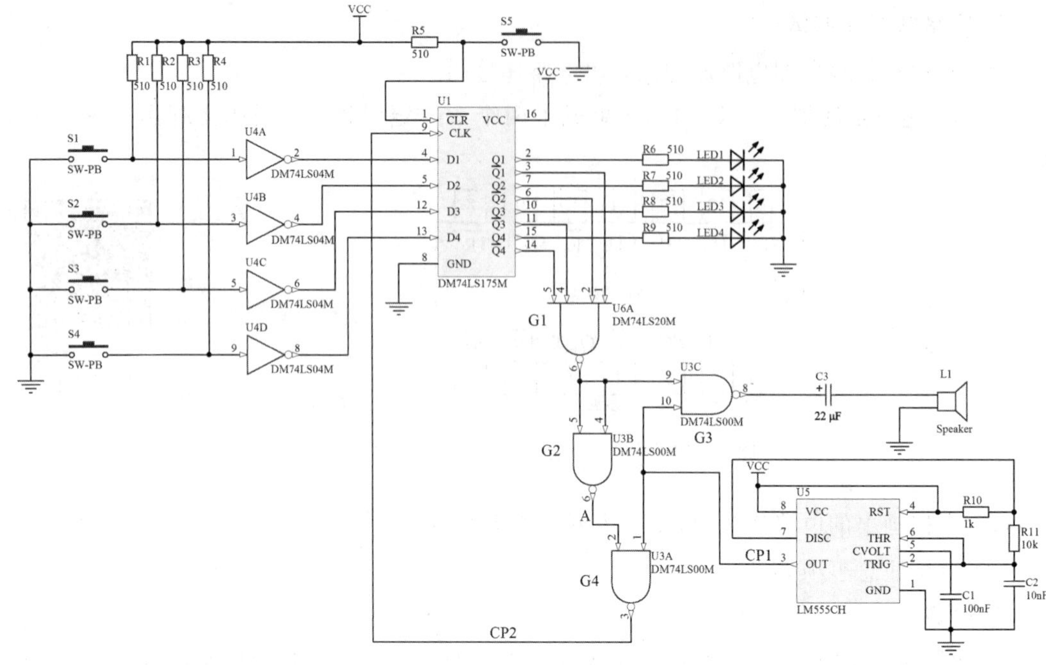

图 3－41　智力竞赛抢答器的电路原理图

3. 电路的工作过程

(1) 准备期间。主持人将电路清零(即$\overline{CLR}=0$)之后，74LS175 的输出端 Q1 ～Q4 均为低电平，LED 发光二极管不亮；同时$\overline{Q_1}\,\overline{Q_2}\,\overline{Q_3}\,\overline{Q_4}=1111$，G1 门输出低电平，蜂鸣器不发出声音。G4 门(称为封锁门)的输入端信号一个来自多谐振荡器提供的时钟信号 CP_1，另一个是 G2 门的输出(A)，当 A 为高电平时，G4 门打开使触发器获得时钟脉冲信号，电路处于允许抢答状态。

(2) 开始抢答。例如，当 S1 被按下时，D_1输入端变为高电平，在时钟脉冲 CP_2 的触发作用下，Q_1变为高电平，对应的发光二极管点亮；同时$\overline{Q_1}\,\overline{Q_2}\,\overline{Q_3}\,\overline{Q_4}=0111$，使 G1 门输出为高电平，蜂鸣器发出声音。G1 门输出经 G2 门反相后，即 G4 门的输入端 A 为低电平，G4 门关闭使触发脉冲 CP_1 被封锁，于是触发器的输入脉冲 $CP_2=1$(无脉冲信号)，CP_1、CP_2 的脉冲波形如图 3－42 所示。此时 74LS175 的输出保持原来的状态不变，其他抢答者再按下按键也不起作用。若要清除，则由主持人按 S5 键(清零)完成，并为下一次抢答做好准备。

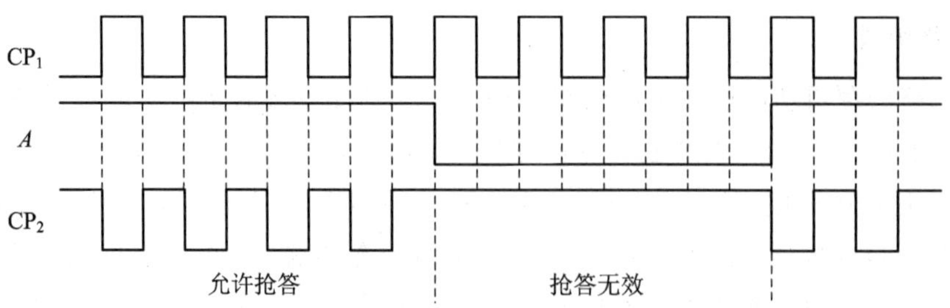

图 3－42　触发脉冲波形图

3.3.2　利用 Multisim 对电路进行仿真测试

1. 绘制仿真电路

在 Multisim 中参照图 3 - 43 绘制智力竞赛抢答器的仿真电路。

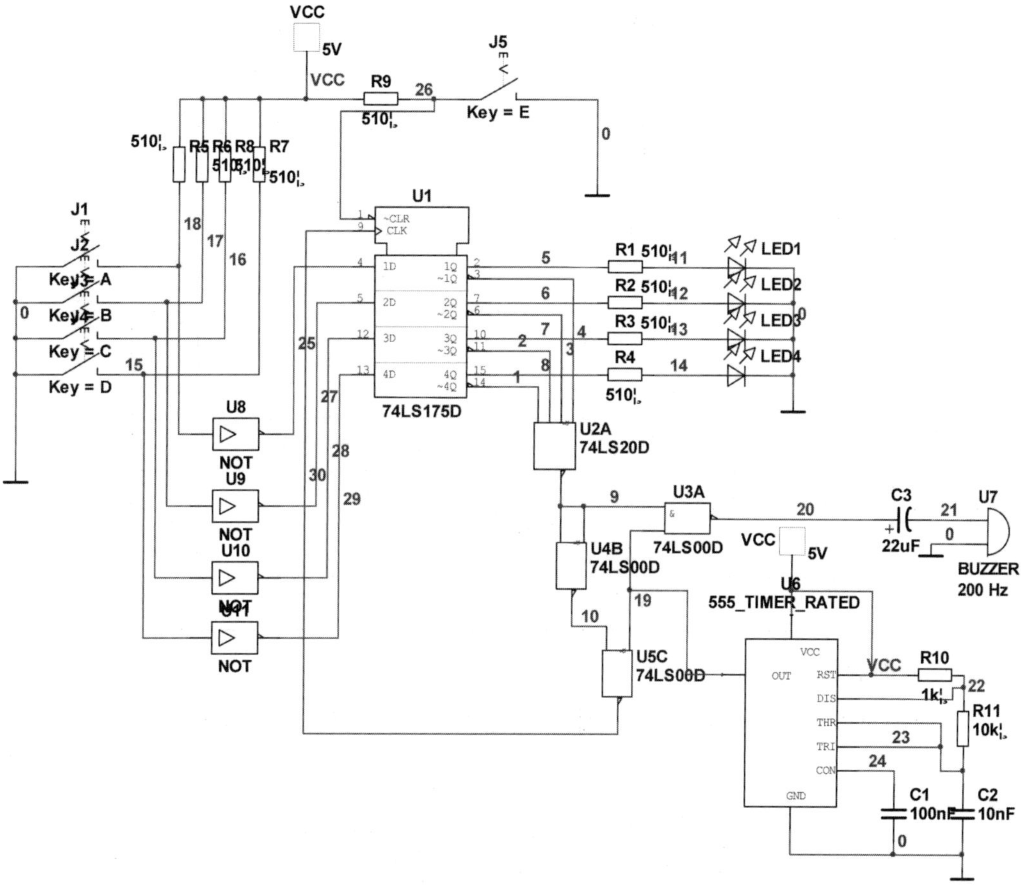

图 3 - 43　智力竞赛抢答器参考仿真电路图

2. 运行仿真，验证电路功能

(1) 打开仿真开关，按下清零开关 J5 后，所有指示灯灭。

(2) 分别按下 J1、J2、J3、J4 各键，观察对应指示灯是否点亮。

(3) 当其中某一指示灯点亮时，再按其他键，观察其他指示灯的变化。

3.3.3　制作电路

1. 元器件清单

智力竞赛抢答器的元器件清单如表 3 - 16 所示。

表 3-16 元器件清单表

序号	名 称	规 格	数量
1	集成电路	74LS175	1个
2	集成电路	74LS20	1个
3	集成电路	74LS00	1个
4	集成电路	74LS04	1个
5	集成电路	555 定时器	1个
6	电阻	510 Ω	9个
7	电阻	1 kΩ	1个
8	电阻	10 kΩ	1个
9	电解电容	22 μF/25 V	1个
10	LED 发光二极管	3 mm 红色	4个
11	扬声器	8 Ω 0.5 W	1个
12	按键	普通按键开关	5只
13	电容	0.1 μF	1个
14	电容	0.01 μF	1个

2. 电路的制作与调试

(1) 应用 Altium Designer 软件设计印制电路板。参考印制板图如图 3-44 所示。

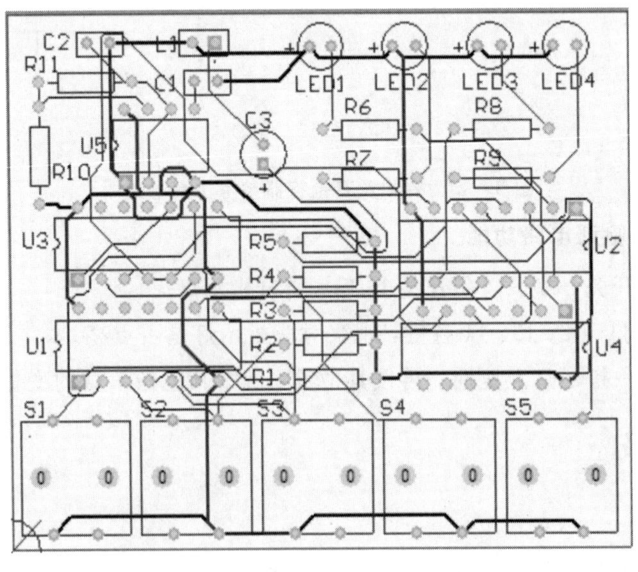

图 3-44 智力竞赛抢答器参考印制板图

(2) 制版。

(3) 安装与调试。

① 在印制板上安装时要注意安装工艺要求，注意集成电路的安装方向，指示灯的正负极。

② 安装完成后，仔细检查，用万用表检查各集成电路电源线连接是否正确，检查无误后，再通电调试。

③ 验证功能是否正确。

创　增强创新意识、提高创新能力篇

仿真实践——纸上得来终觉浅，绝智 此事要躬行

通过项目1、2、3的学习，得到以下启发：设计电子产品时，可以先通过理论知识进行方案的设计，然后通过Multisim进行仿真和验证后，再进行实物的制作，这样会大大提高产品开发的进度和产品的成功率。仿真是电子产品设计中很重要的方法，创新、想法，通过仿真进行验证，仿真是理论与实践的桥梁。

“纸上得来终觉浅，绝知此事要躬行”，出自南宋大诗人陆游晚年所写的一首七言绝句《冬夜读书示子聿》，意为从书本上得到的知识终归是浅显的，如果要想认识事物的根本或道理的本质，就得用自己亲身的实践，去探索发现。

很多东西都是自己尝试过、经历过才真正明白其中的道理。正所谓读万卷书不如行万里路，知道很多道理，但依然做不好，其实说白了就是没有真正做到知行合一，觉得自己已经懂了，然后就一直停留在懂了的阶段，却始终没有俯下身子去行动，因为“知道”与“做到”之间还有一条很长很长的鸿沟，在技能学习的路径中，仅仅“知道”是无法形成反馈闭环的。只有经过大量的练习，让大脑相关的神经元形成强关联之后，才能经由“做到”这个节点形成反馈闭环。在科学家看来，学习任何一门技能，本质上都是大脑中神经细胞建立连接的过程。所有的学习都遵循这个规律。

大家有所启发了吗？希望同学们在学习中注重理论与实践相结合，理论知识不能只停留在原理性内容上，要做到知行合一，就要有实践，在实践中不断总结创新经验，深入学习，迎难而上。

项目小结

(1) 触发器是数字系统中常用的逻辑单元，它是一个具有记忆功能的二进制信息存储元件，是构成多种时序电路的最基本逻辑单元。触发器具有两个稳定状态，即“0”和“1”，在一定的外界信号作用下，可以从一个稳定状态翻转到另一个稳定状态。

(2) 根据逻辑功能的不同，触发器可以分为RS触发器、JK触发器、D触发器、T触发器和T′触发器。

(3) 基本RS触发器是由两个与非门(也可以是两个或非门)输入和输出交叉耦合组成的正反馈电路，它的输出状态由输入信号的电平控制，它是组成其他各种功能触发器的基本电路。

(4) 同步触发器是在基本RS触发器的基础上增加了输入控制门组成的，触发器的输出状态由输入信号决定，翻转时刻由时钟脉冲的电平控制。由于同步触发器存在空翻现象，使用受到很大的限制。它不能用于计数器、移位寄存器等，只有在时钟脉冲为高电平期间，输入信号不变的情况下用作数据锁存器。

(5) 边沿触发器主要有边沿D触发器和边沿JK触发器，它们输出状态的改变只发生在时钟脉冲上升沿或者下降沿到达时刻，而在其他时间时钟脉冲均不起作用。因此，边沿触发器具有很强的抗干扰能力。它们的特性方程分别为：

① 边沿D触发器：$Q^{n+1}=D$；

② 边沿JK触发器：$Q^{n+1}=J\overline{Q^n}+\overline{K}Q^n$。

集成边沿D触发器74LS74使用时钟脉冲上升沿触发，集成边沿JK触发器使用时钟脉冲下降沿触发。

(6) 通过Multisim软件绘制测试电路，对边沿D触发器74LS74和边沿JK触发器进行逻辑功能测试，加深学生对触发器预置端的作用和边沿触发器动作特点的理解。

(7) 555定时器是一种多用途的集成电路，只需外接少量阻容元件便可构成施密特触发器、单稳态触发器和多谐振荡器。由于555定时器使用方便、灵活，有较强的负载能力和较高的触发灵敏度，因此，它在自动控制、仪器仪表、家用电器等许多领域都有着广泛的应用。

(8) 施密特触发器有两个稳定状态，有两个不同的触发电平，因此具有回差特性。它的两个稳定状态是靠两个不同的电平来维持的。输出脉冲的宽度由输入信号的波形决定，此外调节回差电压的大小，也可改变输出脉冲的宽度。

(9) 单稳态触发器有一个稳态和一个暂稳态。其输出脉冲的宽度只取决于电路本身定时元件R、C的数值，与输入信号没有关系。输入信号只起到触发电路进入暂稳态的作用，改变定时元件R、C的数值可调节输出脉冲的宽度。

(10) 多谐振荡器没有稳定状态，只有两个暂稳态，暂稳态间的相互转换完全靠电路本身电容的充电和放电自动完成，因此多谐振荡器接通电源后就能输出周期性的矩形脉冲，改变定时元件R、C的数值，可调节振荡频率。

(11) 通过双音报警电路的设计与制作，加深学生对555定时器的认识和应用，同时提高实践动手能力。

(12) 通过智力竞赛抢答器的设计与制作，让学生了解数字电路设计的方法，加深对触发器的理解，同时培养学生应用Multisim软件进行电路仿真的能力，培养学生的实践动手能力。

习　题

1. 填空题。

(1) 触发器具有__________稳定状态，其输出状态由触发器的________和________状态决定。

(2) 两个与非门构成的基本RS触发器的功能有________、________和________。电路中不允许两个输入端同时为__________，否则将出现逻辑混乱。

(3) JK 触发器具有______、________、________ 和________ 四种功能。欲使 JK 触发器实现$Q^{n+1}=\overline{Q^n}$的功能，则输入端 J 应接__________，K 应接__________。

(4) D 触发器的输入端有________个，具有__________和__________ 功能。

(5) 触发器的特性方程是用以表示__________与__________、________ 之间关系的方程式。

2. 选择题。

(1) 仅具有置 1 和置 0 功能的触发器称为________。

A. JK 触发器　　B. D 触发器　　C. T 触发器　　D. RS 触发器

(2) 对于 D 触发器，欲使 $Q^{n+1}=Q^n$，应使输入 $D=$________。

A. 0　　B. 1　　C. Q　　D. $\overline{Q}$

(3) 已知某触发器的特性表如表 3-17 所示(触发器的输入用 A、B 表示)。请选择与之具有相同的逻辑表达式是________。

A. $Q^{n+1}=A$　　B. $Q^{n+1}=\overline{A}Q^n+A\overline{Q^n}$　　C. $Q^{n+1}=A+\overline{Q^n}+\overline{B}Q^n$

表 3-17　特　性　表

A	B	Q^{n+1}	说明
0	0	Q^n	保持
0	1	0	置 0
1	0	1	置 1
1	1	$\overline{Q^n}$	翻转

(4) 为实现将 JK 触发器转换为 D 触发器，应使________。

A. $J=D$，$K=\overline{D}$　　B. $K=D$，$J=\overline{D}$　　C. $J=K=D$　　D. $J=K=\overline{D}$

(5) 由 555 定时器构成的单稳态触发器，若已知电阻 $R=500\ \text{k}\Omega$、电容 $C=10\ \mu\text{F}$，则该单稳态触发器的脉冲宽度 t_W 约为________。

A. 5 s　　B. 5.5 s　　C. 1 s　　D. 1.1 s

(6) 由 555 定时器构成的单稳态触发器电路，是由________。

A. 触发窄脉冲信号上升沿触发

B. 触发窄脉冲信号下降沿触发

C. 触发窄脉冲信号高电平触发

D. 触发窄脉冲信号低电平触发

(7) 由 555 定时器组成的能自动产生周期性脉冲信号的电路是________。

A. 施密特触发器　　B. 稳态触发器　　C. 多谐振荡器

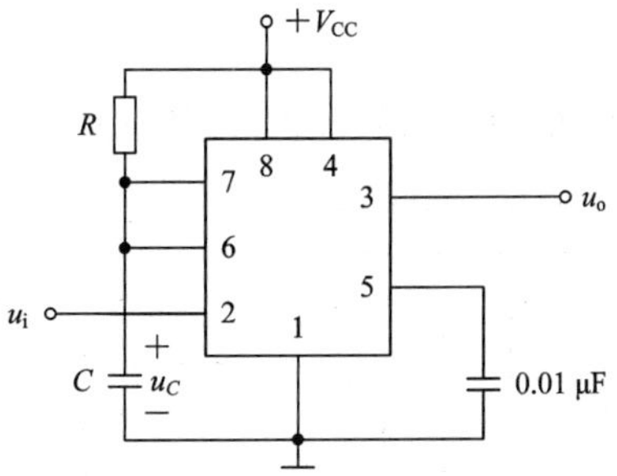

图 3-45　选择题(8)图

(8) 图 3-45 所示电路构成了________。

A. 施密特触发器　　B. 单稳态触发器　　C. 多谐振荡器

(9) 图 3-46 所示电路构成了________。

A. 施密特触发器　　B. 单稳态触发器　　C. 多谐振荡器

(10) 图 3-47 所示电路构成了________。

A. 施密特触发器　　B. 单稳态触发器　　C. 多谐振荡器

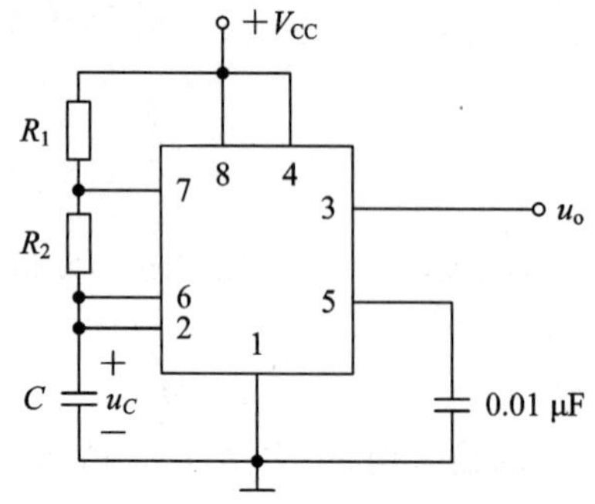

图 3-46　选择题(9)图

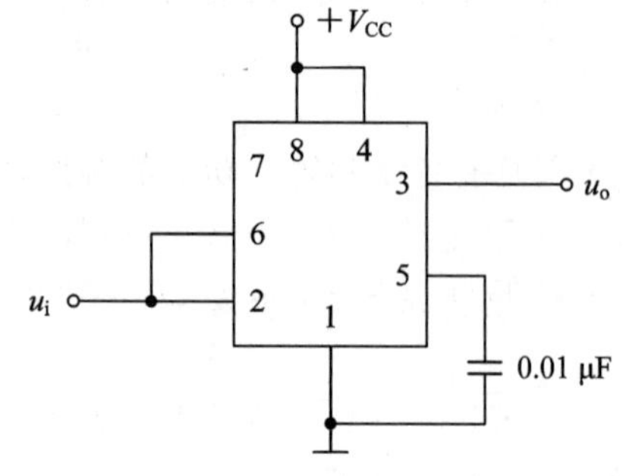

图 3-47　选择题(10)图

3. 分析计算题。

(1) 分析图 3-48(a)所示触发器功能，根据给定输入波形图 3-48(b)对应画出输出 Q_1、Q_2 的波形(设触发器的初态为 0)。

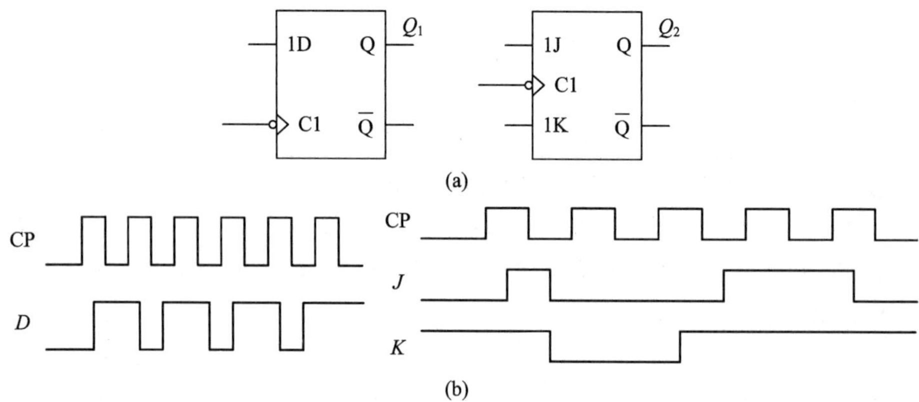

图 3-48　分析计算题(1)图

(2) 如图 3-49 所示，设各触发器初始状态均为 0 态，在 CP 脉冲作用下，画出 Q 端波形。

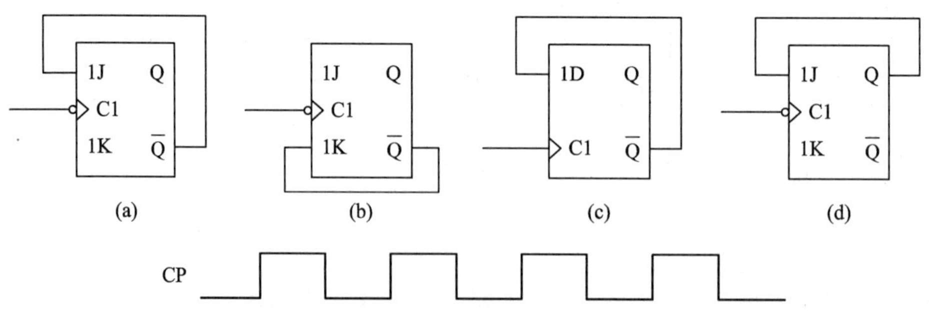

图 3-49　分析计算题(2)图

(3) 如图 3-50 所示，设各触发器初始状态均为 0 态，在 CP 脉冲作用下，画出 Q 端波形。

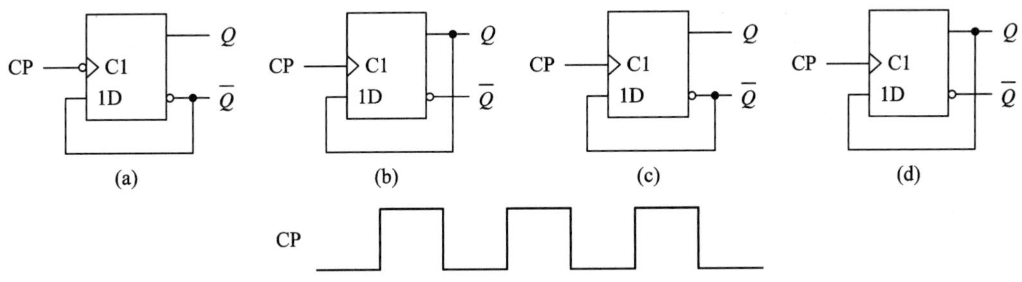

图 3-50 分析计算题(3)图

(4) 设图 3-51 中触发器的初态为 0，试画出对应 A、B 的 X、Y 端波形。

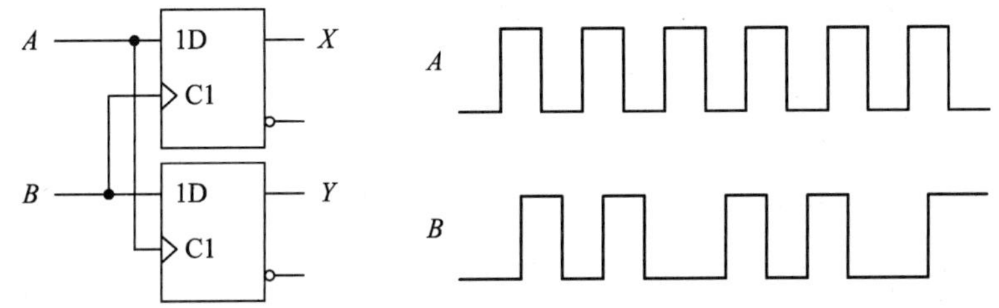

图 3-51 分析计算题(4)图

(5) 已知触发器波形及符号如图 3-52(a)、(b)所示，试画出 Q 的波形(设 Q 的初态为 0)。

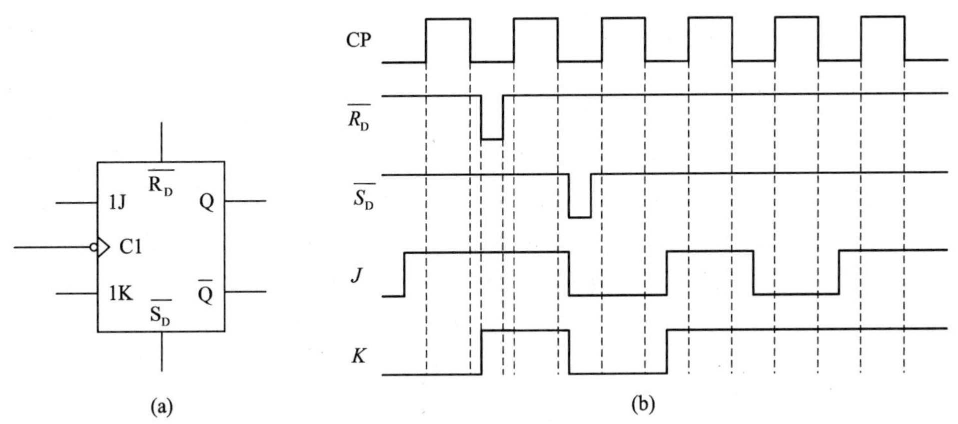

图 3-52 分析计算题(5)图

(6) 触发器组成如图 3-53 所示，试画出在时钟 CP 作用下，Q_1、Q_2 的波形。设各触发器初始状态均为 0。

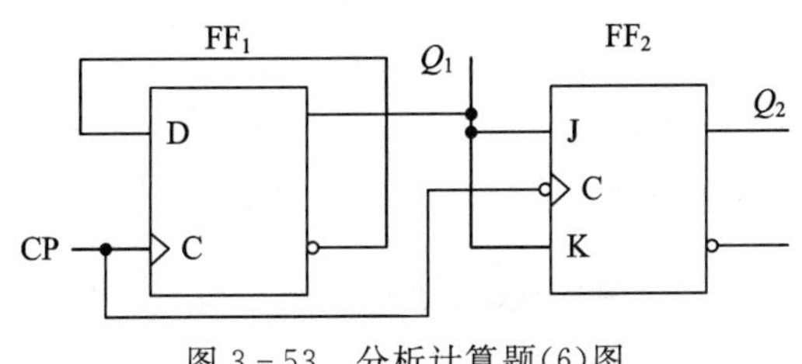

图 3-53 分析计算题(6)图

(7) 在如图 3-54 所示由 555 定时器所构成的多谐振荡器电路中，已知 $R_1=1\ \text{k}\Omega$，$R_2=2\ \text{k}\Omega$，$C=1\ \mu\text{F}$，$V_{CC}=9$ V。求输出信号的周期和占空比，并画出 u_C、u_o的波形。

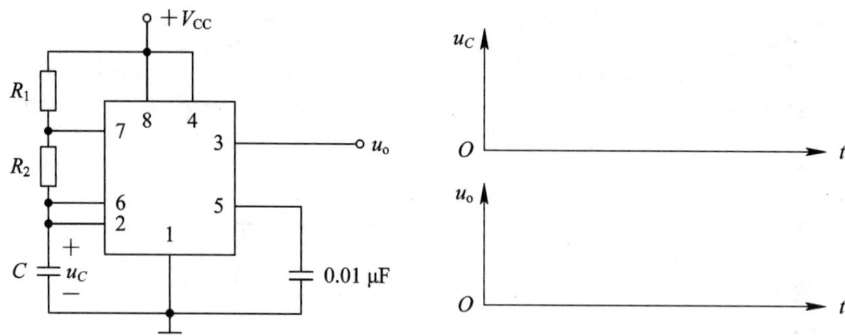

图 3-54　分析计算题(7)图

(8) 555 定时器构成的单稳态触发器如图 3-55 所示，已知 $R=9.1\ \text{k}\Omega$，$C=0.1\ \mu\text{F}$，$V_{CC}=9$ V。求输出脉冲宽度 t_W，并画出 u_C、u_o的波形。

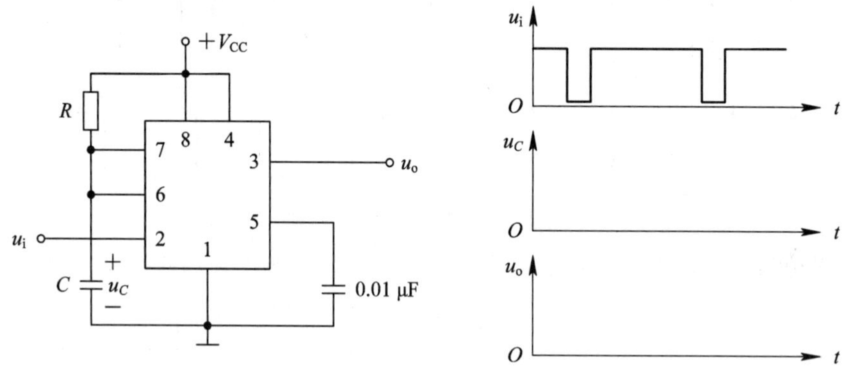

图 3-55　分析计算题(8)图

(9) 555 定时器构成的多谐振荡器电路如图 3-56 所示，已知 $C=0.2\ \mu\text{F}$，要求输出矩形波的频率为 1 kHz，占空比为 0.6，试计算电阻 R_1和 R_2的数值。

(10) 555 定时器构成的多谐振荡器电路如图 3-57 所示，当滑动电阻器向上移动时，保持电路其他参数不变，输出矩形波会产生什么变化？为什么？

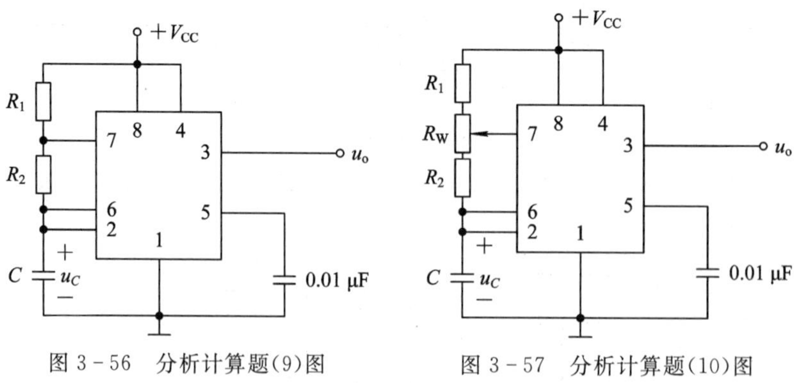

图 3-56　分析计算题(9)图　　图 3-57　分析计算题(10)图

(11) 图 3-58(a)是 555 定时器构成的施密特触发器，已知电源电压 $V_{CC}=12$ V，求：

① 电路的 V_{T+}、V_{T-}和 ΔV_T各为多少？

② 如果输入电压波形如图 3-58(b)所示，试画出输出 u_o的波形。

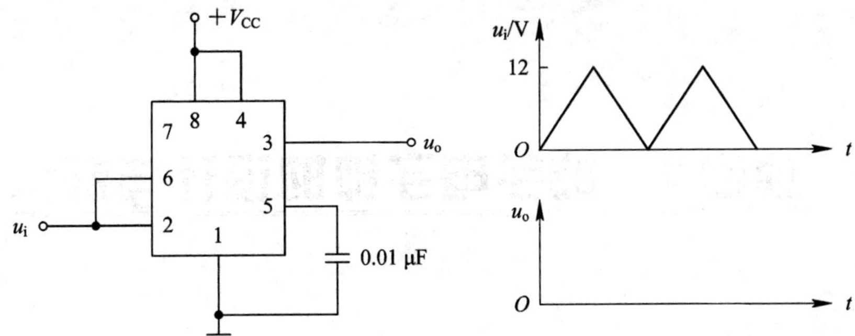

图 3-58　分析计算题(11)图

项目4　数字电子钟的设计与制作

知识目标

(1) 理解时序逻辑电路的概念和特点。

(2) 熟悉同步时序逻辑电路的分析方法。

(3) 熟悉计数器的分类、功能和特点，掌握计数器的工作原理和分析方法。

(4) 熟练掌握集成计数器构成任意进制计数器的方法。

(5) 理解寄存器的工作原理。

(6) 熟悉移位寄存器的逻辑功能及其使用。

技能目标

(1) 能识别和测试中规模数字集成电路芯片。

(2) 会用集成计数器实现任意进制计数器的设计。

(3) 能完成数字电子钟的设计与制作。

素质目标

(1) 通过学习构成任意进制计数器的方法，培养从辩证唯物主义角度认识学习的过程中，会利用自然规律进行创新改造的能力，培养积极探索、勇于创新的能力。

(2) 在游戏中学习移位寄存器的工作原理，感知将知识点与生活中类似的生活知识结合起来是最轻松的学习法。

(3) 从同步计数器较异步计数器速度快很多的原因中，引出中国人民万众一心，众志成城的中国速度，增强四个自信。

(4) 通过计数器的计数规律，引出对青年一代所寄予“不忘初心、牢记使命，只争朝夕、不负韶华，敢于担当、砥砺前行”的无限期望和使命担当。

任务4.1　时序逻辑电路的分析方法

4.1.1　时序逻辑电路的特点

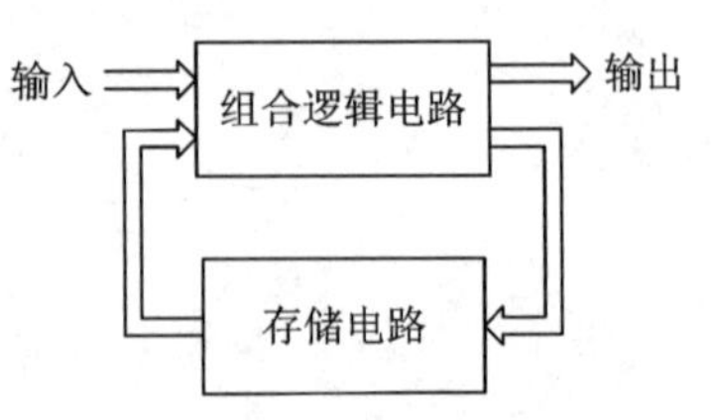

图4-1　时序逻辑电路结构框图

时序逻辑电路又称为时序电路，它主要由存储电路和组合逻辑电路两部分组成，如图4-1所示。与组合逻辑电路不同，时序逻辑电路的特点是在任何时刻的输出状态不仅取决于当时的输入信号，而且还取决于电路原来的状

态。为了保存电路的状态，在时序逻辑电路中具有记忆功能的存储单元(触发器)是必须具备的，而组合逻辑电路在有些时序逻辑电路中则可以没有。

4.1.2　同步时序逻辑电路的分析方法

时序逻辑电路根据时钟脉冲 CP 控制方式的不同，可分为同步时序逻辑电路和异步时序逻辑电路两大类。同步时序逻辑电路如图 4－2 所示，各触发器的 CP 端连在一起，使用同一个时钟信号，各触发器的状态变化是同时进行的；异步时序逻辑电路至少有一个触发器的 CP 端与其他触发器的 CP 端不连在一起，各触发器使用不同的时钟信号，各触发器的状态变化不同步。同步时序逻辑电路中的存储单元常用 JK 触发器或 D 触发器。

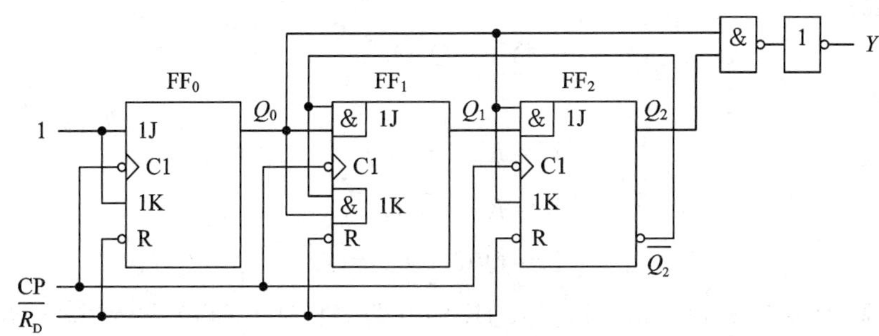

图 4－2　同步时序逻辑电路

时序逻辑电路的分析是根据给定的电路，写出它的方程式、列出状态转换表、画出状态转换图和时序图，然后分析出电路所实现的逻辑功能。

在同步时序逻辑电路中，由于所有触发器都由同一个时钟脉冲信号 CP 来触发，它只控制触发器的翻转时刻，而对触发器翻转到何种状态并无影响，所以，在分析同步时序逻辑电路时，可以不考虑时钟条件。同步时序逻辑电路的一般分析步骤如下。

1. 写出方程式

根据逻辑电路图，写出时序逻辑电路的输出方程、各触发器的驱动方程和状态方程。

(1) 输出方程。时序逻辑电路的输出逻辑表达式，它通常为现态和输入信号的函数。

(2) 驱动方程。各触发器输入端的逻辑表达式。如 JK 触发器 J 和 K 端的逻辑表达式，D 触发器 D 端的逻辑表达式等。

(3) 状态方程。将驱动方程代入相应触发器的特性方程中，便得到该触发器的状态方程。时序逻辑电路的状态方程由各触发器次态的逻辑表达式组成。

2. 列出状态转换表

将电路现态(Q^n)的各种取值代入状态方程和输出方程中进行计算，求出相应的次态(Q^{n+1})和输出，从而列出状态转换表。若现态的起始值已给定，则从给定值开始计算；若没有给定，则可设定一个现态起始值依次进行计算。

时序逻辑电路的输出由电路中触发器的现态来决定。

3. 说明电路的逻辑功能

根据状态转换表说明电路的逻辑功能。

4. 画出状态转换图和时序图

状态转换图是指电路由现态转换到次态的示意图。电路的时序图是在时钟脉冲 CP 作用下，各触发器状态变化的波形图，通常是根据时钟脉冲 CP 和状态转换表绘制的。

例 4.1 已知一同步时序逻辑电路如图 4-2 所示，试分析其逻辑功能，并画出状态转换图和时序图。

解 (1) 写出方程式。

输出方程：

$$Y = Q_2^n Q_0^n \tag{4-1}$$

驱动方程：

$$\begin{cases} J_0 = K_0 = 1 \\ J_1 = K_1 = \overline{Q_2^n} Q_0^n \\ J_2 = Q_1^n Q_0^n, \ K_2 = Q_0^n \end{cases} \tag{4-2}$$

状态方程：将驱动方程式(4-2)代入 JK 触发器的特性方程 $Q^{n+1} = J\,\overline{Q^n} + \overline{K}Q^n$ 便得到电路的状态方程为

$$\begin{cases} Q_0^{n+1} = J_0\,\overline{Q_0^n} + \overline{K_0}Q_0^n = 1\,\overline{Q_0^n} + \overline{1}Q_0^n = \overline{Q_0^n} \\ Q_1^{n+1} = J_1\,\overline{Q_1^n} + \overline{K_1}Q_1^n = \overline{Q_2^n}Q_0^n\,\overline{Q_1^n} + \overline{\overline{Q_2^n}Q_0}Q_1^n \\ Q_2^{n+1} = J_2\,\overline{Q_2^n} + \overline{K_2}Q_2^n = Q_1^n Q_0^n\,\overline{Q_2^n} + \overline{Q_0^n}Q_2^n \end{cases} \tag{4-3}$$

(2) 列出状态转换表。

设电路的现态 $Q_2^n Q_1^n Q_0^n = 000$，代入式(4-1)和式(4-3)中进行计算后得 $Y=0$、$Q_2^{n+1}Q_1^{n+1}Q_0^{n+1} = 001$，这说明输入第 1 个计数脉冲(时钟脉冲 CP)后，电路的状态由 000 翻到 001。再将 001 当作现态，即 $Q_2^n Q_1^n Q_0^n = 001$，代入式(4-1)和式(4-3)中进行计算后得 $Y=0$ 和 $Q_2^{n+1}Q_1^{n+1}Q_0^{n+1} = 010$，即输入第 2 个 CP 后，电路的状态由 001 翻到 010。其余类推，由此可求得如表 4-1 所示的状态转换表。

表 4-1 例 4.1 状态转换表

Q_2^n	Q_1^n	Q_0^n	Q_2^{n+1}	Q_1^{n+1}	Q_0^{n+1}	Y
0	0	0	0	0	1	0
0	0	1	0	1	0	0
0	1	0	0	1	1	0
0	1	1	1	0	0	0
1	0	0	1	0	1	0
1	0	1	0	0	0	1

(3) 说明电路的逻辑功能。

由表 4－1 可看出，电路在输入第 6 个计数脉冲 CP 后，返回原来的 000 状态，同时输出端 Y 输出一个负跃变的进位信号。因此，图 4－2 所示电路为同步六进制计数器。

(4) 画出状态转换图和时序图。

根据表 4－1 可画出如图 4－3(a)所示的状态转换图。图中圆圈内数值表示电路的状态，即 3 个触发器的状态；箭头表示电路状态的转换方向；箭头线上方标注的 X/Y 为转换条件，X 为电路状态转换前输入变量的取值，Y 为输出值，由于本例没有输入变量，故 X 未标数值。

图 4－3(b)为根据表 4－1 画出的时序图(或称波形图)。

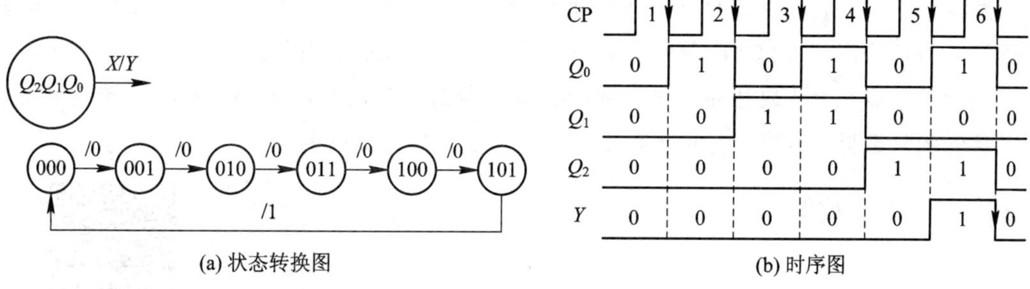

图 4－3　例 4.1 的状态转换图和时序图

(5) 检查电路能否自启动。

3 位二进制计数器应有 $2^3=8$ 个工作状态，由图 4－3(a)可看出，图 4－2 所示电路只有 6 个状态被利用了，这 6 个状态称为有效状态。还有 110 和 111 没有被利用，称为无效状态。将无效状态 110 代入状态方程中进行计算，得 $Q_2^{n+1}Q_1^{n+1}Q_0^{n+1}=111$，再将 111 代入状态方程后得 $Q_2^{n+1}Q_1^{n+1}Q_0^{n+1}=010$，为有效状态。可见，图 4－2 所示的同步时序逻辑电路如果由于某种原因而进入无效状态工作，只要继续输入计数脉冲 CP，电路便会自动返回到有效状态工作，所以，该电路能够自启动。

任务 4.2　计　数　器

计数器的作用与分类

计数器是数字系统中应用最广泛的时序逻辑部件之一，其基本功能是计数，即累计输入脉冲的个数，此外还具有定时、分频、信号产生和数字运算等作用。

计数器累计输入脉冲的最大数目称为计数器的“模”，用 M 表示。如 $M=6$ 计数器，又称六进制计数器。所以，计数器的“模”实际上为计数电路的有效状态数。

计数器主要由时钟脉冲控制的触发器组成，种类很多，它的主要分类如下。

1. 按计数进制分

二进制计数器：指按二进制数运算规律进行计数的电路。

十进制计数器：指按十进制数运算规律进行计数的电路。

任意进制计数器：指除二进制计数器和十进制计数器之外的其他进制计数器。如六进制计数器、六十进制计数器等。

2. 按计数增减分

加法计数器：指随着计数脉冲的输入作递增计数的电路。

减法计数器：指随着计数脉冲的输入作递减计数的电路。

加/减计数器：指在加/减控制信号作用下，可递增计数，也可递减计数的电路，又称可逆计数器。

3. 按计数脉冲的输入方式分

异步计数器：指计数脉冲只加到部分触发器的时钟脉冲输入端上，而其他触发器的触发信号则由电路内部提供，应翻转的触发器状态更新有先有后的计数器。

同步计数器：指计数脉冲同时加到所有触发器的时钟信号输入端，使应翻转的触发器同时翻转的计数器。显然，它的计数速度要比异步计数器快得多。

4.2.1 异步计数器

异步二进制计数器

1. 异步二进制计数器

1）异步二进制加法计数器

图 4-4(a)所示为由 JK 触发器组成的 4 位异步二进制加法计数器的逻辑图，图中 JK 触发器都接成 T′触发器，用计数脉冲 CP 的下降沿触发。它的工作原理如下：

计数前在计数器的置 0 端$\overline{R_D}$上加负脉冲，使各触发器都为 0 状态，即 $Q_3Q_2Q_1Q_0=0000$ 状态。在计数过程中，$\overline{R_D}$为高电平。

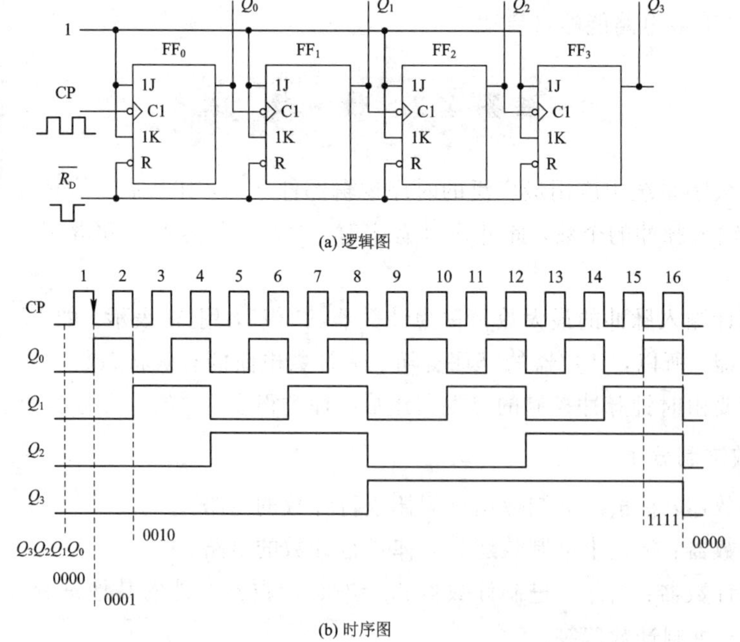

图 4-4　由 JK 触发器组成的 4 位异步二进制加法计数器

当输入第 1 个计数脉冲 CP 时，第 1 位触发器 FF_0 由 0 状态翻到 1 状态，Q_0 端输出正跃变，FF_1 不翻转，保持 0 状态不变。这时，计数器的状态为 $Q_3Q_2Q_1Q_0=0001$。

当输入第 2 个计数脉冲时，FF_0 由 1 状态翻到 0 状态，Q_0 输出负跃变，FF_1 则由 0 状态翻到 1 状态，Q_1 输出正跃变，FF_2 保持 0 状态不变。这时，计数器的状态为 $Q_3Q_2Q_1Q_0=0010$。

依次类推，当连续输入计数脉冲 CP 时，只要低位触发器由 1 状态翻到 0 状态，相邻高位触发器的状态便改变。计数器中各触发器的状态转换顺序如表 4－2 所示，由该表可看出：当输入第 16 个计数脉冲 CP 时，4 个触发器都返回到初始的 $Q_3Q_2Q_1Q_0=0000$ 状态，同时计数器的 Q_3 输出一个负跃变的进位信号。从输入第 17 个计数脉冲 CP 开始，计数器又开始了新的计数循环。可见，图 4－4(a)所示电路为十六进制计数器。

表 4－2　4 位二进制加法计数器状态表

计数脉冲	计数器状态				等效十进制数
	Q_3	Q_2	Q_1	Q_0	
0	0	0	0	0	0
1	0	0	0	1	1
2	0	0	1	0	2
3	0	0	1	1	3
4	0	1	0	0	4
5	0	1	0	1	5
6	0	1	1	0	6
7	0	1	1	1	7
8	1	0	0	0	8
9	1	0	0	1	9
10	1	0	1	0	10
11	1	0	1	1	11
12	1	1	0	0	12
13	1	1	0	1	13
14	1	1	1	0	14
15	1	1	1	1	15
16	0	0	0	0	0

图 4－4(b)所示为 4 位二进制加法计数器的时序图(或称工作波形或时序波形)，由该图可看出：FF_0 触发器的输出 Q_0 频率为输入时钟 CP 频率的 1/2，FF_1 触发器的输出 Q_1 频率是时钟 CP 频率的 1/4，FF_2 触发器的输出 Q_2 频率是时钟 CP 频率的 1/8，FF_3 触发器的输出 Q_3 频率是时钟 CP 频率的 1/16，即输入的计数脉冲每经一级触发器，其周期增加一倍，频率降低一半。所以，图 4－4(a)所示计数器又是一个 16 分频器。

图 4-5 所示为由 D 触发器组成的 4 位异步二进制加法计数器的逻辑图。由于 D 触发器用输入脉冲的上升沿触发，因此，每个触发器的进位信号由 $\overline{Q}$ 端输出。其工作原理请读者自行分析。

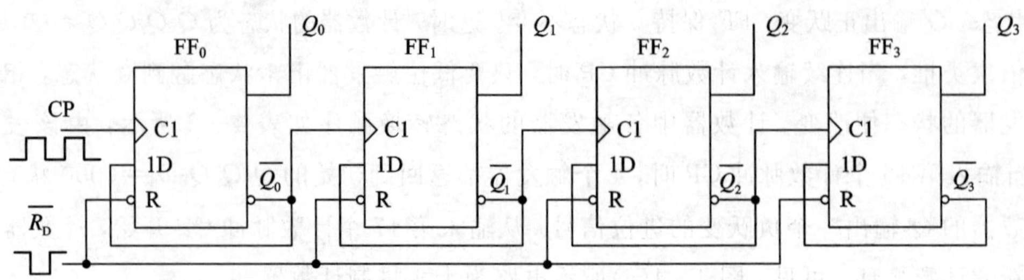

图 4-5　由 D 触发器组成的 4 位异步二进制加法计数器

2) 异步二进制减法计数器

将图 4-4(a)所示的逻辑电路图中各触发器的输出由 Q 端改为 $\overline{Q}$ 端和相邻高位触发器的 CP 端相连后，则构成了异步二进制减法计数器，电路如图 4-6 所示。其状态转换表如表 4-3 所示。

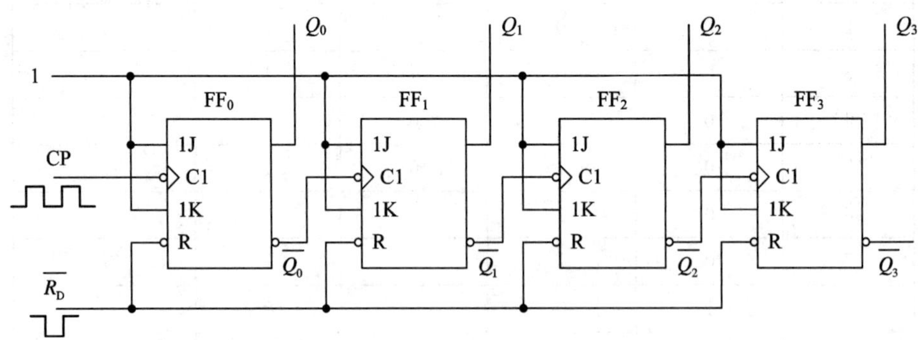

图 4-6　由 JK 触发器构成的 4 位异步二进制减法计数器

表 4-3　4 位二进制减法计数器状态表

计数脉冲	计数器状态				等效十进制数
	Q_3	Q_2	Q_1	Q_0	
0	0	0	0	0	0
1	1	1	1	1	15
2	1	1	1	0	14
3	1	1	0	1	13
4	1	1	0	0	12
5	1	0	1	1	11
6	1	0	1	0	10

续表

计数脉冲	计数器状态				等效十进制数
	Q_3	Q_2	Q_1	Q_0	
7	1	0	0	1	9
8	1	0	0	0	8
9	0	1	1	1	7
10	0	1	1	0	6
11	0	1	0	1	5
12	0	1	0	0	4
13	0	0	1	1	3
14	0	0	1	0	2
15	0	0	0	1	1
16	0	0	0	0	0

2. 异步十进制加法计数器

由于触发器的异步置 0 信号优先于其他所有输入信号，因此，利用这一特点可通过反馈控制电路将 4 位异步二进制加法计数器改造成异步十进制加法计数器，电路如图 4-7 所示。在输入计数脉冲 CP 作用下，计数器从 $Q_3Q_2Q_1Q_0=0000$ 状态(十进制数 0)开始按照异步二进制加法规律进行计数，从 0000 计到 1001。当输入第 10 个计数脉冲 CP 时，计数器的状态为 $Q_3Q_2Q_1Q_0=1010$，这时，Q_3 和 Q_1 都为高电平 1，与非门输入全 1，输出低电平 0，即 $\overline{R_D}=0$，使计数器立即置 0 回到初始的 $Q_3Q_2Q_1Q_0=0000$ 状态，从而实现了十进制加法计数。此后，与非门输出高电平 1，计数器又可开始新一轮计数。

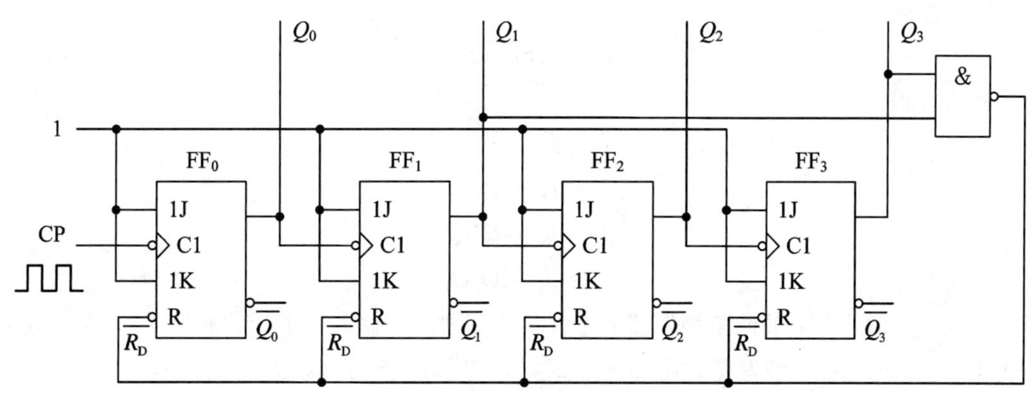

图 4-7　异步十进制加法计数器

4.2.2 同步计数器

同步二进制计数器

1. 同步二进制计数器

1）同步二进制加法计数器

同步二进制加法计数器与异步二进制加法计数器比较，两者的状态表和工作波形一样，但电路结构不同：异步二进制加法计数器的电路组成是将触发器接成计数触发器，最低位触发器用计数脉冲 CP 触发，其他触发器用相邻低位输出的下降沿（或上升沿）触发。而同步二进制加法计数器的电路组成是将触发器接成 T 触发器，各触发器都用计数脉冲 CP 触发，最低位触发器的 T 输入为 1，高位触发器的 T 输入为其低位各触发器输出信号相与，只有低位各触发器输出都为 1 时，高位触发器的状态在 CP 脉冲作用下才会翻转。

图 4－8 所示为由 JK 触发器组成的 4 位同步二进制加法计数器，用下降沿触发。下面分析它的工作原理。

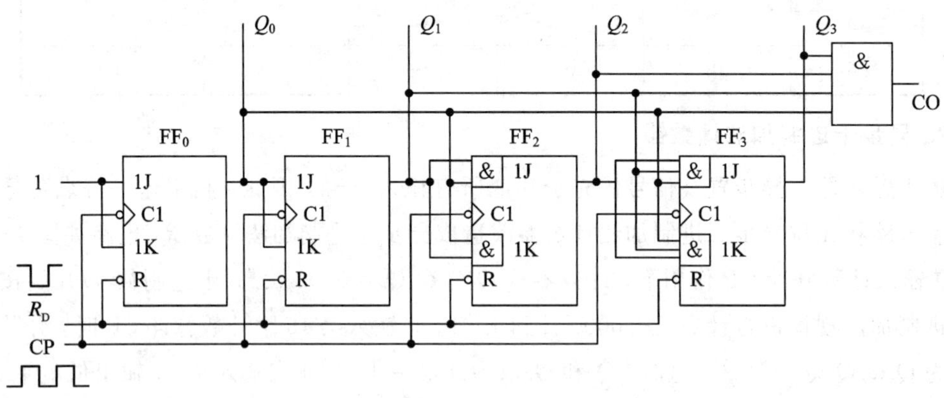

图 4－8　由 JK 触发器组成的 4 位同步二进制加法计数器

由图 4－8 可得

输出方程：

$$CO=Q_3^n Q_2^n Q_1^n Q_0^n \tag{4-4}$$

驱动方程：

$$\begin{cases} J_0=K_0=1 \\ J_1=K_1=Q_0^n \\ J_2=K_2=Q_1^n Q_0^n \\ J_3=K_3=Q_2^n Q_1^n Q_0^n \end{cases} \tag{4-5}$$

由式(4－5)可知：最低位触发器 FF_0 为 T′触发器，每输入一个计数脉冲 CP，输出 Q_0 状态变化一次。FF_1 为 T 触发器，在 $Q_0=0$ 时，即 $T=0$，保持原状态不变；在 $Q_0=1$ 时，即 $T=1$，在下一个计数脉冲 CP 下降沿作用下，FF_1 状态翻转。同样，FF_2 和 FF_3 也为 T 触发器。同理，FF_2 的输出 Q_2 在 Q_0 和 Q_1 都为 1 状态后的下一个计数脉冲 CP 下降沿作用下状态翻转；FF_3 的输出 Q_3 在 Q_2、Q_1 和 Q_0 都为 1 状态后的下一个计数脉冲 CP 下降沿作用下状态翻转。可见，图 4－8 所示电路状态改变符合表 4－2 所示二进制加法规律，因此，为 4 位同

步二进制加法计数器。图 4－8 所示计数器当输入第 15 个计数脉冲 CP 时，$Q_3Q_2Q_1Q_0=1111$，进位输出 $CO=Q_3Q_2Q_1Q_0=1$；当输入第 16 个计数脉冲 CP 时，计数器返回初始的 0000 状态，同时，CO 由 1 变为 0，输出一个负跃变的进位信号，使相邻高位计数器加 1，从而实现了逢 16 进 1 的计数。

2）同步二进制减法计数器

将图 4－8 所示的二进制加法计数器的输出由 Q 端改为 $\overline{Q}$ 端，便构成同步二进制减法计数器。

2. 同步十进制计数器

同步十进制加法计数器是在 4 位同步二进制加法计数器的基础上经过适当修改获得的。它跳过了 1010～1111 六个状态，利用了自然二进制数的前十个状态 0000～1001 实现了 8421BCD 码十进制加法计数。其逻辑图如图 4－9 所示。

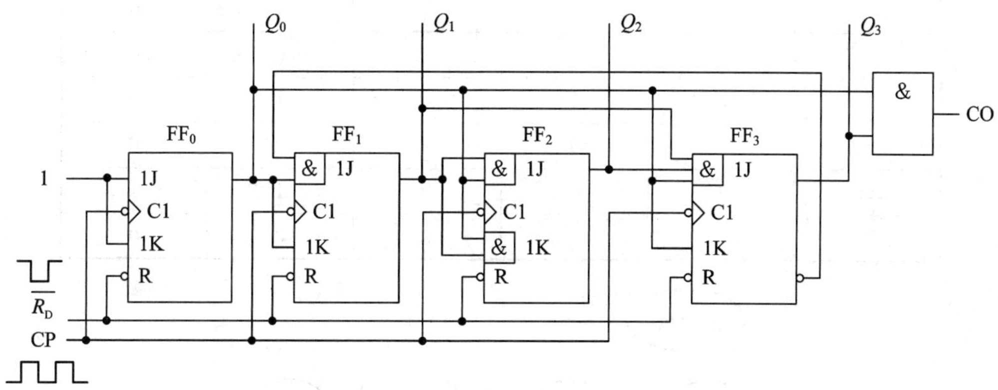

图 4－9　8421BCD 码同步十进制加法计数器逻辑图

由图 4－9 可得

输出方程：

$$CO=Q_3^n\,Q_0^n \tag{4-6}$$

驱动方程：

$$\begin{cases} J_0=K_0=1 \\ J_1=\overline{Q_3^n}Q_0^n,K_1=Q_0^n \\ J_2=K_2=Q_1^nQ_0^n \\ J_3=Q_2^nQ_1^nQ_0^n,K_3=Q_0^n \end{cases} \tag{4-7}$$

状态方程：

$$\begin{cases} Q_0^{n+1}=J_0\,\overline{Q_0^n}+\overline{K_0}Q_0^n=1\,\overline{Q_0^n}+\overline{1}Q_0^n=\overline{Q_0^n} \\ Q_1^{n+1}=J_1\,\overline{Q_1^n}+\overline{K_1}Q_1^n=\overline{Q_3^n}Q_0^n\,\overline{Q_1^n}+\overline{Q_0^n}Q_1^n \\ Q_2^{n+1}=J_2\,\overline{Q_2^n}+\overline{K_2}Q_2^n=Q_1^nQ_0^n\,\overline{Q_2^n}+\overline{Q_1^nQ_0^n}Q_2^n \\ Q_3^{n+1}=J_3\,\overline{Q_3^n}+\overline{K_3}Q_3^n=Q_2^nQ_1^nQ_0^n\,\overline{Q_3^n}+\overline{Q_0^n}Q_3^n \end{cases} \tag{4-8}$$

计数器在计数前，通过异步清零端对各触发器进行清零，使各触发器的输出状态为

$Q_3Q_2Q_1Q_0$=0000；随着计数脉冲的输入，计数器在CP下降沿作用下，状态发生周期性变化，进行计数。根据状态方程、输出方程可得图4-9电路的状态转换表如表4-4所示，由状态表得状态转换图如图4-10所示。

表4-4　同步十进制加法计数器状态转换表

计数脉冲	计数器状态				输出
	Q_3	Q_2	Q_1	Q_0	CO
0	0	0	0	0	0
1	0	0	0	1	0
2	0	0	1	0	0
3	0	0	1	1	0
4	0	1	0	0	0
5	0	1	0	1	0
6	0	1	1	0	0
7	0	1	1	1	0
8	1	0	0	0	0
9	1	0	0	1	1
10	0	0	0	0	0

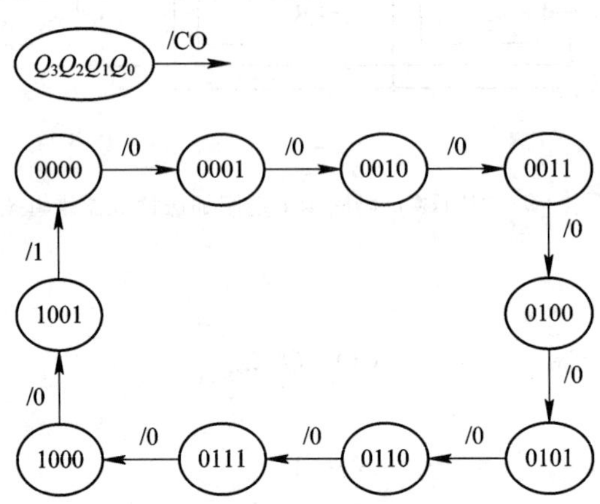

图4-10　状态转换图

由状态转换表可看出，图4-9所示电路在输入第10个计数脉冲后返回到初始状态0000，同时进位输出端CO向高位输出一个负跃变的进位信号，从而实现了十进制计数。

4.2.3　集成计数器及其应用

加强团结协作，合作共赢篇

同步计数器——万众一心，众志成城

本项目介绍的集成计数器，都是集成同步计数器，由于同步计数器的触发

信号是同一个信号，即每一级的触发器接的都是同一个CLK信号，因此所有触发器都是在同一个信号作用下进行状态的变换，所以不管这个集成同步计数器有多少个触发器组成，它们的“行动”都是同步的。显然它的计数速度要比异步计数器快得多，这就是同步计数器和异步计数器比较，同步计数器显著的优点。而中国就如同一个集成同步计数器，而中国的“CLK”就是中国共产党，在中国共产党的领导下，中国人民万众一心，众志成城，创造了惊艳世界的中国速度。中国速度，充分彰显了中国特色社会主义制度集中力量办大事的显著优势。

面对新冠疫情，中国展现出非凡的组织动员能力、统筹协调能力、贯彻执行能力，仅仅用10天就建成了火神山医院，12天建成了雷神山医院；3天13个方舱医院；2020年1月23日10时，武汉封城——人类历史上第一次对超千万人口城市采取的最严厉措施；2020年1月24日除夕夜，1小时集齐人员组成广东医疗队驰援武汉；2020年1月29日，全国31个省区市全部启动重大突发公共卫生事件一级响应，涵盖人口14亿。

近十年来，中国速度，让世界惊艳。习近平总书记在中国共产党第二十次全国代表大会上的报告中指出：“建成世界最大的高速铁路网、高速公路网，机场港口、水利、能源、信息等基础设施建设取得重大成就。我们加快推进科技自立自强……一些关键核心技术实现突破，战略性新兴产业发展壮大，载人航天、探月探火、深海深地探测、超级计算机、卫星导航、量子信息、核电技术、新能源技术、大飞机制造、生物医药等取得重大成果，进入创新型国家行列。”

中国速度，让奇迹不断发生，充分彰显了中国特色社会主义制度的优越性，是我们的党总揽全局、协调各方的生动体现，是“四个自信”中制度优势的有力诠释，让我们真切感受到**社会主义为什么好**，所以，我们一定要坚定中国特色社会主义道路自信、理论自信、制度自信、文化自信，增强我们的政治认同，真正发挥出我们的中国力量。

用触发器构成的计数器在数字系统中应用极其广泛，因此制造商生产了各种不同功能的通用集成器件，设计人员可以根据厂商提供的器件功能表，了解器件的功能特性，输入、输出之间的关系及应用方法，从而选择合适的器件组成系统。下面介绍几种常用集成计数器芯片。

1. 集成同步二进制计数器74LS161和74LS163

74LS161是集成4位二进制($M=16$)可预置同步加法计数器，其逻辑符号如图4-11所示。图中$\overline{LD}$为同步置数控制端；$\overline{CR}$为异步清零控制端；CT_P和CT_T为计数控制端；$D_0 \sim D_3$为并行数据输入端；$Q_0 \sim Q_3$为输出端；CO为进位输出端。表4-5所示为74LS161的功能表。

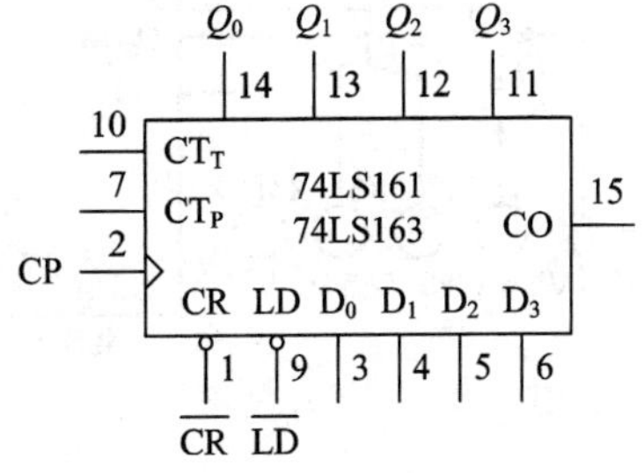

图4-11　74LS161和74LS163的逻辑符号

表 4-5　74LS161 的功能表

输入									输出				说明
$\overline{CR}$	$\overline{LD}$	CT_P	CT_T	CP	D_3	D_2	D_1	D_0	Q_3	Q_2	Q_1	Q_0	
0	×	×	×	×	×	×	×	×	0	0	0	0	异步清零
1	0	×	×	↑	d_3	d_2	d_1	d_0	d_3	d_2	d_1	d_0	同步置数
1	1	1	1	↑	×	×	×	×	加计数				$CO=Q_3Q_2Q_1Q_0$
1	1	0	×	×	×	×	×	×	保持				保持
1	1	×	0	×	×	×	×	×	保持				

由表 4-5 可知 74LS161 有以下主要功能：

(1) 异步清零功能。当$\overline{CR}=0$时，不论有无时钟脉冲 CP 和其他信号输入，计数器都被置 0，即 $Q_3Q_2Q_1Q_0=0000$，所以$\overline{CR}$优先级最高。

(2) 同步并行置数功能。当$\overline{CR}=1$、$\overline{LD}=0$时，在输入脉冲 CP 上升沿的作用下，并行数据输入端 $D_3\sim D_0$ 输入的数据 $d_3\sim d_0$ 被置入计数器，即 $Q_3Q_2Q_1Q_0=d_3d_2d_1d_0$。

(3) 计数功能。当$\overline{CR}=\overline{LD}=CT_T=CT_P=1$，CP 端输入计数脉冲时，计数器进行二进制加法计数，当计到 1111 时，进位输出端 CO 送出高电平。

(4) 保持功能。当$\overline{CR}=\overline{LD}=1$，且 CT_T 和 CT_P 中有 0 时，计数器保持原来的状态不变。

【仿真扫一扫】 请你观察图 4-12 中 74LS161 接成哪种功能的计数器？通过灯 X1～X4 或数码管观察输出状态的变化，每次状态的更新是发生在时钟信号(指示灯 X5)的亮到暗(下降沿)还是暗到亮(上升沿)之后？进位输出(指示灯 X6)什么时候点亮？

74LS161 计数功能仿真

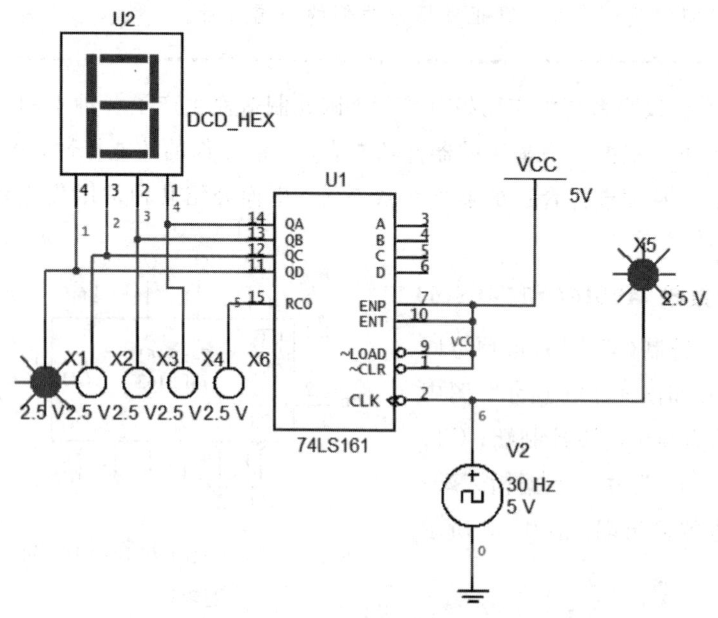

图 4-12　74LS161 计数仿真

图 4-13 给出了 74LS161 时序图的一个例子。这个时序图说明了计数器先被清零并保持在 0 状态，然后被预置为 12(1100)，从 12 开始计数计到 15(1111)，返回 0(0000)，继续计数至 2(0010)，并保持在 2(0010)的状态的过程。

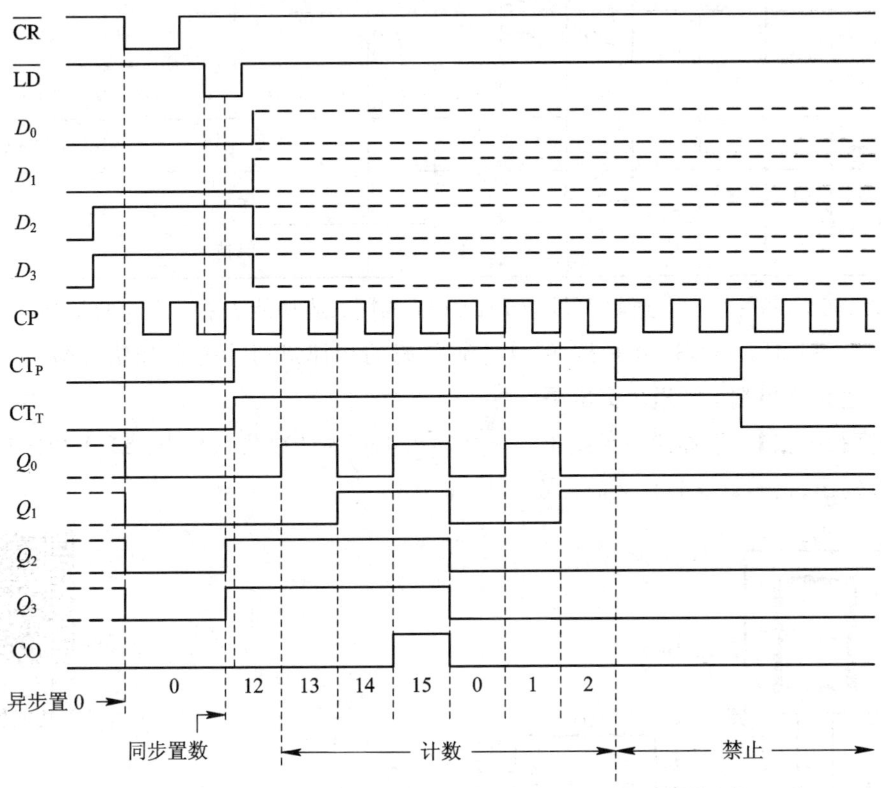

图 4-13　74LS161 的时序图

集成 4 位同步二进制加法计数器 74LS163 的逻辑符号、芯片引脚与 74LS161 相同，和 74LS161 的主要区别是 74LS163 采用了同步置 0，即首先使$\overline{CR}$=0，然后在时钟脉冲 CP 上升沿作用下计数器才被置 0，而 CT74LS161 则为异步置 0，它们的其他所有逻辑功能完全相同。

2. 集成同步十进制计数器 74LS160 和 74LS162

74LS160 是同步 8421BCD 加法计数器，其逻辑符号和功能表分别如图 4-14 和表 4-6 所示。

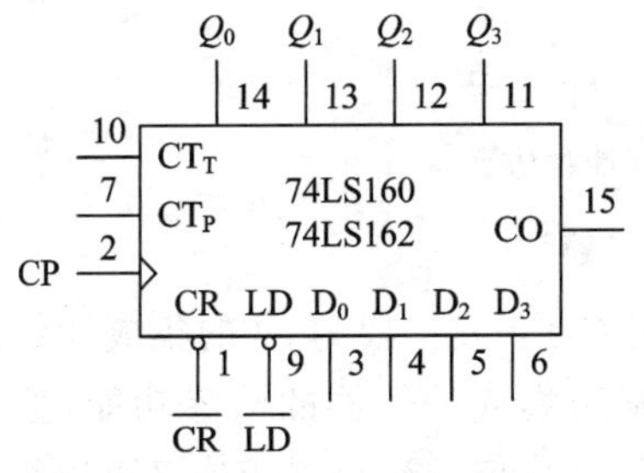

图 4-14　74LS160 的逻辑符号

同步十进制计数器

表 4-6　74LS160 的功能表

<table>
<tr><td colspan="9">输　入</td><td colspan="4">输　出</td><td rowspan="2">说明</td></tr>
<tr><td>$\overline{CR}$</td><td>$\overline{LD}$</td><td>CT_P</td><td>CT_T</td><td>CP</td><td>D_3</td><td>D_2</td><td>D_1</td><td>D_0</td><td>Q_3</td><td>Q_2</td><td>Q_1</td><td>Q_0</td></tr>
<tr><td>0</td><td>×</td><td>×</td><td>×</td><td>×</td><td>×</td><td>×</td><td>×</td><td>×</td><td>0</td><td>0</td><td>0</td><td>0</td><td>异步清零</td></tr>
<tr><td>1</td><td>0</td><td>×</td><td>×</td><td>↑</td><td>d_3</td><td>d_2</td><td>d_1</td><td>d_0</td><td>d_3</td><td>d_2</td><td>d_1</td><td>d_0</td><td>同步置数</td></tr>
<tr><td>1</td><td>1</td><td>1</td><td>1</td><td>↑</td><td>×</td><td>×</td><td>×</td><td>×</td><td colspan="4">加计数</td><td>$CO=Q_3Q_0$</td></tr>
<tr><td>1</td><td>1</td><td>0</td><td>×</td><td>×</td><td>×</td><td>×</td><td>×</td><td>×</td><td colspan="4">保持</td><td rowspan="2">保持</td></tr>
<tr><td>1</td><td>1</td><td>×</td><td>0</td><td>×</td><td>×</td><td>×</td><td>×</td><td>×</td><td colspan="4">保持</td></tr>
</table>

74LS160 的芯片引脚、逻辑符号与 74LS161 相同，从功能表看，不同的是当$\overline{CR}=\overline{LD}=CT_T=CT_P=1$时，74LS160 是按照 8421BCD 码的规律进行十进制加法计数的，当计到 1001 时，进位输出端 CO 送出高电平。

【仿真扫一扫】 请你说一说图 4-15 中 74LS160 的计数状态与 74LS161 相比有什么区别？进位输出(指示灯 X6)什么时候点亮？

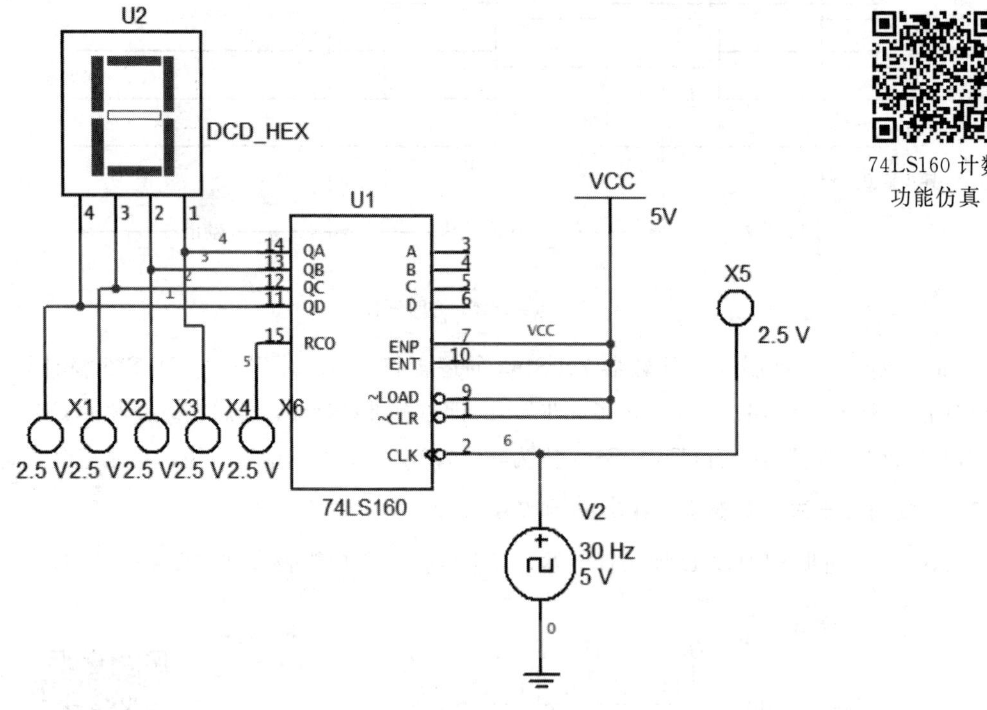

图 4-15　74LS160 计数仿真

3. 利用集成计数器实现任意进制计数器

中规模集成计数器的功能完善、使用方便灵活，模为 M 的集成计数器可以被用来实现模为任意进制(N 进制)的计数器电路。利用集成计数器的清零功能(控制端$\overline{CR}$)或预置数功能(控制端$\overline{LD}$)可以减小计数器的模，而多片集成计数器相连又可以扩展计数器的模。

1) 利用反馈法实现 N 进制($N<M$)计数器

利用反馈法可减小原有计数长度。这种方法的原理是，当计数器计数到某一数值时，将电路产生的置位脉冲或复位脉冲，加到计数器预置数控制端或各个触发器清零控制端，使计数器恢复到起始状态，从而达到改变计数器模的目的。此方法又分为预置数法和清零法。

(1) 预置数法。利用计数器的置数控制端在计数器计数到某一状态后产生一个置数信号，使计数的状态回到起始状态。

任意进制计数器的设计——置数法

利用同步置数功能实现 N 进制计数器时，计数器的并行数据输入端 $D_0 \sim D_3$ 必须接入计数起始数据，并置入计数器。由于同步置数控制端获得置数信号后，$D_0 \sim D_3$ 输入的数据并不能立即置入计数器，还需再输入一个计数脉冲 CP 才能置入计数器。因此，利用同步置数功能构成 N 进制计数器的方法是：在输入第 $N-1$ 个计数脉冲 CP 后，将计数器输出 $Q_3Q_2Q_1Q_0$ 中的高电平 1 通过反馈控制电路产生的置数信号加到同步置数控制端 $\overline{LD}$ 上，这样，在输入第 N 个计数脉冲 CP 后，$D_0 \sim D_3$ 输入的数据被置入计数器，使电路返回到初始的预置状态，从而实现了 N 进制计数。

而异步置数控制端获得置数信号时，并行输入的数据便立即被置入计数器相应的触发器中，因此利用异步置数控制端构成 N 进制计数器，只要在输入第 N 个计数脉冲后，产生一个置数信号加到置数控制端，使计数器返回初始状态。

利用同步置数功能实现 N 进制计数器的方法如下(适用于从 0 开始计数)：

① 写出 N 进制计数器状态 S_{N-1} 的二进制代码。

② 写出反馈置数函数，即根据 S_{N-1} 写出同步置数控制端的逻辑表达式。

③ 画连线图。主要根据反馈置数函数画连线图。

例 4.2　试用 CT74LS161 的同步置数功能构成六进制($N=6$)计数器。

解　设计数从 $Q_3Q_2Q_1Q_0=0000$ 状态开始，由于采用反馈置数法获得六进制计数器，因此应取 $D_3D_2D_1D_0=0000$，并置入计数器。

① 写出 S_{N-1} 的二进制代码，为

$$S_{N-1}=S_{6-1}=S_5=0101$$

② 写出反馈置数函数。由于同步置数信号 $\overline{LD}$ 低电平有效，因此，当 S_5 状态(即 $Q_2=1$、$Q_0=1$)出现时要使置数函数 $\overline{LD}$ 为 0，则反馈置数函数为与非(全 1 出 0)函数，即

$$\overline{LD}=\overline{Q_2Q_0}$$

③ 画连线图。根据上式和置数的要求画连线图，如图 4-16(a)所示。

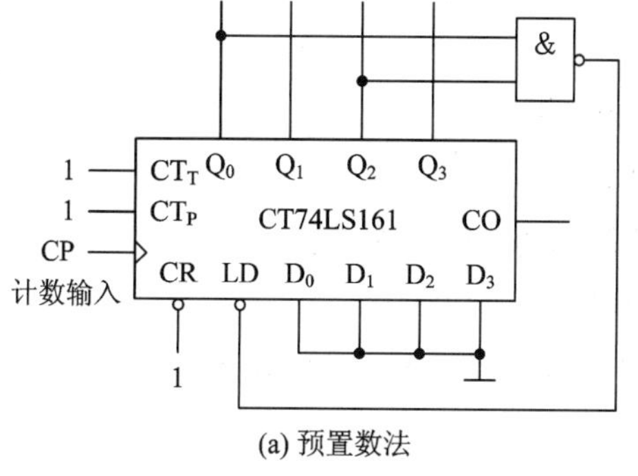

(a) 预置数法

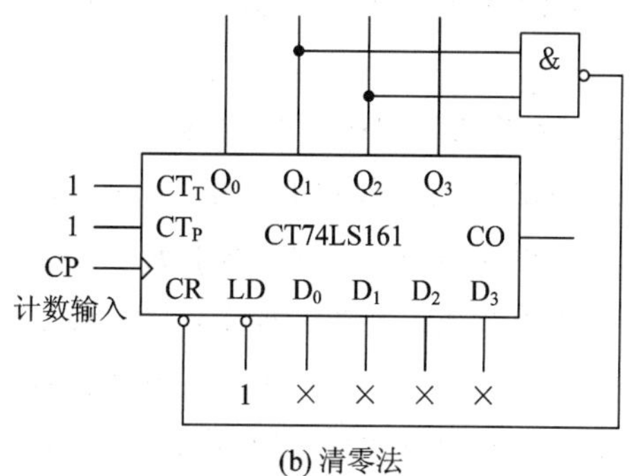

(b) 清零法

图 4-16　用 CT74LS161 构成六进制计数器

一片 CT74LS161 可构成 16 以内的任意进制计数器。

【仿真扫一扫】 请你通过 Multisim 仿真验证图 4-16(a)所示电路，仿真图如图 4-17 所示。

同步置数六进制计数器仿真

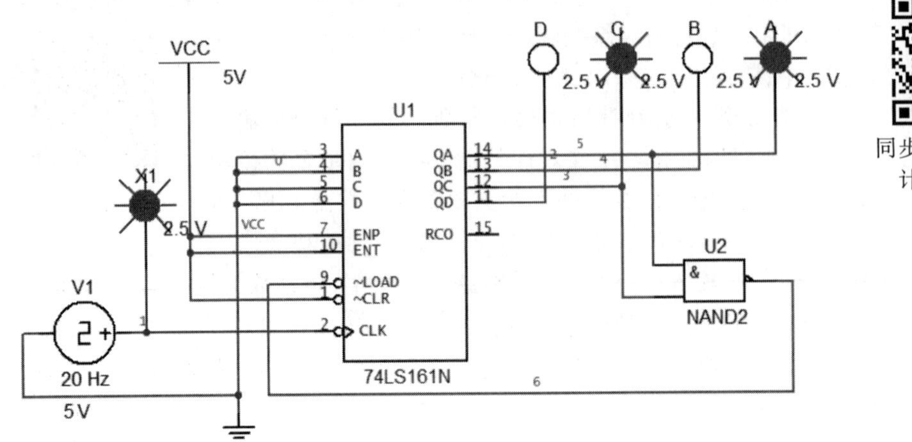

图 4-17 用 74LS161 的同步置数功能构成六进制计数器仿真图

计数器从 0000 开始计数，当计至 5(0101)时，与非门输出低电平，使置数控制端$\overline{LD}$=0。由于 74LS161 的同步置数功能，当下一个脉冲到来后使各触发器置零，完成一个六进制计数循环。

(2) 清零法。清零法是利用计数器的清零控制端在计数器计到某个数时产生一个清零信号，使计数器回到 0 状态。根据计数器是同步清零还是异步清零，在产生清零信号的状态上会有所不同，其基本思路与预置数法一样。

任意进制计数器的设计——清零法

利用异步清零功能实现 N 进制计数器时，由于计数器的异步清零控制端获得清零信号后便被立刻清零，因此，利用异步清零功能实现 N 进制计数器的方法是：在输入第 N 个计数脉冲 CP 后，将计数器输出 $Q_3Q_2Q_1Q_0$ 中的高电平 1 通过反馈控制电路产生的清零信号加到异步清零控制端$\overline{CR}$上，使计数器立刻清零而回到初始的零状态，从而实现了 N 进制计数。和预置数法不同的是，由于$\overline{CR}$实现清零与并行数据输入端 $D_3D_2D_1D_0$ 无关，因此利用清零功能构成任意进制计数器时，其并行数据输入端 $D_3D_2D_1D_0$ 可接任意数据。

利用异步清零功能实现 N 进制计数器的方法如下：

① 写出 N 进制计数器状态 S_N 的二进制代码。

② 写出反馈归零函数，即根据 S_N 写清零控制端的逻辑表达式。

③ 画连线图。主要根据反馈归零函数画连线图。

例 4.3 试用 CT74LS161 的异步清零功能构成六进制(N=6)计数器。

解 ① 写出 S_N 的二进制代码：

$$S_N = S_6 = 0110$$

② 写出反馈归零函数。与预置数法同理，由于异步清零信号$\overline{CR}$为低电平有效，因此，当 S_6 状态(即 $Q_2=1$、$Q_1=1$)出现时要使清零函数$\overline{CR}$为 0，则反馈归零函数为与非函数，即

$$\overline{CR}=\overline{Q_2Q_1}$$

③ 画连线图。根据$\overline{CR}$的表达式画连线图，如图 4－16(b)所示。

清零六进
计数器仿真

【仿真扫一扫】 请你通过 Multisim 仿真验证图 4－16(b)所示电路，仿真图如图 4－18 所示。与图 4－17 进行比较，思考区别在哪里？为什么？

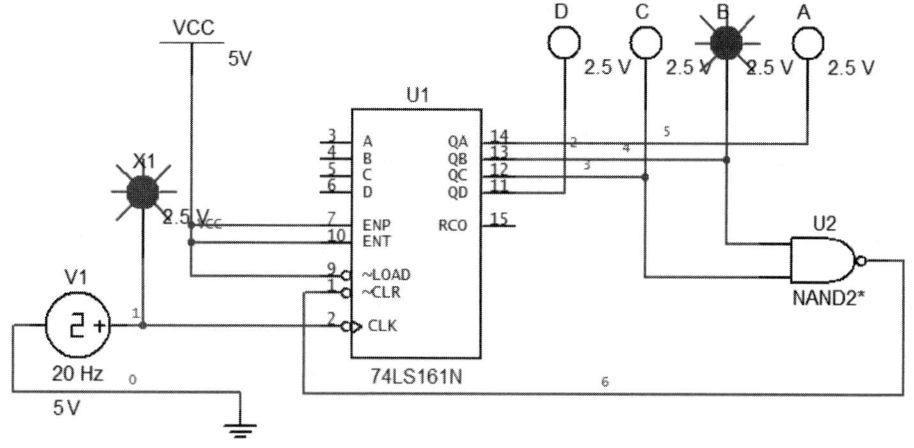

图 4－18　用 74LS161 的异步清零功能构成六进制计数器仿真图

计数器从 0000 开始计数，当计至 6(0110)时，与非门输出低电平，使清零端$\overline{CR}=0$，由于 74LS161 的异步清零功能，计数器立即清零(它不需要等到下一个脉冲到来)，以致还没看到 6 就已经返回至 0，即 6 是一个极短暂的过渡状态。所以稳定周期的状态为(0000→0001→0010→0011→0100→0101)。

利用同步清零功能实现 N 进制计数器，与利用异步清零功能实现任意进制计数不同，因为在同步清零控制端获得清零控制信号后，计数器并不能立刻被清零，还需再输入一个计数脉冲 CP 后才被清零。所以，利用同步清零控制端实现 N 进制计数器时，应在输入第 $N-1$ 个计数脉冲 CP 后，将计数器输出 $Q_3Q_2Q_1Q_0$ 中的高电平 1 通过控制电路使同步清零控制端获得清零信号，这样，在输入第 N 个计数脉冲时，计数器才被清零，回到初始的 0 状态，从而实现 N 进制计数。利用清零功能构成任意进制计数器时，其并行数据输入端 $D_3D_2D_1D_0$ 可接任意数据。

利用同步清零功能实现 N 进制计数器的方法如下：

① 写出 N 进制计数器状态 S_{N-1} 的二进制代码。

② 写出反馈归零函数。即根据 S_{N-1} 写清零端的逻辑表达式。

③ 画连线图。主要根据反馈归零函数画连线图。

例 4.4 　试用 CT74LS162 的同步清零功能构成六进制($N=6$)计数器。

解 　① 写出 S_{N-1} 的二进制代码，为

$$S_{N-1}=S_5=0101$$

② 写出反馈归零函数，为

$$\overline{CR}=\overline{Q_2Q_0}$$

③ 画连线图。根据$\overline{CR}$的表达式画连线图，如图 4－19 所示。

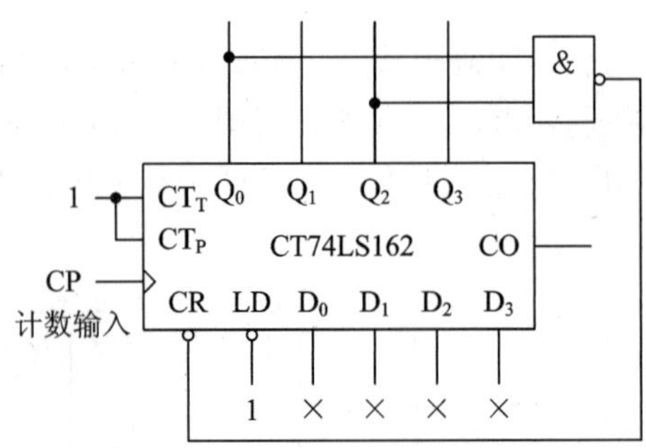

图 4－19 用 CT74LS162 的同步清零功能构成六进制计数器

构成 N 进制计数器的方法总结：

利用集成计数器的清零或置数功能构成 N 进制计数器，清零法和预置数法的主要不同是：清零法将反馈控制信号加至清零控制端；而预置数法则将反馈控制信号加至置数控制端，且必须给置数输入端加上计数起始状态值。设计时，应分清清零或置数功能是同步还是异步的，同步则反馈控制信号取自 S_{N-1}，异步则反馈控制信号取自 S_N。

清零法利用清零功能对计数器进行清零操作，强迫计数器进入计数循环，这种计数器的起始状态值必须是零。预置数法利用置数功能对计数器进行置数操作，强迫计数器进入计数循环，这种计数器的起始状态值就是置入的数，可以是零，也可以是非零，因此应用更灵活。

2）利用集成计数器的级联实现 N 进制($N>M$)计数器

要构建一个大规模计数器，一般是先用级联法，再用反馈脉冲法(整体清零法或整体预置数法)来实现。计数器的级联，就是将多个集成计数器串接起来，以获得计数容量更大的计数器。级联的基本方法有异步级联和同步级联两种：异步级联就是用低位计数器的进位信号控制高位计数器的计数脉冲输入端；同步级联就是用低位计数器的进位信号控制高位计数器的使能端。

例 4.5 试用两片 74LS160 接成一百进制计数器。

解 图 4－20 是由两片 74LS160 同步级联接成的一百进制计数器。由图可看出：低位片 74LS160(个位)在计到 9 以前，其进位输出 CO＝0，高位片 74LS160(十位)的

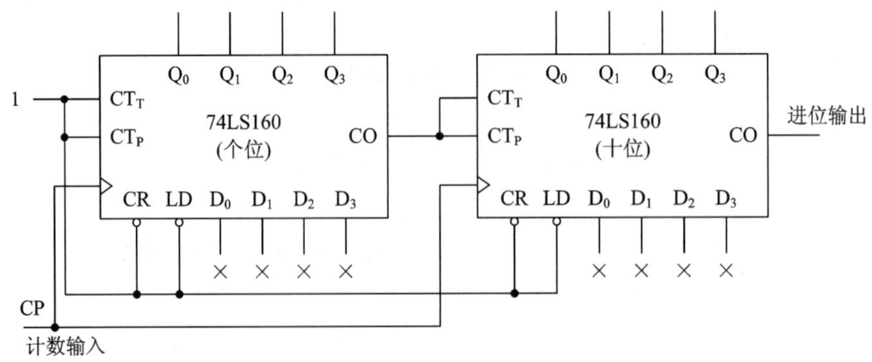

图 4－20 74LS160 同步级联接成的一百进制计数器

$CT_T=CT_P=0$，保持原状态不变。当低位片计到 9 时，其进位输出 CO=1，即高位片的 $CT_T=CT_P=1$，又因为高位片的$\overline{LD}$和$\overline{CR}$均为 1，所以，高位片在下个 CP 脉冲即第 10 个计数脉冲到来后为计数工作状态，高位片加 1，低位片回到 0 状态。

图 4-21 所示电路是由两片 74LS160 异步级联接成的一百进制计数器。两片 74LS160 的 CT_T和 CT_P恒为 1，都工作在计数状态。低位片每计到 9(1001)时 CO 端输出变为高电平，经反相器后使高位片的 CP 端为低电平，下个计数输入脉冲到达后，低位片计为 0(0000)状态，CO 端跳回低电平，经反相后使高位片的 CP 端产生一个正跳变，于是高位片计入 1。可见，在这种接法下两片 74LS160 不是同步工作的。

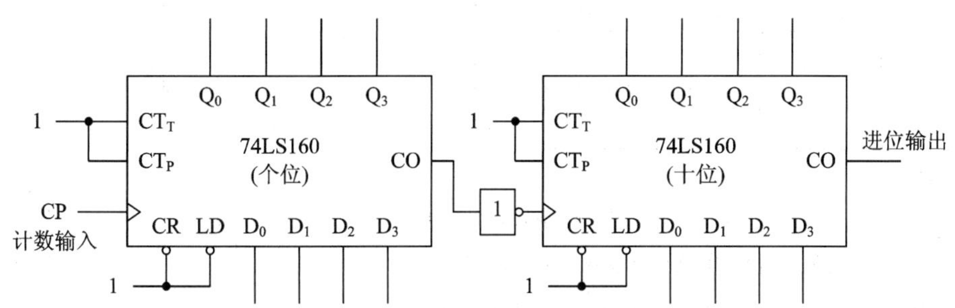

图 4-21　74LS160 异步级联接成的一百进制计数器

例 4.6　试用两片 74LS160 构成二十九进制计数器($N=29$)。

解　先将两片十进制计数器 74LS160 采用同步级联方式组成百进制计数器，再用整体清零法或整体预置数法构成二十九进制计数器。

整体清零法：74LS160 为异步清零，写出 S_N 的二进制代码，十进制数 29 对应的 8421BCD 码为 00101001，即计数器计数到 29 时，其输出状态为 $Q_7Q_6Q_5Q_4Q_3Q_2Q_1Q_0=$ 00101001，反馈归零函数为$\overline{CR}=\overline{Q_0Q_3Q_5}$，通过与非门输出低电平，使两片 74LS160 集成芯片同时被立即清零，从而实现二十九进制的计数。由以上分析可画出对应电路如图 4-22 所示。

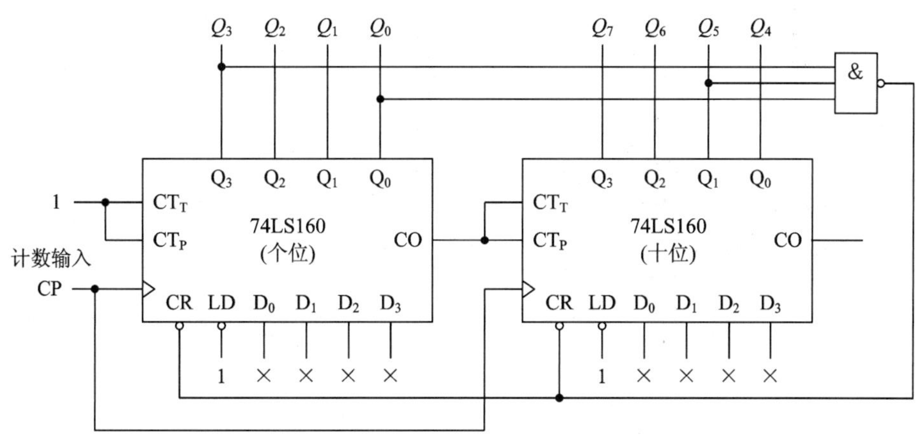

图 4-22　用整体清零法构成二十九进制计数器

整体预置数法：74LS160 为同步置数，写出 S_{N-1} 的二进制代码，十进制数 28 对应的

8421BCD 码为 00101000($Q_7Q_6Q_5Q_4Q_3Q_2Q_1Q_0=00101000$)，反馈置数函数为$\overline{LD}=\overline{Q_3Q_5}$，由以上分析可画出对应电路如图 4-23 所示。

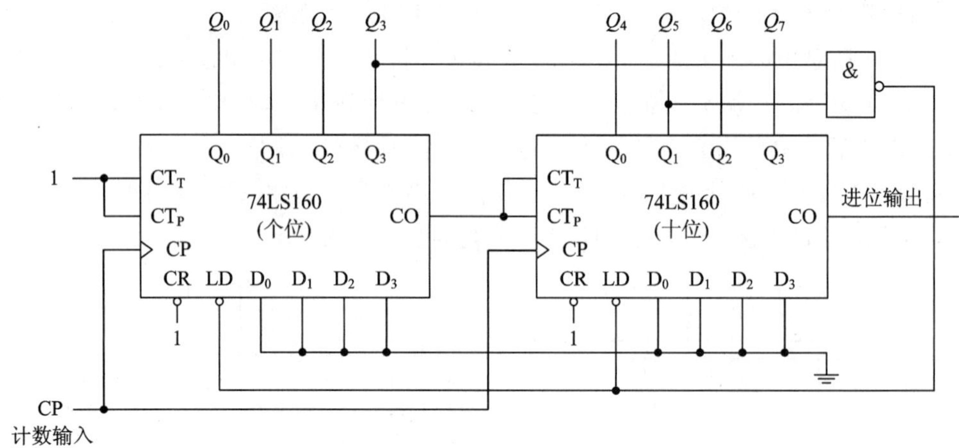

图 4-23　用整体预置数法构成二十九进制计数器

【仿真扫一扫】　请你在 Multisim 中完成用两片 74LS160 构成二十九进制计数器的仿真，仿真图如图 4-24 所示，观察并说出其输出状态。

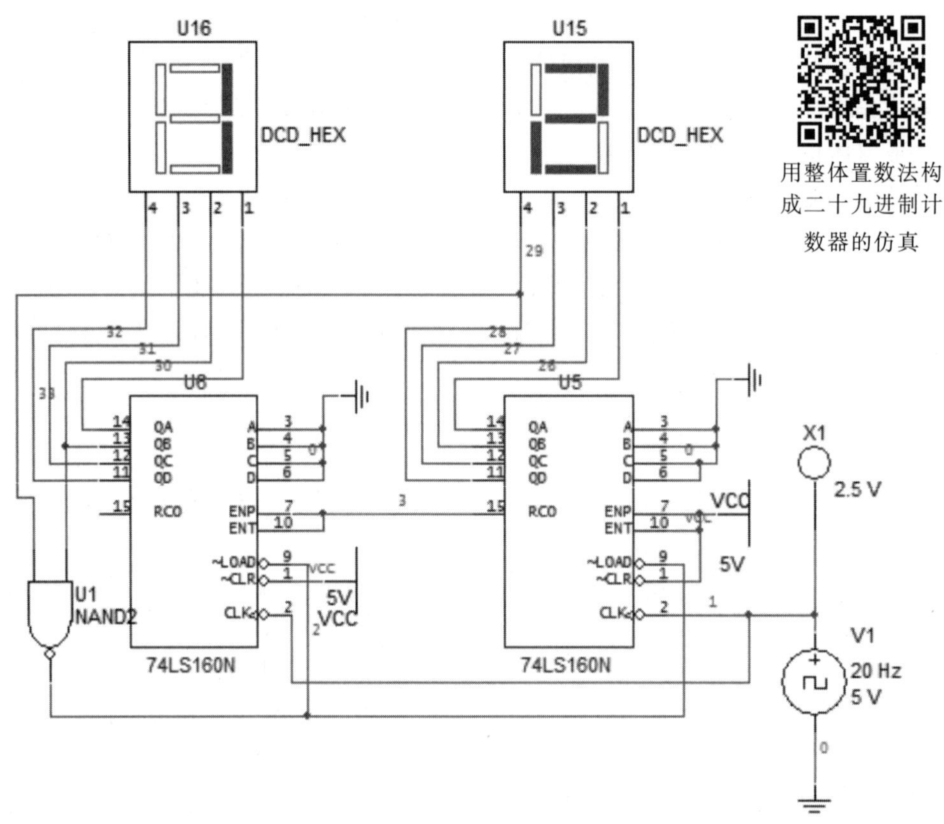

图 4-24　用整体预置数法构成二十九进制计数器的仿真图

4.2.4　仿真实验：任意进制计数器的设计

(1) 利用集成计数器 74LS160 设计一个五进制计数器，分别采用清零法和预置数法实现，先通过 Multisim 软件进行仿真，验证其正确性，然后在图 4－25 中画出连线图。

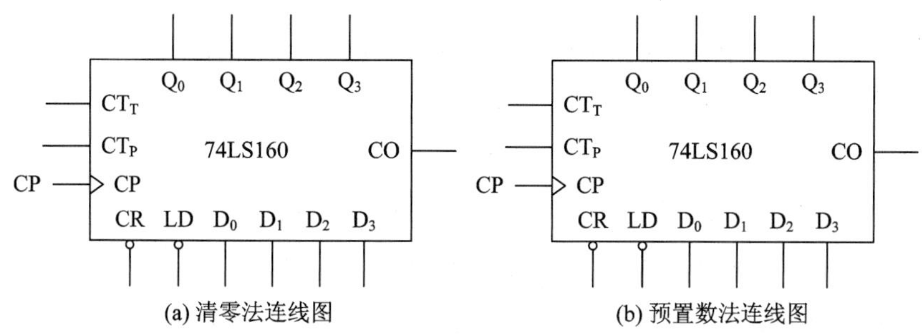

图 4－25　五进制计数器

(2) 试用 74LS163 构成十三进制计数器，分别采用清零法和预置数法实现，先通过 Multisim 软件进行仿真，验证其正确性，然后在图 4－26 中画出连线图。

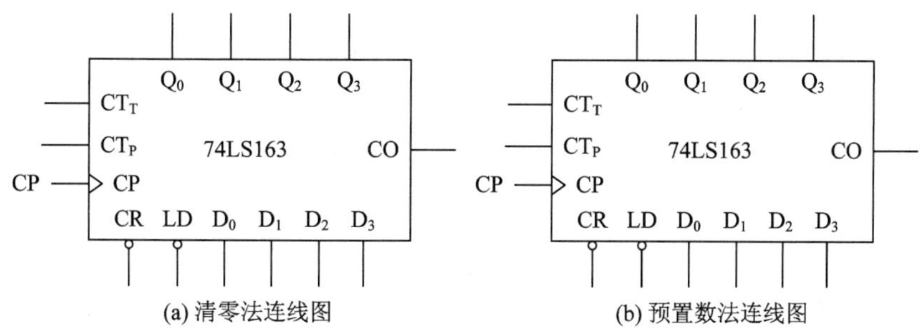

图 4－26　十三进制计数器

(3) 利用 74LS161 设计一个计数器，状态转换图如图 4－27(a)所示，请问：

① 它是几进制计数器？

② 可用清零法和预置数法哪一种方法实现？

③ 请在图 4－27(b)中画出电路连线图，并通过 Multisim 软件进行仿真。

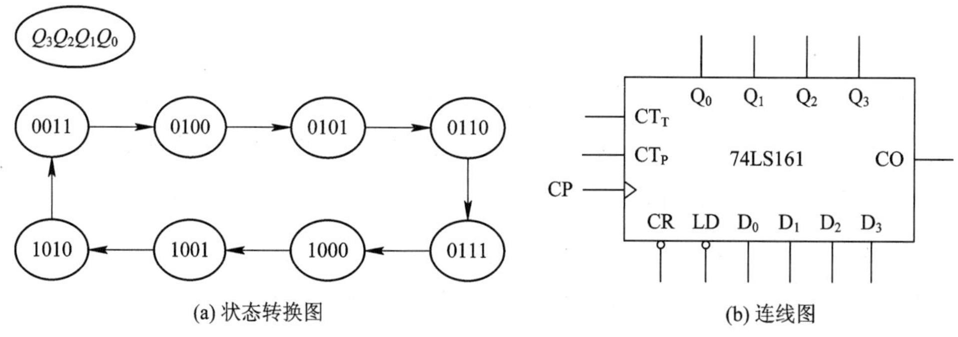

图 4－27　仿真实验 3 图

任务 4.3　寄存器和移位寄存器

寄存器是存放数码、运算结果或指令的电路，移位寄存器不但可以存放数码，而且在移位脉冲作用下，寄存器中的数码可根据需要向左或向右移位。寄存器和移位寄存器是数字系统和计算机中常用的基本逻辑部件，应用很广。寄存器和移位寄存器是由具有存储功能的触发器组合起来构成的，一个触发器可以存储 1 位二进制代码，存放 n 位二进制代码需用 n 个触发器来构成。

寄存器和移位寄存器存放数码的方式有并行和串行两种。并行方式就是数码各位从各对应位同时输入到寄存器中；串行方式就是数码从一个输入端逐位输入到寄存器中。

从寄存器和移位寄存器中取出数码的方式也有并行和串行两种。在并行方式中，数码各位在对应于各位的输出端上同时出现被取出；而在串行方式中，数码在一个输出端逐位出现被取出。

4.3.1　寄存器

寄存器

用以存放二进制代码的电路称作寄存器。在接收指令(在计算机中称为写指令)控制下，将数据送入寄存器存放；需要时可在输出指令(读出指令)控制下，将数据由寄存器输出。它的输入与输出均采用并行方式。

图 4-28 所示为由 4 个边沿 D 触发器组成的 4 位数码寄存器。图中，$\overline{R_D}$为异步清零端；CP 为送数脉冲控制端；D_0～D_3为并行数码输入端；Q_0～Q_3为并行数码输出端。

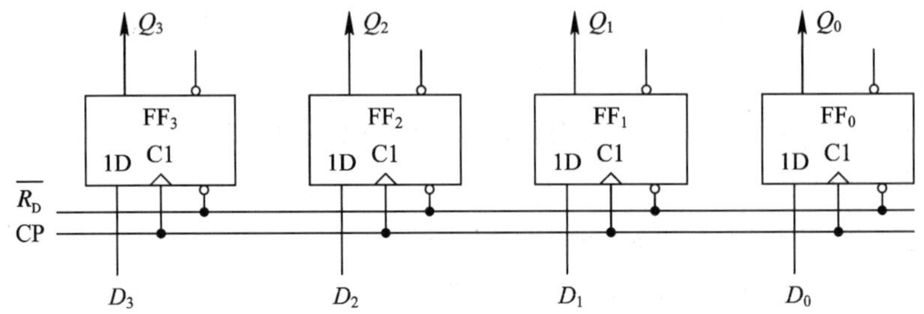

图 4-28　D 触发器构成的 4 位数码寄存器

其工作过程如下：

(1) 异步清零：无论有无 CP 信号及各触发器处于何种状态，只要$\overline{R_D}=0$，则各触发器的输出 Q_3～Q_0 均为 0。这一过程，称为异步清零。在接收数码之前，通常先清零，即发出清零脉冲，平时不需要异步清零时，应使$\overline{R_D}=1$。

(2) 送数：当$\overline{R_D}=1$ 时，待存数码送至各触发器的并行数据输入端 D_0～D_3，CP 上升沿到来时，D_0～D_3 被并行置入 4 个触发器 FF_0～FF_3 中，这时 $Q_3Q_2Q_1Q_0=D_3D_2D_1D_0$。当新数据被接收脉冲存入寄存器时，原存的旧数据便被自动刷新。

(3) 保持：当$\overline{R_D}=1$，且 CP 不为上升沿时，各触发器保持原状态不变。

上述寄存器在输入数码时各位数码同时进入寄存器，取出时各位数码同时出现在输出端，因此这种寄存器为并行输入并行输出寄存器。

4.3.2　移位寄存器

移位寄存器

移位寄存器不仅能存储数据，还具有移位的功能。所谓移位，就是寄存器中所存的数据能在移位脉冲作用下依次左移或右移。因此，移位寄存器采用串行输入数据，可用于存储数据、数据的串入-并出转换、数据的运用及处理等。

根据数据在寄存器中移动情况的不同，可把移位寄存器分为单向移位(左移、右移)寄存器和双向移位寄存器，下面分别介绍。

1. 单向移位寄存器

由 D 触发器构成的 4 位右移移位寄存器电路如图 4-29 所示。图中，CP 为移位脉冲控制端；$\overline{R_D}$为异步清零端；D_{SR}为右移串行数据输入端；$Q_0 \sim Q_3$为并行数据输出端，同时 Q_3 又可作为串行数据输出端。

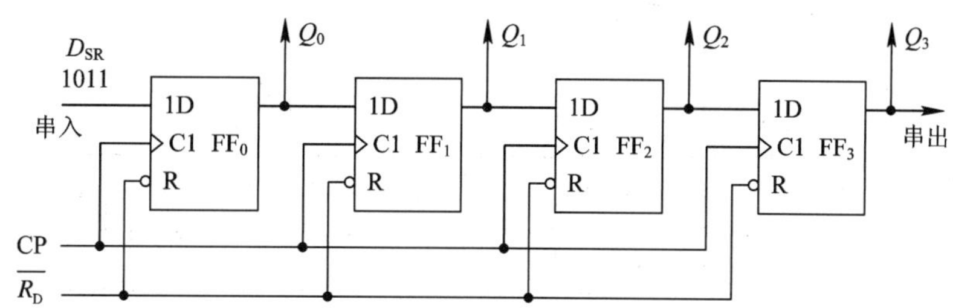

图 4-29　由 D 触发器构成的 4 位右移移位寄存器

其工作过程如下：

(1) 异步清零：首先使$\overline{R_D}=0$，清除原数据，即 $Q_3Q_2Q_1Q_0=0000$，然后使$\overline{R_D}=1$。

(2) 串行输入数码并右移：设输入串行数码 $D_{SR}=1011$，数码输入先后顺序依次为 1、0、1、1。当输入第 1 个移位脉冲 CP 时，由于为同步时序逻辑电路，4 个触发器同时动作，输出跟随输入，即

$$\begin{cases} Q_0^{n+1}=D_0=D_{SR} \\ Q_1^{n+1}=D_1=Q_0^n \\ Q_2^{n+1}=D_2=Q_1^n \\ Q_3^{n+1}=D_3=Q_2^n \end{cases} \tag{4-9}$$

所以第 1 个数码 1 存入 FF_0，寄存器的状态为 $Q_0Q_1Q_2Q_3=1000$。输入第 2 个移位脉冲 CP 时，4 个触发器又输出跟随输入，第 2 个数码 0 存入 FF_0，$Q_0=0$，FF_0 中原来的数码存入 FF_1，$Q_1=1$，寄存器的状态为 $Q_0Q_1Q_2Q_3=0100$，数码向右移了一位。依此类推，这样，在 4 个移位脉冲 CP 作用下，输入的 4 位串行数码 1011 全部存入移位寄存器中，移位情况如表 4-7 所示。

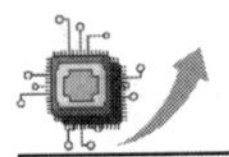

表 4-7　右移移位寄存器的状态表

输　入		移位寄存器中的数码				功能说明
移位脉冲 CP	D_{SR}	Q_0	Q_1	Q_2	Q_3	
0		0	0	0	0	清零
1	1	1	0	0	0	右移一位
2	0	0	1	0	0	右移二位
3	1	1	0	1	0	右移三位
4	1	1	1	0	1	右移四位

移位寄存器中的数码 $Q_0Q_1Q_2Q_3$ 可以并行输出，实现了数据的串行输入-并行输出传送。如果再输入 4 个移位脉冲，则输入数据“1011”逐位从 Q_3 端输出，实现数据的串行输入-串行输出传送。由于数据依次从低位移向高位，即从左向右移动，所以为右移寄存器。

(3) 保持：当$\overline{R_D}=1$，且 CP 不为上升沿时，各触发器保持原状态不变，即实现数据的记忆存储功能。

由 D 触发器构成的 4 位左移移位寄存器电路如图 4-30 所示。其工作原理和右移移位寄存器相同，具体工作过程请读者自行分析。

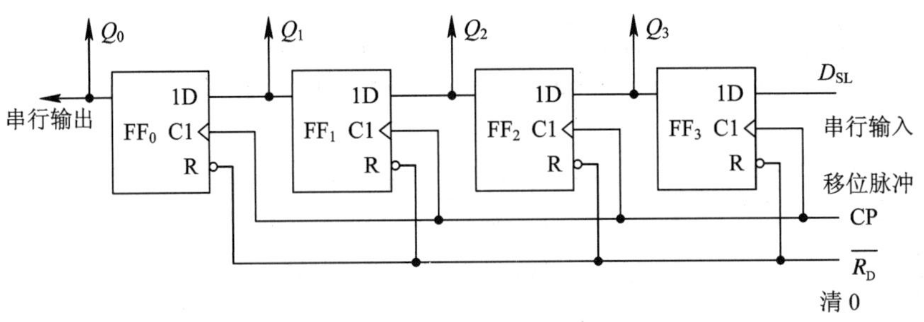

图 4-30　由 D 触发器构成的 4 位左移移位寄存器

【仿真扫一扫】　请你做一做。图 4-31 中的脉冲发生器每秒钟将产生一个有效脉冲，观察数据如何经过移位寄存器实现串行输入/并行输出。在该电路中，D 键用来产生串行输入的数据 1 和 0。

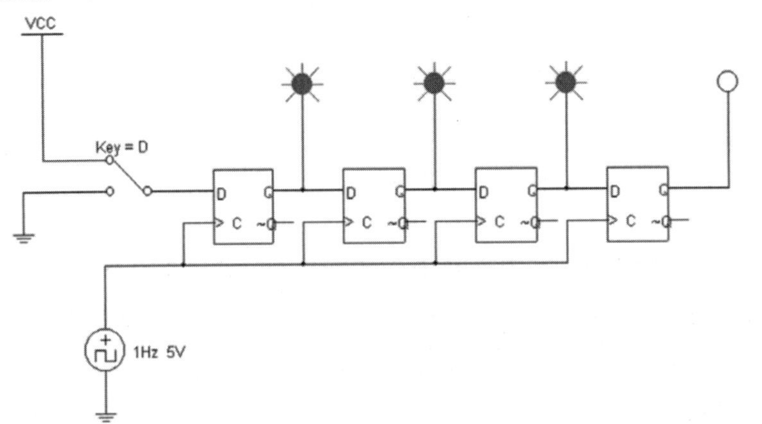

4 位右移移位寄存器实现串行输入-并行输出仿真

图 4-31　4 位右移移位寄存器实现串行输入-并行输出仿真图

【仿真扫一扫】 请你做一做。图 4－32 中底部的开关 C 键用来产生控制串行输入/串行输出移位寄存器的时钟脉冲信号，使用 D 键可以产生串行输入的信号 1 和信号 0。观察图中的“1”数据(D＝1)需要经过几个时钟脉冲才能够通过寄存器组到达指示灯(灯亮)？

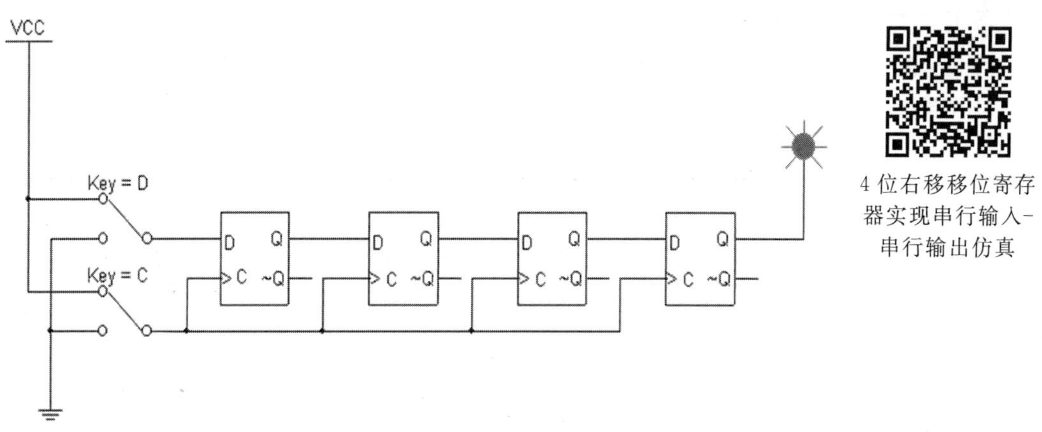

图 4－32 4 位右移移位寄存器实现串行输入-串行输出仿真图

2. 双向移位寄存器

由前面讨论的单向移位寄存器的工作原理可知，右移移位寄存器和左移移位寄存器的电路结构是基本相同的，若适当加入一些控制电路和控制信号，就可将右移移位寄存器和左移移位寄存器结合在一起，构成双向移位寄存器。

图 4－33 所示为集成 4 位双向移位寄存器 74LS194 的引脚图和逻辑图。图中，$\overline{CR}$为异步清零端，低电平有效；D_0～D_3 为并行数码输入端；D_{SR} 为右移串行数码输入端；D_{SL} 为左移串行数码输入端；M_0 和 M_1 为工作方式控制端；Q_0～Q_3 为并行数码输出端；CP 为移位脉冲输入端，上升沿有效。74LS194 的逻辑功能如表 4－8 所示。

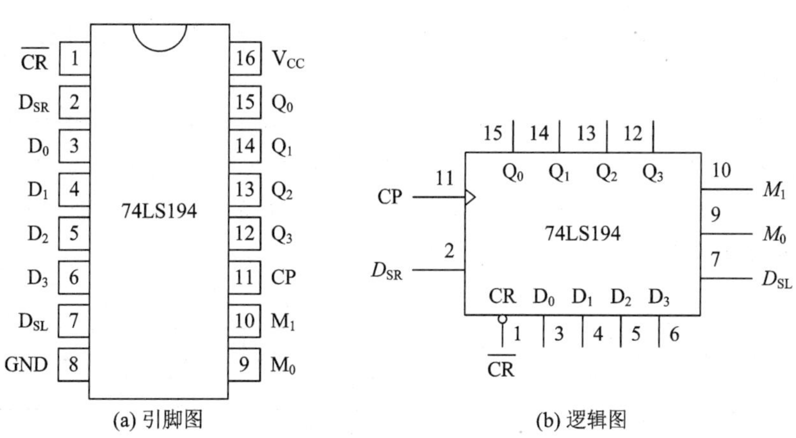

图 4－33 74LS194 的引脚图和逻辑图

由表 4－8 可知，74LS194 具有如下功能：

(1) 异步清零功能。当$\overline{CR}$＝0 时，不论其他输入如何，寄存器清零。

(2) 当$\overline{CR}$＝1 时，有以下 4 种工作方式：

① 保持功能。当 M_1M_0＝00，或 CP＝0 时，Q_0～Q_3 保持不变。

② 并行送数功能。当 $M_1M_0=11$ 时，在 CP 上升沿作用下，使 $D_0\sim D_3$ 端输入的数码 $d_0\sim d_3$ 并行送入寄存器，这时，$Q_0Q_1Q_2Q_3=d_0d_1d_2d_3$。

③ 右移串行送数功能。当 $M_1M_0=01$ 时，在 CP 上升沿作用下，执行右移功能，D_{SR} 端输入数据给 Q_0，$Q_0\rightarrow Q_1\rightarrow Q_2\rightarrow Q_3$ 依次右移。

④ 左移串行送数功能。当 $M_1M_0=10$ 时，在 CP 上升沿作用下，执行左移功能，D_{SL} 端输入数据给 Q_3，$Q_3\rightarrow Q_2\rightarrow Q_1\rightarrow Q_0$ 依次左移。

表 4-8　74LS194 的逻辑功能表

输　入										输　出				说明
$\overline{CR}$	M_1	M_0	CP	D_{SL}	D_{SR}	D_0	D_1	D_2	D_3	Q_0	Q_1	Q_2	Q_3	
0	×	×	×	×	×	×	×	×	×	0	0	0	0	异步清零
1	×	×	0	×	×	×	×	×	×	保持				
1	1	1	↑	×	×	d_0	d_1	d_2	d_3	d_0	d_1	d_2	d_3	并行置数
1	0	1	↑	×	1	×	×	×	×	1	Q_0	Q_1	Q_2	右移输入 1
1	0	1	↑	×	0	×	×	×	×	0	Q_0	Q_1	Q_2	右移输入 0
1	1	0	↑	1	×	×	×	×	×	Q_1	Q_2	Q_3	1	左移输入 1
1	1	0	↑	0	×	×	×	×	×	Q_1	Q_2	Q_3	0	左移输入 0
1	0	0	×	×	×	×	×	×	×	保持				

4.3.3　移位寄存器的应用

移位寄存器的应用

1. 构成环形计数器

图 4-34(a)所示为由双向移位寄存器 CT74LS194 构成的 4 位环形计数器。当取 $M_1M_0=10$、$\overline{CR}=1$、$D_0D_1D_2D_3=0001$，并使电路处于 $Q_0Q_1Q_2Q_3=D_0D_1D_2D_3=0001$，同时将 Q_0 和左移串行数码输入端 D_{SL} 相连时，随着移位脉冲 CP 的输入，电路开始左移操作，由 $Q_3\rightarrow Q_2\rightarrow Q_1\rightarrow Q_0$ 依次输出脉冲，其状态如表 4-9 所示。根据状态表画出其波形如图 4-34(b)所示，输出脉冲宽度为 CP 的一个周期。该环形计数器实际上也是一个顺序脉冲发生器。

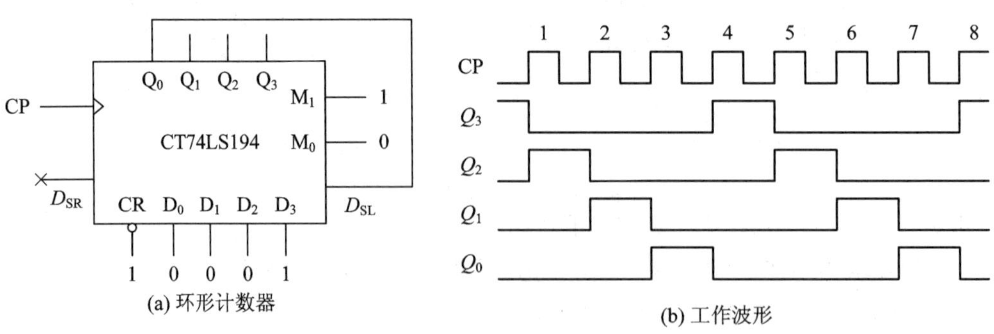

图 4-34　由 CT74LS194 构成的环形计数器及其工作波形

表 4-9　环形计数器状态表

计数脉冲顺序	Q_0	Q_1	Q_2	Q_3
0	0	0	0	1
1	0	0	1	0
2	0	1	0	0
3	1	0	0	0
4	0	0	0	1

环形计数器的优点是电路简单，可直接由各触发器的 Q 端输出，不需要译码器。它的缺点是电路状态利用率低，计 n 个数，需 n 个触发器，很不经济。

2. 构成扭环计数器(约翰逊计数器)

1) 用 74LS194 构成 $2N-1$ 进制扭环计数器

图 4-35 所示为由双向移位寄存器 CT74LS194 组成的七进制扭环计数器。从该图中可看出：它是将输出 Q_3 和 Q_2 的信号通过与非门加在右移串行输入端 D_{SR} 上，即 $D_{SR}=\overline{Q_3Q_2}$。这说明当输出 Q_3、Q_2 中任一为 0 时，$D_{SR}=1$；只有当 Q_3 和 Q_2 同时为 1 时，$D_{SR}=0$。设双向移位寄存器 CT74LS194 的初始状态为 $Q_0Q_1Q_2Q_3=1000$，$\overline{CR}=1$。由于 $M_1M_0=01$，因此，电路在计数脉冲 CP 作用下，执行右移操作，状态变化情况如表 4-10 所示。由该表可看出：图 4-35 所示电路输入 7 个计数脉冲时，电路返回初始状态 $Q_0Q_1Q_2Q_3=1000$，所以为七进制扭环计数器，也是一个七分频电路。

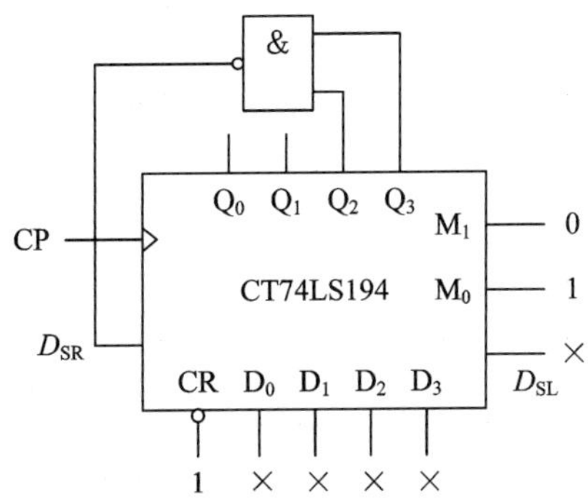

图 4-35　由 CT74LS194 组成的七进制扭环计数器

表 4-10　七进制扭环计数器状态表

计数脉冲顺序	Q_0	Q_1	Q_2	Q_3
→0	1	0	0	0
1	1	1	0	0
2	1	1	1	0
3	1	1	1	1
4	0	1	1	1
5	0	0	1	1
└6	0	0	0	1

2）用 74LS194 构成 $2N$ 进制扭环计数器

利用移位寄存器组成扭环计数器是相当普遍的，并有一定的规律。若将图 4－35 中 4 位移位寄存器的第 4 个输出端 Q_3 通过非门加到 D_{SR} 端上，便构成了 2×4＝8 进制扭环计数器，即八分频电路，如图 4－36 所示。同样设双向移位寄存器 CT74LS194 的初始状态为 $Q_0Q_1Q_2Q_3=1000$，电路在计数脉冲 CP 作用下，其右移状态变化情况如表 4－11 所示。由该表可看出：电路输入 8 个计数脉冲时，电路返回初始状态 $Q_0Q_1Q_2Q_3=1000$，所以为八进制扭环计数器。

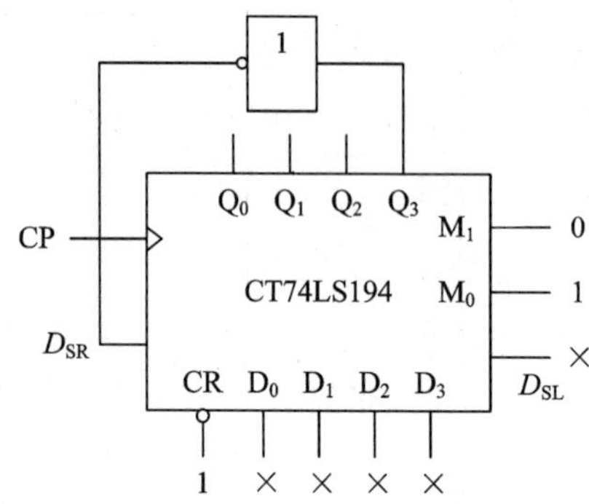

图 4－36　由 CT74LS194 组成的八进制扭环计数器

表 4－11　八进制扭环计数器状态表

计数脉冲顺序	Q_0	Q_1	Q_2	Q_3
→0	1	0	0	0
1	1	1	0	0
2	1	1	1	0
3	1	1	1	1
4	0	1	1	1
5	0	0	1	1
6	0	0	0	1
7	0	0	0	0

当移位寄存器的第 N 位输出通过非门加到 D_{SR} 端时，构成 2 N 进制扭环计数器，即偶数分频电路。若将移位寄存器的第 N 和 $N-1$ 位的输出通过与非门加到 D_{SR} 端，则构成 $2N-1$ 进制扭环计数器，即奇数分频电路。在图 4－35 中，Q_3 为第 4 位输出，Q_2 为第 3 位输出，它构成 2×4－1＝7 进制扭环计数器，即七分频电路。

扭环计数器的优点是每次状态变化只有一个触发器翻转，译码器不存在竞争冒险现象，电路比较简单。它的主要缺点是电路状态利用率不高。

任务 4.4　简易数字电子钟的设计、仿真与制作

1. 工作任务

试用脉冲源、计数器、译码器和数码管四部分设计一个数字显示电子钟。

2. 任务分析

脉冲源发出精确的 1 Hz 脉冲信号，作为计数器的计数脉冲。整个计数器电路由秒计数器、分计数器和时计数器串接而成。秒计数器和分计数器各由一个十进制计数器和一个六进制计数器串接组成，构成两个六十进制计数器。时计数器是由两个十进制计数器组成的二十四进制计数器。

如果计数器从午夜的 0 时、0 分、0 秒开始计数，那么任何时刻计数器里的数就表示该时刻的时间(时、分、秒)。把计数器各级的状态译码，并用数码管显示出来，就能直观地看到现在的时间了。数字显示电子钟的结构框图如图 4 - 37 所示。

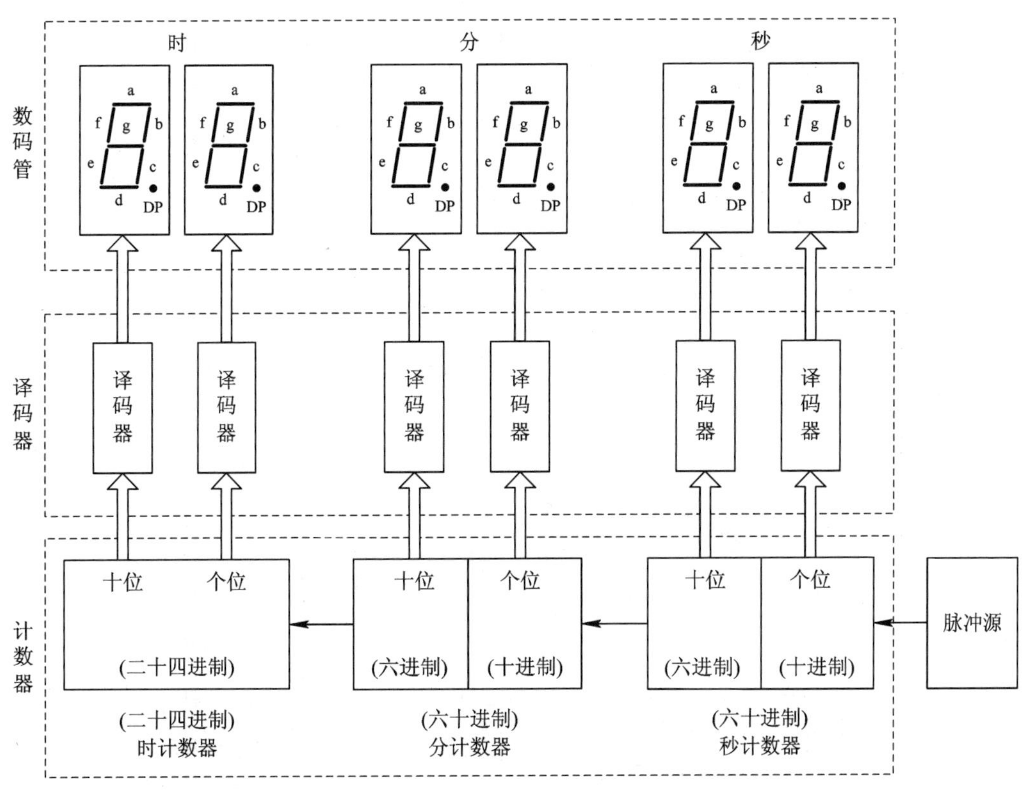

图 4 - 37　数字显示电子钟的结构框图

3. 任务实施指导

把图 4 - 37 的框图具体化，就得到图 4 - 38 所示的逻辑图。

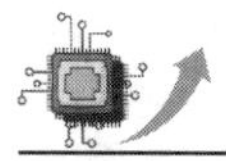

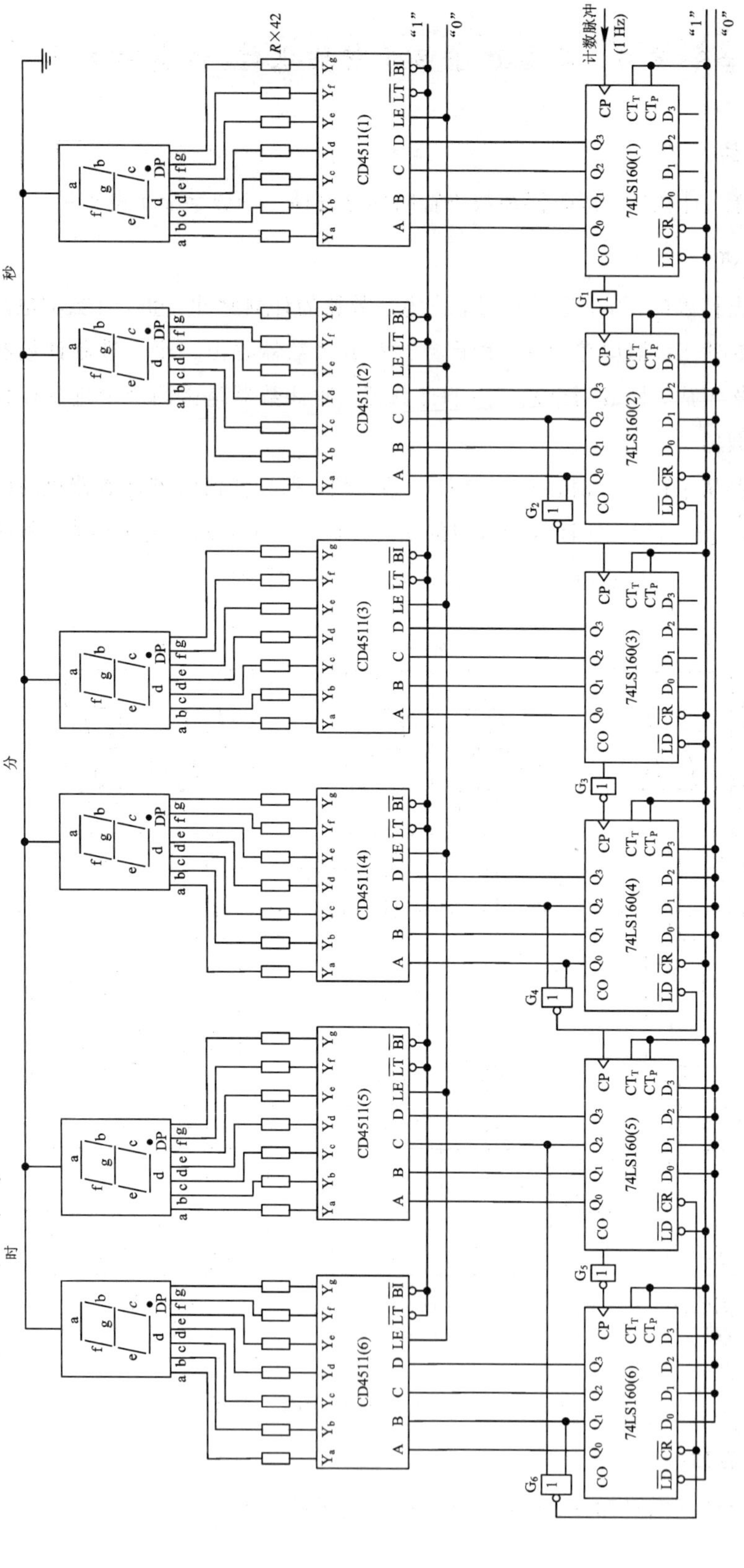

图 4-38　数字显示电子钟的逻辑图

数字显示电子钟的工作原理如下：

秒、分、时的计数器各用两片同步十进制加法计数器 74LS160 组成。第(1)、(2)两片 74LS160 组成六十进制的秒计数器。第(1)片是个位，接成十进制，它的进位输出接至第(2)片(十位)的 CP 输入端；十位片采用预置数法接成六进制，十位片的进位输出取自门 G_2 的输出。当十位计至 5 时门 G_2 输出低电平，使 $\overline{LD}=0$，处在预置数工作状态。当第 6 个来自个位的进位脉冲到达时计数器被置成 $Q_3Q_2Q_1Q_0=D_3D_2D_1D_0=0000$ 状态，同时 G_2 的输出跳变成高电平，使分计数器的个位计入一个“1”。第(3)、(4)片 74LS160 组成六十进制的分计数器，它的接法和秒计数器完全相同。

时计数器由第(5)、(6)两片 74LS160 组成。其中个位仍为十进制，以它的进位输出信号作为十位的时钟脉冲。当计至 24 时(个位为 4，十位为 2)，门 G_6 输出变为低电平，使两片的 $\overline{CR}$ 同时为低电平，两片计数器立即被置成 0000 状态。

译码器由六片 CD4511 组成，每一片驱动一只数码管。CD4511 的介绍见项目 6。CD4511 将输入的二－十进制数码译成对应的七段数码管所需要的输入信号。因为 CD4511 输出是高电平有效的，适用于驱动共阴极的数码管，所以这里应当使用共阴极数码管。为了限制数码管各段导通时的正向电流，在 CD4511 的每个输出端与数码管的对应输入端之间均串有限流电阻。限流电阻要根据电源电压来选取，电源电压为 5 V 时可使用 300 Ω 左右的限流电阻。

4. 元器件清单

根据设计好的电路逻辑图整理出元器件清单如表 4－12 所示。

表 4－12　数字电子钟元器件清单

序号	名　称	规格	数量(只)
1	数码管	共阴	6
2	集成计数器	74LS160	6
3	集成门电路	74LS00	1
4	集成门电路	74LS04	1
5	七段显示译码器	CD4511	6
6	金属膜电阻	300 Ω	42

5. 调试检测

先通过 Multisim 仿真验证数字电子钟电路的正确性(Multisim 仿真可以不画译码器)，然后进行安装和调试，并能发现问题和解决问题。

坚定“四个自信”篇

计数器——不忘初心、牢记使命，只争朝夕、不负韶华，敢于担当、砥砺前行

计数器、数字电子钟都是生活中常见的电子产品，可以发现，它们有一个共同点，不管是几进制的计数器，或者数字钟，它都会回到初始状态，然后始终记着目标状态，争分夺秒，始终按照它的节奏朝着目标状态一步步前行，从不松懈或者放弃。这个初始状态如同“初心”，目标状态如同“使命”，习近平总书记在党的二十大报告中寄语广大青年一代：“青年强，则国家强。当代中国青年生逢其时，施展才干的舞台无比广阔，实现梦想的前景无比光明。全党要把青年工作作为战略性工作来抓，用党的科学理论武装青年，用党的初心使命感召青年，做青年朋友的知心人、青年工作的热心人、青年群众的引路人。广大青年要坚定不移听党话、跟党走，怀抱梦想又脚踏实地，敢想敢为又善作善成，立志做有理想、敢担当、能吃苦、肯奋斗的新时代好青年，让青春在全面建设社会主义现代化国家的火热实践中绽放绚丽之花。”

希望同学们能从数字钟和计数器得到启发，**不忘初心、牢记使命，只争朝夕、不负韶华，敢于担当、砥砺前行**。在中国特色社会主义新时代，不忘恩、不忘本、不懈怠、不妄为，坚定青春选择，以永不懈怠的精神状态和一往无前的奋斗姿态，脚踏实地，砥砺青春逐梦前行路，为建设富强民主文明和谐美丽的社会主义现代化强国、实现中华民族伟大复兴的中国梦贡献青春力量！

项目小结

(1) 时序逻辑电路由触发器和组合逻辑电路组成，其中触发器是必不可少的。时序逻辑电路的输出状态不仅与输入状态有关，还与电路原来状态有关。

(2) 时序逻辑电路分析的关键是求出状态方程和状态转换真值表，由此可分析出时序逻辑电路的功能。需要时，根据状态转换真值表可画出状态转换图和时序图。

(3) 计数器是一种常用的时序逻辑电路，被广泛用于计数、分频和定时等。计数器输入脉冲的最大数目称为计数容量或计数长度，也称为计数器的模。计数器有多种不同的分类方法，按计数进制可分为二进制计数器、十进制计数器和任意进制计数器；按计数增减可分为加法计数器、减法计数器和加/减计数器；按计数器中各触发器状态转换是否与输入时钟脉冲同步可分为同步计数器和异步计数器。

(4) 集成计数器可很方便地构成 N 进制(任意进制)计数器，方法主要有预置数法和清零法。但要注意的是：同步清零法或预置数法用第 $N-1$ 个状态产生置零信号，异步清零法或预置数法用第 N 个状态产生置零信号。当用清零法时，并行数据输入端 $D_0 \sim D_3$ 可接任意数据，而用预置数法时，$D_0 \sim D_3$ 端必须接入计数起始数据。当需要扩大计数器的容量时，可将多片集成计数器进行级联。

(5) 寄存器主要用以存放数码。移位寄存器不但可以存放数码，而且在移位脉冲作用下还能对数据进行移位操作。移位寄存器有单向移位寄存器和双向移位寄存器。集成移位寄存器使用方便、功能全、输入和输出方式灵活。用移位寄存器可方便地组成环形计数器、扭环计数器等。

习　题

1. 填空题。

(1) 时序逻辑电路由__________及__________两部分组成。

(2) 描述时序逻辑电路的方程有三组，指的是________、________和________。

(3) 时序逻辑电路按触发器时钟端的连接方式不同可分为________和______ 两大类。

(4) 可以用来暂时存放数据的器件叫__________。

(5) 移位寄存器除__________功能外，还有__________功能。

(6) 某寄存器由 D 触发器构成，有 4 位代码要存储，此寄存器必须有__________个触发器。

(7) 一般地说，模值相同的同步计数器比异步计数器的结构__________，工作速度__________。

(8) 由 8 级触发器构成的二进制计数器模值为__________，由 8 级触发器构成的十进制计数器的模值为__________。

(9) 集成计数器的模值是固定的，但可以用________法和________法来改变它们的模值。

(10) 通过级联方法，把 2 片 4 位二进制计数器 74LS161 连接成为 8 位二进制计数器后，其最大模值是__________；将 2 片 4 位十进制计数器 74LS160 连接成为 8 位十进制计数器后，其最大模值是__________ 。

2. 选择题。

(1) 下列电路中________不是时序电路。

A. 计数器　　B. 触发器　　C. 译码器

(2) 某计数器的状态转换图如图 4-39 所示，它为________进制计数器。

A. 八　　B. 五　　C. 四　　D. 三

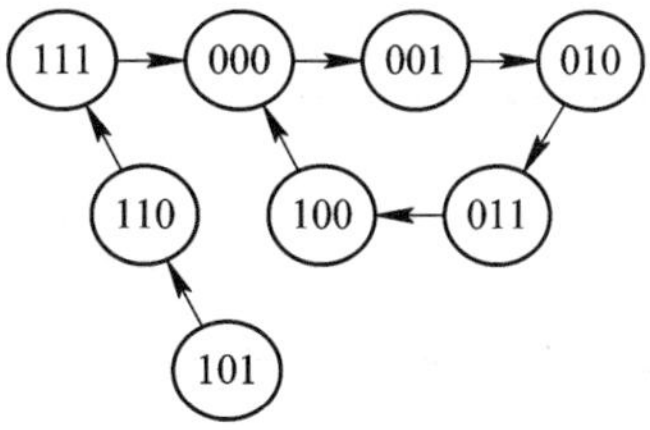

图 4-39　选择题(2)图

(3) 当把 3 个十进制计数器级联起来时，总模数为________。

A. 30　　B. 100　　C. 1000

(4) 4 位二进制计数器最多具有________。

A. 16 个状态　　B. 8 个状态　　C. 4 个状态

(5) 3 位二进制计数器能够将时钟频率________分频。

A. 2　　B. 4　　C. 8

(6) 十进制计数器具有________。

A. 10 个状态　　B. 100 个状态　　C. 16 个状态

(7) BCD 码十进制计数器的最终计数是________。

A. 0000　　B. 1001　　C. 1010

(8) 当一个模数为 5 和一个模数为 8 的计数器级联起来时，总模数为________。

A. 13　　B. 40　　C. 100

(9) 一个 4 位二进制减法计数器的起始值为 1001，经过 100 个时钟脉冲作用后的值为________。

A. 1100　　B. 0100　　C. 1101　　D. 0101

(10) ______ 是 BCD 码十进制计数器中的无效状态。

A. 1101　　B. 0011　　C. 1001

(11) 同步时序电路和异步时序电路比较，差异在于后者______。

A. 没有触发器　　B. 没有统一的时钟脉冲控制

C. 没有稳定状态　　D. 输出只与内部状态有关

(12) 要想从 60 Hz 的电源线信号中获得 100 ms 间隔的脉冲信号，应该使用________分频的计数器。

A. 6　　B. 60　　C. 600

3. 分析图 4-40 所示时序电路的逻辑功能，写出电路的驱动方程、状态方程和输出方程，列出状态转换表，画出状态图(按 $Q_2Q_1Q_0$)，根据给定的时钟信号画出时序图(按 $Q_0Q_1Q_2$)。(设各触发器的初始状态均为“0”。)

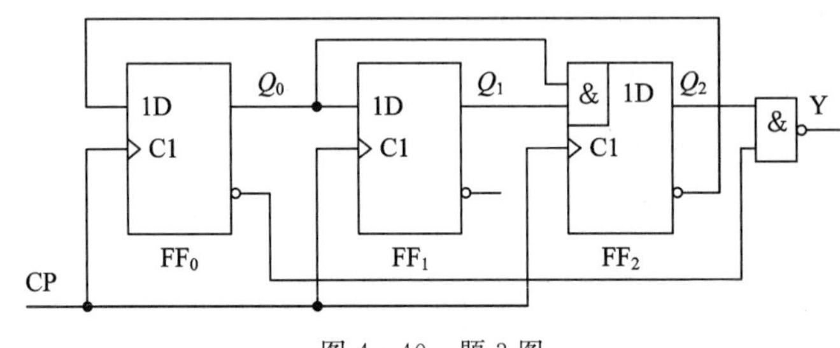

图 4-40　题 3 图

4. 分析图 4-41 所示电路的逻辑功能，写出驱动方程和状态方程，列出状态表，画出状态转换图(按 $Q_2Q_1Q_0$)，根据给定的时钟信号画出时序图(按 $Q_0Q_1Q_2$)。(设各触发器的初始状态均为“0”。)

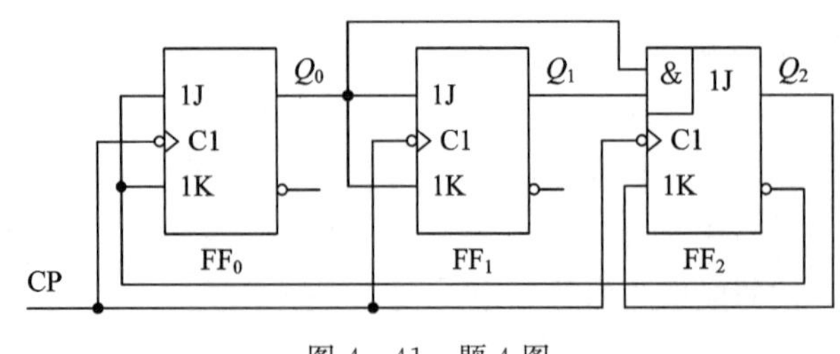

图 4-41　题 4 图

5. 分析图 4-42 所示的计数器电路，画出电路的状态转换图(按 $Q_3Q_2Q_1Q_0$)，并说明该电路是几进制的计数器。

6. 分析图 4-43 所示的计数器电路，画出电路的状态转换图(按 $Q_3Q_2Q_1Q_0$)，并说明该电路是几进制的计数器。

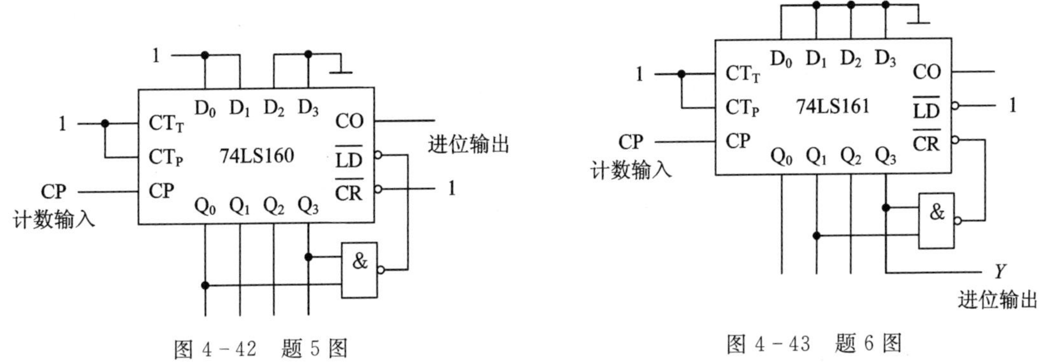

图 4-42　题 5 图　　　图 4-43　题 6 图

7. 十六进制计数器 74LS161 的逻辑符号如图 4-44 所示，试分别用复位法和预置数法设计一个十三进制计数器。

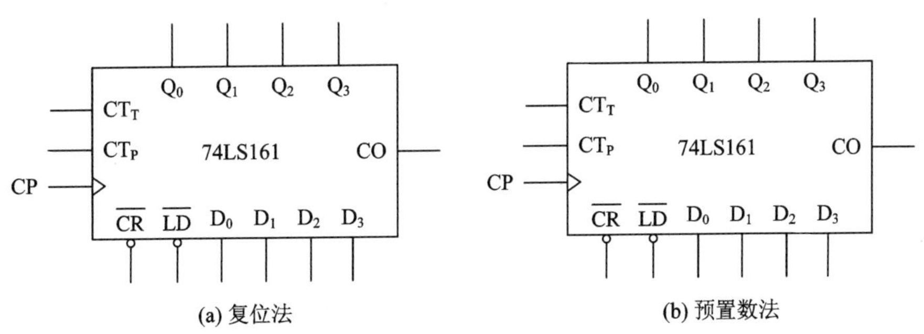

(a) 复位法　　(b) 预置数法

图 4-44　题 7 图

8. 图 4-45 所示电路是两片同步二进制计数器 74LS161 组成的计数器，试分析该电路是多少进制的计数器。

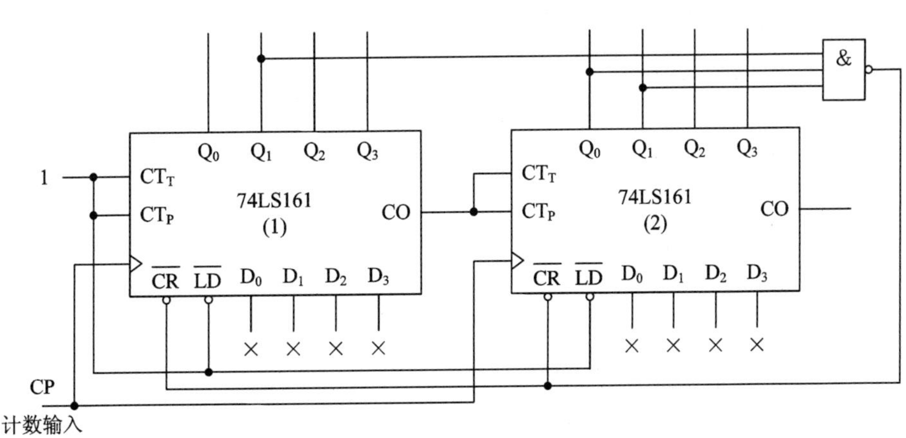

图 4-45　题 8 图

9. 图 4-46 所示电路是两片同步十进制计数器 74LS160 组成的计数器，试分析该电路是多少进制的计数器。

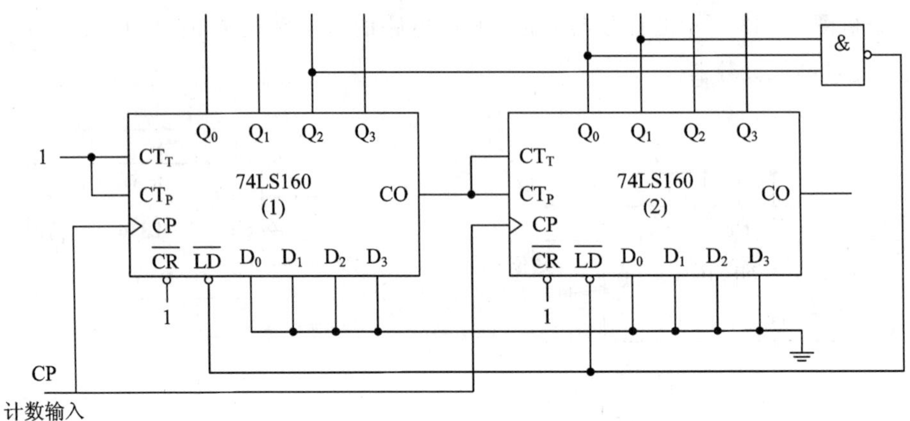

图 4-46　题 9 图

10. 用 4 位双向移位寄存器 74LS194 构成如图 4-47 所示电路，先并行输入数据，使 $Q_0Q_1Q_2Q_3$ = 0001，试分别画出它们的状态图，并说明它们各是什么功能的电路。

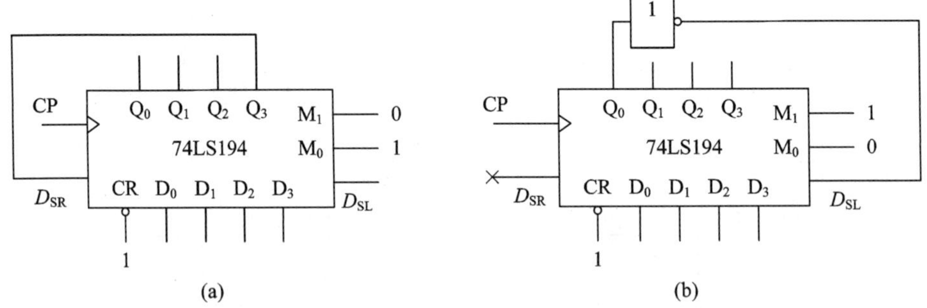

图 4-47　题 10 图

项目 5 数字电压表的设计与制作

知识目标

(1) 掌握 A/D 转换和 D/A 转换的基本概念。

(2) 掌握常见的 A/D 转换器和 D/A 转换器的组成和基本原理。

(3) 理解只读存储器(ROM)的电路结构及特点。

(4) 理解随机存取存储器(RAM)的电路结构及特点。

(5) 掌握各类转换器的性能指标。

技能目标

(1) 熟悉 A/D 转换的一般步骤。

(2) 能掌握常见 D/A 转换器的一般工作过程。

(3) 能学会用存储器实现组合逻辑函数的方法。

(4) 能运用相关的集成芯片设计一个数字电压表。

素质目标

(1) 通过了解信息存储的发展历史，明晰“不积跬步，无以至千里；不积小流，无以成江海”的道理，培养持之以恒的求学精神。

(2) 通过学习王安发明磁芯存储器的故事，培养观察能力、探究能力，提升科学素养。

任务 5.1 数/模转换器(D/A 转换器)

5.1.1 概述

D/A 转换器

数/模转换器是将数字量转换为相应的模拟电量(电流或电压)的转换电路，也称 D/A 转换器，简称 DAC。模/数转换器则是将模拟电量转换为数字量，也称 A/D 转换器，简称 ADC。数/模转换器和模/数转换器是模拟系统和数字系统的接口电路。

无论是工业生产过程控制，还是办公室文书文档的管理、企业管理，乃至通信、生物工程、医疗、家用电器等各方面，大量的处理都是借助于数字计算机来完成的。计算机只能接收和处理数字信号，也只能输出数字信号，而上述工作中要处理的很多都是模拟量。在用计算机处理之前，必须把这些模拟量(如工业过程中的温度、压力、流量，或通信系统中的语言、图像、文字等物理量)转换成数字量，才能进行处理；而计算机处理后的数字量也必须再还原成相应的模拟量，才能实现对模拟系统的控制。数字音像信号如果不还原成模拟音像信号就不能被人们的视觉和听觉系统所接收。因此，数/模转换器和模/数转换器是数字电子技术中的重要组成部分。

D/A 转换器的种类很多，常用的有倒 T 型电阻网络 D/A 转换器和权电流型 D/A 转换器。

5.1.2 R－2R 倒 T 型电阻网络 D/A 转换器

1. 电路结构

图 5－1 所示为一个 4 位的 R－2R 倒 T 型电阻网络 D/A 转换器原理图。它主要由电阻网络、电子模拟开关和求和运算放大器三部分组成。R－2R 倒 T 型电阻网络 D/A 转换电路的核心是求和运算放大器，求和运算放大器构成一个电流电压变换器，将流过各 2R 支路的电流相加，并转换成与输入数字量成正比的模拟电压输出。

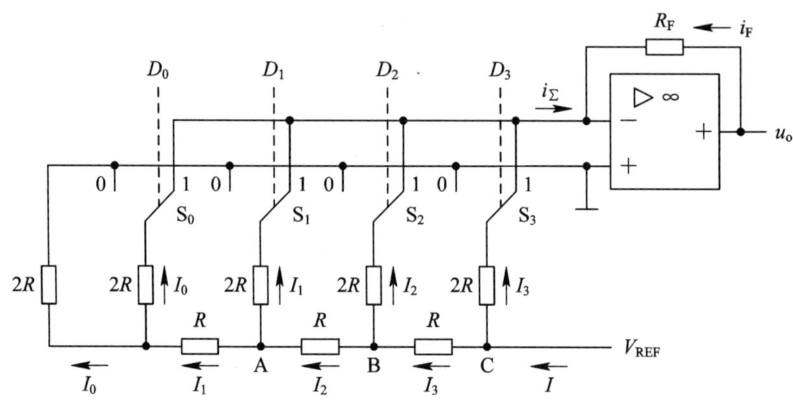

图 5－1　R－2R 倒 T 型电阻网络 D/A 转换器

2. 工作原理

在 R－2R 倒 T 型电阻网络 D/A 转换电路中，各位电子模拟开关 S 在输入的数字量 $D=1$ 时，合向位置 1，将相应的 2R 支路连接到求和运算放大器的虚地端；在 $D=0$ 时，合向位置 0，将相应的 2R 支路连接到地。因此，各 2R 支路的上端都等效为接地，所以无论开关的状态如何，各支路的电流大小不变，开关的状态仅仅决定电流是流向求和运算放大器的虚地端还是流向地端。由图 5－1 还可以看出，从电路的 A、B、C 节点向左看去，各节点对地的等效电阻均为 2R，故基准电压 V_{REF} 输出的电流恒为 $I=V_{REF}/R$，并且每经过一个 2R 电阻，电流就被分流一半，因此从输入数字信号的高位到低位，流过 4 个 2R 电阻的电流分别为 $I_3=I/2$，$I_2=I_3/2=I/4$，$I_1=I_2/2=I/8$，$I_0=I_1/2=I/16$。所以流入求和运算放大器反相端的电流为

$$I_\Sigma=\frac{I}{2}D_3+\frac{I}{4}D_2+\frac{I}{8}D_1+\frac{1}{16}D_0=\frac{V_{REF}}{2^4R}(2^3D_3+2^2D_2+2^1D_1+2^0D_0) \quad (5-1)$$

因此反相求和运算电路的输出电压为

$$u_O=i_FR_F=-i_\Sigma R_F=-\frac{V_{REF}R_F}{2^4R}(2^3D_3+2^2D_2+2^1D_1+2^0D_0) \quad (5-2)$$

可见，输出模拟电压正比于数字量的输入。推广到 n 位，D/A 转换器的输出为

$$u_O=-\frac{V_{REF}R_F}{2^nR}(2^{n-1}D_{n-1}+2^{n-2}D_{n-2}+\cdots+2^1D_1+2^0D_0) \quad (5-3)$$

由式(5-3)可看出：输出模拟电压 u_O 与输入数字量成正比，从而实现了 D/A 转换。由于倒 T 型电阻网络 D/A 转换器中各支路的电流恒定不变，直接流入运算放大器的反相输入端，它们之间不存在传输时间差，因而提高了转换速度，所以，倒 T 型电阻网络 D/A 转换器的应用非常广泛。

例 5.1　在图 5-1 所示的倒 T 型电阻网络 D/A 转换器中，设 $V_{REF}=-10$ V，$R=R_F$，试分别求出：

(1) 当输入最小数字量 $D_3D_2D_1D_0=0001$ 时，输出 u_O 最小值；

(2) 当输入数字量 $D_3D_2D_1D_0=1001$ 时，输出 u_O 值；

(3) 当输入最大数字量 $D_3D_2D_1D_0=1111$ 时，输出 u_O 最大值。

解　将图 5-1 所示的输入数字量的各位数值代入式(5-2)可求得各输出电压为

(1) $u_O=U_{O(min)}=-\dfrac{-10}{2^4}(2^3\times0+2^2\times0+2^1\times0+2^0\times1)=0.625\ \text{V}$

(2) $u_O=-\dfrac{-10}{2^4}(2^3\times1+2^2\times0+2^1\times0+2^0\times1)=5.625\ \text{V}$

(3) $u_O=U_{O(max)}=-\dfrac{-10}{2^4}(2^3\times1+2^2\times1+2^1\times1+2^0\times1)=9.375\ \text{V}$

5.1.3　权电流型 D/A 转换器

在 R-2R 倒 T 型电阻网络 D/A 转换器中，各支路电流的值会受到电子开关导通电阻的影响，不可避免会产生一些误差。如果各支路电流采用恒流源，由于电流源的电流恒定，几乎与电子开关导通电阻的大小无关，这样可以提高转换的精度。

1. 电路结构

图 5-2 所示为 4 位权电流型 D/A 转换器。它由权电流恒流源、运算放大器和电子模拟开关等组成。电子模拟开关的状态由外部输入数据 D 控制，当 $D=1$ 时，开关 S 合向 1，恒流源连接到运算放大器的反相输入端；当 $D=0$ 时，恒流源接地。

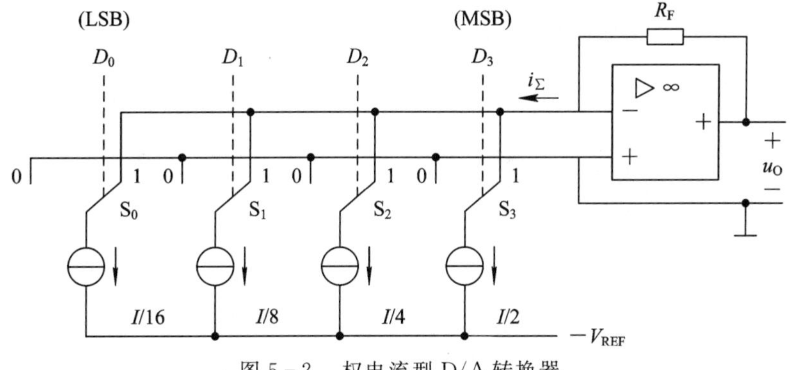

图 5-2　权电流型 D/A 转换器

2. 工作原理

设电子开关 $S_0\sim S_3$ 都接 1，由图 5-2 可得输出模拟电压 u_O 为

$$u_O=i_\Sigma R_F=R_F\left(\frac{I}{2}D_3+\frac{I}{4}D_2+\frac{I}{8}D_1+\frac{I}{16}D_0\right)$$

$$=\frac{R_FI}{2^4}(2^3D_3+2^2D_2+2^1D_1+2^0D_0)\qquad(5-4)$$

由式(5-4)可看出：输出模拟电压 u_O 与输入数字量成正比，从而实现了 D/A 转换。

5.1.4 D/A 转换器的主要参数

1. 分辨率

分辨率是说明 D/A 转换器输出最小电压的能力。它是指 D/A 转换器模拟输出所产生的最小输出电压U_{LSB}(对应的输入数字量仅最低位为1)与最大输出电压U_{FSR}(对应的输入数字量各有效位全为1)之比，即

$$分辨率=\frac{U_{LSB}}{U_{FSR}}=\frac{1}{2^n-1} \tag{5-5}$$

其中，n 表示输入数字量的位数。可见，分辨率与 D/A 转换器的位数有关，位数 n 越大，能够分辨的最小输出电压变化量就越小，即分辨最小输出电压的能力也就越强。

例如：当 $n=8$ 时，D/A 转换器的分辨率为

$$分辨率=\frac{1}{2^8-1}=0.003\ 922$$

而当 $n=10$ 时，D/A 转换器的分辨率为 0.000 978，很显然，10 位 D/A 转换器的分辨率比 8 位 D/A 转换器的分辨率高得多。

2. 转换精度

转换精度是指 D/A 转换器实际输出的模拟电压值与理论输出模拟电压值之间的最大误差。显然，这个差值越小，电路的转换精度越高。但转换精度是一个综合指标，包括零点误差、增益误差等，不仅与 D/A 转换器中元件参数的精度有关，还与环境温度、求和运算放大器的温度漂移以及转换器的位数有关。故而要获得较高精度的 D/A 转换结果，一定要正确选用合适的 D/A 转换器的位数，同时还要选用低漂移高精度的求和运算放大器。一般情况下要求 D/A 转换器的误差小于 $U_{LSB}/2$。

3. 转换时间

转换时间是指 D/A 转换器从输入数字信号开始到输出模拟电压或电流达到稳定值时所用的时间。它是反映 D/A 转换器工作速度的指标。转换时间越小，工作速度就越高。

任务 5.2 模/数转换器(A/D 转换器)

5.2.1 A/D 转换器的基本原理

A/D 转换器是模拟系统到数字系统的接口电路。A/D 转换器在进行转换期间，要求输入的模拟电压保持不变，但在 A/D 转换器中，因为输入的模拟信号在时间上是连续的，而输出的数字信号是离散的，所以进行转换时只能在一系列选定的瞬间对输入的模拟信号进行采样，然后再把这些采样值转化为输出的数字量，一般来说，A/D 转换过程分为采样-保持和量化与编码两步完成。

A/D 转换器

1. 采样-保持

采样是周期性地获取模拟信号样值的过程，即将时间上连续变化的模拟信号转换为时间

上离散、幅度上等于采样时间内模拟信号大小的模拟信号，即将连续信号转换为一系列等间隔的脉冲。采样电路实质上是一个受采样脉冲控制的电子开关，如图5-3(a)所示，其工作波形如图5-3(b)所示。图中，u_i 为模拟输入信号；u_s 为采样脉冲；u_o 为采样后的输出信号。

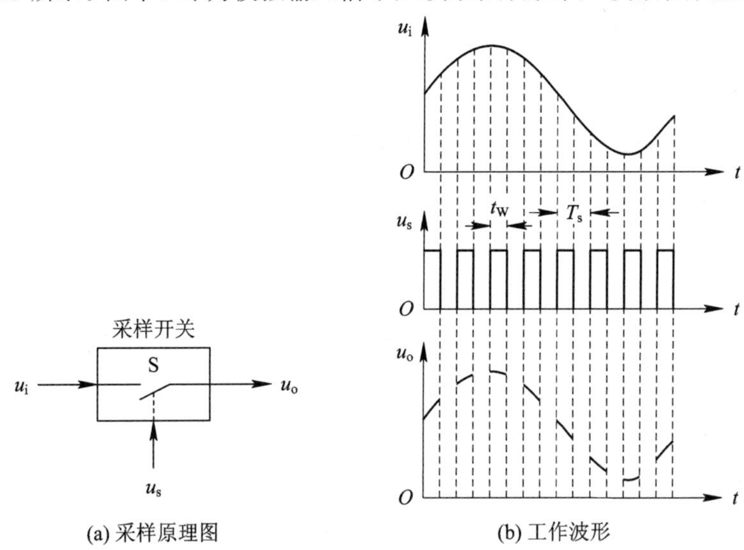

图5-3　采样电路

在采样脉冲 u_s 有效期(高电平 t_W 期间)内，采样开关S闭合接通，使输出电压等于输入电压，即 $u_o = u_i$；在采样脉冲 u_s 无效期(低电平 $T_s - t_W$ 期间)内，采样开关S断开，使输出电压等于0，即 $u_o = 0$。因此，每经过一个采样周期，在输出端便得到输入信号的一个采样值。当 u_s 按照一定频率 f_S 变化时，输入的模拟信号就被采样为一系列的样值脉冲。当然采样频率 f_S 越高，在时间一定的情况下采样到的样值脉冲越多，因此输出脉冲的包络线就越接近于输入的模拟信号。

为了能不失真地恢复原模拟信号，采样频率 f_S 应不小于输入模拟信号频谱中最高频率 f_{1max} 的两倍，这就是采样定理，即

$$f_S \geqslant 2f_{1\,max} \tag{5-6}$$

A/D转换器把采样信号转换成数字信号需要一定的时间，所以在每次采样结束后都需要将这个断续的脉冲信号保持一定时间以便进行转换。图5-4(a)所示是一种常见的采样-保持电路，它由采样开关、保持电容和缓冲放大器组成。

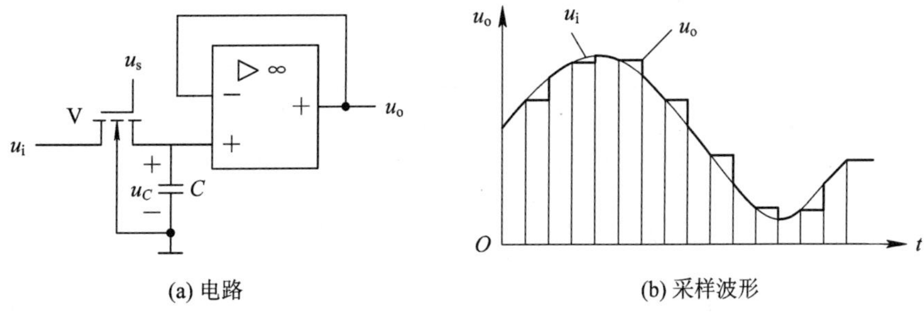

图5-4　基本采样-持电路

在图 5-4(a) 中，利用场效应管 V 做采样开关。在采样脉冲 u_s 为高电平的 t_W 期间，开关 V 接通，输入模拟信号 u_i 向电容 C 充电，由于 C 很小，充电很快，使电容 C 上的电压 u_C 跟随 u_i 变化，即在 t_W 期间，$u_C=u_i$。在采样脉冲 u_s 为低电平，即 T_s-t_W 期间，开关 V 断开，因电容的漏电很小且运算放大器的输入阻抗又很高，所以电容 C 上的电压可保持到下一个采样脉冲到来为止。运算放大器构成电压跟随器，具有缓冲作用，以减小负载对保持电容的影响。在输入一连串采样脉冲后，输出电压 u_o 波形如图 5-4(b) 所示。

2. 量化与编码

输入的模拟信号经采样-保持电路后，得到的是阶梯形模拟信号，它们是连续模拟信号在给定时刻上的瞬时值，但仍然不是数字信号。必须进一步将阶梯形模拟信号的幅度等分成 n 级，并给每级规定一个基准电平值，然后将阶梯电平分别归并到最邻近的基准电平上。数字量最小单位所对应的最小量值叫作量化单位 Δ。将采样-保持电路的输出电压归化为量化单位 Δ 的整数倍的过程叫作量化。用二进制代码来表示各个量化电平的过程，叫作编码。对采样值进行表示时，使用的比特数越多，表示就越精确。

为了方便理解，图 5-5 用 4 个电平对模拟波形进行量化。这里需要使用两个比特，每个量化电平在纵轴上表示为一个 2 比特的编码，每个取样间隔都在横轴上标明。使用 4 个量化电平(2 比特)进行量化编码后的波形如图 5-5(b) 所示。图中原始的模拟波形作为参考。很容易看出，只用两个比特表示采样值时，量化误差大。

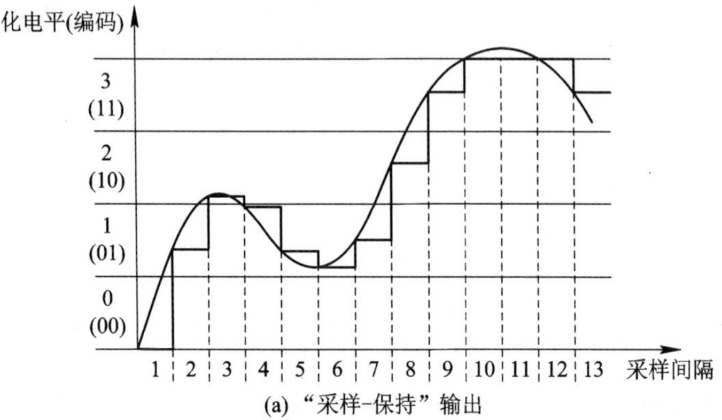

(a) “采样-保持” 输出

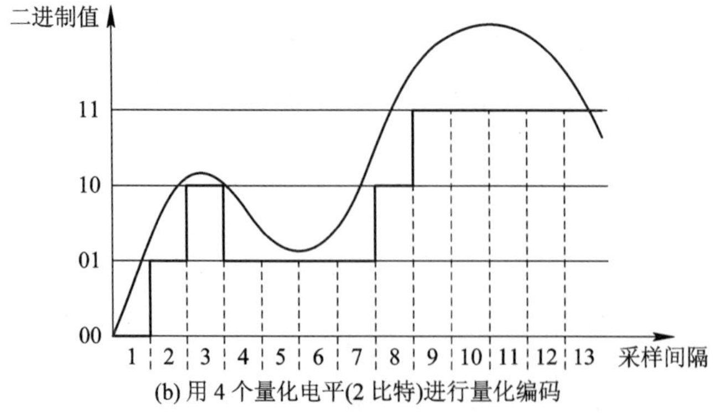

(b) 用 4 个量化电平(2 比特)进行量化编码

图 5-5 “采样-保持” 输出波形使用 4 个电平进行量化编码

图5-6显示了对相同波形使用16个量化电平(4比特)的情形。使用16个量化电平(4比特)进行量化编码后的波形如图5-6(b)所示。很容易看出，与图5-5(b)中仅使用4个量化电平的情况相比，使用16个量化电平所得到的结果更接近于原始波形。这表明量化比特数越多，精度越高。

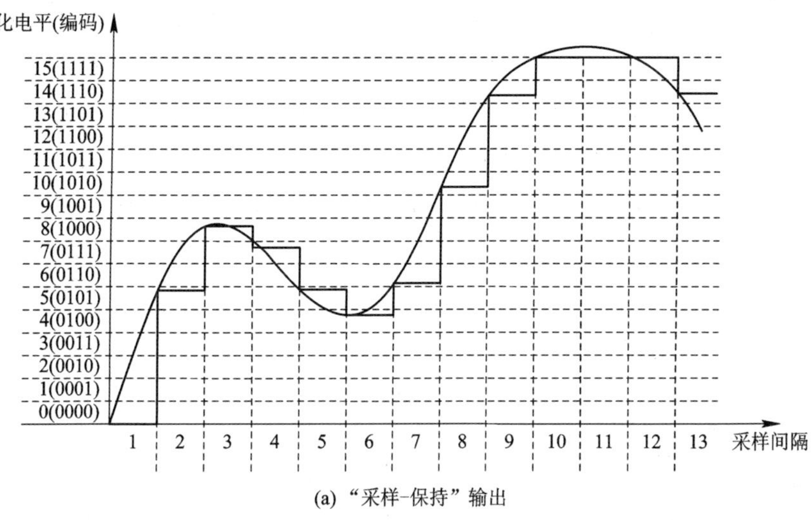

(a) “采样-保持”输出

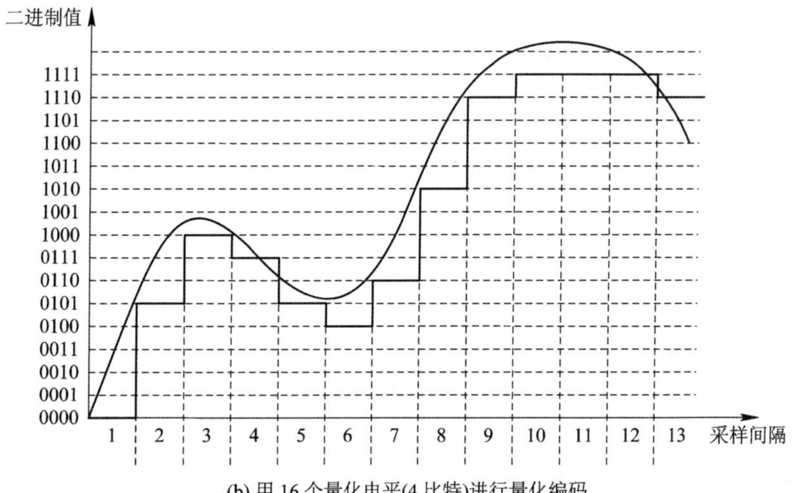

(b) 用16个量化电平(4比特)进行量化编码

图5-6　“采样-保持”输出波形使用16个电平进行量化编码

目前A/D转换器的种类虽然很多，但从转换过程来看，可以归结成两大类：一类是直接A/D转换器，另一类是间接A/D转换器。在直接A/D转换器中，输入模拟信号不需要中间变量就直接被转换成相应的数字信号输出，如逐次逼近型A/D转换器和并联比较型A/D转换器等，其特点是工作速度高，转换精度容易保证，调准也比较方便。而在间接A/D转换器中，输入模拟信号先被转换成某种中间变量(如时间、频率等)，再将中间变量转换为最后的数字量，如单次积分型A/D转换器、双积分型A/D转换器等，其特点是工作速度较低，但转换精度可以做得较高，且抗干扰性能强，一般在测试仪表中用得较多。

下面以最常用的两种A/D转换器(并联比较型A/D转换器、双积分型A/D转换器)为例，介绍 A/D 转换器的基本工作原理。

5.2.2 并联比较型 A/D 转换器

图 5-7 所示为一个 3 位并联比较型 A/D转换器的原理图。它由基准电压、电阻分压器、电压比较器、寄存器和代码转换器组成。其中电阻分压器把基准电压按量化电平划分，各个不同等级的量化电平分别加在相应比较器的反相输入端，作为比较器$C_1 \sim C_7$ 的参考电压，输入模拟电压同时加到各比较器的同相输入端，根据输入电压 u_i 的大小，各比较器输出的状态不同，它们经寄存器送到代码转换电路，完成二进制编码，输出 3 位二进制数，从而实现了模拟量到数字量的转换。表 5-1 是 3 位并联比较型 A/D 转换器的真值表。

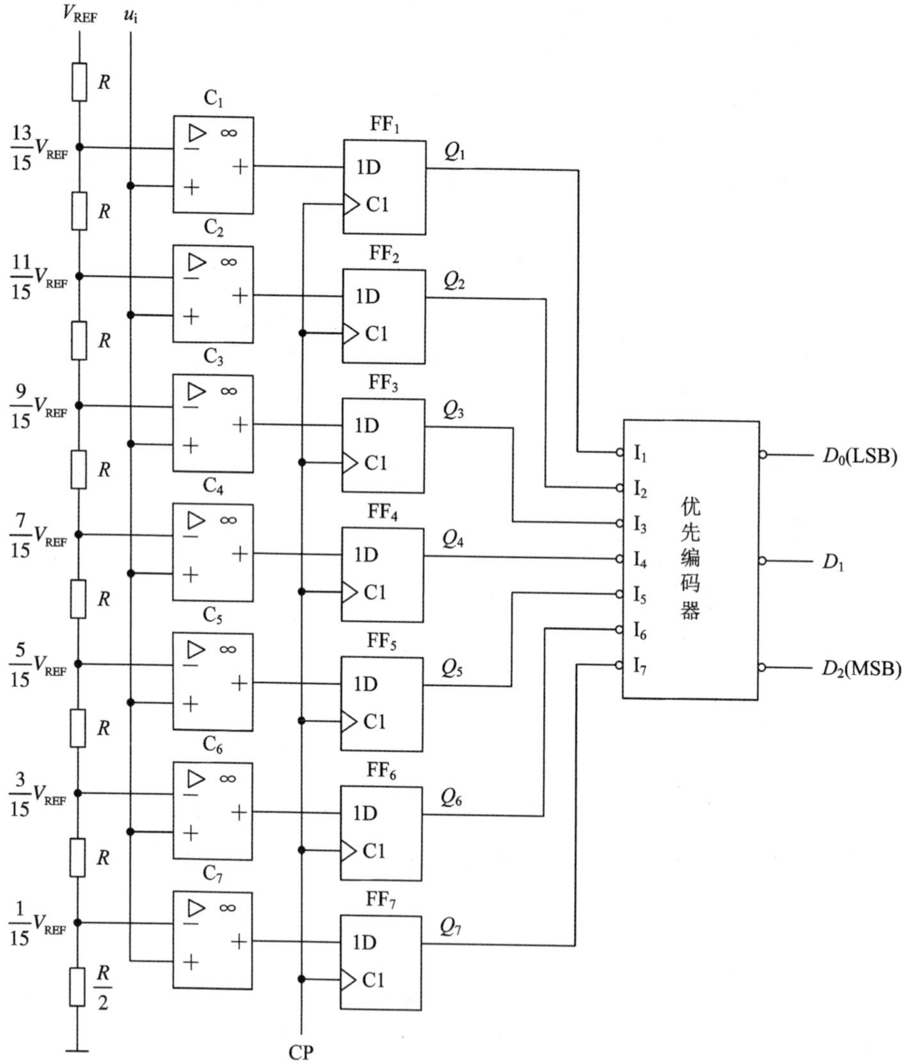

图 5-7 3 位并联比较型 A/D 转换器

表 5-1　3 位并联比较型 A/D 转换器的真值表

输入模拟电压 u_i	寄存器状态							代码输出		
	Q_1	Q_2	Q_3	Q_4	Q_5	Q_6	Q_7	D_2	D_1	D_0
$0 < u_i \leqslant (1/15)V_{REF}$	0	0	0	0	0	0	0	0	0	0
$(1/15)V_{REF} < u_i \leqslant (3/15)V_{REF}$	0	0	0	0	0	0	1	0	0	1
$(3/15)V_{REF} < u_i \leqslant (5/15)V_{REF}$	0	0	0	0	0	1	1	0	1	0
$(5/15)V_{REF} < u_i \leqslant (7/15)V_{REF}$	0	0	0	0	1	1	1	0	1	1
$(7/15)V_{REF} < u_i \leqslant (9/15)V_{REF}$	0	0	0	1	1	1	1	1	0	0
$(9/15)V_{REF} < u_i \leqslant (11/15)V_{REF}$	0	0	1	1	1	1	1	1	0	1
$(11/15)V_{REF} < u_i \leqslant (13/15)V_{REF}$	0	1	1	1	1	1	1	1	1	0
$(13/15)V_{REF} < u_i \leqslant V_{REF}$	1	1	1	1	1	1	1	1	1	1

并联比较型 A/D 转换器的转换速度极快，是各种 A/D 转换器中速度最快的一种，但它的电路复杂，所用比较器和触发器数量多，所以这种 A/D 转换器成本高、价格贵，一般场合较少使用，多用于要求转换速度很高的情况。

5.2.3　双积分型 A/D 转换器

双积分型 A/D 转换器是一种电压—时间变换型 ADC。它的转换原理是把输入电压先转换成与之成正比的时间间隔 Δt，然后利用计数器在 Δt 时间内对一已知的恒定频率 f_c 的脉冲进行计数。可以看出当 f_c 为定值时，计数值 N 与 Δt 成正比，从而把输入电压转换成与之成正比的数字量。

图 5-8 是双积分型 A/D 转换器原理图，它由积分器、比较器、时钟控制门 G、n 位二进制计数器和定时器组成。

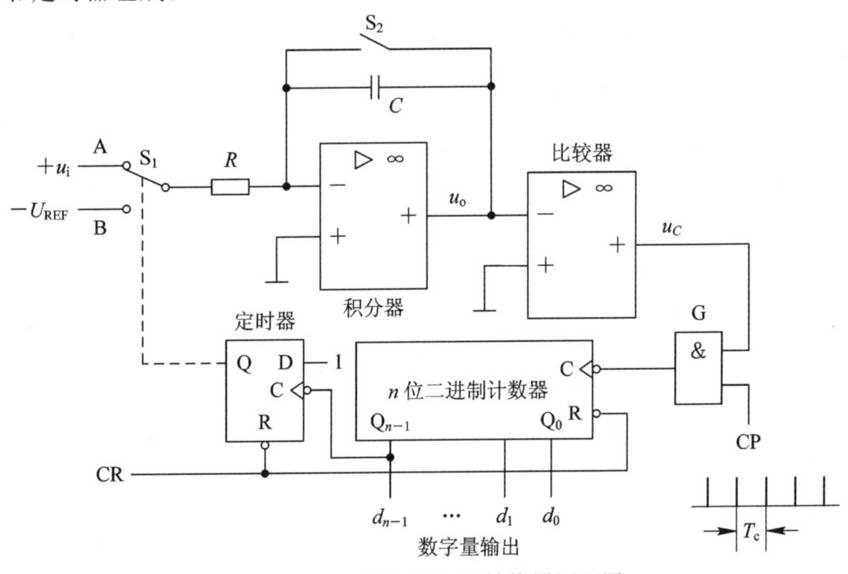

图 5-8　双积分型 A/D 转换器原理图

双积分型 A/D 转换器在一次转换过程中要进行两次积分。第一次积分器对模拟输入电压 $+u_i$ 进行定时积分，第二次积分器对恒定基准电压 $-U_{REF}$ 进行定值积分，二者具有不同的斜率，故称为双斜积分(简称为双积分)型 A/D 转换器。

首先控制信号提供清零脉冲 CR，n 位二进制计数器和定时器清零。S_2 瞬间闭合，积分电容放电。

第一次定时积分为采样积分。采样开始时，定时器 $Q=0$ 使电子开关 S_1 与 A 端接通，积分器对 $+u_i$ 积分，积分器的输出电压为 $u_O=-\int\frac{u_i\mathrm{d}t}{RC}$。由于此阶段 $u_O<0$，比较器的输出 u_C 为高电平，门 G 打开，n 位计数器 0 开始计数，在 2^n 个脉冲后，采样在 t_1 时刻结束，积分器的输出电压为

$$u_{O1}=-\int_0^{t_1}\frac{u_i\mathrm{d}t}{RC}=-\frac{T_1u_i}{RC} \tag{5-7}$$

u_{O1} 与 u_i 成正比，u_i 越大，u_{O1} 也越大。对不同 u_i 的采样积分如图 5-9 所示。随着采样结束，定时器 $Q=1$，使电子开关 S_1 与 B 端接通，积分器转入下一阶段。

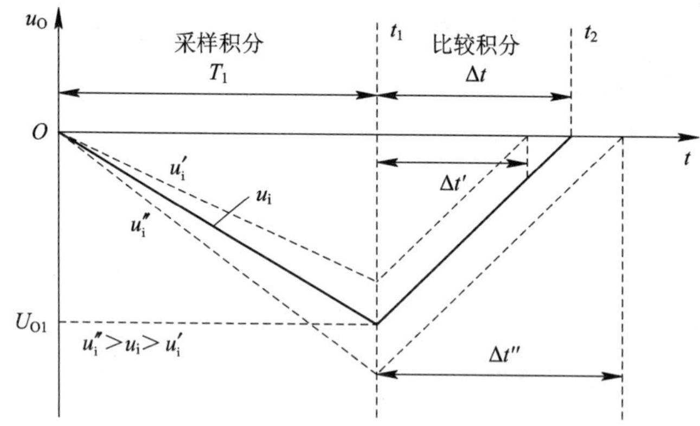

图 5-9　双积分型 A/D 转换的工作波形

第二次积分称为比较积分，积分器对基准电压 $-U_{REF}$ 进行反向积分，计数器从 0 开始重新计数。由于在采样结束时，电容已充有电压 u_{O1}，所以此时积分器输出电压为

$$u_O=U_{O1}+\int_{t_1}^{t}\frac{U_{REF}\mathrm{d}t}{RC}=U_{O1}+\frac{U_{REF}(t-t_1)}{RC} \tag{5-8}$$

也就是说，积分器输出电压从 U_{O1} 开始按直线规律增加，如图 5-9 所示。当积分电压上升至零时，对应的时刻为 t_2，比较阶段结束，计数器停止计数。此时式(5-8) 为

$$U_{O1}+\frac{U_{REF}(t-t_1)}{RC}=0 \tag{5-9}$$

若令比较阶段的时间间隔为 Δt，即 $\Delta t=t_2-t_1$。由式(5-7) 和式(5-9) 可得

$$\Delta t=-\frac{RC}{U_{REF}}U_{O1}=\frac{RC}{U_{REF}}\cdot\frac{T_1}{RC}u_i=\frac{T_1}{U_{REF}}u_i$$

由此可见，比较阶段的时间间隔 Δt 正比于输入模拟电压 u_i，而与积分的时间常数 RC 无关。图 5-9 中虚线表示了不同 u_i 时的 Δt。

第二次积分结束时，计数器的数值为

$$N=\frac{\Delta t}{T_C}=\frac{T_1u_i}{T_CU_{REF}}$$

为双积分型 A/D 转换器的转换结果。

双积分型 A/D 转换器具有极强的抗 50 Hz 工频干扰的优点，但它的转换速度较慢，完成一次 A/D 转换一般需几十毫秒以上。较慢的转换速度对数字测量仪表来说一般无关紧要，因为仪表的精度是关键，而速度一般不要求很快。可是在自动化设备中(如巡回检测、数字遥测等)，一个 A/D 转换器需对多路模拟信号进行转换，如果一次 A/D 转换需几十到几百毫秒，则太费时，这是双积分型 A/D 转换器的美中不足之处。

5.2.4　A/D 转换器的主要参数

1. 分辨率

分辨率是指 A/D 转换器输出数字量的最低位(LSB) 变化一个数码时，对应输入模拟量的变化量，它是衡量 A/D 转换器对输入模拟信号的分辨能力。分辨率也可用 A/D 转换器的位数表示，位数越多，能分辨的最小模拟电压值就越小，分辨能力也越高。例如：最大输入电压为 5 V 的 10 位 A/D 转换器的分辨率为

$$\frac{5\ \text{V}}{2^{10}} = 4.88\ \text{mV}$$

而同样输入电压的 8 位 A/D 转换器的分辨率为

$$\frac{5\ \text{V}}{2^{8}} = 19.53\ \text{mV}$$

2. 转换精度

转换精度是指 A/D 转换器实际输出数字量与理论输出数字量之间的最大差值，通常用最低有效位 LSB 的倍数来表示。例如，转换精度不大于 1/2 LSB，就说明实际输出数字量与理论输出数字量的最大误差不超过 1/2 LSB。

3. 转换时间

转换时间是指 A/D 转换器完成一次转换所需要的时间，即从转换开始到输出端出现稳定的数字信号所需要的时间。转换时间越短意味着 A/D 转换器的转换速度越快。并联比较型 A/D 转换器速度最高，为数十纳秒；双积分型 A/D 转换器速度最慢，为数十毫秒。

5.2.5　集成 A/D 转换器及其应用

ADC0809 是采样频率为 8 位的、以逐次逼近原理进行模/数转换的器件。其内部有一个 8 通道多路开关，可以根据地址码锁存译码后的信号，只选通 8 路模拟输入信号中的一个进行 A/D 转换。

1. 主要特性

(1) 8 路 8 位 A/D 转换器，即分辨率 8 位。

(2) 具有转换起停控制端。

(3) 转换时间为 100 μs。

(4) 单个 +5 V 电源供电。

(5) 模拟输入电压范围为 0 ～+5 V，不需零点和满刻度校准。

(6) 工作温度范围为 $-40\sim+85$℃。

(7) 低功耗，约 15 mW。

2. 外部特性(引脚功能)

ADC0809 芯片有 28 个引脚，采用双列直插式封装，如图 5－10 所示。下面说明各引脚功能。

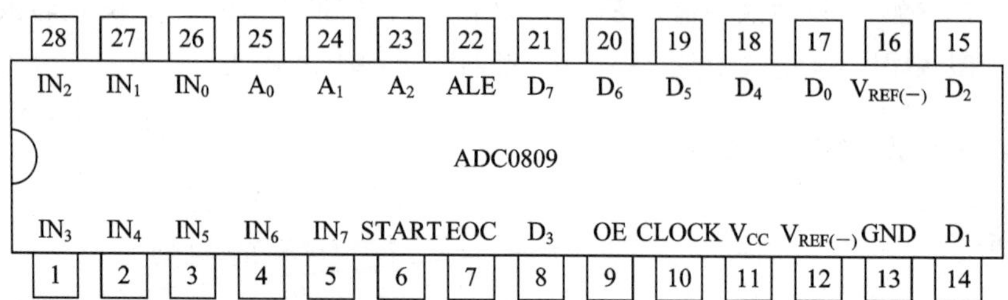

图 5－10　ADC0809 引脚分布

V_{CC}：电源端，+5 V。

GND：接地端。

$IN_0\sim IN_7$：8 路模拟量输入端。

$D_0\sim D_7$：8 位数字量输出端。

A_0、A_1、A_2：3 位地址输入端，用于选通 8 路模拟输入 $IN_0\sim IN_7$ 中的一路。

ALE：地址锁存允许信号，输入高电平有效。

START：A/D 转换启动脉冲输入端，输入一个正脉冲(至少 100 ns 宽) 使其启动(脉冲上升沿使 ADC0809 复位，下降沿启动 A/D 转换)。

EOC：A/D转换结束信号，当A/D转换结束时，此端输出一个高电平(转换期间一直为低电平)。

OE：数据输出允许信号，输入高电平有效。当 A/D 转换结束时，此端输入一个高电平才能打开输出三态门，输出数字量。

CLOCK：时钟脉冲输入端。要求时钟频率不高于 640 kHz。

$U_{REF(+)}$、$U_{REF(-)}$：基准电压，一般直接接供电电源。

3. ADC0809 的工作原理

首先，输入 3 位地址并使 ALE＝1，将地址存入地址锁存器中。此地址经译码选通 8 路模拟输入之一到比较器。START 上升沿将逐次逼近寄存器复位，下降沿启动 A/D 转换之后，EOC 输出信号变低，指示转换正在进行。直到 A/D 转换完成，EOC 变为高电平，指示 A/D 转换结束，结果数据已存入锁存器，这个信号可用作中断申请。当 OE 输入高电平时，输出三态门打开，转换结果的数字量输出到数据总线上。

【仿真扫一扫】 8 位 A/D 转换器 AD570 仿真电路如图 5－11 所示，先将电位器 R_P 的每一步调整幅度改为 0.392%，然后将 R_P 先调整到 0%，然后不断增加 R_P 的值，一直输出到 100%，电位器输出的是一个连续变化的物理量，输出用 8 位 LED 进行状态显示，并用两位数码管同步显示当前数字量输出状态，注意两位数码管分别连接高 4 位和低 4 位，显示的是十六进制数，而非十进制数，记录每一步所对应的输出，并将 LED 的状态记录在表 5－2 中。

A/D 转换器
测试仿真

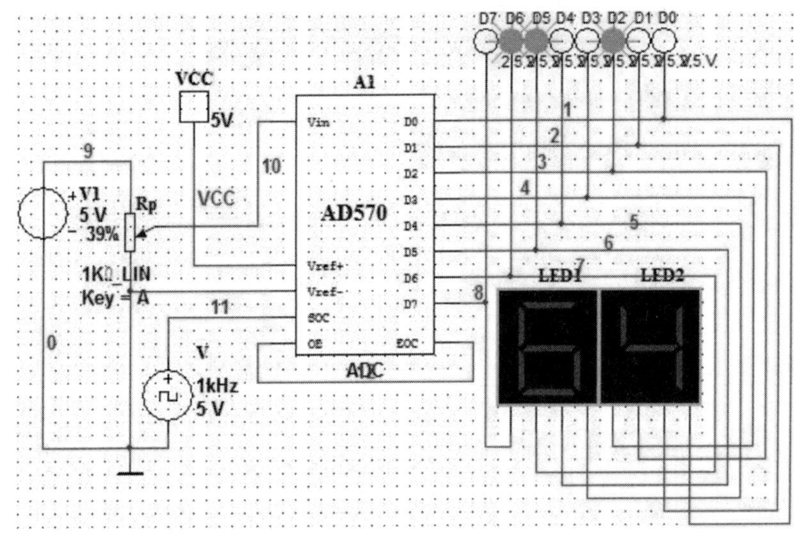

图 5－11　A/D 转换器测试电路仿真图

表 5－2　A/D 转换器测试结果对照表

调节电压值占比 %	LED 输出状态								对应十进制数
	D_7	D_6	D_5	D_4	D_3	D_2	D_1	D_0	
0	0	0	0	0	0	0	0	0	0
0.392	0	0	0	0	0	0	0	1	1
0.784	0	0	0	0	0	0	1	0	2
1.176	0	0	0	0	0	0	1	1	3
1.568	0	0	0	0	0	1	0	0	4
1.96	0	0	0	0	0	1	0	1	5
2.352	0	0	0	0	0	1	1	0	6
2.744	0	0	0	0	0	1	1	1	7
3.17	0	0	0	0	1	0	0	0	8
3.53	0	0	0	0	1	0	0	1	9
3.92	0	0	0	0	1	0	1	0	10
…	…	…	…	…	…	…	…	…	…
39.2(见图 5－11)	0	1	1	0	0	1	0	0	100
…	…	…	…	…	…	…	…	…	…
99.6	1	1	1	1	1	1	1	0	254
100	1	1	1	1	1	1	1	1	255

从表 5－2 可看出，当输入模拟量每变化 0.392% 时，输出数字量变化 1，即该电路输入模拟量与输出数字量存在正比关系，实现了模/数转化。

任务 5.3 半导体存储器

创 增强创新意识、提高创新能力篇

存储器发展史——不积跬步，无以至千里；不积小流，无以成江海

今天，无处不在的科技，都离不开网络、计算和存储。其中信息存储的发展历史最悠久，堪称万年进化史。从文明诞生以来，人类就一直在寻求能够更有效存储信息的方式，从4万年前的洞穴壁画、6000年前泥板上的楔形文字，到结绳记事、甲骨文、纸、打孔纸带、磁带、磁鼓内存、磁芯存储、硬盘驱动器、光盘DVD、软盘，到今天普及的SSD/闪存，再到对量子存储、DNA存储技术的探索，这让我们感受到人类文明发展的进步之路，人类探索的脚步从未停止。纵观人类信息存储的发展史，是不是用荀子《劝学篇》中的**"不积跬步，无以至千里；不积小流，无以成江海"**来描述再恰当不过了，多少代先辈们的前仆后继努力，才换来了今天计算机存储速度"闪存"的飞跃。

任何事情都是由量变到质变的，做一件事，如果不能持之以恒，就不可能成功。读书是一件需要长期坚持的事情，也是一个辛劳的过程。如果心浮气躁、浅尝辄止，是不可能做好学问的。一个蛋从外面被敲开，注定被吃掉。你要是能从里面自己啄开，则没准是只鹰。希望你从现在开始，坚持每天努力多一点点，每天进步一点点，少在意一时成败，日积月累坚持不懈地努力……终有一天你会发现，不知不觉中你已完成从不可能到很好，从平凡到卓越的华丽蜕变，期待你的破茧成蝶！

半导体存储器以其存储容量大、体积小、功耗低、存取速度快、使用寿命长等特点，已广泛应用于数字系统。根据用途不同，存储器分为两大类。一类是只读存储器ROM，用于存放永久性的、不变的数据，如常数、表格、程序等，这种存储器在断电后数据不会丢失。像计算机中的自检程序、初始化程序便是固化在ROM中的，在计算机接通电源后，首先运行它，对计算机硬件系统进行自检和初始化，自检通过后，装入操作系统，计算机才能正常工作。另一类是随机存取存储器RAM，用于存放一些临时性的数据或中间结果，需要经常改变存储内容。这种存储器断电后，数据将全部丢失。如计算机中的内存，就是这一类存储器。

ROM和RAM同是用于存储数据，但性能不同，两者的结构也完全不同。ROM主要由与阵列、或阵列和输入、输出缓冲级等电路构成，它是一种大规模的组合逻辑电路；而RAM是由译码器、存储器和读/写控制电路组成的，它属于大规模时序逻辑电路。

5.3.1 只读存储器(ROM)

只读存储器用于存放固定不变的信息，它在正常工作时，只能按给定地址读出信息，而不能写入信息，故称为只读存储器，简称ROM。ROM的优点是存储信息可靠，不会丢失，即使断电，数据也不会丢失。

1. 掩膜只读存储器

固定 ROM 的结构和工作原理

掩膜只读存储器，又称固定 ROM，这种 ROM 在制造时，生产厂家利用掩膜技术把信息写入存储器中，使用时用户无法更改。掩膜只读存储器的缺点是信息写入必须由芯片制造商完成，因此当生产批量小时，成本高；不能更新存储器的内容，要更新只能换新的 ROM。掩膜只读存储器可分为二极管 ROM、双极型三极管 ROM 和 MOS 管 ROM 三种类型。下面主要以二极管掩膜只读存储器为例介绍 ROM 的结构和工作原理。

1）电路组成

图 5-12 所示为二极管 ROM 的结构图。它由一个 2 线-4 线地址译码器和一个 4×4 的二极管存储矩阵组成。A_1、A_0 为输入的地址码，可产生 $W_0 \sim W_3$ 四个不同的地址，用以选择存储的内容，$W_0 \sim W_3$ 称为字线。$W_0 \sim W_3$ 和输入 A_1、A_0 的逻辑关系为：$W_0 = \overline{A_1}\ \overline{A_0}$，$W_1 = \overline{A_1}A_0$，$W_2 = A_1\overline{A_0}$，$W_3 = A_1A_0$。存储矩阵由二极管或门组成，其输出为 $D_0 \sim D_3$。在 $W_0 \sim W_3$ 中，任一输出为高电平时，$D_0 \sim D_3$ 四根线上输出一组 4 位二进制代码，每组代码称作一个字，$D_0 \sim D_3$ 称为位线。

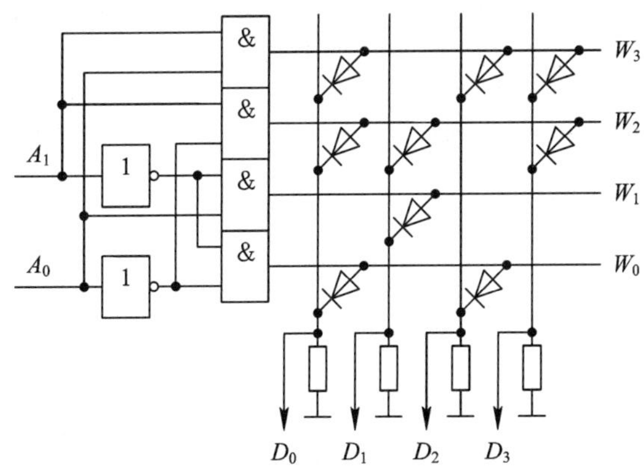

图 5-12　4×4 二极管 ROM 结构

2）读数

读数主要是根据地址码将指定存储单元中的数据读出来。例如，当地址码 $A_1A_0 = 00$ 时，只有字线 W_0 为高电平，其他字线均为低电平，故只有与字线 W_0 相连接的 2 个二极管导通，此时，输出 $D_3D_2D_1D_0 = 0101$；同理可知，当 $A_1A_0 = 01$、10、11 时，输出 $D_3D_2D_1D_0$ 依次为 0010、1011 和 1101。由此可知，所谓存储信息 1，就是指在字线和位线的交叉处接有二极管。所谓存储信息 0，就是指在字线和位线的交叉处没有二极管。所以字线与位线的交叉点称为存储单元。读取信息时，字线为高电平，与之相连的二极管导通，对应的位线输出高电平 1，没有二极管的位线输出低电平 0。图 5-12 可用图 5-13 的简化阵列图来表示，字线和位线交叉处的圆点“•”代表二极管(或 MOS 管、双极型三极管)，表示存储 1，没有圆点的表示存储 0。

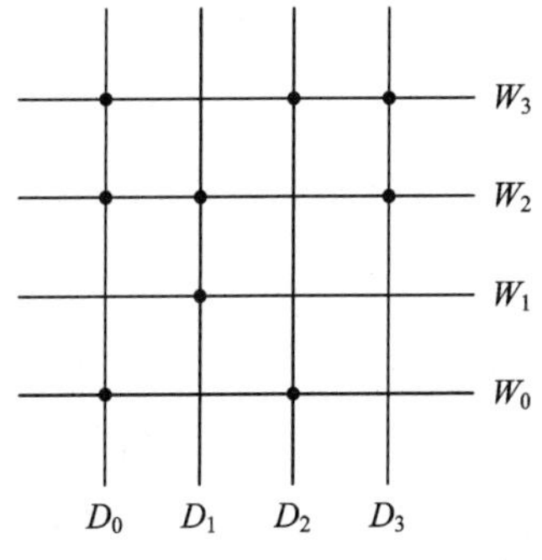

图 5-13　存储矩阵示意图

交叉点的数目，即存储器中存储单元的数量，称为存储容量。常用存储单元的数量表示存储器的容量，写成“字数×位数”= 存储容量，对于图 5-12 来说，其存储容量为 4×4。

例如，一个 32×8 的 ROM，表示它有 32 个字，字长为 8 位，存储容量是 32×8 = 256。对于大容量的 ROM，常用“K”表示“1024”，即1 K = 1024 = 2^{10}，用“M”表示“1024 K”，1 M = 1024 K = 2^{10} K = 2^{20}。例如，一个 64 K×8 的 ROM，表示它有 64 K 个字，字长为 8 位，存储容量是 64 K×8 = 512 K。

2. 可编程只读存储器(PROM)

PROM、EPROM、E^2PROM、Flash Memory

用户可直接写入信息的只读存储器，称为可编程只读存储器，简称 PROM，其使用更加灵活方便，通用性更强，能较好地满足电子技术发展的需要。向芯片写入信息的过程称为对存储器芯片编程。PROM 是在掩膜只读存储器的基础上发展来的，其存储单元的结构仍然是用二极管、晶体管作为受控开关，不同的是在等效开关电路中串接了一个熔丝，如图 5-14 所示。在 PROM 中，每个字线和位线的交叉点都接有一个这样的熔丝，在没有编程前，熔丝都是连通的，所有存储单元都相当于存储了 1。在用户编程时，只需按自己的要求，借助于一定的编程工具，将不需要连接的开关元件上串联的熔丝烧断，这样相当于该存储单元改写为 0。由于熔丝烧断后不可恢复，故这种可编程的存储器只能进行一次编程。存储器芯片经编程后，只能读出，不能再写入。

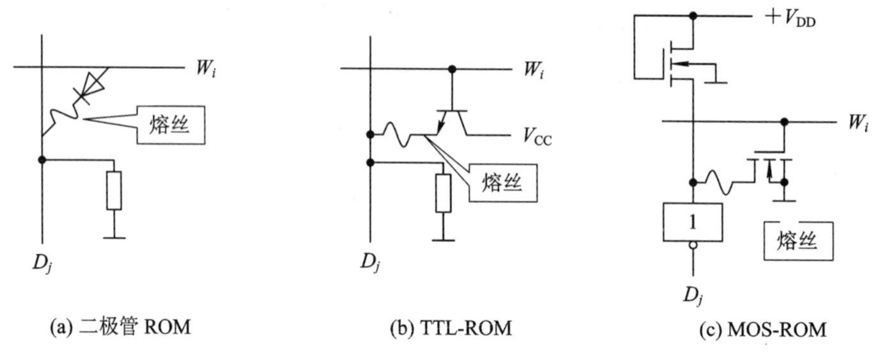

图 5-14 PROM 的存储单元结构

3. 可擦除可编程只读存储器

由于 PROM 只能进行一次编程，所以万一出错，芯片只有报废，这使用户承担了一定的风险。可擦除可编程只读存储器克服了这个缺点，它允许对芯片进行反复改写，即可以把写入的信息擦除，再重新写入信息。因此这种芯片用于开发新产品，或对设计进行修改都是很方便、经济的，并且降低了用户的风险。芯片写入信息后，在使用时，仍然是只读出，不再写入，故仍称为只读存储器。

根据对芯片内容擦除方式的不同，可擦除可编程只读存储器有以下三种类型。

1) 紫外线擦除方式(EPROM)

EPROM 的存储单元结构是用具有浮栅和控制栅叠在一起的特殊叠栅结构的 MOS 管

替代熔丝开关，这种叠栅MOS管又称为SIMOS管。它在专用的编程器下，用幅度较大的编程脉冲作用后，使浮栅中注入电荷，成为永久导通态，相当于熔丝接通，存储信息1。若将它置于专用的紫外线擦除器中受强紫外线照射后，可消除浮栅中的电荷，成为永久截止态，相当于熔丝断开，从而擦除信息1，而成为存储了信息0。这种电写入、紫外线擦除的只读存储器芯片上的石英窗口，就是供紫外线擦除芯片用的。在向EPROM芯片写入信息后，一定要用不透光胶纸将石英窗口密封，以免丢失芯片内的信息。芯片写好后，数据可保持10年左右。

2）电擦除可编程方式（EEPROM，也写作 E^2PROM）

E^2PROM 存储单元的结构类似于EPROM，只是 E^2PROM 的浮栅上在靠近漏极处增加了一个隧道二极管，利用它由编程脉冲控制向浮栅注入电荷或消除电荷，使它成为导通态或截止态，从而实现电写入信息和电擦除信息。E^2PROM 可以对存储单元逐个擦除改写，因此它的擦除与改写可以边擦除边写入一次完成，速度比EPROM快得多，可重复改写的次数也比EPROM多，E^2PROM 芯片写入数据后，可保持10年以上时间。

3）快闪存储器(Flash Memory)

快闪存储器是一种近年来发展起来的电可擦除可编程只读存储器，它的存储单元结构类似于 E^2PROM，只是它是在浮栅靠源极处有一个隧道二极管，并且工艺更先进，使它具有更低的编程电压和更快的读写速度。编程时向浮栅注入电子相当于写入1，消除浮栅中的电子相当于写入0。快闪存储器芯片内部设置有升压电路，无须专用编程器就可以进行擦写操作，且具有速度快、寿命长(可以重复改写的次数达10万次以上)等优点，因而广泛应用于需要随时读写数据的移动设备中作存储器。

4. PROM 的应用

可编程存储器除了用于存储数据，还可以用于实现组合逻辑设计。

通常PROM的地址译码器是一个全译码器，并且是不可编程的与阵列，又称为固定与阵列，它可以产生对应于地址码的全部最小项。而存储矩阵为可编程的或阵列，因此PROM可方便地实现与-或逻辑功能。而所有的组合逻辑函数都可变换为标准与-或式，所以都可以用PROM来实现，只要PROM有足够的地址线和数据输出线就行了。实现的方法就是把逻辑变量从地址线输入，把逻辑函数值写入相应的存储单元中，而数据输出端就是函数输出端。

例 5.2　试用PROM实现下列逻辑函数：

$$\begin{cases} Y_1 = A\overline{C} + \overline{B}C \\ Y_2 = AB + AC + BC \end{cases}$$

解　将上述函数式化为标准与-或式，即

$$\begin{cases} Y_1(A, B, C) = \sum m(1, 4, 5, 6) \\ Y_2(A, B, C) = \sum m(3, 5, 6, 7) \end{cases}$$

由上述标准式可知：函数 Y_1 有四个存储单元应为“1”，函数 Y_2 也有四个存储单元应为“1”，实现这 2 个函数的逻辑图如图 5-15 所示。

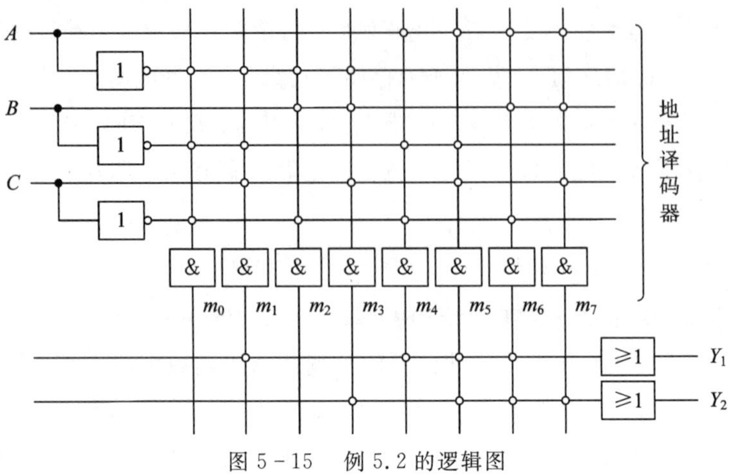

图 5-15　例 5.2 的逻辑图

5.3.2　随机存取存储器(RAM)

随机存取存储器也称随机读/写存储器，可以在任意时刻对任意选中的存储单元进行信息的存入(写)或取出(读)操作。它可用于存放二进制信息，如数据、程序指令和运算的中间结果。

随机存取存储器(RAM)

1. RAM 的基本结构

RAM 的结构示意图如图 5-16 所示，它由行地址译码器、存储矩阵和读/写控制电路三个部分组成。从图中可以看出，RAM 电路中有地址线、控制线和数据线三类信号线。

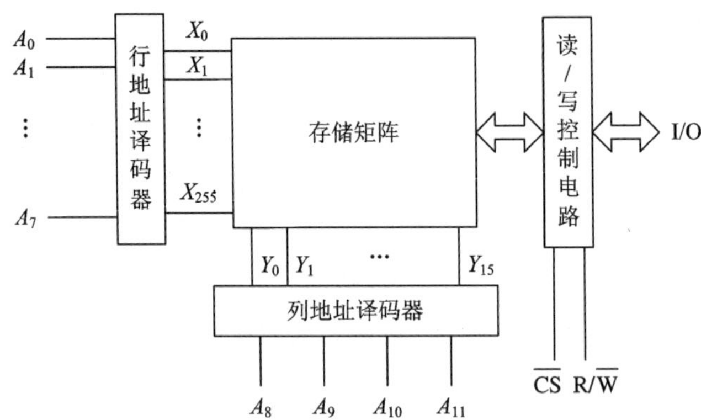

图 5-16　RAM 结构示意图

存储矩阵由许多个存储单元排列成 n 行、m 列的矩阵组成，共有 $n\times m$ 个存储单元，每个存储单元可以存储 1 位二进制数(1 或 0)，存储器中存储单元的数量又称为存储容量。图 5-17 给出了 RAM 的存储单元与输入/输出的原理结构图，地址译码器分为行地址译码器和列地址译码器。在给定地址码后，行地址译码器输出线(称为行选线，用 X 表示，又称字线)中有一条为有效电平，它选中一行存储单元，同时列地址译码器的输出线(称为列选线，用 Y 表示，又称位线)中也有一条为有效电平，它选中一列(或几列)存储单元，这两条输出

线(行与列)交叉点处的存储单元便被选中(可以是 1 位，或几位)，这些被选中的存储单元由读/写控制电路控制，与输入/输出端接通，实现对这些单元的读或写操作。

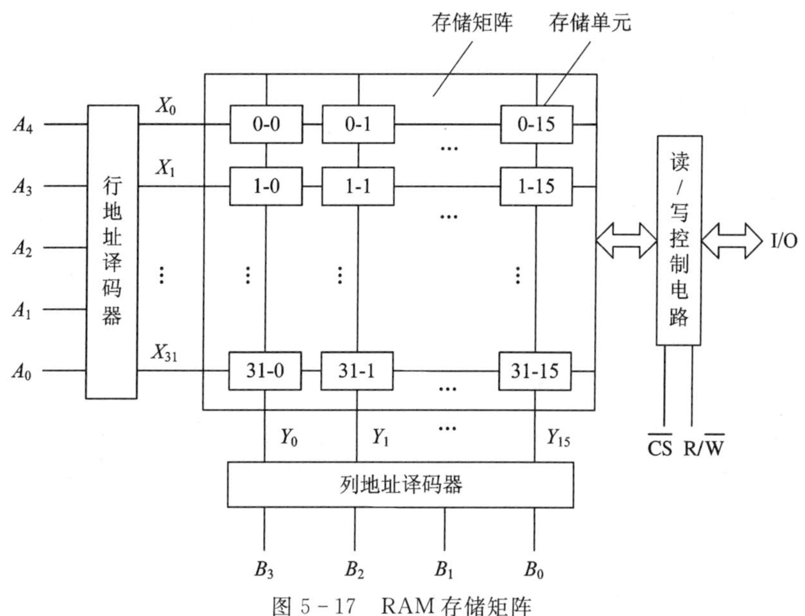

图 5-17　RAM 存储矩阵

读/写控制电路用于对电路的工作状态进行控制。当读/写控制信号 $R/\overline{W}=1$ 时，执行读操作，即将存储单元中的数据送到输入/输出端上；当 $R/\overline{W}=0$ 时，执行写操作，加到输入/输出端上的数据被写入存储单元中。

在数字系统中，RAM 一般由多片组成，系统每次读写时，只能选中其中的一片(或几片)进行读写，因此每片 RAM 均需有片选信号线 $\overline{CS}$。当 $\overline{CS}=0$ 时，RAM 为正常工作状态；当 $\overline{CS}=1$ 时，所有的输入/输出端都为高阻态，RAM 不能进行读/写操作。

结论：当 $\overline{CS}=0$，$R/\overline{W}=1$ 时，进行读出数据操作；当 $\overline{CS}=0$，$R/\overline{W}=0$ 时，进行写入数据操作。

2. RAM 的存储单元

1) 静态存储单元

静态存储单元由 CMOS 触发器和门控管组成，它的工作状态受行、列译码输出的行选择线和列选择线控制。当静态存储单元被选通时，其中的门控管导通，这时可通过读/写控制电路对选通的静态存储单元进行读/写操作。对于没有被选通的静态存储单元，由于门控管截止，静态存储单元被封锁，不能进行读/写操作。

静态随机存取存储器(SRAM)的优点是在不断电情况下，可长期保存二进制信息，读/写控制电路简单，存取速度快；缺点是存储容量小，静态功耗大，适用于小容量存储器。

2) 动态存储单元

动态存储单元是利用 MOS 管栅极电容的存储效应组成的，由于栅极电容的容量很小，且存在漏电，因此栅极电容上存储的信息不可能长期保存。为防止信息丢失，必须定时给栅极电容补充电荷，这种补充电荷的过程称为刷新。

动态存储单元的工作受行选择线和列选择线控制。当动态存储单元被选通时，门控管导通，这时可对动态存储单元进行写操作和读操作，并对该存储单元进行一次刷新。对于没有被选通的动态存储单元，由于门控管截止，因此不能进行读/写操作。

动态随机存取存储器(DRAM）的优点是存储单元电路简单、集成度高、功耗低，在大容量存储器中采用较多；缺点是外围电路较复杂。

3. RAM 的扩展

一片RAM的存储容量是一定的。在数字系统或计算机中，单个芯片往往不能满足存储容量的需求，我们可以将若干个存储器芯片组合起来，扩展成大容量的存储器，从而满足使用要求。RAM 的扩展有位扩展和字扩展两种，也可以同时扩展位、字以满足对容量的需求。

1）RAM 的位扩展

若一片RAM的字数已够用，而每个字的位数不够用，则采用位扩展的方法来扩展每个字的位数。其方法是将各片 RAM 的地址输入端、读/写控制端 R/$\overline{W}$和片选端 CS 对应地并接在一起。图 5-18 为用两片 1 K×4 位的 RAM 进行位扩展，扩展后的容量为 1 K×8 位。

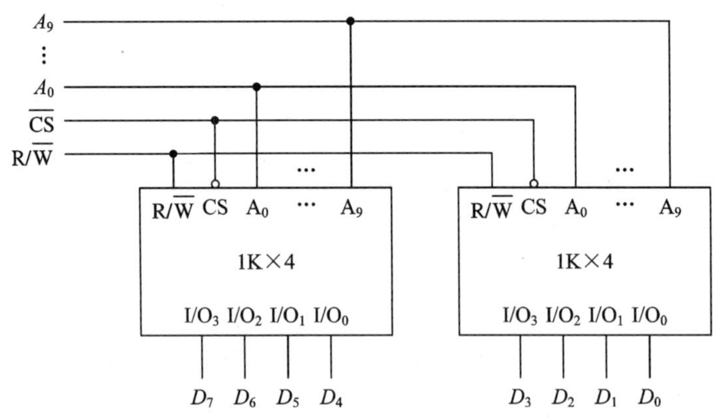

图 5-18　RAM 的位扩展接法

2）RAM 的字扩展

若一片 RAM 的位数已够用，而字数不够用，则采用字扩展的方法来扩展存储器的字数。字扩展通常用外加译码器控制芯片的片选输入信号 CS 来实现。

若字数和位数都不够用，则可对字数和位数同时进行扩展，便组成了大容量的存储器。

增强创新意识、提高创新能力篇

王安发明磁芯存储器的故事——善于观察，善于发现

磁芯存储器的发明是继磁鼓存储器之后，现代电子计算机存储器发展历史上的第二个具有革命性意义的里程碑，在半导体内存诞生以前，磁芯存储器曾经“统治”了内部存储器20余年。磁芯存储器的发明人是著名的科学家、发明家、企业家、“电脑大王”王安。而王安发明存储器也是一个偶然的事件，就像牛顿从苹果落地发现了万有引力定律一样，王安也是散步时从苗圃里获得了启示而发明了存储器。

1948年，进入哈佛大学计算机实验室做研究工作的王安，在他到实验室的第三天就毫不犹豫接下了计算机存储器的设计工作。然而接下任务后，王安便遇到了一个问题。

磁芯是当时最理想的存储器制备材料，但是有一个缺陷。往存储器里存信息时，给一个“1”它就存“1”，从存储器里读取信息时，读取一个“1”，原来存在的这个“1”就消失了，这不能满足读取信息又必须保护信息的要求。这个问题，王安苦思冥想，整整三个月都找不到解决问题的办法。

有一天，王安在校园里散步，发现园丁正在对校园的苗圃做绿化，他从苗圃里移走一棵树，在苗圃原来的地方再栽回一棵同样的树，于是苗圃就保留了原来的状态。王安因此大受启发，拍了拍自己的脑袋，存储器也可以这样设计啊。为什么脑袋里一直想着如何解决读出信息时不破坏信息这个难题，而忘了任务的目的呢?自己的目的不就是读出信息，并且保存好这些信息吗?要是换成自然界常见的处理方法问题就很简单了。于是他采用了类似苗圃栽树的方法，第一步，取出保存的信息，送到需要用的地方；第二步立刻把这些信息复制并存在原来的地方，这样就满足了读出信息，并且取出的信息不被破坏的要求。

通过这个例子让我们感受到科学发明中的偶然和必然，由于科学来源于生活，故自然界和日常生活中的很多现象往往隐含着科学道理，所以同学们平时要积极培养观察能力，善于观察、善于发现，培养探究能力，提升科学素养。

任务5.4　数字电压表的设计

5.4.1　数字电压表的构成

数字电压表是将被测模拟量转换为数字量，并进行实时数字显示的一个简单的电路系统。该系统选用了MC14433——3位半A/D转换器、MC1413七路达林顿驱动器阵列、CD4511七段锁存/译码/驱动器、MC1403能隙基准电源和共阴极LED发光数码管。其中各部分的功能如下：

(1) 3位半A/D转换器(MC14433)：将输入的模拟信号转换成数字信号。

(2) 驱动器(MC1413)：驱动显示器的a，b，c，d，e，f，g七个发光段，驱动发光数码管(LED)进行显示。

(3) 译码器(CD4511)：将二-十进制(BCD)码转换成七段信号。

(4) 基准电源(MC1403)：提供精密电压，供A/D转换器作参考电压。

(5) 显示器(共阴极LED发光数码管)：将译码器输出的七段信号进行数字显示，读出A/D转换结果。

3位半数字电压表中的3位半是指十进制数0000～1999。其中，3位是指个位、十位、百位，其数字范围均为0～9；半位是指千位数，它不能从0变化到9，而只能由0变到1，即二值状态，所以称为半位。数字电压表原理框图如图5-19所示。

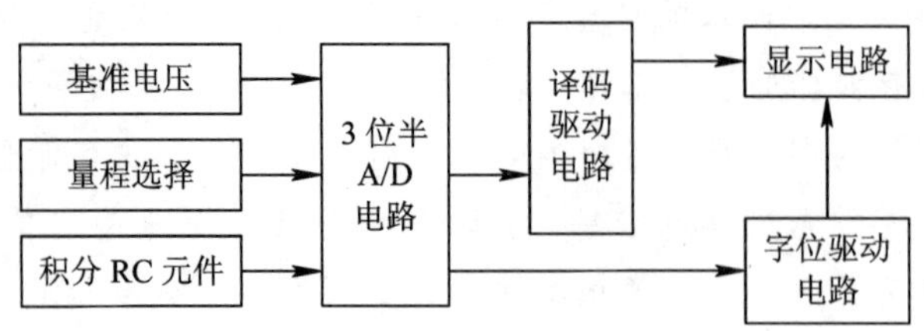

图 5-19　数字电压表原理框图

5.4.2　主要元器件介绍

1）3 位半 A/D 转换器 MC14433

在数字仪表中，MC14433 电路是一个低功耗 3 位半双积分型 A/D 转换器。和其他典型的双积分型 A/D 转换器类似，MC14433A/D 转换器由积分器、比较器、计数器和控制电路组成。使用 MC14433 时只要外接两个电阻(分别是片内 R_C 振荡器外接电阻和积分电阻 R_I)和两个电容(分别是积分电容 C_I 和自动调零补偿电容 C_0)就能执行 3 位半的 A/D 转换。

MC14433 采用 24 引线双列直插式封装，外引线排列，可参考如图 5-20 所示的引脚标注。

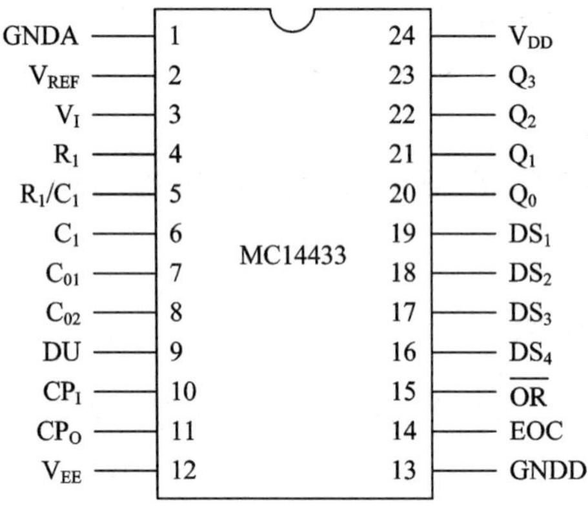

图 5-20　MC14433 引脚图

图 5-20 中各主要引脚功能说明如下：

(1) 1 脚：GNDA，模拟地，是高阻输入端，作为输入被测电压 V_X 和基准电压 V_{REF} 的参考点。

(2) 2 脚：V_{REF}，外接基准电压输入端。

(3) 3 脚：V_I，被测电压输入端。

(4) 4 脚：R_1，外接积分电阻端。

(5) 5 脚：R_1/C_1，外接积分元件电阻和电容的公共接点。

(6) 6 脚，C_1，外接积分电容端，积分波形由该端输出。

(7) 7 和 8 脚：C_{01} 和 C_{02}，外接失调补偿电容端。推荐外接失调补偿电容取 0.1 μF。

(8) 9 脚：DU，实时输出控制端，主要控制转换结果的输出。若在双积分放电周期即阶段 5 开始前，在 DU 端输入一正脉冲，则该周期转换结果将被送入输出锁存器并经多路开关

输出，否则输出端继续输出锁存器中原来的转换结果。若该端通过一电阻和EOC短接，则每次转换的结果都将被输出。

(9) 10脚：CP_I(CLK_I)，时钟信号输入端。

(10) 11脚：CP_O(CLK_O)，时钟信号输出端。

(11) 12脚：V_{EE}，负电源端，模拟电路部分的负电源，一般取－5 V。

(12) 13脚：GNDD，数字地端。

(13) 14脚：EOC，转换周期结束标志输出端，每一A/D转换周期结束，EOC端输出一正脉冲，其脉冲宽度为时钟信号周期的1/2。

(14) 15脚：$\overline{OR}$，过量程标志输出端，当$|V_X|>V_{REF}$时，$\overline{OR}$输出低电平，正常量程$\overline{OR}$为高电平。

(15) 16～19脚：对应为DS_4～DS_1，分别是多路调制选通脉冲信号个位、十位、百位和千位输出端，当DS端输出高电平时，表示此刻Q_0～Q_3输出的BCD代码是该对应位上的数据。

(16) 20～23脚：对应为Q_0～Q_3，分别是A/D转换结果数据输出BCD代码的最低位(LSB)、次低位、次高位和最高位输出端。

(17) 24脚：V_{DD}，整个电路的正电源端。

2）七段锁存/译码/驱动器CD4511

CD4511是用于将二-十进制代码(BCD)转换成七段显示信号的专用标准译码器，它由4位锁存器、7段译码电路和驱动器三部分组成。其引脚介绍及功能表见项目6。

3）七路达林顿驱动器阵列MC1413

MC1413采用NPN达林顿复合晶体管的结构，因此具有很高的电流增益和输入阻抗，可直接接受MOS或CMOS集成电路的输出信号，并把电压信号转换成足够大的电流信号驱动各种负载。该电路内含有7个集电极开路反相器。MC1413电路结构引脚图如图5-21所示，它采用16引脚的双列直插式封装，每一驱动器输出端均接有一释放电感负载能量的续流二极管。

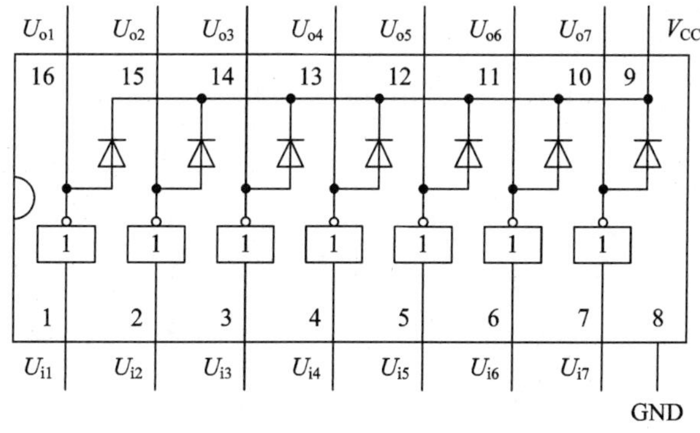

图5-21 MC1413电路结构引脚图

4）高精度低漂移能隙基准电源MC1403

MC1403采用8条引线双列直插标准封装，如图5-22所示。

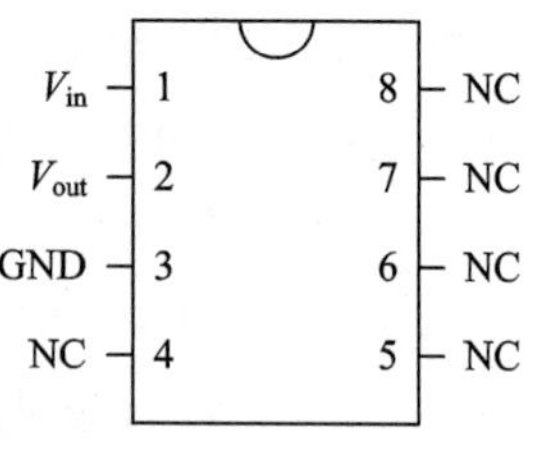

图 5-22　MC1403 引脚图

MC1403 的输出电压的温度系数为零，即输出电压与温度无关。该电路的特点是：① 温度系数小；② 噪声小；③ 输入电压范围大，稳定性能好，当输入电压从 +4.5 V 变化到 +15 V 时，输出电压值变化量小于 3 mV；④ 输出电压值准确度较高，在2.475 ～ 2.525 V 以内；⑤ 压差小，适用于低压电源；⑥ 负载能力小，该电源最大输出电流为10 mA。

5.4.3　电路工作过程

基准电源 MC1403 的输出接 A/D 转换器 MC14433 的 V_{REF} 输入端，为 MC14433 提供精准的参考电压。被测输入电压 V_x 经 MC14433 进行 A/D 转换，转换后的数字信号采用多路调制方式输出 BCD 码，经译码后送给 4 个 LED 七段数码管。4 个数码管a～g 段分别并联在一起，达林顿驱动器阵列 MC1413 的 4 个输出端Q_1 ～ Q_4 分别接 4 个数码管的阴极，为数码管提供导电通路。MC1413 接收 A/D 转换器 MC14433 输出的位选通信号DS_4 ～ DS_1，使 Q_0 ～ Q_3 轮流为低电平，从而控制千位、百位、十位和个位 4 个数码管轮流工作，实现扫描显示。由于选通的重复频率较高，一个 4 位数的显示周期仅为 1.2 ms，因此可以看到 4 个数码管“同时” 显示 3 位半十进制数码。

5.4.4　电路原理图

用 MC14433 等元器件设计的数字电压表的电路原理图如图 5-23 所示。其元器件清单如表 5-3 所示。

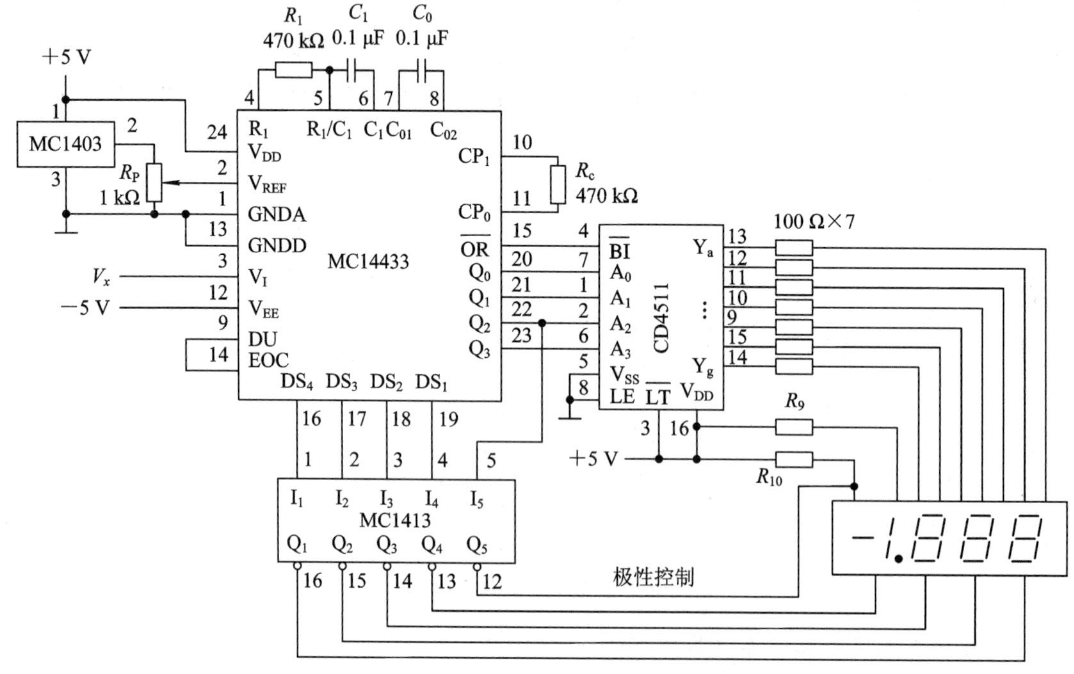

图 5-23　数字电压表的电路原理图

表5-3　数字电压表的元器件清单

序号	名　称	规　格	数量
1	3位半双积分型A/D转换器	MC14433	1片
2	基准电源	MC1403	1片
3	七段锁存/译码/驱动器	CD4511	1片
4	七路达林顿驱动器阵列	MC1413	1片
5	线性电位器	1 kΩ	1个
6	电阻	470 kΩ、100 Ω等	若干
7	电容	0.1 μF	若干

5.4.5　安装与调试

(1) 根据图5-23所示的电路原理图，自行绘制数字电压表的安装布线图。

(2) 将元器件进行检测，排查不合格产品。按照布线图将元器件安装在万能板上，连接导线，焊接好电路。

(3) 电路调试。

① 基准电源的调试。用万用表检查MC1403的2脚输出是否为2.5 V，然后调整1 kΩ电位器，使其输出电压为2.0 V。

② 检查自动调零功能。将输入端V_x接地，LED数码管应显示0000，如果不是，应检测电源的正负电压。

③ 调整线性度误差。用电阻、电位器构成一个简单的输入电压V_x调节电路，调节电位器，输出数码将相应变化。调节电位器，用数字万用表测量输入电压V_x，使$V_x=1.000$ V，这时4位LED数码管的指示值不一定是1.000，应调整基准电源电压V_{REF}，使指示值和标准值的误差不大于5 LSB。

④ 检查自动极性转换功能。改变输入电压V_x的极性，使$V_x=-1.000$ V，观察数码管的"—"是否显示。同上法校正电路。

⑤ 检查超量程溢出功能。调节V_x值，当V_x为2 V，或$|V_x|>V_{REF}$时，观察LED数码管的显示情况，此时$\overline{OR}$端应为低电平。

项目小结

(1) D/A转换器的功能是将数字信号转换成与之成正比的模拟信号，通常由基准电压源、电阻网络、模拟电子开关和运算放大器组成。常用的D/A转换器有倒T形电阻网络D/A转换器和权电流型D/A转换器，而权电流型D/A转换器的转换速度和转换精度都比较高。目前在双极型集成D/A转换器中多半采用权电流型的转换电路。

（2）A/D 转换要经过取样、保持、量化与编码四个步骤。本项目主要讨论了并联比较型和双积分型两种 A/D 转换器的工作原理。并联比较型 A/D 转换器转换速度最高，一般只用在超高速的场合；双积分型 A/D 转换器可获得较高的精度，并具有较强的抗干扰能力，故在目前的数字仪表中应用较多。

（3）半导体存储器主要分为随机存取存储器 RAM 和只读存储器 ROM 两大类，它是数字电路中重要的组成部分。

（4）只读存储器 ROM 主要用来存放固定信息，它具有非易失性，一般只能读出，ROM 中的数据必须由专用的仪器写入。根据制造工艺来分，ROM 分为二极管 ROM、双极型三极管 ROM 和 MOS 管 ROM；根据编程方法的不同，ROM 分为固定 ROM、PROM、EPROM、EEPROM 等，而可编程只读存储器 EPROM、EEPROM 更为常见，但可编程 ROM 要用专用编程器进行编程。

（5）随机存取存储器 RAM 主要用来存储暂存的信息，它具有易失性，可以读取任何被选中的存储单元的内容，也可以将数据写入任意指定的存储单元。RAM 分为 SRAM 和 DRAM 两种：SRAM 靠触发器来存储信息，在不停电的情况下其数据可长期保持；DRAM 靠存储电容来存储信息，DRAM 必须动态刷新。

习　题

1. 填空题。

（1）用指定二进制码表示离散电平的过程称为________。

（2）将一个时间上连续变化的模拟量转换为时间上离散的模拟量的过程称为________。

（3）DAC 的转换精度取决于________，ADC 的转换精度取决于________。

（4）随机存取存储器具有 ________ 功能。

（5）只读存储器 ROM 在运行时具有 ________ 功能。

2. 选择题。

（1）一个 8 位的 D/A 转换器，分辨率为________。

A. 1/256　　B. 1/255　　C. 1/128　　D. 1/127

（2）一个 8 位的 A/D 转换器，其分辨率为________。

A. 1/256　　B. 1/255　　C. 1/128　　D. 1/127

（3）某 ADC 有 8 路模拟信号输入，若 8 路正弦输入信号的频率为 1 kHz、2 kHz…8 kHz，则该转换器的采样频率 f_s 的取值应为________。

A. 小于等于 1 kHz　　B. 等于 8 kHz　　C. 大于等于 16 kHz

（4）若一个 8 位 D/A 转换器，输入为 00010010 时，输出为 0.9 V，则输入为 10001000 时，输出为________。

A. 13.6 V　　B. 6.8 V　　C. 6.3 V

(5) 当只读存储器 ROM 的电源断掉后又接通，存储器中的内容________。

A. 全部改变　　B. 全部为 0　　C. 不可预料　　D. 保持不变

(6) 当随机存取存储器 RAM 的电源断掉后又接通，存储器中的内容________。

A. 全部改变　　B. 全部为 1　　C. 不确定　　D. 保持不变

(7) 一个容量为 512 × 1 的静态 RAM 具有________。

A. 地址线 9 根，数据线 1 根　　B. 地址线 1 根，数据线 9 根

C. 地址线 512 根，数据线 9 根　　D. 地址线 9 根，数据线 512 根

(8) PROM 的与阵列(地址译码器) 是________。

A. 全译码可编程阵列　　B. 全译码不可编程阵列

C. 非全译码可编程阵列　　D. 非全译码不可编程阵列

(9) 一个容量为 1 K × 8 的存储器有________个存储单元。

A. 8　　B. 8K　　C. 8000　　D. 8092

(10) 要构成容量为 4K × 8 的 RAM，需要________片容量为 256 × 4 的 RAM。

A. 2　　B. 4　　C. 8　　D. 32

3. 分析计算题。

(1) 试述 R－2R 倒 T 形电阻网络实现 D/A 转换的原理。

(2) 设 D/A 转换器的输出电压为 0 ～ 5 V，对于 12 位 D/A 转换器，试求它的分辨率。

(3) 一个 8 位的 R－2R 倒 T 形电阻网络 D/A 转换器，如 $R_F = 3R$，$V_{REF} = 6$ V，试求输入数字为 00000001、10000000 和 0111111 时的输出电压值。

(4) 试用 ROM 构成将 8421BCD 码转换成 5421BCD 码的码制变换器。

(5) 试用 ROM 构成 1 位全加器。

项目 6　简易数显式电容计的设计与制作

知识目标

(1) 理解根据数显式电容计功能确定电路整体设计框图的方法。

(2) 理解根据电路整体设计框图构建各单元电路、计算相关参数的方法。

(3) 掌握多谐振荡电路、C-T转换电路、计数显示电路、超量程指示电路、控制电路的工作原理。

(4) 掌握根据印制板画接线图的方法。

(5) 掌握色环电阻的识别、三极管三个电极的判断、发光二极管正负极的判断等常用知识。

技能目标

(1) 会识别元器件的属性，能通过万用表测试元器件的属性并判别是否完好。

(2) 熟悉元器件的安装工艺要求，能够迅速准确地将元器件插装在印制板上。

(3) 掌握安全焊接操作规程，明确电子工艺实训室的文明操作要求，能完成数显式电容计的焊接。

(4) 能熟练规范地操作直流稳压电源和数字示波器等仪器仪表。

(5) 会调试数显式电容计，完成既定功能，会调整数显式电容计的测量精度。

(6) 会用示波器完成数显式电容计几个关键点的波形检测，能根据调试现象排除电容计的故障。

素质目标

(1) 培养根据设计要求进行反推设计的思维方法。

(2) 培养求真务实、严谨踏实、质量第一的企业素养。

(3) 结合所用芯片培养“中国芯”、大国工匠等爱国主义情怀。

(4) 通过项目实训锻炼对所学知识的综合运用能力、独立思考能力和创新精神，为毕业设计及今后从事电子电路设计、研制电子产品打下基础。

(5) 通过学习“一微米大师”80后工匠陈亮的故事，培养精益求精、一丝不苟、追求卓越的工匠精神。

任务 6.1　项目实训的一般方法和步骤

“数字电子技术项目实训”的任务是让学生通过解决实际问题，巩固和运用“数字电子技术”课程中所学的理论知识和实践技能，基本掌握常用数字电路的一般设计方法，提高设

计能力和实践技能，提高自学和解决实际问题的能力，锻炼独立思考和创新精神，有助于提高全面素质，为毕业设计及今后从事电子电路设计、研制电子产品打下一定的基础。

项目实训的一般设计方法和步骤如图6-1所示。但电路种类很多，设计方法和步骤也会因不同情况而异，设计时应根据实际情况灵活掌握。下面对项目实训的主要环节做简要说明。

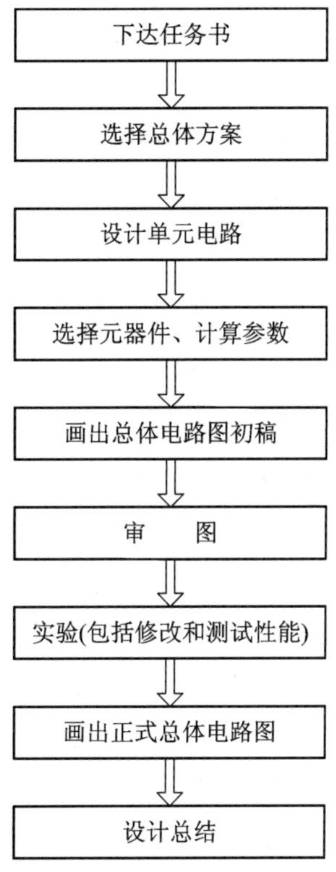

图6-1　项目实训的一般设计方法和步骤

6.1.1　任务书

任务书是进行项目实训的依据。任务书一般写有以下内容：

(1) 课题名称；

(2) 主要技术指标和要求；

(3) 提供的元器件、实验器材；

(4) 参考资料。

6.1.2　总体方案的选择

设计原理电路的第一步是选择总体方案。所谓总体方案，是指针对任务书提出的任务、要求和条件，从全局着眼，用具有一定功能的若干单元电路构成的一个整体，来实现各项性能指标。显然，符合要求的总体方案通常不止一个，设计时应当广开思路，提出若干种不同的方案，然后逐一分析每一个方案的可行性和优缺点，再加以比较，择优选用。上述过程如图6-2所示。此外，在选择过程中，常用框图表示各方案的基本原理。框图一般不必画得太详细，只要能说明方案的基本原理即可。

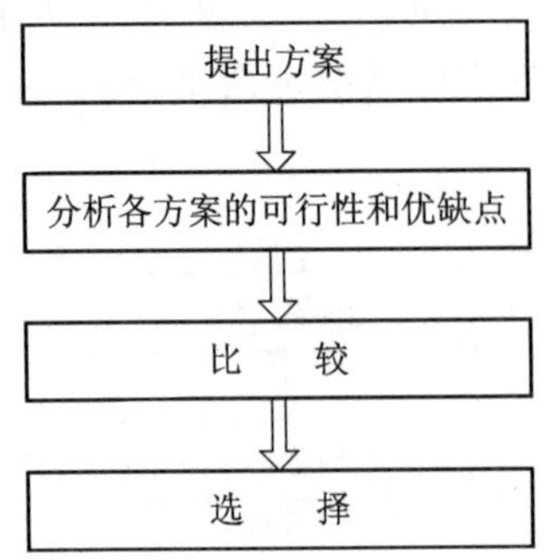

图6-2　选择总体方案的一般过程

6.1.3　单元电路的设计

选定总体方案后，便可画出详细框图，设计单元电路。单元电路的设计方法如下：

(1) 设计单元电路的第一步，是根据设计要求和已选定的总体方案的原理框图，明确对各单元电路的要求，必要时应详细拟定出主要单元电路的性能指标。可以用简略的文字标出主要技术指标，关键问题要做必要的文字说明。

(2) 拟定出对各单元电路的要求后，应全面检查一遍，确认无误后便可按照一定的顺序设计各单元电路的结构形式，选择元器件和计算参数等。设计的顺序可以按信号流程的方向逐一设计各单元电路，也可以按先难后易或先易后难的顺序设计各单元电路。

应当选择哪种形式的电路作为所要设计的单元电路呢？最简单的办法是从学过的和所了解的电路中选择一个合适的电路。在条件许可时，应查阅各种资料，这样既可以丰富知识，开阔眼界，而且可能找到更好的电路。例如电路更简单、成本更低等。

6.1.4　元器件的选择和参数的计算

1. 元器件的选择

由于数字集成电路的功能和种类相当多，以至于单元电路的设计变得像“点菜谱”那样容易。从某种意义上讲，数字电路的设计就是选择最合适的元器件，并把它们组合起来。因此，在设计过程中，经常遇到选择元器件的问题，不仅在设计单元电路和总体电路及计算参数时要考虑选哪些元器件合适，而且在提出方案、分析和比较方案的优缺点时，也要考虑到用哪些元器件以及它们的性能和价格如何等。由此可见，选择元器件是多么重要。那么，怎样选择元器件呢？其实只要弄清楚“需要什么”和“有什么”两个问题。

所谓“需要什么”，是指项目实训所选择的方案，需要什么样的元器件。即每个元器件应具有哪些功能和什么样的性能指标。

所谓“有什么”，是指有哪些元器件，哪些实验室有，哪些在市场上可以买到，它们的性能各是什么，价格如何，体积多大等。电子元器件种类繁多，而且新产品不断涌现，这就需要我们经常关心元器件的信息和新动向，多查资料。

元器件的选择可以从以下几点来考虑：

(1) 应熟悉集成电路有哪些种类，最好能够熟悉若干种典型产品的型号、性能及价格等，以便设计时能及时提出方案，较快地设计出单元电路。

(2) 同一功能的数字集成电路，例如与非门，可能既有 TTL 产品，又有 CMOS 产品。而 TTL 中有肖特基、低功耗肖特基和先进低功耗肖特基等不同的产品，CMOS 数字器件也有普通型和高速型两种不同的产品。究竟选哪种产品好呢？在一般情况下可参考表 6-1。对于某些具体问题究竟是选用 TTL 器件好，还是选用 CMOS 器件好，设计时应根据它们各自情况和特点灵活选用。

表 6-1　选择数字集成电路种类的参考表

对器件的性能要求		推荐选用的器件种类	
工作频率	其他要求	产品种类	举例(四 2 输入与非门)
较低 (1 MHz 以下)	功率小或输入电阻大， 或抗干扰容限大， 或高低电平一致性好	普通 CMOS	CD4011
较高	同上	高速 CMOS	74HC00
不高 (5 MHz 以下)	使用方便， 不易损坏	低功耗肖特基	74LS00
高 (30 MHz 以上)	—	先进低功耗肖特基 TTL	74ALS00
		先进 CMOS	74AC00

(3) CMOS 器件可以与 TTL 器件混合使用在同一电路中，前者的电源电压尽量用 +5 V，以便两者的高、低电平兼容。但与用 +15 V 供电的情况相比，用 +5 V 供电时 CMOS 器件的某些性能较差，例如抗干扰的容限小，传输延迟时间长等。因此，必要时 CMOS 器件仍需要用 +15 V 电源供电，在这种情况下，CMOS 器件与 TTL 器件之间应加电平转换电路。

(4) 电阻器和电容器是两种常用的分立元件，它们的种类很多，性能各异。阻值相同、类型不同的两种电阻器或容量相同、类型不同的两种电容器用在同一个电路中的同一个位置，可能效果大不一样。此外，价格和体积也可能相差很大。因此，设计时应当熟悉各种常用电阻器和电容器的主要性能及特点，以便设计时根据电路对它们的要求，作出正确的选择。

2. 参数的计算

在设计电路的过程中，常需要计算某些参数。计算参数的方法主要在于正确运用分析方法，弄清电路原理和用好计算公式。但设计中计算参数与做习题有所不同，习题中通常将大多数参数值作为已知量给出，只要求一两个参数值，而且答案一般是唯一的。而设计时，除了对电路性能指标的要求外，通常没有其他已知参数，几乎全部由设计者自己选择和计算，而且理论上满足要求的参数值一般不是唯一的，给设计者提供了选择的自由，即可根据价格、体积和货源等具体情况灵活选择。也就是说，设计中的计算参数包括“选择”和“计算”两个方面。

6.1.5 总体电路的画法

设计好单元电路后，应画出总体电路图。总体电路图不仅是进行实验和印刷电路板等工艺设计的主要依据，而且在生产调试和维修时也离不开它，因此总体电路图具有重要作用。

在画正式的总体电路图前可先画出总体电路草图。这样可以检查各单元电路之间的相互连线和配合是否有问题，各单元电路分别画在什么位置等。

总体电路图画得好，不仅自己看起来方便，而且别人容易看懂，便于进行技术交流。怎样才能画好总体电路图呢？一般说来，主要应注意以下几点：

（1）画图时应注意信号的流向，通常从输入端或信号源画起，从左至右或由上至下按信号的流向依次画出各单元电路。但不要把电路图画成很长的窄条，必要时可以按信号流向的主通道依次把各单元电路排列成类似字母“U”的形状，它开口可以朝左，也可以朝其他方向。

（2）尽量把总体电路图画在同一张图纸上。如果电路比较复杂，一张图纸画不下，则应把主电路画在同一张图纸上，而把一些比较独立或次要的部分(例如直流稳压电源）画在另一张或几张图纸上，并用恰当的方式说明各图纸上电路连线的关系。

（3）电路图中所有连线都要表示清楚，各元器件之间的绝大多数连线应在图上直接画出。连线通常画成水平线或竖线，一般不画斜线。互通连线的交叉线，应在交叉处用圆点标出。还应注意尽量使连线短些，少拐弯。有的可用符号表示，例如地线常用“⊥”表示，集成电路器件的电源一般只要标出电源电压的数值(例 +5 V）即可；有的可采用简便画法。总之，以清晰明了、容易看懂为原则，但也要注意电路图的紧凑和协调，稀密恰当，避免出现有的地方画得很密，有的地方空出一大块。

（4）电路图中的中大规模集成电路器件，通常用方框表示。在方框中标出它的型号，在方框的边线两侧标出每根连线的功能名称和管脚号。

（5）集成电路器件的管脚较多，有些管脚的连线是可以选择的。例如，用四 2 输入与非门 74LS00 时，可以有许多种接法，遇到这种情况，画原理电路图时通常不标管脚号。这样做可以在实验布线或设计印刷电路板时有较多的灵活性，为合理布线提供了方便。而布线时应随时把实际接线的管脚号填写在原理电路图上，以便以后调试或维修。

6.1.6 审图

在画出总体电路图，并计算出全部参数以后，至少应进行一次全面审查。这是因为在设计的原理电路中存在一些问题是难免的，经过审图，可以发现和解决一部分或大部分问

题，为实验打下较好的基础。在审图时应注意以下几点：

(1) 先从全局出发，检查总体方案是否合适，有无问题，再审查各单元电路的原理是否正确，电路形式是否合适。

(2) 检查各单元电路之间的电平、时序等配合有无问题。

(3) 检查电路图中有无烦琐之处，是否可以简化。

(4) 根据图中所标出的各元器件的型号、参数值等，验算能否达到性能指标。

(5) 要特别注意检查电路图中各元器件工作是否安全(尤其是 CMOS 器件)，以免实验时损坏。

6.1.7　实验

项目实训的实验过程包括电路的安装与调试。电路的安装与调试在电子工程技术中占有重要位置，是把理论付诸实践的过程，也是对理论设计进行检验、修改，使之更加完善的过程。实际上，任何一个好的设计方案都是安装、调试后经过多次修改才得到的。

1. 安装

安装之前，一定要对元器件进行测试，参数的性能指标应满足要求，并留有余量。要准确识别各元器件的引脚，了解各元器件的使用注意事项，以免出错，造成人为故障，甚至损坏元器件。设计的电路一般是安装在实验箱上，为此，还必须熟悉实验箱的性能特点和使用方法。安装步骤一般如下：

1) 计算电路中主要元器件的数量

电路安装之前要计算电路中使用的元器件的数量，在满足电路要求的情况下，尽量节省元器件的数目，选择便宜的产品，以降低成本。

2) 合理安排主要元器件的位置

计算元器件的数量之后，下一步要合理安排主要元器件的布局。这样才不至于造成因先安装的电路占的面积过大而给后面电路的安装造成麻烦，甚至使后面的电路安装不下只好拆掉重新布局。

3) 依据调试先后顺序连接电路

电路的安装顺序应该按调试的顺序进行。调试一般采用先分块调试，再整个电路联调的方法，因此，安装也要逐步进行。

在安装的同时应记录下所用元器件的引脚号码，目的是为检查电路和调试提供方便。如果电路中同时使用多片相同型号的集成电路，则要标明每一片对应电路中的位置。

4) 检查电路接线是否正确

电路安装完毕后不要急于通电，先要认真检查电路接线是否正确，包括错线(连线一端正确，另一端错误)、少线(安装时漏掉的线)和多线(连线的两端在电路图上都是不存在)。多线一般是因接线时看错，或在改接线时忘记去掉原来的连线造成的，而检查时又不易被发现。检查连线的方法有两种：一种是按照设计的电路图检查安装的线路，即把电路图上的连线按一定顺序在安装好的线路中逐一对应检查，这种方法容易找出错线和少线。另一种是按照实际线路来对照电路原理图，把每一个元器件引脚连线的去向依次查清，检查每个去处在电路图上是否都存在。不论用什么方法检查，一定要在电路图上把查过的线作出标记，还要检查每个元器件引脚的使用端数是否与图纸上的相符。检查完连线后，再直观检查电源、地线、信号线、元器件引脚之间有无短路，连线处有无接触不良，二极管、三极管和电解电容等引脚有无错接。

2. 调试

调试包括测试和调整两个方面。测试是在安装后对电路的参数及工作状态进行测量，调整是指在测试的基础上对电路的参数进行修正，使之满足设计要求。

调试的方法有两种：第一种是边安装边调试的方法，也就是把复杂的电路按原理框图上的功能块进行安装和调试，在分块调试的基础上逐步扩大安装和调试的范围，最后完成整机调试。对于新设计的电路，一般采用这种方法，以便及时发现问题并加以解决。另一种方法是在整个电路安装完毕后，实行一次性调试。这种方法一般适用于定型产品和需要相互配合才能运行的产品。

具体调试可按下列步骤进行：

1）通电观察

把经过精确测量的电源电压加入电路(先关断电源开关，待接通连线之后再打开电源开关)，电源通电之后不要急于测量数据和观察结果，首先要观察有无异常现象等，包括有无冒烟，是否闻到异常气味，手摸元器件是否发烫，电源是否有短路现象等。如果出现异常，应立即关断电源，待排除故障后方可重新通电。然后再测量各元器件引脚电源电压，而不只是测量各路总电源电压，以保证元器件正常工作。

2）分块调试

分块调试是把电路按功能分成不同的部分，把每部分看作一个模块进行调试。在分块调试的过程中逐渐扩大调试范围，最后实现整机调试。比较理想的调试顺序是按照信号的方向进行，这样可以把前面调试过的输出信号作为后一级的输入信号，为最后的联调创造条件。

3）整机联调

在分块调试过程中，因逐步扩大了调试范围，实际上已经完成了某些局部联调工作。下面先要做好各功能块之间接口电路的调试工作，再把全部电路接通，就可以实现整机联调。即把各种测量仪器及电路本身的显示部分提供的信息与设计指标逐一对比，找出问题，然后进一步修改电路的参数，直到完全符合设计要求为止。

4）系统精度的测量

系统精度是设计电路时很重要的一个指标。如果是测量电路，被测元器件本身应该是由精度高于测量电路的仪器进行测试，然后才能作为标准元器件接入电路校准精度。例如，电容量测量电路，校准精度时所用的电容不能以标称值计算，而要经过高精度的电容表测

量其准确值后，才可作为校准电容。

5）注意事项

（1）调试之前先要熟悉各种仪器的使用方法，并仔细加以检查，避免由于仪器使用不当或出现故障时做出错误判断。

（2）测量用的仪器的地线和被测电路的地线应连在一起。只有使仪器和电路之间建立一个公共参考点，测量结果才是正确的。

（3）调试过程中，发现器件或接线有问题需要更换或修改时，应该先关断电源，待更换完毕并经认真检查后才可重新通电。

安装调试自始至终要有严谨的科学作风。出现故障时要认真查找故障原因，仔细作出判断，切不可一遇故障解决不了就拆掉线路重新安装。因为重新安装的线路仍然会存在各种问题，况且原理上的问题不是重新安装就能解决的。

6.1.8　设计总结

调试成功后需要写出一份总结报告，按照统一的格式写出设计说明书。编写设计说明书，能提高编制科技报告或技术资料的能力，同时也能使设计从理论上进一步得到总结和提高。总结报告应包括以下内容：

（1）题目名称；

（2）设计任务和要求；

（3）总体设计方案框图，并说明各部分的工作原理；

（4）单元电路的设计和元器件的选择；

（5）计算各元器件的主要参数，并标在图中适当的位置；

（6）画出完整的电路图和必要的波形图，并说明主要工作原理；

（7）安装调试步骤；

（8）画出总体电路图，列出元器件明细表；

（9）整理性能测试数据，并分析是否满足要求，提出改进意见；

（10）有哪些收获和体会。

下面以简易数显式电容计为例说明项目实训的方法和步骤。

任务6.2　总体设计方案及工作原理

6.2.1　电容计设计任务及要求

数显式电容计具有测量速度快、读数方便等优点，正在逐步取代传统的电容测试方法。试设计一个简易数显式电容计，其主要指标如下：

（1）测量范围为1～999 nF。

（2）用三位LED数码管显示测量结果。

(3) 具有超量程指示。

(4) 能自动地进行连续测量。测量周期为4秒，测量结果保持2秒左右。

数显电容计的设计与制作

(5) 提供的主要器材包括：① NE556定时器(双定时器)、MC14553(三位BCD计数)、CD4511(BCD七段显示译码器)、CD4001(四2输入或非门)各一块。② 共阴结构LED数码管、三极管、二极管、阻容元件等。③ 直流稳压电源、双踪示波器。

6.2.2 电容计总体设计方案及工作原理

简易数显式电容计的总体设计方案框图如图6-3所示，它由C-T转换电路、振荡器、控制电路、计数器、显示译码电路和超量程指示电路六部分组成。

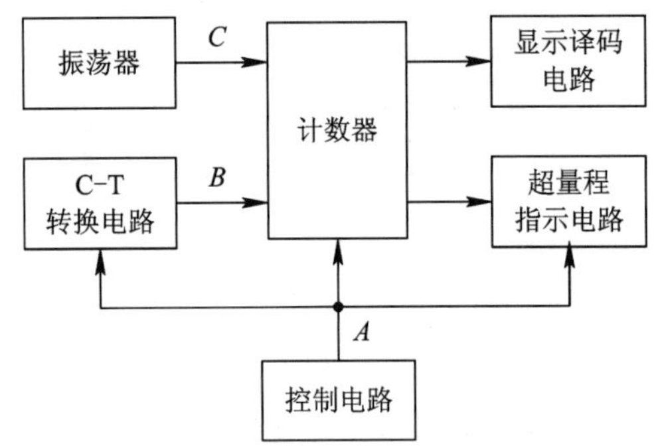

图6-3 简易数显式电容计的总体框图

图6-3中各模块电路的功能如下：

(1) C-T转换电路的作用是把被测电容的电容量C_x转换成脉冲信号，使脉冲信号的宽度T_x正比于C_x。单稳态触发器有定时时间正比于定时电容C的关系，因此可以用单稳态触发器实现此功能。

(2) 多谐振荡器产生周期性矩形脉冲，让计数器在C-T转换期间计数。如果C_x大，则T_x大，那么在T_x期间计数器计的脉冲数就多，而计到的脉冲数多，就代表C_x大。只要调整好振荡器的振荡频率，可以使计数器计到的脉冲数(用十进制表示)就是被测电容的电容量(nF)数。

(3) 计数器是三位十进制计数器。

(4) 显示译码电路用于把计数器计到的脉冲数用十进制数字显示出来。

(5) 超量程指示电路的作用是当计数器计到的脉冲数超过999时，产生一个指示信号，即代表被测电容的电容量超过了999 nF，此时显示器的读数已不是C_x的值。

(6) 控制电路的作用是产生控制各部分电路正常工作的时序信号。该电路用下降沿触发C-T转换电路(单稳态电路)，用上升沿使计数器清零和超量程指示电路复位。测量过程的时序图如图6-4所示。

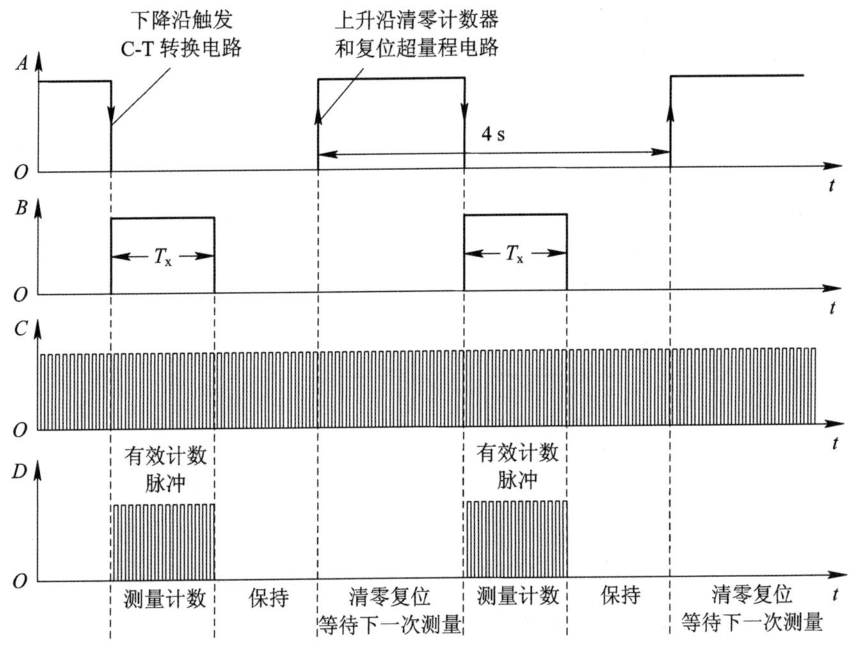

图 6-4　数显式电容计测量过程时序图

(7) 设计时采用 CMOS 集成电路，电源电压用 +6 V。

任务 6.3　单元电路设计

6.3.1　C-T 转换电路的设计

C-T 转换电路的作用是把被测电容的电容量 C_x 转换成脉冲信号，使脉冲信号的宽度 T_x 正比于 C_x。单稳态触发器有定时时间正比于定时电容的关系，即 $t_W \approx 1.1RC$，因此，在这里 C-T 转换电路采用单稳态触发器。

用 NE556 其中的一个 555 定时器构成的单稳态电路如图 6-5 所示，图中 R_2 和 C_x 为定时电阻、电容。C-T 转换电路波形如图 6-6 所示，图中 $T_x \approx 1.1R_2C_x$。

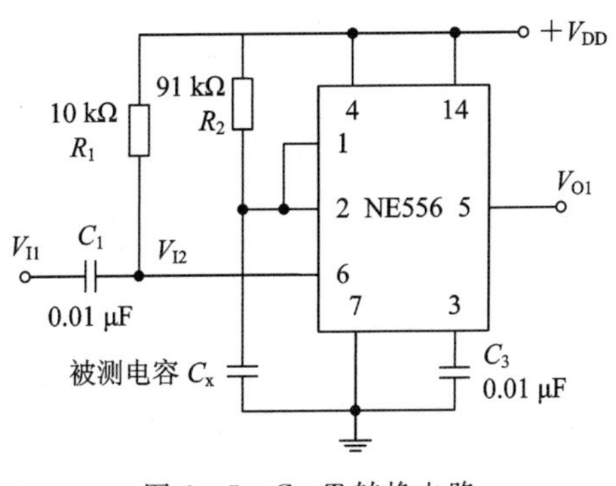

图 6-5　C-T 转换电路

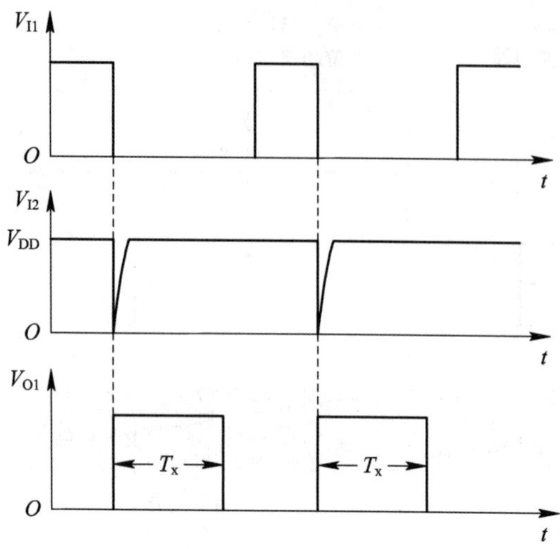

图 6-6　C-T 转换电路波形图

在电路中加入了由 C_1 和 R_1 组成的微分电路，这样单稳态电路只要靠输入 V_{I1} 的下降沿触发，定时时间与 V_{I1} 的低电平宽度无关。

考虑到定时精度和测量速度，设定测量范围内 T_x 的时间为 0.1 ms ～ 0.1 s，由于电路测量电容的范围为 1 ～ 999 nF，则可通过计算取 $R_2 = 91\ \text{k}\Omega$。

6.3.2　多谐振荡器的设计

多谐振荡器用 NE556 中的另一个 555 定时器构成，电路如图 6-7 所示。

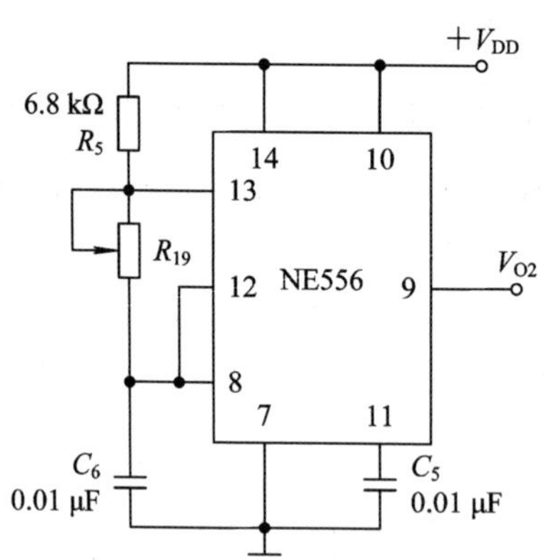

图 6-7　多谐振荡器电路

多谐振荡器的振荡周期为 $T \approx 0.7(R_5 + 2R_{19\text{下}})C_6$，在 T_x 内计数器计到的脉冲数 N 为

$$N = \frac{T_x}{T} = \frac{1.1R_2C_x}{T}$$

根据设计要求，N 就是被测电容 C_x 的电容量(nF)数，则得

$$T = 1.1R_2 = 1.1 \times 91 \times 10^3 \times 10^{-9} \approx 10^{-4}\ \text{s}$$

即振荡器的振荡频率约为 10 kHz。

根据振荡器周期的计算公式 $T \approx 0.7(R_5 + 2R_{19下})C_6 = 10^{-4}$ s，先取 $C_6 = 0.01\ \mu$F，那么 $R_5 + 2R_{19下} = 14.3$ kΩ，取 $R_5 = 6.8$ kΩ，则 $R_{19下}$ 应为 3.75 kΩ，即用 4.7 kΩ 的电位器作为 R_{19} 来调整电容计的测量精度。

6.3.3　计数电路的设计

1. 计数器的选用

计数器采用 MC14553，它是三位 BCD 加法计数器，集成电路引脚图如图 6－8 所示，其功能表如表 6－2 所示。

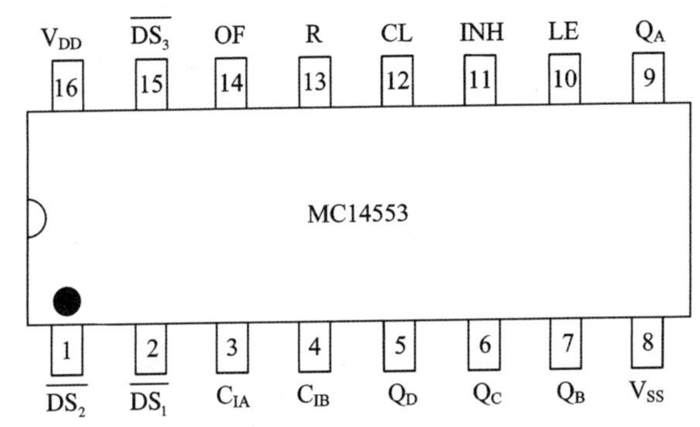

图 6－8　MC14553 引脚图

表 6－2　MC14553 功能表

输入				输出
R	CL	INH	LE	
0	↑	0	0	不变
0	↓	0	0	计数
0	×	1	×	不变
0	1	↑	0	计数
0	1	↓	0	不变
0	0	×	×	不变
0	×	×	↑	锁存
0	×	×	1	锁存
1	×	×	0	$Q_D \sim Q_A = 0$

2. MC14553 功能说明

MC14553 集成电路由三个同步级联的下降沿触发的 BCD 计数器、三个锁存器以及分配锁存器的多路选择器组成。此外，还有时钟输入端的整形电路、分配多路选择器的时序扫描电路和振荡器电路，以及用于显示控制的数据选择输出 $\overline{DS_1}$、$\overline{DS_2}$、$\overline{DS_3}$ 组成。MC14553

的主要引脚功能如下：

(1) 3 脚和 4 脚 C_{IA}、C_{IB} 为内部振荡器的外接电容端子。振荡器提供多路数据选择器的低频扫描时钟脉冲，振荡器的振荡频率取决于连接在 3 脚和 4 脚的外接电容的大小，若需外部时钟，也可以从 4 脚处引入。

(2) 2、1、15 脚$\overline{DS_1}$、$\overline{DS_2}$、$\overline{DS_3}$ 为显示驱动扫描时序输出，低电平有效。振荡器产生的扫描时钟信号与三个位选择输出信号的时序关系如图 6－9 所示。

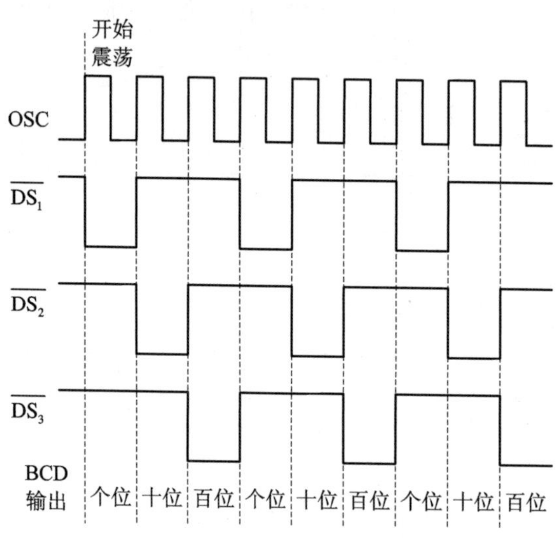

图 6－9　扫描时钟信号与位选择信号的时序关系

(3) 5、6、7、9 脚 Q_D、Q_C、Q_B、Q_A 为 8421BCD 码输出端，Q_D 为最高位。

(4) 13 脚 R 为复位端，高电平有效。

(5) 11 脚 INH 为时钟禁止端，当 INH 为 1 时，禁止时钟脉冲"CL"输入 BCD 计数器，计数器保持禁止前的最后计数状态。

(6) 10 脚 LE 为锁存器的锁存允许端，当 LE 为 1 时，锁存器呈锁存状态，保持原有锁存器内的信息。若需将锁存器内的信息清除，则在锁存器 LE 端加 0 电平。

(7) 14 脚 OF 为计数器溢出输出端，计数器每逢输入第 1000 个时钟脉冲的上升沿时，溢出输出端 OF 输出一个完整的脉冲，该脉冲结束于上述条件下输入时钟的下降沿。

3. 计数器电路的连接

根据 C－T 转换电路在转换期间的输出是高电平，以及要用来控制计数器计数，可从表 6－2 灰色的三行中看出，将 C－T 转换电路的输出加到 12 脚 CL 端，计数脉冲从 11 脚 INH 端引入，所以与多谐振荡器输出相连。13 脚计数器复位端 R，与控制电路输出相连。14 脚计数器溢出输出端 OF，与超量程指示电路相连。计数器与其他电路的连接电路见 6.3.4 节的图 6－12。

6.3.4　显示译码电路的设计

1. 显示译码器的选用

显示译码器选用 CD4511。CD4511 是用于驱动共阴极数码管的 BCD 码七段显示译码器，其引脚排列图如图 6-10 所示。其中，D～A 为代码输入端，输入 8421BCD 码；$\overline{BI}$ 为消隐输入端，低电平有效；$\overline{LT}$ 为灯测试输入端，低电平有效；LE 为数据锁存输入端，高电平有效；Y_a～Y_g 为输出端，高电平有效，可驱动共阴数码显示器。由表 6-3 可知，输出 Y_a～Y_g 也是一种多位二进制代码，称为字段码。

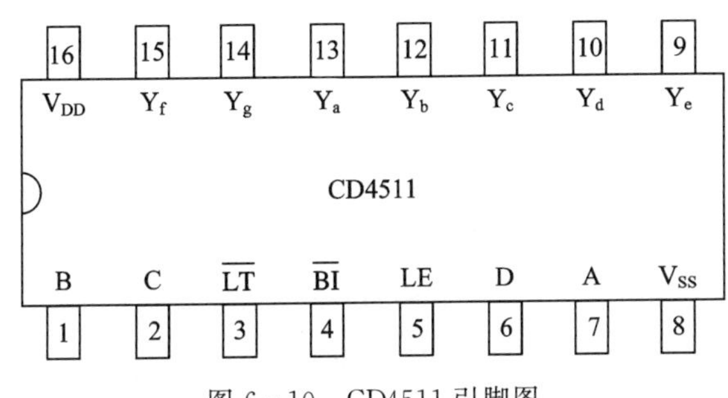

图 6-10　CD4511 引脚图

七段显示译码器 CD4511 仿真电路

【仿真扫一扫】　通过 Multisim 仿真软件测试 CD4511 功能，仿真图如图 6-11 所示。将图中的开关 D、C、B、A 分别置 1 或置 0，观察数码管的状态，得出其逻辑功能如表 6-3 所示。

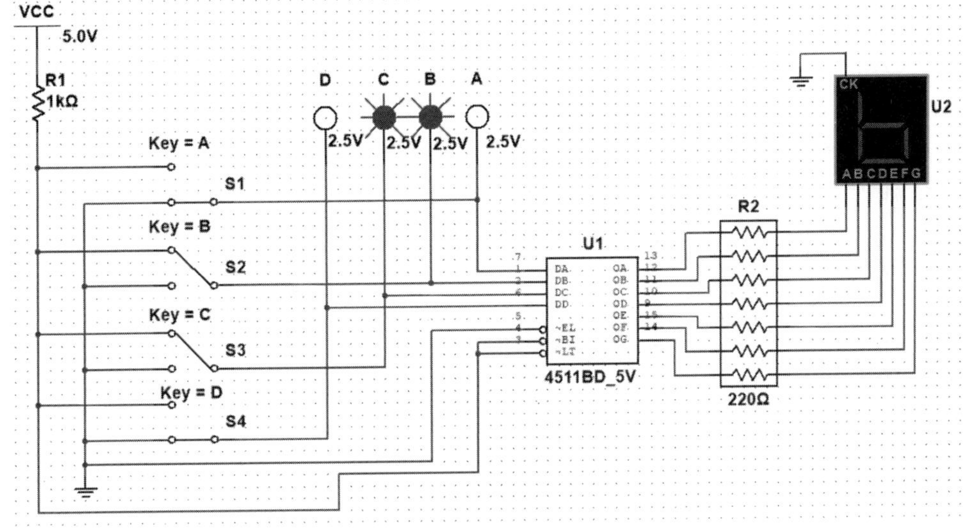

(a) 输入 DCBA 为 0110 时，数码管显示 6

(a) 输入 DCBA 为 0110 时，数码管显示 6

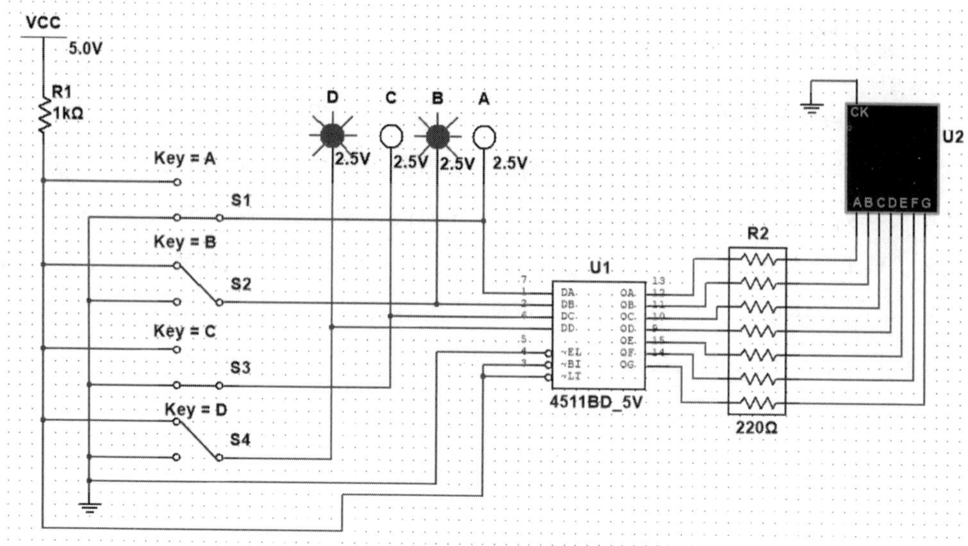

（b）输入 DCBA 为 1010 时，数码管不显示

图 6－11　七段显示译码器 CD4511 仿真电路

表 6－3　七段显示译码器 CD4511 功能表

输入							输出							显示数字
LE	$\overline{BI}$	$\overline{LT}$	D	C	B	A	Y_a	Y_b	Y_c	Y_d	Y_e	Y_f	Y_g	
0	1	1	0	0	0	0	1	1	1	1	1	1	0	0
0	1	1	0	0	0	1	0	1	1	0	0	0	0	1
0	1	1	0	0	1	0	1	1	0	1	1	0	1	2
0	1	1	0	0	1	1	1	1	1	1	0	0	1	3
0	1	1	0	1	0	0	0	1	1	0	0	1	1	4
0	1	1	0	1	0	1	1	0	1	1	0	1	1	5
0	1	1	0	1	1	0	0	0	1	1	1	1	1	6
0	1	1	0	1	1	1	1	1	1	0	0	0	0	7
0	1	1	1	0	0	0	1	1	1	1	1	1	1	8
0	1	1	1	0	0	1	1	1	1	0	0	1	1	9
0	1	1	1	0	1	0	0	0	0	0	0	0	0	消隐
0	1	1	1	0	1	1	0	0	0	0	0	0	0	消隐
0	1	1	1	1	0	0	0	0	0	0	0	0	0	消隐
0	1	1	1	1	0	1	0	0	0	0	0	0	0	消隐
0	1	1	1	1	1	0	0	0	0	0	0	0	0	消隐
0	1	1	1	1	1	1	0	0	0	0	0	0	0	消隐
×	×	0	×	×	×	×	1	1	1	1	1	1	1	8
×	0	1	×	×	×	×	0	0	0	0	0	0	0	消隐
1	1	1	×	×	×	×	锁存 LE 由 0 变 1 时 D～A 输入的 BCD 码							锁存

由表 6－3 可得出 CD4511 功能如下：

(1) 译码显示。当 LE = 0 且$\overline{LT}$ = 1、$\overline{BI}$ = 1 时，译码器工作。$Y_a \sim Y_g$ 输出的高电平由 $D \sim A$ 端输入的 8421BCD 码控制，并显示相应的数字。CD4511 具有内部抑制非 BCD 码输入的电路，当输入为非 BCD 码(1010 ~ 1111 六个状态)时，译码器的七个输出端全为“0”电平，显示器不显示数字(又称为消隐)。

(2) 灯测试功能，由$\overline{LT}$控制。当$\overline{LT}$ = 0 时，无论其他输入端处于何种状态，译码器输出 $Y_a \sim Y_g$ 都为高电平 1，数码显示器显示数字 8。因此，$\overline{LT}$ 主要用于检查译码器的工作情况和数码显示器各字段的好坏。

(3) 消隐功能，由$\overline{BI}$控制。当$\overline{BI}$ = 0 且$\overline{LT}$ = 1 时，无论其他输入端输入何种电平，译码器输出 $Y_a \sim Y_g$ 都为低电平 0，数码显示器的字形熄灭。消隐又称灭灯。

(4) 锁存功能，由 LE 控制。设$\overline{BI}$ = 1、$\overline{LT}$ = 1，当 LE = 0 时，译码器输出 $Y_a \sim Y_g$ 的状态由 $D \sim A$ 输入的 BCD 码决定。当 LE 由 0 跃变为 1 时，输入的代码被立刻锁存，此后，译码器输出 $Y_a \sim Y_g$ 的状态只取决于锁存器中锁存的代码，不再随输入的 BCD 码变化。

CD4511 每段的输出驱动电流可达 25 mA，因此在驱动 LED 时要加限流电阻。

2. 显示译码电路

计数和显示译码电路如图 6 - 12 所示，计数电路输出待测电容容量的 4 位 BCD 码，然后通过显示译码电路，将待测电容容量在三位数码管上显示出来。其中显示译码电路为扫描

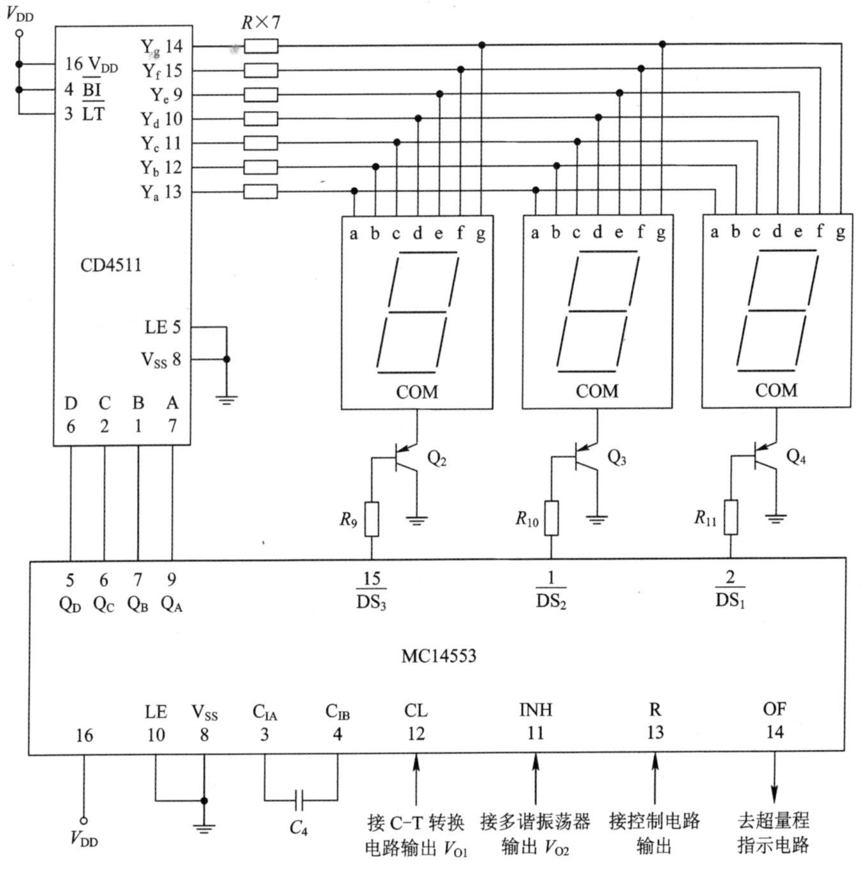

图 6 - 12　计数和显示译码电路

显示电路(也称为动态显示电路)，扫描显示的基本原理是利用了人眼的视觉暂留效应和发光二极管的余辉效应来实现多位数码管的“同时”显示。

在图 6-12 中，在 MC14553 输出个位的 BCD 码时，$\overline{DS_1}=0$，个位的数码管在 Q_4 的驱动下，显示个位的数字。在这期间$\overline{DS_2}$与$\overline{DS_3}$均为 1，Q_2、Q_3 截止，十位和百位的数码管不显示。接着，在输出十位的 BCD 码时，$\overline{DS_2}=0$，$\overline{DS_1}=\overline{DS_3}=1$，只显示十位的数字。然后当$\overline{DS_3}=0$，$\overline{DS_1}=\overline{DS_2}=1$时，显示百位的数字。如此循环扫描，则三个数码管依次轮流显示，但每个瞬间只有一个数码管显示。如果扫描频率比较慢，则可以清楚地看到每一时刻只有一个数码管在显示，但是当提高扫描频率并达到一定值时，利用人的视觉暂留效应和发光二极管的余辉效应，就可以看到三位稳定显示的数字。

在图 6-12 所示电路中，由连接于 3 脚(C_{1A}) 和 4 脚(C_{1B}) 之间的电容 C_4 来决定显示扫描频率。C_4 越小，扫描频率越高，显示越稳定；反之，扫描频率越低，数码管的显示会出现闪烁现象。故 C_4 不能取得太大，在本项目中，C_4 容量选择为 10^3 pF。

【仿真扫一扫】 三位数码管动态显示仿真电路如图 6-13 所示，当不断增大字信号发生器的输出脉冲的频率时，电路中显示的数字“8”从一个个循环显示到最后“同时”显示。请思考应如何设置字信号发生器数字栏内的数字，才能使三个数码管轮流显示。

三位数码管动态显示仿真电路

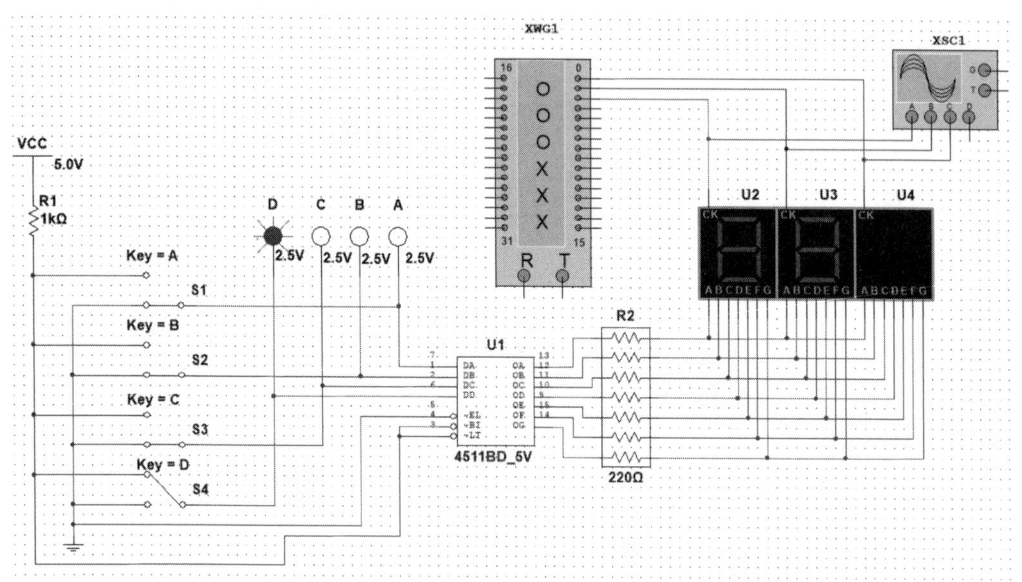

图 6-13　三位数码管动态显示仿真电路

3. 限流电阻的选取

显示译码电路中的限流电阻、三极管的基极电阻和三极管的计算与选择可按图 6-14 所示的方法进行。设图中三极管 Q 工作在放大区，$|V_{CE}|=2$ V，则

$$R = \frac{6-2-2}{10\ \text{mA}} = 200\ \Omega$$

$$R_B = \frac{2-0.7}{0.5\ \text{mA}} = 2.6\ \text{k}\Omega$$

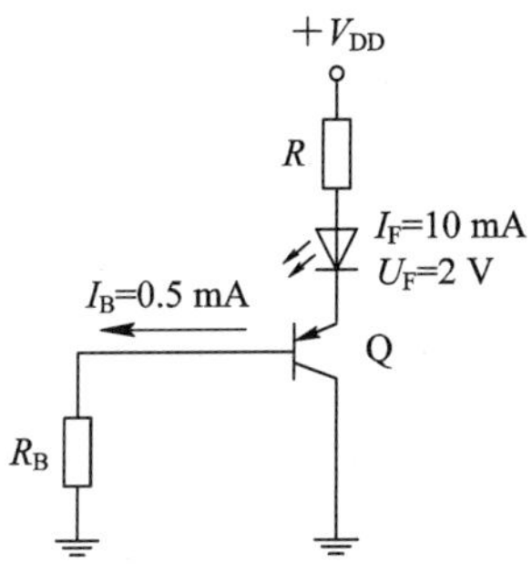

图 6－14　译码电路元器件参数计算示意图

实际的显示译码电路中，一个三极管要驱动一只数码管，即要驱动七只发光二极管，而且在扫描显示中，数码管的每段电流要大一些，设每段电流为 15 mA，基极电流由 MC14553 的输出驱动电流限制，设为 1.3 mA。这样，可算得 $R = 133\ \Omega$，取 130 Ω，$R_B = 1\ \text{k}\Omega$，$\beta = 15 \times 7/1.3 \approx 80$，在本项目中，选用的三极管的 β 值要大于 80，I_{CM} 要大于 105 mA。

6.3.5　超量程指示电路的设计

超量程指示电路如图 6－15 所示，其中由 CD4001 中的两个或非门构成的是一个基本 RS 触发器，输入高电平有效。

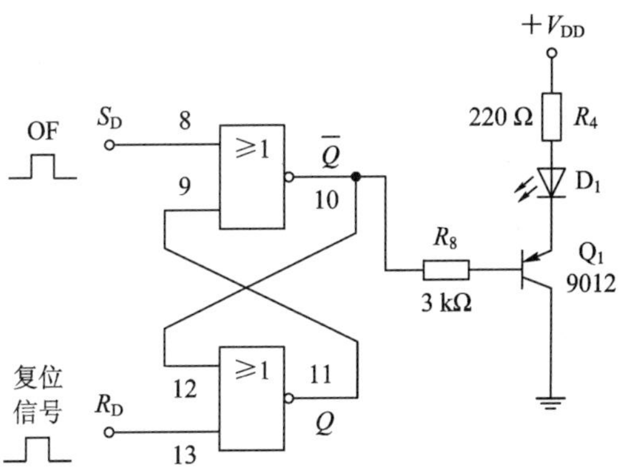

图 6－15　超量程指示电路

CD4001 引脚图如图 6－16 所示。CD4001 的 8 脚与计数器 MC14553 的“OF”端相连。当 MC14553 在计数到 1000 个脉冲时，“OF”端会输出一个正脉冲，基本 RS 触发器输出 Q 置 1($\overline{Q} = 0$)，Q_1 导通，D_1 亮，表示被测电容已超过 999 nF，这时的显示器读数已不再是被测电容的容量。在复位信号的作用下，Q 端置 0($\overline{Q} = 1$)，D_1 熄灭，等待下一次测量。

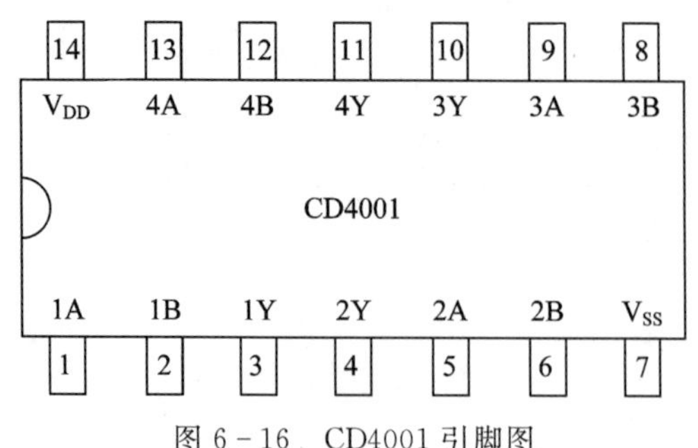

图 6-16　CD4001 引脚图

6.3.6　控制电路的设计

根据数显式电容计的工作原理，控制电路实际上是一个低频信号发生器，振荡周期为4秒，它的精度和稳定度要求不高。因此，可用如图 6-17 所示的电路构成，图中的两个或非门由CD4001的另外两个或非门组成，它们连接成非门电路，和R_6、R_7、C_7构成非对称式多谐振荡器。该振荡器振荡周期的估算式为

$$T \approx 2.2R_7C_7 \tag{6-1}$$

即有

$$2.2R_7C_7 = 4\ \text{s}$$

取 C_7=0.1 μF，则 R_7 取 22 MΩ。

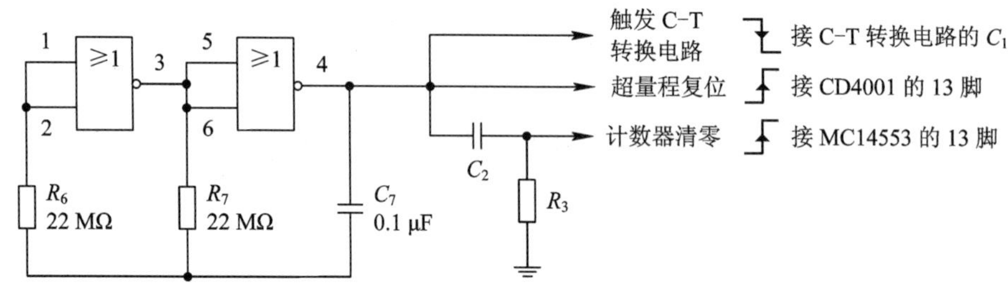

图 6-17　控制电路

由于MC14553在高电平清零时，位选择输出端$\overline{DS_1}$～$\overline{DS_3}$都为1，将使显示器消隐。如果清零信号的高电平持续时间较长，会看到消隐现象。为避免出现这种现象，控制电路中通过C_2和R_3组成的微分电路把清零信号加到计数器清零端。这样，计数器只是靠清零信号的上升沿清零，即使清零的高电平持续很短，靠人眼的视觉残留效应，就不会觉察到有消隐现象。

任务 6.4　安装与调试

6.4.1　总原理图及元器件清单

根据设计好的单元电路绘制电路总原理图如图 6-18 所示，其PCB图如图 6-19 所示，整理出简易数显式电容计元器件清单如表 6-4 所示。表中1个104瓷片电容和电解电容为待测电容。

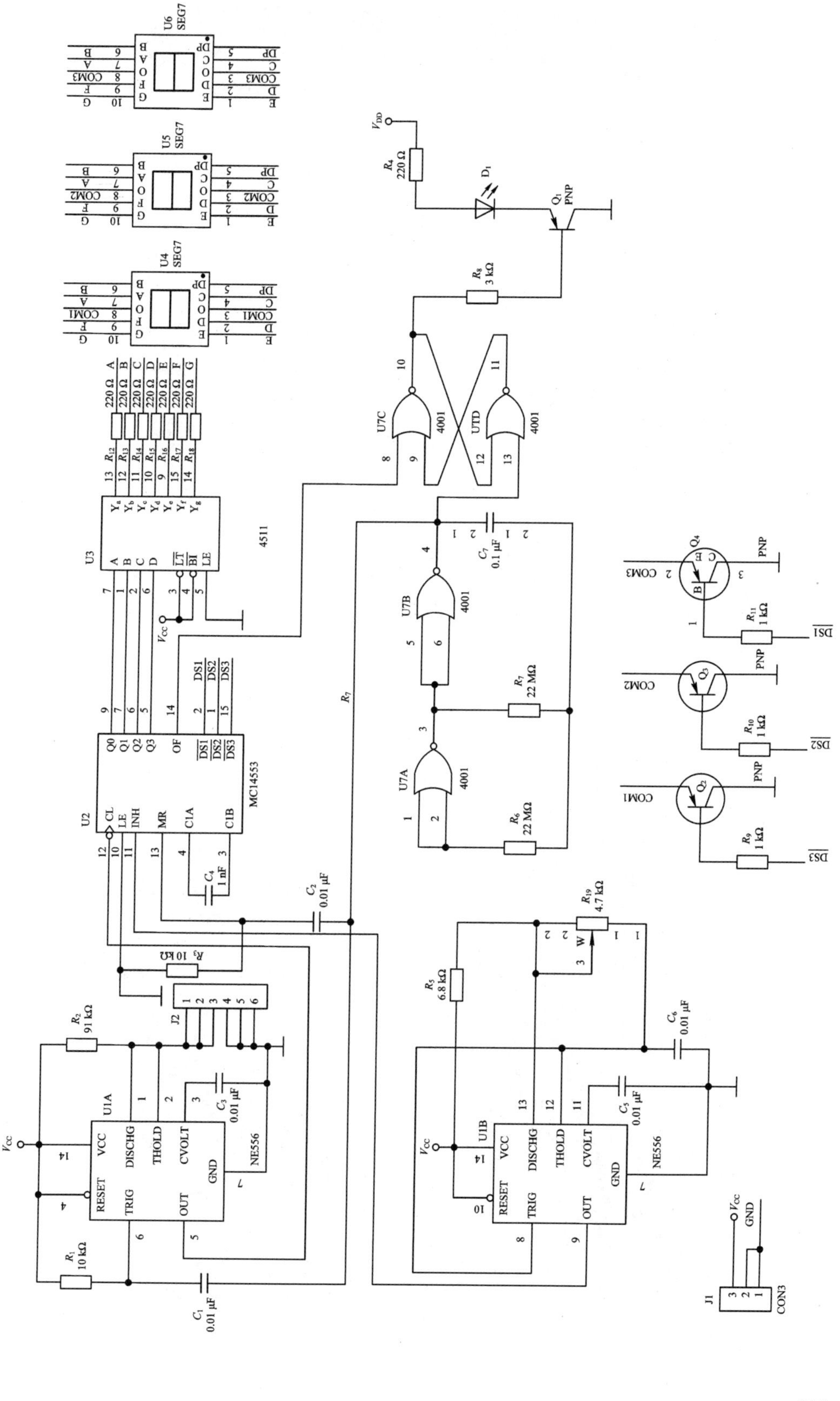

图 6-18　简易数显式电容计总原理图

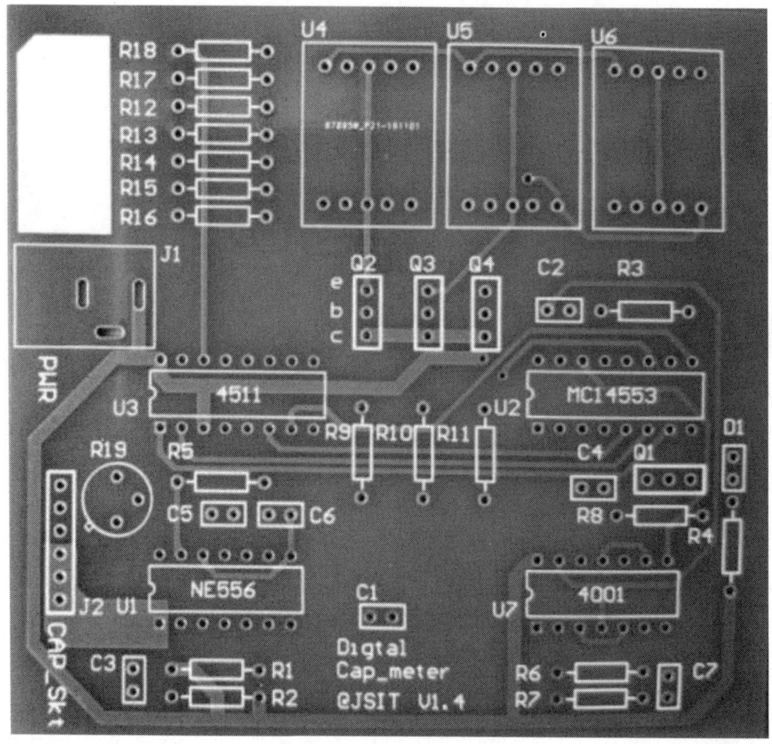

(a) 元件面

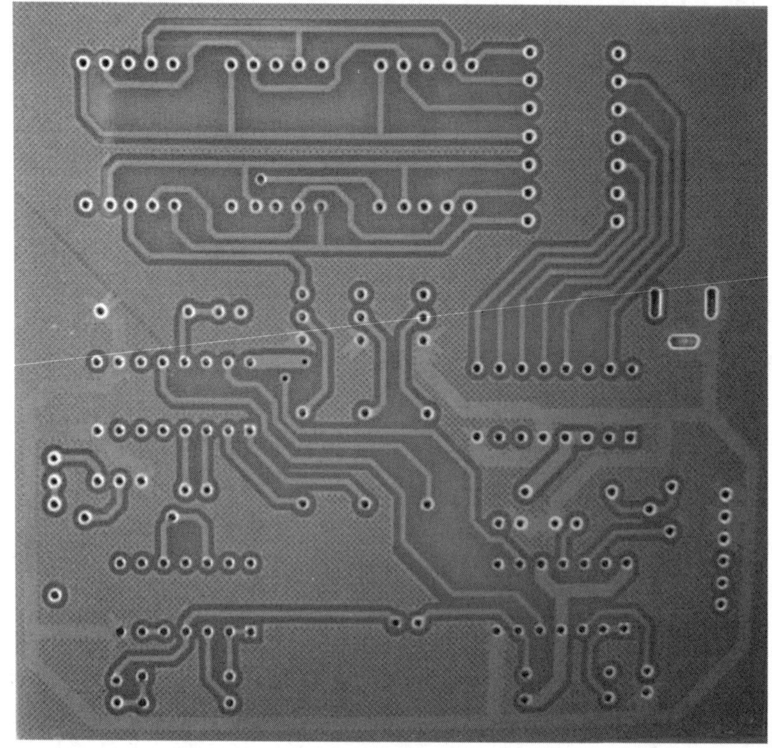

(b) 焊接面

图 6－19 简易数显式电容计 PCB 图

表 6-4　简易数显式电容计元器件清单

序号	名　称	规格	数量(只)	备　注
1	数码管	共阴	3	
2	集成计数器	MC14553	1	
3	集成门电路	CD4001	1	
4	七段显示译码器	CD4511	1	
5	双 555 定时器	NE556	1	
6	三极管	9012	4	
7	实芯电位器	4.7 kΩ	1	
8	瓷片电容	102(1000 pF)	1	
9	瓷片电容	103(10 nF)	5	
10	瓷片电容	104(100 nF)	2	其中 1 个为待测电容
11	电解电容	10 μF/50 V	1	待测电容
12	金属膜电阻	220 Ω	8	
13	金属膜电阻	1 kΩ	3	
14	金属膜电阻	10 kΩ	2	
15	金属膜电阻	22 MΩ	2	
16	金属膜电阻	3 kΩ	1	
17	金属膜电阻	6.8 kΩ	1	
18	金属膜电阻	91 kΩ	1	
19	单排六孔电容座	—	1	
20	红色发光二极管	ϕ3	1	
21	插孔式电源接线端子	3 脚	1	
22	集成块座(14 脚)	DIP14 座	2	
23	集成块座(16 脚)	DIP16 座	2	

6.4.2　安装

元器件的安装工艺要求如下：

(1) 对照设计好的电路图在印制电路板上走线，找出对应的元器件。

(2) 元器件在印制电路板插装的顺序是先低后高，先小后大，先轻后重。

(3) 元器件安装的方向：电子元器件的标记和色码部位应向外，以便于辨认；水平安装元器件的数值读法应保证从左至右，竖直安装元器件的数值读法则应保证从上至下。

(4) 对水平安装的元器件，应使元器件贴在印制板上，元器件离印制板的距离要保持在 0.5 mm 左右；对竖直安装的元器件，元器件离印制板的距离应保持在 3 ～ 5 mm。

(5) 电解电容、发光二极管、三极管等有极性的元器件注意不能错装。

(6) 元器件在印制电路板上的插装应排列整齐、美观，不允许一边高一边低，也不允许引脚一边长一边短。

安装好的实物图如图 6-20 所示。

图 6-20　简易数显式电容计实物图

6.4.3　调试

按下列步骤进行调试：

(1) 在调试时，可以借助超量程指示电路，对各部分电路进行检查。

(2) 在待测电容 C_x(印制板上 J2) 处接入 nF 级校准电容，调节 R_{19}，使数码管显示的读数与校准电容的容量一致。

(3) 接上若干标称值在量程范围内的电容进行测量，并记录测量结果。再接入若干标称值不在量程范围内的大电容和小电容，注意观察电容计的工作情况。

6.4.4　考核评分

(1) 撰写项目实训报告。

(2) 项目设有功能分、工艺分和职业素养分。教师对制作调试情况进行评价，学生在自评和小组互评的基础上进行成果展示和经验交流。

匠 培养精益求精、追求卓越的工匠精神篇

杰出校友陈亮的先进事迹——执着专注，工匠精神

通过数显电容计的制作，让我们体会到成功的不易。从安装到调试，都需要付出足够的细致、耐心、一丝不苟。在这块双面印制板上，只要有任何一个焊点质量不过关，或者元件错装，极性不准确，都会让你看不到预期的结果。而实训还只是电子电路设计的演习，与研制电子产品的实际情况存在相当大的差距。电容计作为测量仪，其实际产品还有精度、灵敏度等重要指标要求，而这里并未要求。所以同学们一定要从现在开始，培养工匠精神。

一微米有多细?一根头发丝的1/60!一微米有多难?精密模具的制作精度一般是2至5微米，1微米精度的模具目前在市场上较罕见，而模具品质的优劣往往就在这1微米的差距之间。而陈亮的拿手绝活就是，把模具精度控制在一微米之间。

陈亮是江苏信息职业技术学院模具设计与制造专业2002年的毕业生，毕业后进入无锡微研有限公司成为一名学徒工。凭借任劳任怨、爱岗奉献、钻研技术，进公司仅一年时间，陈亮就被提拔为班组副班长。2005年，陈亮被调到加工中心班组工作，2008年，就担任加工中心班组技术副班长。2008－2012年期间，连续五年被公司评为优秀员工。2012年被评为技术杰出带头人、2013年成为无锡市技能大师工作室领办人之一。2014年获评江苏省企业首席技师；2016年获评江苏省有突出贡献中青年专家；2017年获得中国产学研(首届)工匠精神奖；2018年获评江苏省技能大师工作室(领办人)；2019年获得全国五一劳动奖章、并当选全国“最美职工”。

从业以来，陈亮不断淬炼技艺，精益求精，从学徒工蜕变为技能大师、国家级工匠，参与国家“863”重点项目，攻克了一系列的技术难题。陈亮带队研发的新生产技艺甚至填补国内空白，获得国家发明专利和实用新型专利28项，荣获省部级科技奖项5项。

同学们，听了杰出校友陈亮的先进事迹，大家有什么感想呢?请你谈一谈对“执着专注、精益求精、追求卓越”的工匠精神的领悟，你对目前的学习状态满意吗?又会怎么做呢?

匠 培养精益求精、追求卓越的工匠精神篇

新时代呼唤“大国工匠”

执着专注、精益求精、一丝不苟、追求卓越的工匠精神，既是中华民族工匠技艺世代传承的价值理念，也是我们开启新征程，从制造业大国迈向制造业强国的时代需要。自2015年，央视新闻推出《大国工匠》系列节目，通过对“大国工匠”的集中展示，在全社会弘扬精益求精的工匠精神，为培养更多大国工匠，为中国经济的创新驱动和高质量发展凝神聚气。

习近平总书记在中国共产党第二十次全国代表大会上的报告中指出：“培养造就大批德才兼备的高素质人才，是国家和民族长远发展大计。”“加快建设国家战略人才力量，努力培养造就更多大师、战略科学家、一流科技领军人才和创新团队、青年科技人才、卓越工

程师、大国工匠、高技能人才。”

时代呼唤“大国工匠”精神，让工匠精神成为一种文化，要从年轻一代开始抓起。作为一名职校的学子，要志存高远、脚踏实地，匠心筑梦，将个人梦想融入国家梦、民族梦，用专注和坚持打造专业精神、敬业精神；特别是要牢固树立和自觉践行敬业守信、精益求精的职业精神，积淀职业素养，努力成为一名名副其实的青年工匠、大国工匠；用奋斗圆梦，向陈亮学习，增强行行出状元的自信，做到干一行，爱一行，钻一行。

项目小结

数字电子技术项目实训只是电子电路设计的一次演习，它重在基础训练，与研制电子产品的实际情况存在相当大的差距。

(1) 对于研制产品来说，选题和拟定性能指标十分重要，一般需要经过充分的调查研究才能确定，否则研制出来的产品可能没有实用价值和经济效益。而项目实训意在教学练习，选题要考虑内容的通用性，即大部分内容在以前学过，或是在电子工程技术中常用的，所以课题本身不一定具有实用价值或经济效益，此外，项目实训课题中明确说明了对性能指标的要求，不需自己拟定。

(2) 对于研制产品来说，必须考虑经济效益，在保证性能指标的前提下，应设法使成本最低。因此，凡是市场上出售的元器件和可以从生产厂家买到的元器件，都可以选用。但项目实训必须考虑元器件的通用性，而且大多数元器件应当不易损坏，或者损坏一两个造成的经济损失不大。此外，品种不宜过多。所以在项目实训中，一般不用大规模集成电路，只能在规定的范围内选用元器件。

(3) 从任务的范围来看，由于各方面条件的限制，项目实训只进行研制产品过程中的原理电路预设计、实验和修改三个基本环节，可为以后的毕业设计和从事电子产品的研制打下一定的基础。

习　题

分析计算题：

(1) 传统电容计的工作原理是什么？

(2) 用数字万用表测量电容的工作原理是什么？

(3) 显示译码电路中，为什么要用 PNP 管作为位选择开关？

(4) 为什么动态显示电路中七段显示译码器每段的电流要大些？

(5) MC14553 的 3 脚和 4 脚间接的电容 C_4 取大了会出现什么现象？

(6) 在超量程指示电路中，为什么要用或非门？

(7) 在超量程指示电路中，若用 NPN 管，则电路应如何连接？

(8) 在单稳态电路输入端和 MC14553 清零输入端各有一个微分电路，它们各起什么作用？

(9) 若微分电路的电阻取得很小(如只有 1 kΩ)，会出现什么情况？

(10) 若电源电压改用 12 V，则在电路设计上要作哪些修改？

项目7 交通灯控制器的设计与制作

知识目标

(1) 了解 Quartus Ⅱ软件设计流程。

(2) 掌握 VHDL 语言的基本结构。

(3) 掌握 VHDL 语言的标识符、数据对象、数据类型、运算符等基本要素。

(4) 掌握 VHDL 语言 PROCESS 语句、赋值语句、IF、CASE 等常用语句。

技能目标

(1) 会正确使用 Quartus Ⅱ 软件进行数字电路设计。

(2) 能熟练使用 Quartus Ⅱ 软件对设计电路进行仿真。

(3) 会正确使用 Quartus Ⅱ 软件对设计电路进行管脚分配。

(4) 能熟练使用 Quartus Ⅱ 软件下载配置文件到目标板进行功能验证。

素质目标

(1) 培养独立思考、一丝不苟、严谨踏实的学习习惯。

(2) 培养团队协作精神及创新能力。

(3) 加深对行业的认知，养成良好的职业道德和职业习惯。

(4) 从交通灯的作用引出命运共同体、人类命运共同体的理念，加强规则意识，合作共赢意识的培养。

加强团结协作，合作共赢篇

交通灯——团结协作，命运共同体

交通灯在交通中的重要作用大家都知道，因此我们不难想象，没有交通红绿灯的世界一定是充满危险的。交通事故不仅会造成交通堵塞而导致大家都无法通行，而且可能会让一些无辜的人受到伤害甚至丢失生命，所以只有每个人都有规则意识，每个人都遵守交通法规，自觉维护交通秩序，才能共同打造良好舒适的交通环境。文明、安全、畅通的交通环境不是一个人的努力就可以完成的，是需要所有行人、驾驶员的共同合作努力才能打造出的“命运共同体”。

近两年的疫情，让我们充分认识到命运共同体理念的重要性。一方有难，八方支援，今天你们支援我们，明天我们支援你们，帮助别人也是帮助自己；一个封控令，瞬间“空”一座

城，因为大家遵守规则，所以中国可以一次次动态清零，中国也是目前唯一一个有能力动态清零的国家。

人类命运共同体理念是中国为世界和平稳定发展贡献的中国智慧和中国方案，习近平总书记在中国共产党第二十次全国代表大会上的报告中指出："中国始终坚持维护世界和平、促进共同发展的外交政策宗旨，致力于推动构建人类命运共同体。构建人类命运共同体是世界各国人民前途所在。万物并育而不相害，道并行而不相悖。只有各国行天下之大道，和睦相处、合作共赢，繁荣才能持久，安全才有保障。我们真诚呼吁，世界各国弘扬和平、发展、公平、正义、民主、自由的全人类共同价值，促进各国人民相知相亲，尊重世界文明多样性，以文明交流超越文明隔阂、文明互鉴超越文明冲突、文明共存超越文明优越，共同应对各种全球性挑战。"

加强团结协作，合作共赢，共同坐上新时代的"诺亚方舟"，人类才会有更加美好的明天。

任务 7.1　项目预备知识

7.1.1　可编程逻辑器件

可编程逻辑器件(Programmable Logic Device，PLD)，是一种由用户根据自己要求来构造逻辑功能的数字集成电路，主要包括 FPGA 和 CPLD 两大类。FPGA 和 CPLD 分别是现场可编程门阵列和复杂可编程逻辑器件的简称。FPGA 在结构上主要分为三个部分：可编程逻辑单元、可编程输入/输出单元和可编程连线。CPLD 在结构上主要分为三个部分：可编程逻辑宏单元、可编程输入/输出单元和可编程内部连线。PLD 适宜于小批量生产的系统或在系统开发研制中采用，在计算机硬件、自动化控制、智能仪表、数字电路系统领域得到了广泛的应用。

基于可编程逻辑器件的数字系统 EDA 设计是指利用计算机辅助设计，即用原理图、状态机、硬件描述语言(Hardware Description Language，HDL)等方法来表示设计思想，经编译或转换程序，生成目标文件，最后由编程器或下载电缆将设计文件配置到目标可编程逻辑器件中，来实现数字系统的逻辑功能。本项目采用 Altera 公司开发的型号为 EPM7128SLC84－15 的 CPLD 芯片进行设计。

7.1.2　软件开发工具 Quartus Ⅱ

PLD 的开发工具一般由器件生产厂家提供，但随着器件规模的不断增加，软件的复杂性也随之提高。主要的 PLD 生产厂家和开发工具有 Altera 公司的 MAX＋PLUS Ⅱ 和 Quartus Ⅱ开发软件，Xilinx 公司的 Foundation ，ISE 开发软件和 Lattice 公司的 ispLEVER 开发软件等。

本项目使用 Altera 公司的 Quartus Ⅱ设计软件进行设计。

Quartus Ⅱ设计软件提供完整的多平台设计环境，能够直接满足特定设计需要，为可编程芯片系统(SOPC) 提供全面的设计环境。

Quartus Ⅱ的特点有：

(1) 界面开放：支持与 Candence、Synopsys、Mentor Graphics、Synplicity、ViewLogic 等公司的 EDA 工具接口。

(2) 结构独立性：提供了与结构无关的可编程逻辑环境。

(3) 丰富的设计库：可大大减轻设计人员的工作量，提高设计效率，缩短 TTM。

(4) 模块化工具：使设计人员可以从设计输入、处理和校验方式等方面进行灵活的选择，满足不同用户的需求。

(5) 支持多种 VHDL：包括 VHDL、VerilogHDL、AHDL 等。

QuartusⅡ设计流程如图 7-1 所示，可以使用 QuartusⅡ软件完成设计流程的所有阶段。

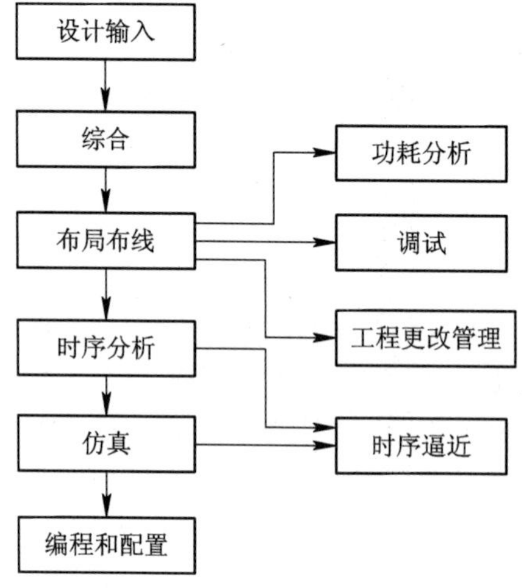

图 7-1　Quartus Ⅱ设计流程

7.1.3　硬件描述语言 VHDL

硬件描述语言是用文本形式来描述数字电路的内部结构和信号连接关系的一类语言，类似于一般的计算机高级语言的语言形式和结构形式。其中最具代表性的、使用最广泛的是 VHDL(Very High Speed Integrated Circuit Hardware Description Language)语言和 Verilog HDL 语言。

1. VHDL 的基本结构

1) VHDL 程序基本结构

VHDL 程序基本结构如图 7-2 所示。

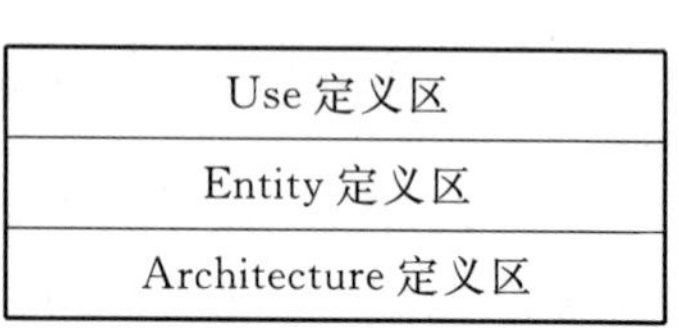

图 7-2　VHDL 程序基本结构

第一部分是程序包，程序包是用 VHDL 语言编写的共享文件，定义在设计结构体和实体中用到的常数、数据类型、子程序和设计好的电路单元等，放在文件目录名称为 IEEE 的程序包库中。

第二部分是程序的实体，定义电路单元的输入/输出引脚信号。程序的实体名称是任意取的，但是必须与 VHDL 程序的文件名称相同。实体的标识符是 ENTITY，实体以 ENTITY 开头，以 END 结束。

第三部分是程序的结构体，具体描述电路的内部结构和逻辑功能。结构体以标识符 ARCHITECTURE 开头，以 END 结尾。结构体的名称也是任意取的。

2）库和程序包

VHDL 程序中常用的库有 STD 库、IEEE 库和 WORK 库等。其中 STD 库和 IEEE 库中的标准程序包是由 EDA 工具的厂商提供的，用户在设计程序时可以用相应的语句调用。库、程序包调用的格式为

```
LIBRARY IEEE;
USE IEEE. STD_LOGIC_1164. ALL;
USE IEEE. STD_LOGIC_ARITH. ALL;
USE IEEE. STD_LOGIC_UNSIGNED. ALL;
```

3）VHDL 语言的实体

实体是 VHDL 程序设计中最基本的组成部分，实体定义了所设计芯片需要的输入/输出信号引脚。实体说明语句的格式为

```
ENTITY  实体名称 IS
PORT  (端口信号名称 1：输入/输出状态  数据类型；
       端口信号名称 2：输入/输出状态  数据类型；
         ……
       端口信号名称 N：输入/输出状态  数据类型)；
END  实体名称；
```

4）VHDL 语言的结构体

结构体描述设计实体的功能，建立设计的输入与输出之间的联系。结构体的一般格式为

```
ARCHITECTURE  结构体名  OF  实体名称  IS
    说明语句
BEGIN
    功能描述语句
END 结构体名；
```

2. VHDL 的基本要素

与其他高级语言相似，VHDL 语言也是由标识符、数据对象、数据类型、运算符等基本要素组成的。

1）标识符

标识符用来表示常量、变量、信号、子程序、结构体和实体等名称，由 26 个英文字母、数字 0，1，2，…，9 及下画线“_”组成。标识符组成的规则如下：

（1）标识符必须以英文字母开头；

（2）标识符中不能有两个连续的下画线“_”，标识符的最后一个字符不能是下画线；

（3）标识符中的英文字母不区分大小写；

（4）VHDL 的保留字不能作为标识符使用。

2）数据对象

在 VHDL 中，定义了三种数据对象，即常量、信号和变量。

（1）常量的说明格式为

CONSTANT　常量名：数据类型[：=设置值]；

（2）信号的说明格式为

SIGNAL　信号名：数据类型[：=设置值]；

（3）变量的说明格式为

VARIABLE　变量名：数据类型[：=设置值]；

3）数据类型

VHDL 的数据类型使得 VHDL 能够创建高层次的系统和算法模型。VHDL 数据类型主要分为基本数据类型和其他数据类型两部分。在数字电路里的信号大致可分为逻辑信号和数值信号，与之相对应的 VHDL 基本数据类型如图 7－3 所示。

信号	逻辑信号	布尔代数(Boolean)
		位(Bit)
		标准逻辑(Std_Logic)
	数值信号	整数(Integer)
		实数(Real)

图 7－3　VHDL 基本数据类型

4）运算符

与高级语言一样，VHDL 语言的表达式也是由运算符和操作数组成的。VHDL 中定义的运算符主要有关系运算符、关联运算符、逻辑运算符、赋值运算符及其他运算符。运算符符号、功能及适用的数据类型如表 7－1 所示。

表 7-1　VHDL 语言的运算符

类　别	运算符	功　能	数据类型
关系运算符	+	加	整数
	−	减	整数
	*	乘	整数和实数(包括浮点数)
	/	除	整数和实数(包括浮点数)
	MOD	取模	整数
	REM	取余	整数
	SLL	逻辑左移	Bit 或布尔型一维数组
	SRL	逻辑右移	Bit 或布尔型一维数组
	SLA	算术左移	Bit 或布尔型一维数组
	SRA	算术右移	Bit 或布尔型一维数组
	ROL	逻辑循环左移	Bit 或布尔型一维数组
	ROR	逻辑循环右移	Bit 或布尔型一维数组
	* *	乘方	整数
	ABS	取绝对值	整数
关联运算符	=	相等	任何数据类型
	/=	不等于	任何数据类型
	<	小于	枚举与整数类型，及对应的一维数组
	>	大于	枚举与整数类型，及对应的一维数组
	< =	小于等于	枚举与整数类型，及对应的一维数组
	> =	大于等于	枚举与整数类型，及对应的一维数组
逻辑运算符	AND	与	Bit，Boolean，Std_Logic
	OR	或	Bit，Boolean，Std_Logic
	NAND	与非	Bit，Boolean，Std_Logic
	NOR	或非	Bit，Boolean，Std_Logic
	XNOR	同或	Bit，Boolean，Std_Logic
	NOT	非	Bit，Boolean，Std_Logic
	XOR	异或	Bit，Boolean，Std_Logic

续表

类　别	运算符	功　能	数据类型
赋值运算符	<=	信号赋值	
	:=	变量赋值	
	=>	在例化元件时可用于形参到实参的映射	
其他运算符	+	正	整数
	−	负	整数
	&	连接	一维数组

3. VHDL 语句

VHDL 常用语句可以分为两大类，即并行语句和顺序语句。顺序语句必须放在进程中，顺序语句是按照语句的前后排列的方式顺序执行的。结构体中的并行语句总是处于进程的外部，所有并行语句都是一次同时执行的，与它们在程序中排列的先后次序无关。

常用的并行语句有：

(1) 并行信号赋值语句，用"<="运算符；

(2) 条件赋值语句，WHEN-ELSE；

(3) 选择信号赋值语句，WITH-SELECT；

(4) 方块语句，BLOCK。

常用的顺序语句有：

(1) 信号赋值语句和变量赋值语句；

(2) IF-ELSE 语句；

(3) CASE-WHEN 语句；

(4) FOR-LOOP。

下面介绍本项目用到的几个语句的基本格式。

1) 进程语句

进程语句描述顺序事件，包含在结构体中，一个结构体可以包含多个进程语句，进程语句之间是并行的，而进程内部语句之间是顺序关系。进程语句的基本格式为

```
[进程名称：] PROCESS[(敏感信号 1，敏感信号 2，……)]
        [说明部分]
BEGIN
      语句部分
END PROCESS;
```

2) 简单信号赋值语句

简单信号赋值语句位于进程语句的外部，语句的一般格式为：

```
赋值对象<=表达式；
```

3) IF-ELSE 语句

(1) 格式一：

```
IF 条件表达式 THEN
    语句方块 A
END IF;
```

(2) 格式二：

```
IF 条件表达式 THEN
    语句方块 A
ELSE
    语句方块 B
END IF;
```

(3) 格式三：

```
IF 条件表达式 1 THEN
    语句方块 A
ELSIF 条件表达式 2  THEN
    语句方块 B
ELSIF 条件表达式 3  THEN
    语句方块 C
    ……
ELSE
    语句方块 N
END IF;
```

4) CASE-WHEN 语句

CASE-WHEN 语句属于顺序语句，只能在进程中使用，常用来选择有明确描述的信号，语句格式为

```
CASE  选择信号 X  IS
WHEN  信号值 1 => 语句方块 1
WHEN  信号值 2 => 语句方块 2
WHEN  信号值 3 => 语句方块 3
……
WHEN  OTHERS => 语句方块 N
END CASE;
```

7.1.4 试验板硬件原理图

本项目所采用的实验开发板原理图如图 7 - 4 所示。

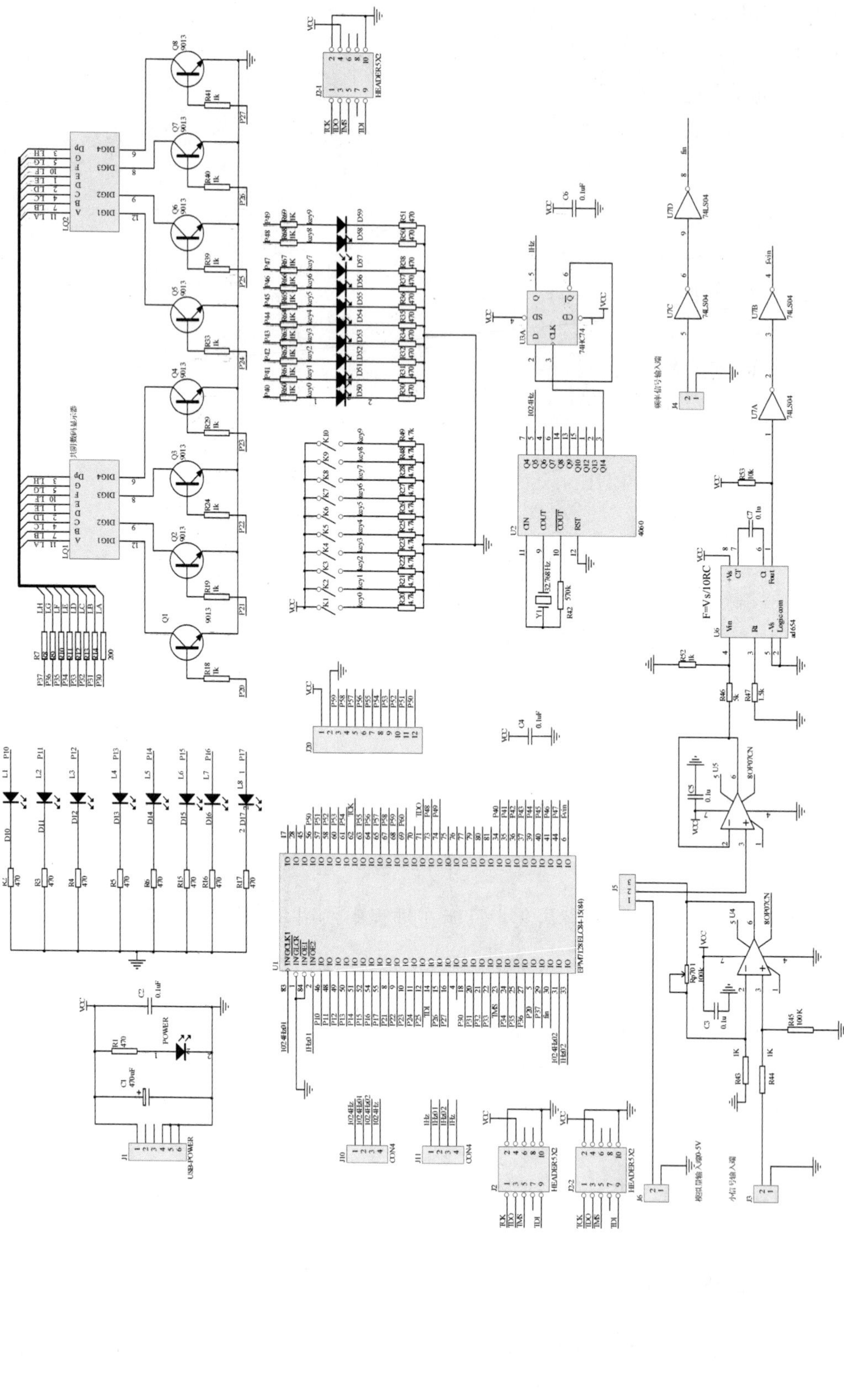

图 7-4 实验开发板原理图

本项目采用的实验开发板实物图如图 7-5 所示。

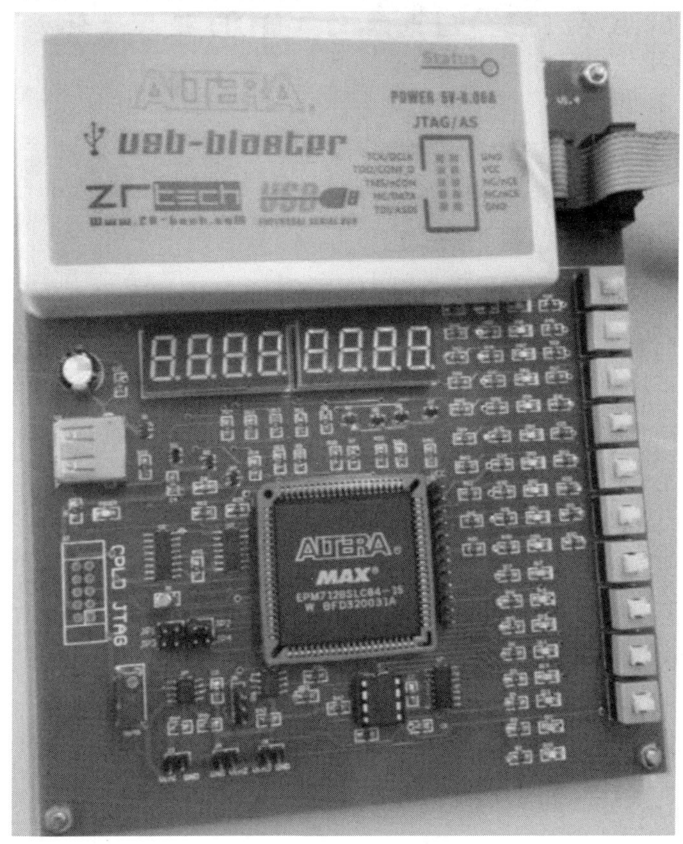

图 7-5　实验开发板实物图

PLD 芯片与外围元件的引脚连接对照表如表 7-2 所示。

表 7-2　实验板元件与 EPM7128SLC84 芯片引脚对照表

实验板元件	EPM7128 芯片引脚
L1～L8(LED 指示灯，高电平有效)	46，48～52，54～55
K1～K10(按键，高电平有效)	34～37，39～41，44，73，74
LQ1/2(共阴数码选通端，高电平有效)	5，8，9，10，11，12，15，16
LQ1/2(共阴数码管数据端，A～G、DOT，高电平有效)	18，20，21，22，24，25，27，29
J20(扩展端口，使用飞线对外连接)	56～58，60，61，63～65，67
JP2(1 Hz 时钟，跳线帽闭合有效)	2
JP4(1 Hz 时钟，跳线帽闭合有效)	33
JP1(1 kHz 时钟，跳线帽闭合有效)	83
JP3(1 kHz 时钟，跳线帽闭合有效)	31

任务 7.2 门电路的 VHDL 程序设计

1. 实验目的

(1) 掌握 2 输入与门的 VHDL 语言程序编写。

(2) 掌握 Quartus Ⅱ软件的 VHDL 程序输入法。

(3) 掌握波形文件的建立和波形仿真。

2. 实验内容与原理

利用 Quartus Ⅱ软件，编写 2 输入与门的 VHDL 程序，进行编译和仿真，并根据波形图列出其真值表，验证与门的逻辑功能。

2 输入与门的 VHDL 程序如下：

```
library ieee;
use ieee.std_logic_1164.all;
entity and_gate is
      port(
         a, b:in std_logic;
            y:outstd_logic);
end and_gate;
architecture bev of and_gate is
      begin
            y<=a and b;
end bev;
```

3. 实验步骤

1) 新建一个文件夹【工程创建与 VHDL 输入设计扫一扫】

工程创建与 VHDL 输入设计

本项设计的文件夹取名为 and_gate，存在 D 盘中，路径为 D:\and_gate。注意，文件夹名不能用中文，也最好不要用数字。

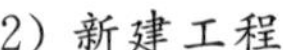

2) 新建工程

(1) 打开建立新工程管理窗。

选择菜单“File”→“New Project Wizard”命令，弹出“工程设置”对话框。单击此对话框最上一栏右侧的“…”按钮，找到文件夹 D:\and_gate，再单击“打开”按钮，即出现如图 7-6 所示的设置情况。其中，第一行的 D:\and_gate 表示工程所在的工作库文件夹；第二行的 and_gate 表示此项工程的工程名，工程名可以取任何其他的名，也可直接用顶层文件的实体名作为工程名，在此就是按这种方式取的名；第三行是当前工程顶层文件的实体名，这里即为 and_gate。

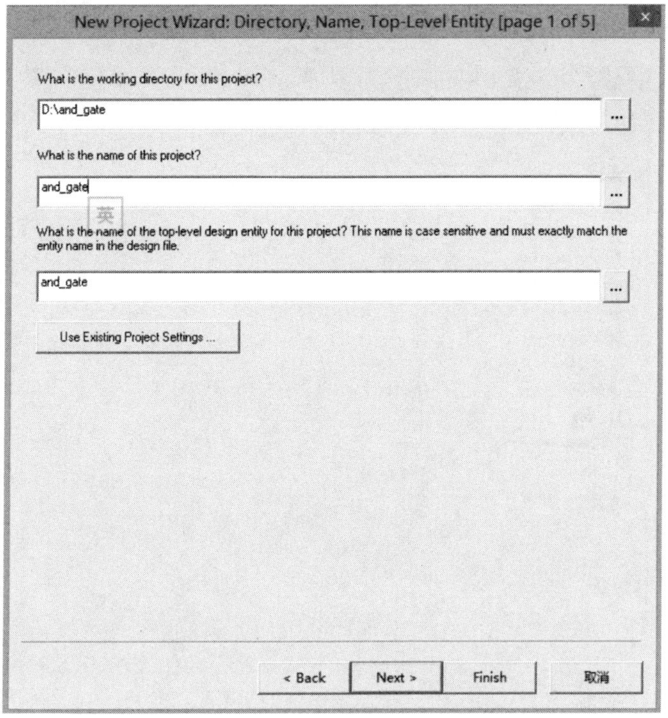

图 7-6　利用“New Project Wizard”创建工程 and_gate

(2) 选择目标芯片。

单击“Next”按钮弹出选择目标芯片的窗口，用户必须选择开发板上的 FPGA 器件型号。本项设计“Family”选择 MAX7000S 系列，然后选择封装“Package”为 PLCC，管脚数“Pin count”为 84，速度等级“Speed grade”为 15，鼠标选择 EPM7128SLC84-15，如图 7-7 所示。

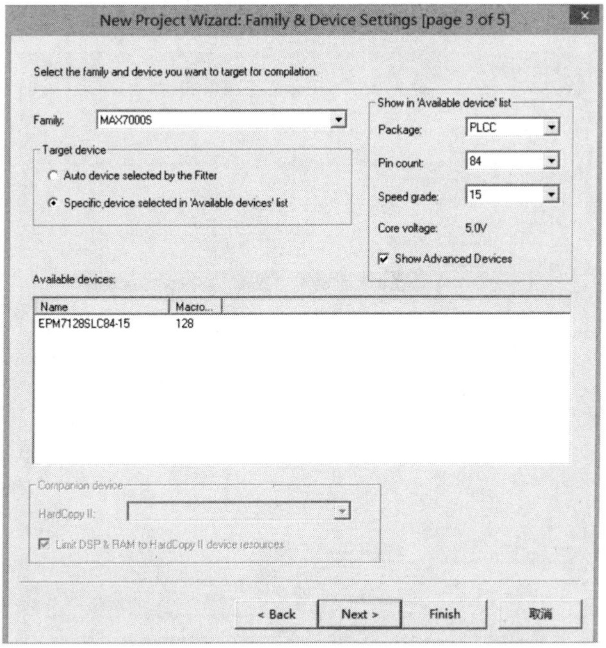

图 7-7　选择目标芯片

(3) 单击“Next”按钮后进入下一步，弹出“工程概要”显示窗口，如图 7-8 所示。

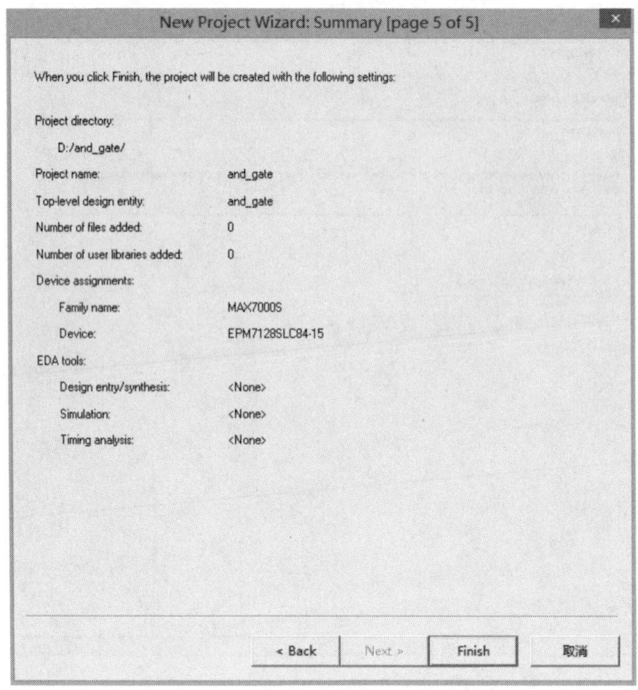

图 7-8　工程概要

3) 新建 VHDL 文件

(1) 输入源程序。打开 Quartus Ⅱ 软件，选择菜单“File”→“New”命令。在“New”窗口中的“Device Design Files”选项卡下选择编译文件的语言类型，本项设计选择“VHDL File”(如图 7-9 所示)。然后在 VHDL 文本编译窗中编写 VHDL 程序。

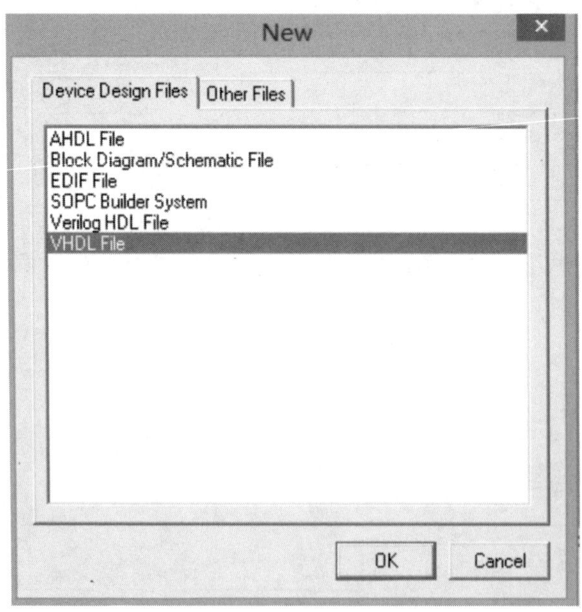

图 7-9　文件类型选择

(2) 保存文件，文件名为 and_gate。

(3) 编译文件：点击“▶”按钮进行编译，若编译无误将弹出编译成功对话框；若编译有错误，请根据“调试信息”框中的错误提示修改，直至编译通过。

4) 时序仿真【门电路波形仿真扫一扫】

门电路波形仿真

程序编译通过后，必须对其功能和时序性质进行仿真测试，以了解设计结果是否满足原设计要求。以 VWF 文件方式的仿真流程为例，其详细步骤如下：

(1) 打开波形编辑器。选择菜单“File”→“New”命令，在“New”窗口中选择“Other Files”选项卡下的“Vector Waveform File”项(如图 7－10 所示)，单击“OK”按钮，即出现空白的波形编辑器(如图 7－11 所示)。

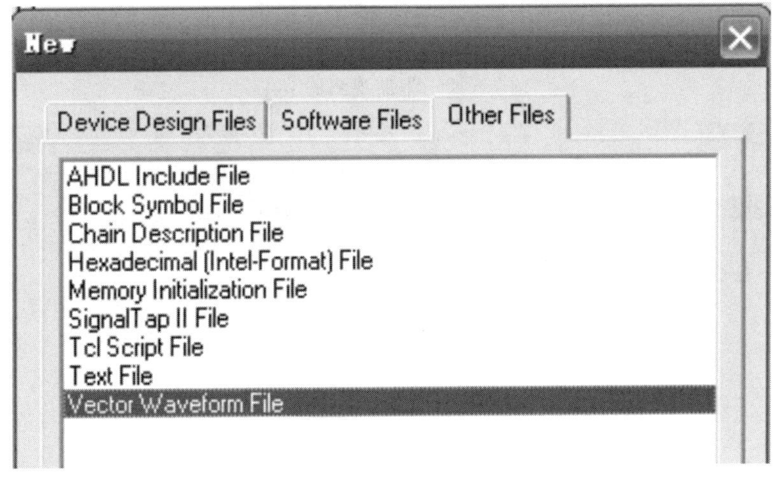

图 7－10　选择编辑矢量波形文件

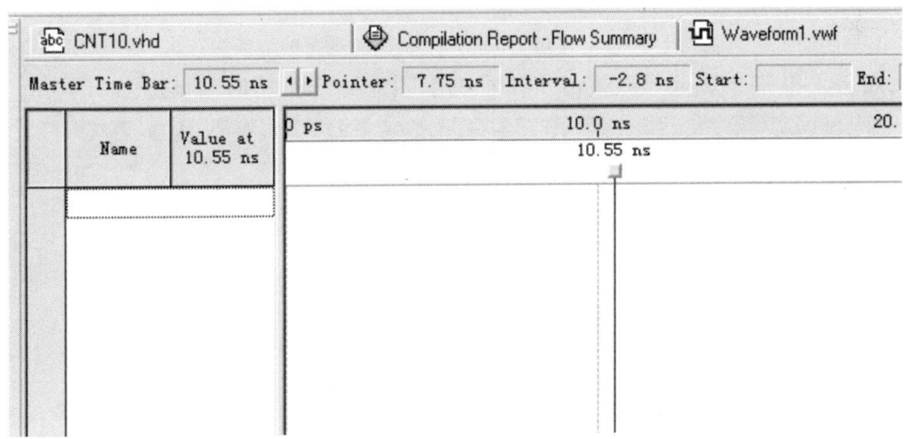

图 7－11　波形编辑器

(2) 点击菜单命令“Edit”→“Insert”→“Insert Nodes or Bus…”，进入图 7－12，单击“Node Finder…”，进入图 7－13，在“Filter”下拉列表中选择“Pins：all”，点击“List”，此时

"Nodes Found"框格中出现节点，双击所要观测的节点，使节点名出现在选中的节点框格"Selected Nodes"中。点击"OK"返回图 7-12，再点击"OK"完成节点的添加。

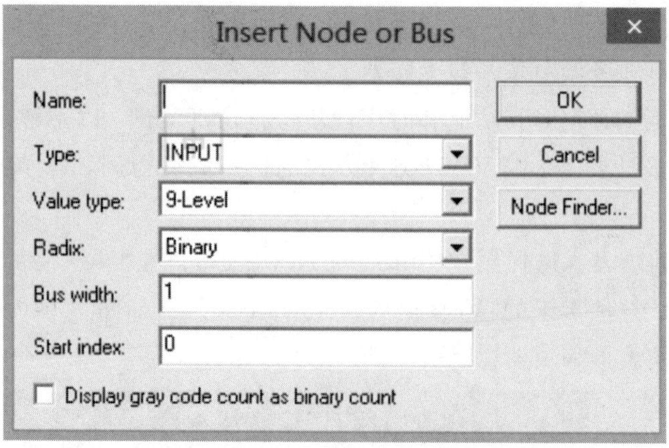

Insert Node or Bus

Name:
Type: INPUT
Value type: 9-Level
Radix: Binary
Bus width: 1
Start index: 0
Display gray code count as binary count
OK
Cancel
Node Finder...

图 7-12　添加观测的节点

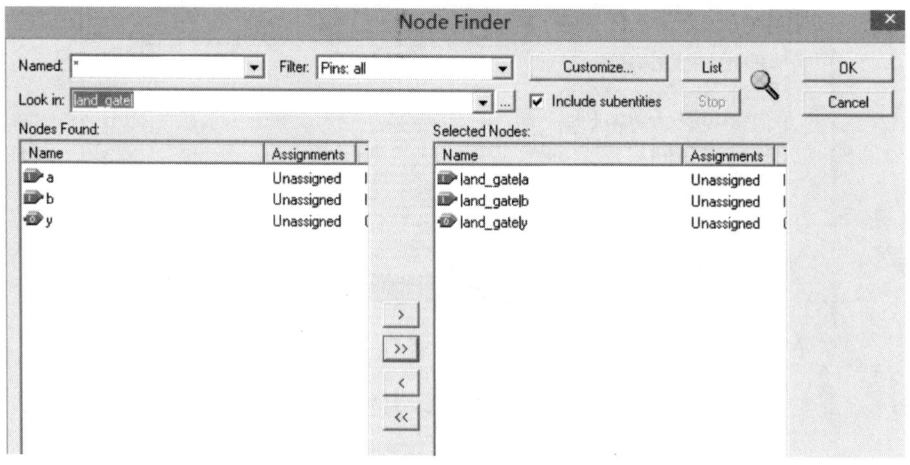

图 7-13　通过 Node Finder 添加观测的节点

(3) 点击菜单命令"Edit"→"End Time"，出现图 7-14，将时间设定为 2.0 μs。

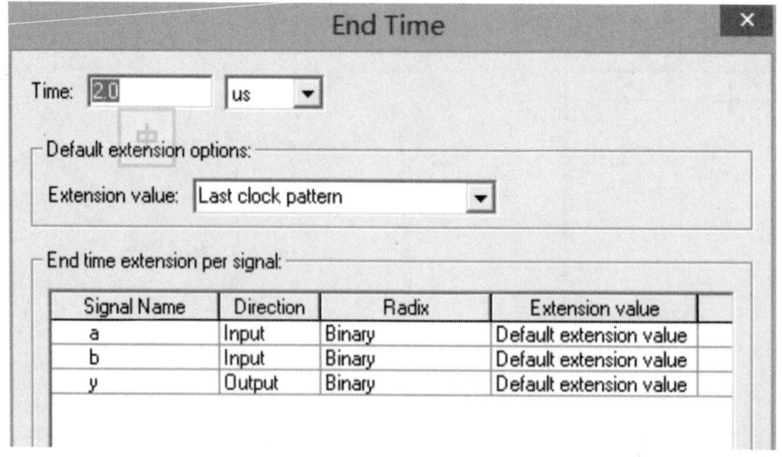

图 7-14　仿真结束时间设置

(4) 点击菜单命令“Edit”→“Grid Size”，出现图 7－15，将网格大小设定为 100 ns。

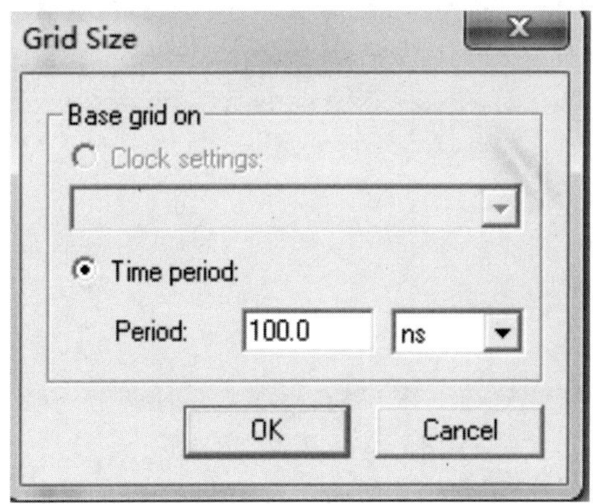

图 7－15　网格大小设置

(5) 点击节点 a，使其成为高亮状态，点击左侧栏中的 ，进入图 7－16(a)，将开始值“Start value”设为 0，点击“Timing”，将开始时间“Start time”设为 0，结束时间“End time”设为 2.0 us，“Count every”设为 100 ns，“Multiplied by”设为“1”，如图 7－16(b)所示。点击“确定”输入信号激励。

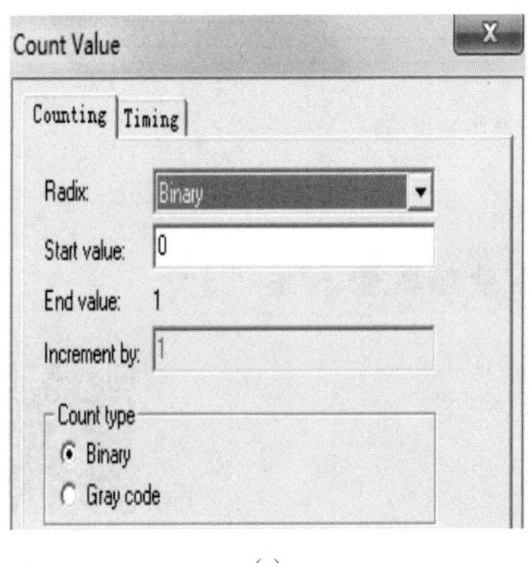

(a)

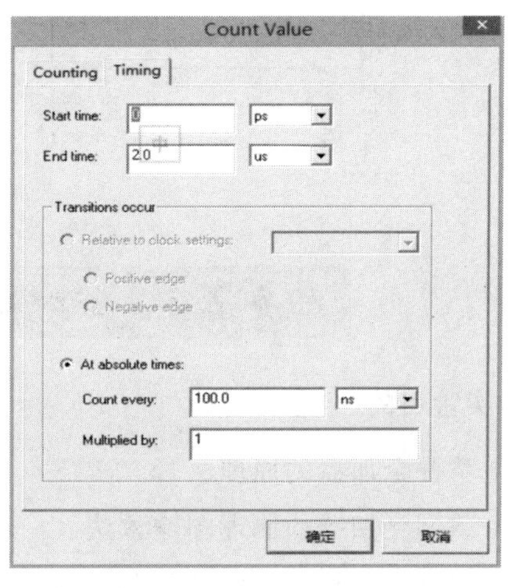

(b)

图 7－16　输入节点的波形设置

(6) 同理将节点 b 的周期设为 200 ns，其他设置为默认值。

(7) 点击菜单“View”→“Zoom out”命令缩小波形显示，至波形为适合大小；最后设置好的激励信号波形如图 7－17 所示。

(8) 点击菜单命令“File”→“Save as”，以“.vwf”为扩展名存盘文件，命名为“and_gate.vwf”，保存时勾选“Add file to current file”选项。

(9) 启动仿真器。在菜单“Processing”项下选择“Start Simulation”。

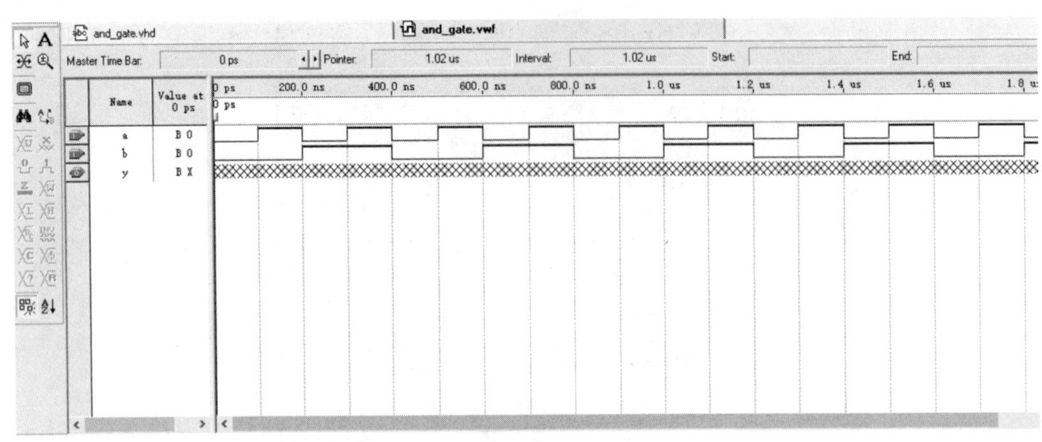

图 7-17　编辑输入波形

(10) 观察仿真结果，如图 7-18 所示，符合与门的逻辑功能，即"有 0 则 0，全 1 则 1"。

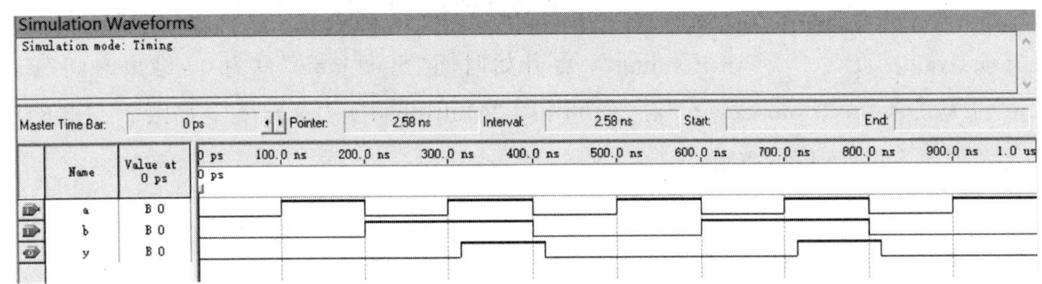

图 7-18　仿真波形输出结果

任务 7.3　全加器的原理图输入法设计

1. 实验目的

原理图输入法设计

(1) 掌握全加器的原理。

(2) 掌握全加器的原理图输入法。

(3) 观察全加器的波形现象并记录和分析。

(4) 掌握程序下载、功能调试的方法和步骤。

2. 实验内容与原理

利用 Quartus Ⅱ软件的图形输入方式，设计一位二进制加法器，完成编译和波形仿真后，下载到实验板验证电路功能。

根据前面组合逻辑电路的设计过程，列出全加器的真值表，根据真值表列出逻辑表达式，设计逻辑电路，一位全加器的原理图如图 7-19 所示。

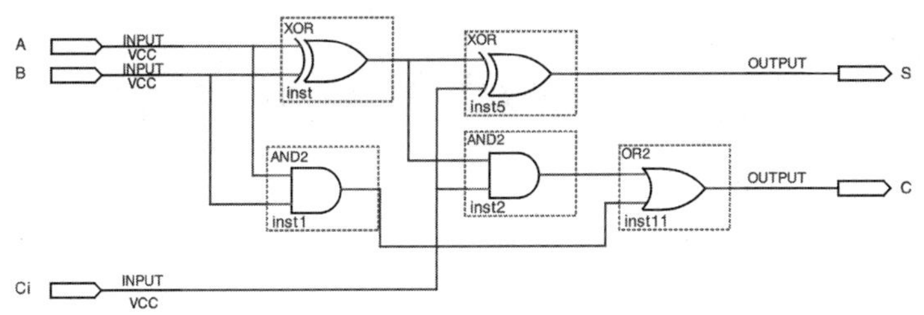

图 7－19　一位全加器原理图

3. 实验步骤【原理图输入法设计扫一扫】

（1）新建一个文件夹。

（2）新建工程。

（3）新建原理图文件。

① 点击菜单命令“File”→“New”，在弹出的“New”窗口中选择“Device Design Files”选项卡下的“Block Diagram/Schematic File”项，如图 7－20 所示。

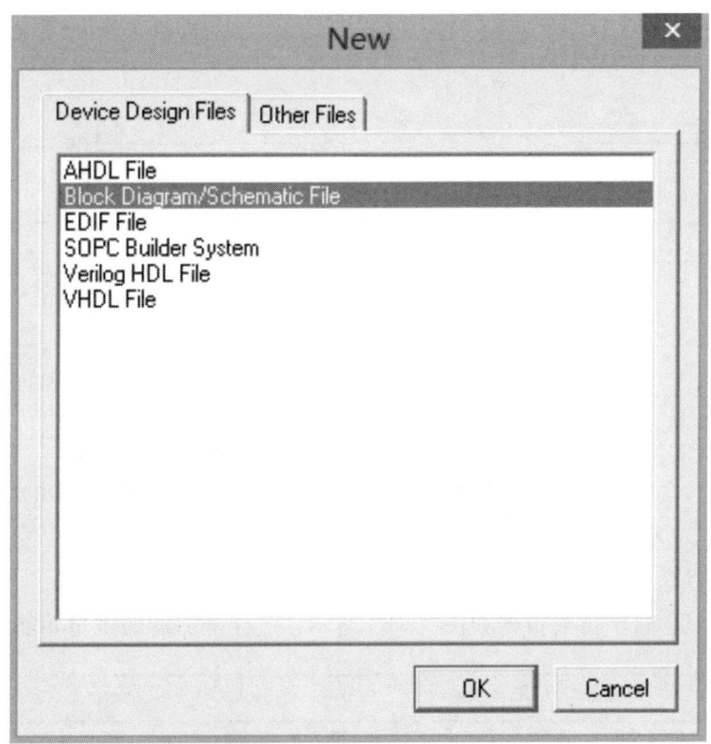

图 7－20　选择新建文件类型

② 放置元件。在原理图空白处双击鼠标，弹出“Symbol”选择窗口（或单击右键选择“Insert”→“Symbol…”），出现元件对话框，如图 7－21 所示。分别调入元件 INPUT、OUTPUT、AND2、XOR、OR2，并进行连线。然后对输入端和输出端进行重新命名，分别在 INPUT 和 OUTPUT 的 PIN NAME 上双击使其变黑，再用键盘分别输入各引脚名，分别为 A、B、Ci、S、C，如图 7－22 所示。

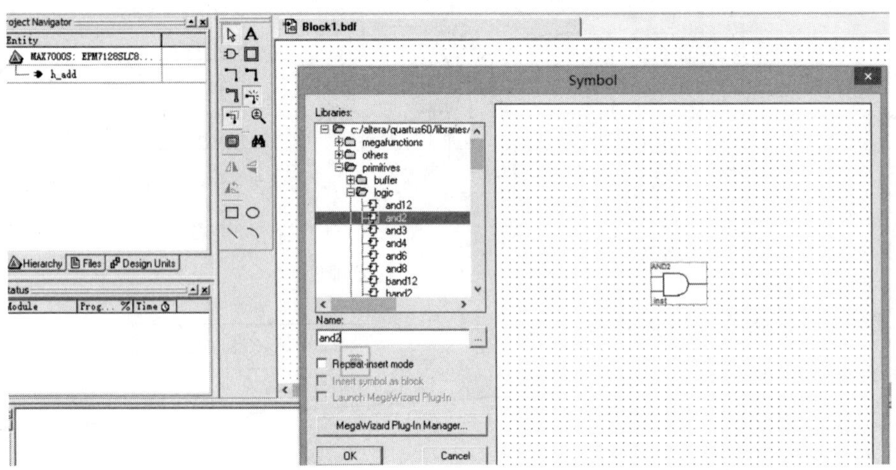

图 7-21　元件选择窗口

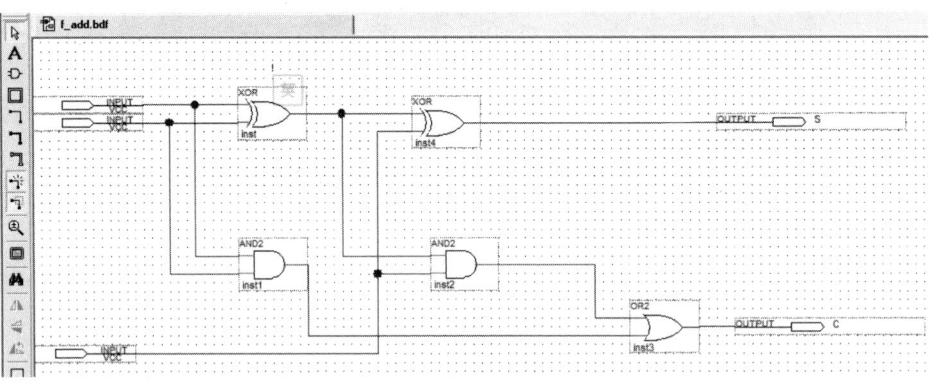

图 7-22　完成连线后的原理图

③ 文件存盘。将设计好的原理图文件取名为 f_add(注意后缀是.bdf)，保存在当前的工程下。

(4) 编译文件。

(5) 时序仿真。时序仿真报告如图 7-23 所示，符合全加器的逻辑功能。

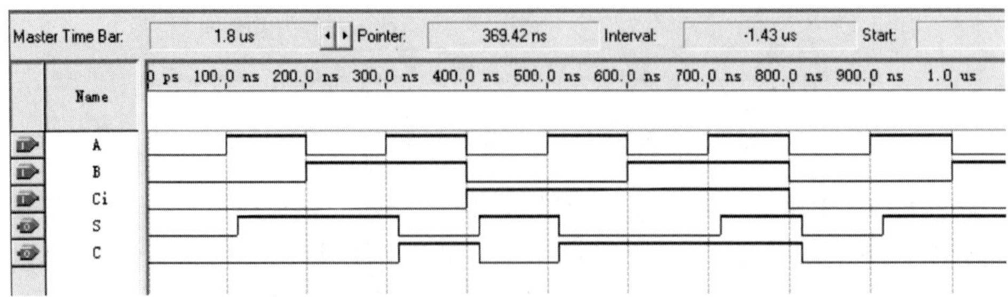

图 7-23　仿真结果输出

(6) 管脚分配。在程序下载到芯片之前，首先将设计好的全加器的 5 个端口映射到目标器件 EPM7128SLC84－15 具体管脚上，即管脚分配。在进行实物验证时，全加器的 A、B、Ci 三个逻辑电平输入用开关来设置，输出 S 和 C 的逻辑电平用 LED 指示灯来显示，因此根据前面的实验板元件与 EPM7128SLC84 芯片引脚对照表，管脚配置参考表 7－3。

表 7－3　全加器端口管脚映射表

开发板板载资源	开发板原理图标号	芯片管脚	全加器端口
按键	K1	34	A
	K2	35	B
	K3	36	Ci
LED 指示灯	L1	46	S
	L2	48	C

其次进行管脚分配，点击菜单命令“Assignments”→“Pins”，如图 7－24 所示，出现所选目标芯片的管脚分布图。为每个端口选择所配置的引脚，如图 7－25 所示。

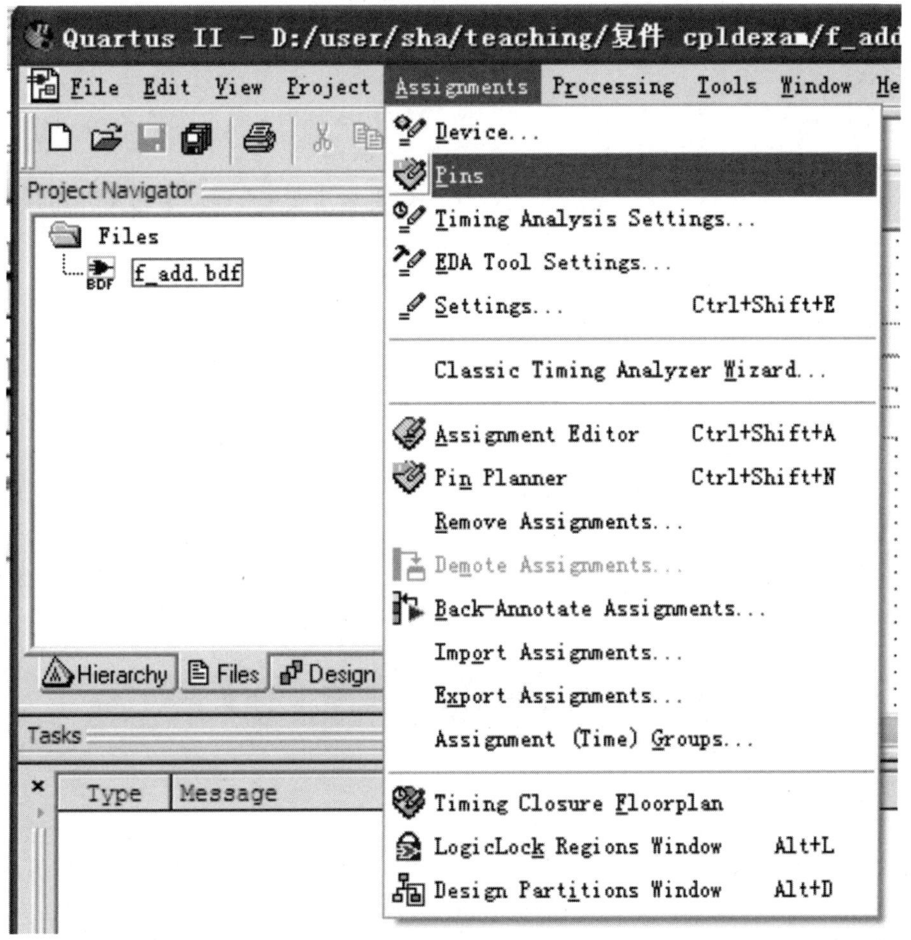

图 7－24　打开管脚分配窗口

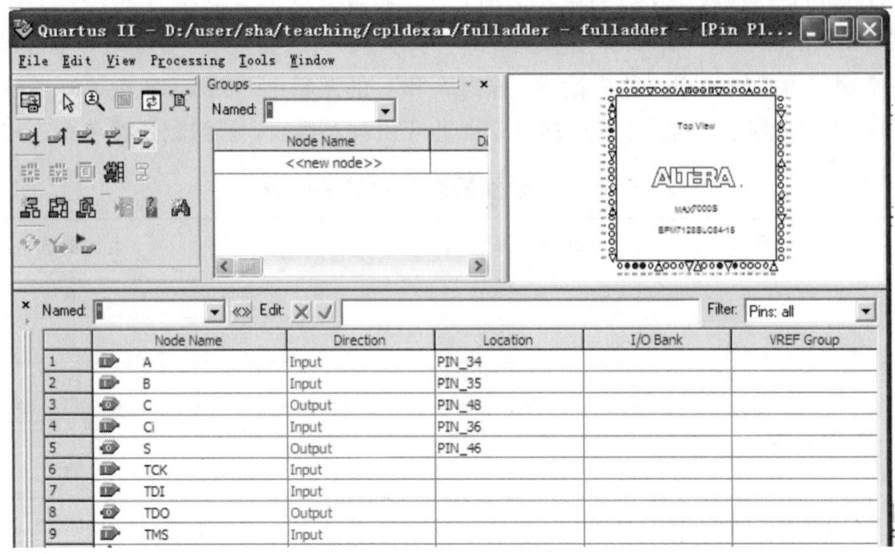

图 7-25　管脚分配界面

(7) 全编译。管脚分配完成后，选择菜单命令“Processing”→“Start Compilation”启动全编译过程。

(8) 器件编程。

① 连上实验板的 USB 电源线。

② 连接好 USB-Blaster 下载电缆。初次连接需要为其安装驱动，驱动文件路径为：C:\program files\altera\quartus60\drivers\usb-blaster。

③ 选择菜单命令“Tools”→“Programmer”，打开编程器窗口，其中包括当前 f_add.pof 编程文件及所选目标器件等信息。

④ 在编程器窗口的 Mode 列表中选择 JTAG 模式。

⑤ 单击“Hardware Setup”，在弹出的硬件设置对话框中选择“USB”→“Blaster”，然后单击“Close”按钮关闭硬件设置对话框，设置完成。

⑥ 单击编程器窗口的“Start”按钮开始编程，直至出现提示编程完成的对话框时，单击“OK”完成器件编程。

(9) 功能检验。拨动板子上所对应的三个开关，观察对应指示灯的亮灭情况，验证是否符合全加器的逻辑功能。

任务 7.4　交通灯控制器的设计、仿真与调试

7.4.1　项目设计要求

设计一个十字路口的交通灯控制器，用实验板上的 LED 灯指示车辆通过的方向(东西和南北方向各一组)，用数码管指示该方向的剩余时间。

设东西方向和南北方向的车流量大致相同，因此两个方向上红灯、黄灯、绿灯的时长也相同，定为红灯 45 秒、黄灯 5 秒、绿灯 40 秒，同时数码管指示当前状态(红灯、黄灯、绿

灯)剩余时间。另外设置一个紧急信号，紧急信号发生时，东西和南北方向都显示红灯，并停止计数(显示为“00”)，紧急状态解除后，重新计数并指示时间。

7.4.2　设计原理

交通灯控制器是状态机的一个典型应用，除了计数器是状态机外，还有东西方向、南北方向的不同组合(红绿、红黄、绿红、黄红4个状态)，如表7-4所示。

表7-4　交通灯的4种可能亮灯状态

状　态	东西方向			南北方向		
	红	黄	绿	红	黄	绿
1(持续40秒)	1	0	0	0	0	1
2(持续5秒)	1	0	0	0	1	0
3(持续40秒)	0	0	1	1	0	0
4(持续5秒)	0	1	0	1	0	0

可以简单地将该电路看成两个(东西、南北)减1计数的计数器，通过检测两个方向的计数值，可以检测红、黄、绿组合的跳变。这样使一个较复杂的状态机设计变成一个简单的计数器设计。

假设东西方向和南北方向的黄灯时间均为5秒，在设计交通灯控制器时，可在简单的计数器基础上增加一些状态检测，即通过检测两个方向上的计数值判断交通灯应处于4种可能状态中的哪种状态，需要检测的状态跳变点如表7-5所示。

表7-5　需检测的状态跳变点

交通灯现状态	计数器计数值		交通灯次状态	计数器计数值	
	东西方向剩余计数值显示	南北方向计数值		东西方向剩余计数值显示	南北方向计数值
1	06红	01绿	2	05红	05黄
2	01红	01黄	3	40绿	45红
3	01绿	06红	4	05黄	05红
4	01黄	01红	1	45红	40绿

对于紧急情况，只需设计一个异步时序电路即可解决，当紧急信号发生时，东西方向、南北方向都为红灯，计数值都为零；紧急状态解除后，恢复到状态1，即东西方向红灯45秒，南北方向绿灯40秒，重新计数并指示时间。

程序中还应防止出现非法状态，即程序运行后应判断东西方向和南北方向的计数值是否超出范围，若超出范围，也恢复成状态1，即东西方向红灯45秒，南北方向绿灯40秒，开始计数并指示时间。此电路在电路启动运行时和紧急状态解除时有效，一旦两个方向的计数值正确后，就不会再计数到非法状态。

7.4.3 VHDL 语言程序设计

为节省 I/O 引脚和内部资源，实验板提供的 8 个 LED 数码管是动态扫描显示，因此引进一个扫描信号，将时间分为 4 个扫描周期，每个扫描周期只选通一个数码管，利用人眼的视觉残留效应，只要扫描信号的频率足够高，人眼感觉就像四个数码管同时显示。

该程序可以分解成计数、动态扫描和数码管显示译码三大功能模块设计。采用动态扫描显示的交通灯控制器外部接口如图 7-26 所示。

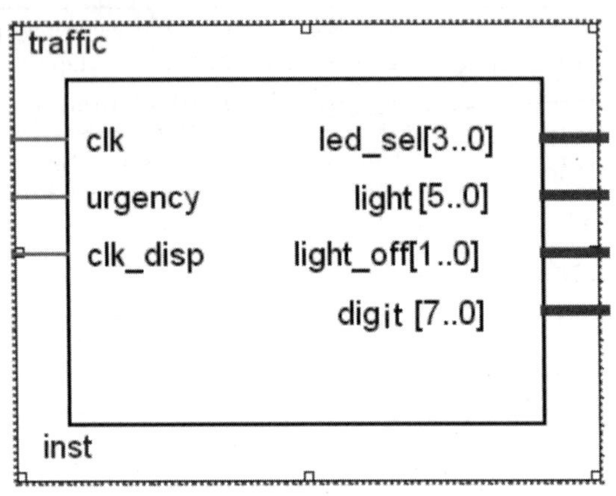

图 7-26　交通灯外部接口电路

参考程序如下：

```
library ieee;
use ieee. std_logic_1164. all;
use ieee. std_logic_unsigned. all;

entity traffic is
port(clk:in std_logic;
     urgency:in std_logic;
     clk_disp:in std_logic;
     east_west:buffer std_logic_vector(7 downto 0);
     south_north:buffer std_logic_vector(7 downto 0);
     light:buffer std_logic_vector(5 downto 0);
     light_off:out std_logic_vector(1 downto 0);
     digit:out std_logic_vector(7 downto 0);
     led_sel:out std_logic_vector(7 downto 0));
end traffic;

architecture traffic_control of traffic is
signal BCD:STD_LOGIC_VECTOR(3 DOWNTO 0);
BEGIN
     PROCESS(CLK)
     BEGIN
          IF urgency='1' then
```

```
        east_west<="00000000";
        south_north<="00000000";
        light<="100100";
elsif (east_west>"01000101" or south_north>"01000101" or east_west="00000000" or south_
        north="00000000") then
east_west<="01000101";south_north<="01000000";light<="100001";
elsif clk'event and clk='1' then
if east_west="00000110" and south_north="00000001" then
        east_west<="00000101" ;south_north<="00000101" ;light<="100010";
elsif east_west="00000001" and south_north="00000001" and light="100010" then
        east_west<="01000000" ;south_north<="01000101" ;light<="001100";
elsif east_west="00000001" and south_north="00000110" then
        east_west<="00000101" ;south_north<="00000101" ;light<="010100";
elsif east_west="00000001" and south_north="00000001" and light="010100" then
        east_west<="01000101" ;south_north<="01000000" ;light<="100001";

elsif east_west(3 downto 0)="0000" then
        east_west<=east_west-7;south_north<=south_north-1;
elsif south_north(3 downto 0)="0000" then
        south_north<=south_north-7;east_west<=east_west-1;
else
        east_west<=east_west-1;south_north<=south_north-1;
                end if;
            end if;
end process;

process(clk_disp)
        variable counter:integer range 0 to 3;
begin
        if clk_disp'event and clk_disp='1' then
            if counter=0 then
                BCD<=east_west(3 downto 0);
                counter :=counter+1;
                led_sel<="00000001";
            elsif counter=1 then
                BCD<=east_west(7 downto 4);
                counter :=counter+1;
                led_sel<="00000010";
            elsif counter=2 then
                BCD<=south_north(3 downto 0);
                counter :=counter+1;
                led_sel<="00000100";
            elsif counter=3 then
                BCD<=south_north(7 downto 4);
                counter :=0;
                led_sel<="00001000";
```

```
        end if;
    end if;
end process;

process(BCD)
BEGIN
case bcd is
    when "0000"=>digit<="00111111";
    when "0001"=>digit<="00000110";
    when "0010"=>digit<="01011011";
    when "0011"=>digit<="01001111";
    when "0100"=>digit<="01100110";
    when "0101"=>digit<="01101101";
    when "0110"=>digit<="01111101";
    when "0111"=>digit<="00000111";
    when "1000"=>digit<="01111111";
    when "1001"=>digit<="01101111";
    when others=>digit<="00000000";
end case;
end process;
light_off<="00";
end traffic_control;
```

7.4.4 项目实施过程

1. 创建工程

首先在计算机中建立一个文件夹作为工程项目目录，如 d:\traffic。打开 Quartus Ⅱ 软件，选择菜单命令“File”，在下拉菜单中选择“New Project Wizard”选项，根据工程向导创建工程，选择工程项目目录，填写工程项目名称和顶层设计实体名称如图 7-27 所示，器件选择如图 7-28 所示。

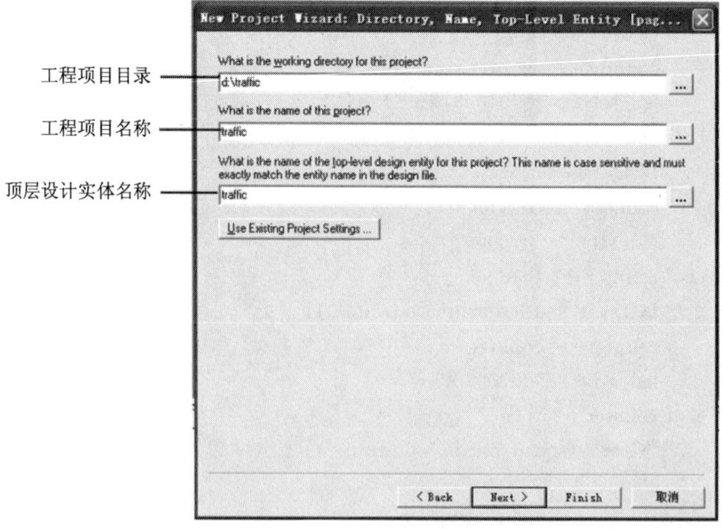

图 7-27　新建工程对话框

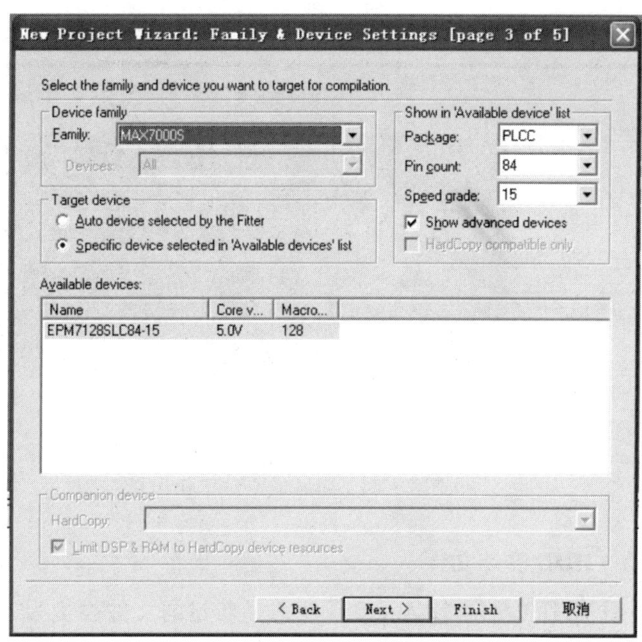

图 7－28　器件选择对话框

最后创建的工程信息概况如图 7－29 所示。

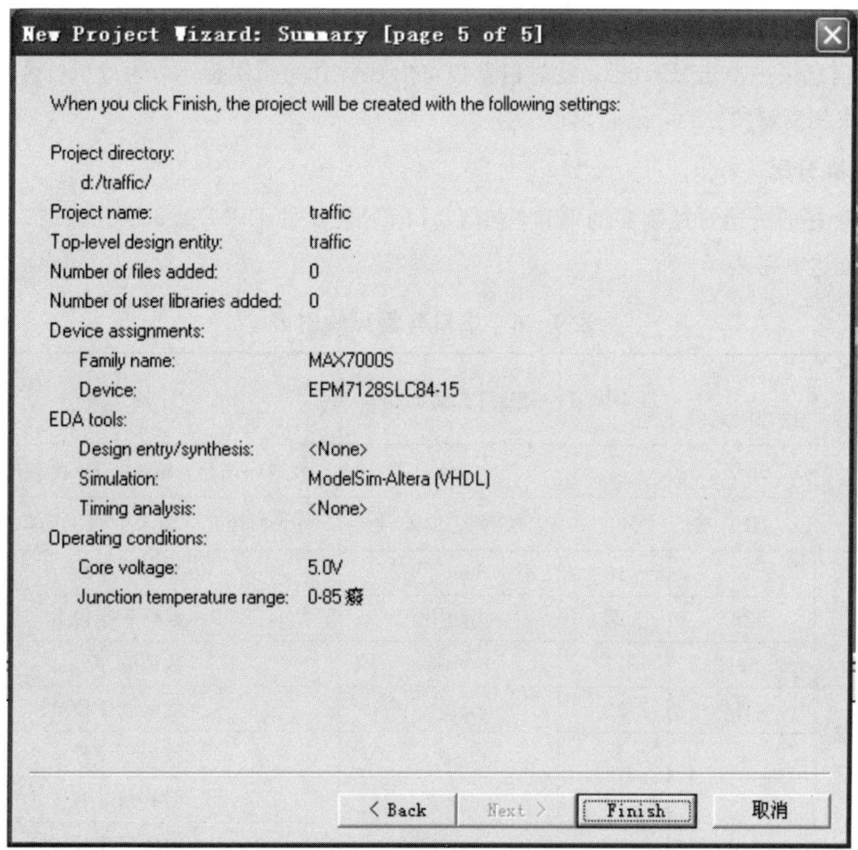

图 7－29　工程信息概况对话框

单击“Finish”按钮就建立了一个空白的工程项目，如图 7-30 所示。

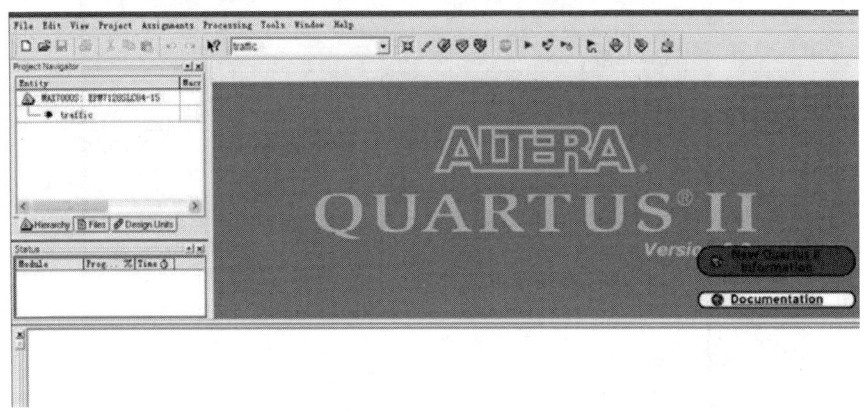

图 7-30　新建的空白工程项目

2. 建立编辑 VHDL 设计文件

本项设计采用 VHDL 语言输入法，因此选择新建的文件类型为 VHDL File，在文本编辑器中编写程序，并将文件保存为 traffic. vhd。

3. 编译

单击软件工具条上的“▶”按钮进行编译，查看有无错误，如果出现报错，可以在 Messages信息栏中单击“Error”，此时信息栏将出现所有的错误提示，通过鼠标左键双击错误提示，找到错误所在行，进行修改。

4. 管脚分配

将设计好的交通灯控制器的端口映射到目标下载器件 EPM7128SLC84-15 具体管脚上，管脚配置参考表 7-6。

表 7-6　端口与管脚映射表

开发板板载资源	开发板原理图标号	芯片管脚	交通灯控制器端口	备　注
时钟源	JP2	2	clk	跳线帽闭合，输入 1 Hz 低频时钟信号
	JP1	83	clk_disp	跳线帽闭合，输入 1 kHz 低频时钟信号
数码管段选	a	18	digit[0]	数码管字段 a
	b	20	digit[1]	数码管字段 b
	c	21	digit[2]	数码管字段 c
	d	22	digit[3]	数码管字段 d
	e	24	digit[4]	数码管字段 e
	f	25	digit[5]	数码管字段 f
	g	27	digit[6]	数码管字段 g
	dot	29	digit[7]	数码管小数点位

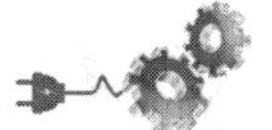

续表

开发板板载资源	开发板原理图标号	芯片管脚	交通灯控制器端口	备　注
数码管位选	Q2	8	led_sel[0]	选通左边第二个数码管
	Q1	5	led_sel[1]	选通左边第一个数码管
	Q6	12	led_sel[2]	选通左边第六个数码管
	Q5	11	led_sel[3]	选通左边第五个数码管
发光二极管	L7	54	light[0]	绿
	L6	52	light[1]	黄
	L5	51	light[2]	红
	L3	49	light[3]	绿
	L2	48	light[4]	黄
	L1	46	light[5]	红
	L4	50	light_off[0]	白
	L8	55	light_off[1]	白
按键	K1	34	urgency	紧急信号

点击菜单命令“Assignments”→“Pins”，为每个端口选择所配置的引脚，如图 7－31 所示。

	Node Name	Direction	Location
1	clk	Input	PIN_2
2	clk_disp	Input	PIN_83
3	digit[0]	Output	PIN_18
4	digit[1]	Output	PIN_20
5	digit[2]	Output	PIN_21
6	digit[3]	Output	PIN_22
7	digit[4]	Output	PIN_24
8	digit[5]	Output	PIN_25
9	digit[6]	Output	PIN_27
10	digit[7]	Output	PIN_29
11	east_west[0]	Output	
12	east_west[1]	Output	
13	east_west[2]	Output	
14	east_west[3]	Output	
15	east_west[4]	Output	
16	east_west[5]	Output	
17	east_west[6]	Output	
18	east_west[7]	Output	
19	led_sel[1]	Output	PIN_5
20	led_sel[0]	Output	PIN_8
21	led_sel[2]	Output	PIN_12
22	led_sel[3]	Output	PIN_11
23	led_sel[4]	Output	
24	led_sel[5]	Output	
25	led_sel[6]	Output	
26	led_sel[7]	Output	
27	light[0]	Output	PIN_54
28	light[1]	Output	PIN_52
29	light[2]	Output	PIN_51
30	light[3]	Output	PIN_49
31	light[4]	Output	PIN_48
32	light[5]	Output	PIN_46
33	light_off[0]	Output	PIN_50
34	light_off[1]	Output	PIN_55

图 7－31　管脚分配

注意：JP1(83 脚)、JP2(2 脚)跳线帽闭合。

5. 全编译

选择菜单命令“Processing”→“Start Compilation”启动全编译过程。编译过程中如果出现错误，可以在消息窗口中双击错误信息，找到错误所在地方，进行修改，直到全部编译成功为止。

6. 仿真验证

全部编译成功后，通过仿真验证所设计的功能是否正确。

1) 创建波形文件

(1) 首先建立仿真波形文件。选择菜单“File”→“New”命令，在弹出的“New”对话框中选择“Other Files”标签，从中选择“Vector Waveform File”，创建一个空的波形文件 waveform1.vwf。

(2) 设计仿真结束时间、网格信息。

选择菜单命令“Edit”→“End Time”，设置仿真结束时间。

选择菜单命令“Edit”→“Grid Size”，设置网格大小。

(3) 在矢量波形文件中，把交通灯控制器的输入节点和期望观察的输出节点添加进波形文件。

编辑输入节点波形 clk 和 clk_disp。在输入时钟信号 clk 节点名上单击鼠标右键，选择“Value”→“Clock”，在弹出的时钟信号设置窗口内设置时钟信号周期，如图 7-32 所示。

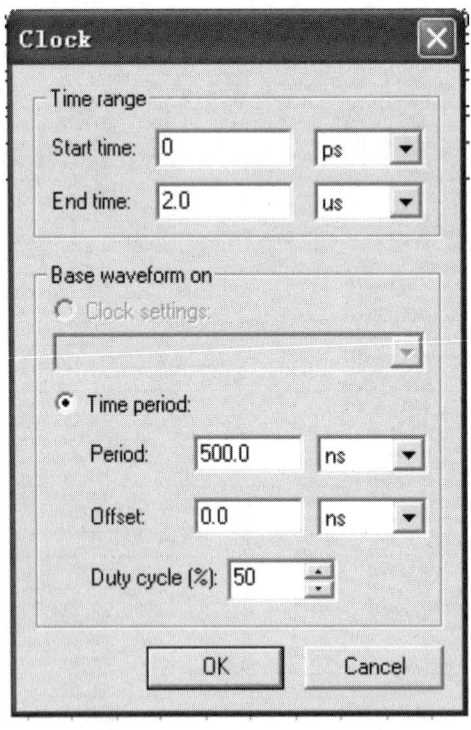

图 7-32　时钟分配窗口

2）保存波形文件

点击菜单命令“File”→“Save”保存波形文件，默认状态下，保存的文件名与工程名相同，保存为 traffic.vwf。

3）仿真

选择菜单命令“Processing”→“Simulator Tool”，启动仿真功能，选择时序仿真，仿真的输入为刚刚创建好的波形文件。单击“Start”启动仿真，也可以直接点击工具条上的快捷按钮启动仿真，仿真结果如图 7－33 所示，根据仿真结果验证功能是否实现。如未实现，则应检查、修改程序，重复编译、仿真，直到实现为止。

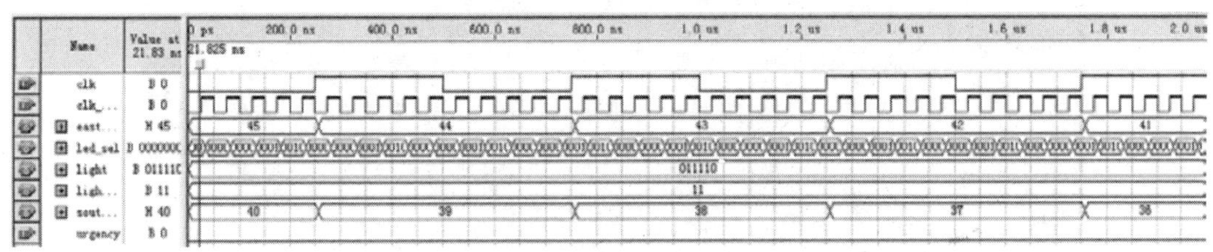

图 7－33　仿真结果

7. 器件编程

参照 7.3 节中的方法，下载程序。

7.4.5　硬件电路功能调试与排故

1. 电路调试

（1）根据项目需要，将用到的实验板上的时钟跳线冒闭合。

（2）接通电源，观察 LED 显示是否符合交通灯控制器设计要求，数码管能否进行倒计时显示，交通灯颜色的跳变节点是否符合要求。

（3）验证紧急信号发生时，交通灯工作状态是否正常。

2. 故障分析与排故

根据不同的故障现象进行分析，逐一排故。常见问题有：

（1）管脚分配不正确。

（2）秒脉冲、动态扫描脉冲未正确连接。

（3）数码管动态扫描程序逻辑错误。

（4）数码管译码显示程序逻辑错误。

3. 功能效果图

交通灯控制器功能效果图如图 7－34 所示。

图 7－34　交通灯控制器功能效果图

项 目 小 结

本项目以交通灯控制器为载体，主要介绍了基于 Quartus Ⅱ 平台和 CPLD 为目标器件的数字电路设计方法，Quartus Ⅱ VHDL 设计主要步骤包括：新建工程、编辑 VHDL 设计文件、编译、仿真及下载编程等。对于数字组合逻辑电路一般采用并行语句来描述，而对于时序逻辑电路一般采用顺序语句来描述，顺序语句只能用于进程或子程序中。

在进行综合性的电路设计时，应根据设计要求，将电路按功能划分，可以采用原理图输入法或文本输入法进行设计，也可以采用原理图输入法和文本输入法相结合的方法来完成设计。

习　　题

设计题。

(1) 用 VHDL 语言设计一个 2 输入与非门电路。

(2) 用 VHDL 语言设计一个 3 人表决器。

(3) 用 VHDL 语言设计 1 位全加器。

(4) 用 VHDL 语言设计 4 选 1 数据选择器。

(5) 用 VHDL 语言设计一个共阳 BCD 七段显示译码器。

(6) 用 VHDL 语言设计十进制加法计数器。

(7) 用 VHDL 语言设计六十进制加法计数器。

参考文献

[1] 阎石. 数字电子技术基础[M]. 5 版. 北京：高等教育出版社，2006.

[2] 康华光. 电子技术基础：数字部分[M]. 6 版，北京：高等教育出版社，2014.

[3] 杨志忠. 数字电子技术[M]. 5 版. 北京：高等教育出版社，2018.

[4] 曹建林. 电工学[M]. 2 版. 北京：高等教育出版社，2010.

[5] 王志伟，孙玲. 电子技术应用项目式教程[M]. 3 版. 北京：北京大学出版社，2020.

[6] FLOYD T L, BUCHLA D M. 电子技术基础：数字部分[M]. 汪东，伍薇，译，北京：清华大学出版社，2000.

[7] 粟慧龙，龚江涛，唐亚平. EDA 技术应用[M]. 2 版. 北京：高等教育出版社，2021.

[8] 雷建龙. 数字电子技术[M]. 北京：高等教育出版社，2016.

[9] 杨志忠，章忠全. 新编常用集成电路及元器件使用手册[M]. 北京：机械工业出版社，2011.

[10] 谢自美. 电子线路设计·实验·测试[M]. 2 版，武汉：华中科技大学出版社，2000.

[11] 陈有卿. 实用 555 时基电路 300 例[M]. 北京：中国电力出版社，2005.

[12] 刘淑英. 数字电子技术及应用[M]. 北京：机械工业出版社，2007.